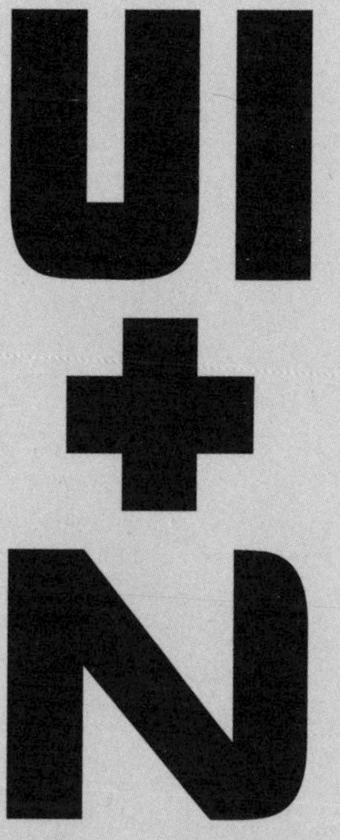

第三届中建杯西部5+2环境设计双年展成果集 | 优秀作品 EXCELLENT WORKS

THE THIRD ZHONGJIAN CUP WESTERN CHINA 5+2 ENVIRONMENTAL DESIGN BIENNALE ACHIEVEMENT

西安美术学院建筑环境艺术系编

主编 / 周维娜

副主编 / 潘召南 张宇锋 王娟 李媛 胡月文 吴文超

参编人员 / 陈劲松 龙国跃 李群 周炯焱 江波 蔺宝钢 张伏虎 骆娜 汪兴庆 孙鸣春 濮苏卫 海继平 刘晓军 丁向磊 张豪

中国建筑工业出版社
CHINA ARCHITECTURE & BUILDING PRESS

图书在版编目（CIP）数据

2017第三届中建杯西部5+2环境设计双年展成果集／周维娜主编；西安美术学院建筑环境艺术系编．—北京：中国建筑工业出版社，2017.9

ISBN 978-7-112-21240-8

Ⅰ．① 2… Ⅱ．①周… Ⅲ．①环境设计—作品集—中国—现代Ⅳ．TU-856

中国版本图书馆CIP数据核字（2017）第228305号

责任编辑：唐　旭　李东禧　张　华
责任校对：焦　乐　李美娜
书籍设计：程甘霖　鲁　潇

2017第三届中建杯西部5+2环境设计双年展成果集

西安美术学院建筑环境艺术系编
主编　周维娜
副主编　潘召南　张宇锋　王娟　李媛　胡月文　吴文超

★

中国建筑工业出版社出版、发行（北京海淀三里河路9号）
各地新华书店、建筑书店经销
北京方嘉彩色印刷有限责任公司印制

★

开本：880×1230毫米　1/16　印张：26　字数：948千字
2017年10月第一版　2017年10月第一次印刷
定价：198.00元
ISBN978-7-112-21240-8
（30869）

前言

PREFACE

教育的初衷是教会人们对知识的了解，专业教育则是在此基础上进一步掌握某种具体而负有责任感的能力。

如果说通识教育是对普世知识的认知教育，那么设计类高校的专业教育则是在通识教育的后半段，教会年轻人如何去打破被知识经验梳理过的万物常态，进而发现物质的特殊性，创发与论证“新物种”的存在与价值，并将它介绍给人类社会。

设计教育的过程中，需要多次对个体固有经验进行松绑与突围，对群体的新信息与新认知不断学习与超越，对当代文化与历史经验进行思考与辨别，从而营造出设计工作者活态发展的创新与设计能力。这种能力是来自观察、思维、论证的不断养成，是低伏在事物的基本层观察，独立于文化的交流层思考，从微观与具体的事物入手，通过连接现象、论证生长，产生结果、带来影响的过程。

环境设计从空间与时间的角度上看，其影响力与生命力将会更广大、更长远，其中不但需要研究设计与社会的关系，更需要研究人与自然与物态发展之间远代共生的深层关系。 在观察、发现、思考与论证的设计生产过程中，前两者是基础与技能，后两者是观念与学识，基础与技能易成，观念与学识难养。 而专业教育中，人才培养的核心目的是观念的塑造与学识的生长。因此，对教育者来说，在思考环境设计教育方式的同时，对设计教育方向的探索更为重要。

环境设计专业的跨校交流，应秉持两个教育的基本目标开展 ： 第一，教学内容与方式的共同探讨。不同地域文化滋养下，环境设计专业教学内容与方式的相融共长。第二，未来教育方向的碰撞与思考。多地区、多文化形态的环境设计工作者们，对学科前沿与未来发展的探讨以及环境设计教育远代共生问题的共论。

故此，2017 年第三届中建杯西部“5+2”环境设计双年展我们提出“设计无痕·环境共生”的大赛与论坛主题，旨在交流先进的设计教育观念及设计引导思路。在环境资源备受关注的当代，从设计的根本之地——大学教育出发，梳理设计中人与自然、人与社会、人与资源的共生、共联、共进的综合发展关系。在探寻“有生命、无痕迹”的设计方向与高校设计教育的前沿走向的同时，呼吁区域间环境设计教育对设计观念与设计学识教育的思考与碰撞。以大赛作为平台，以论坛作为酵体，以成果作为实质，借助区域间的对话，推动西部地区的设计与教育走上一条自觉与自发的生态循环之路，是本次大赛与论坛主题的核心所在。

郭线庐

2017 年 9 月

目录
CONTENTS

LANDSCAPE 景观类

作　　者：段梦秋、杜泓佚
作品名称：乐叙空间——都市缓释空间设计
所在院校：四川美术学院
指导教师：黄红春

设计说明：

"生活是一种存在，而人不只是一个'理性的存在'。"

都市缓释空间的意义就在于让人们在城市的高压下，能有一个可以进行自我对话的精神空间。借助音乐这一特殊的叙事语言，通过对音乐（对景观空间）的转译，抓住"情绪"这两者的共通点，探索一种新的景观设计方法去解决城市的问题，尝试站在不同角度去思考解决城市问题的方法，通过转变城市空间的方式关注城市居民的精神健康，尝试去缓解城市居民的精神压力问题。

以都市缓释空间为叙事的载体，这种叙事性在于让人"抽离"现实生活，将人置身于现实与叙事之间，将人作为沟通二者之间的"精神"媒介，通过与场地对话的方式去反观所处的现实生活，再以思考的"行为"回归现实。基于对音乐转译叙事景观的研究，我们选取了电影《黑天鹅》中《Nina's Dream》和《The Room of Her Own》两首配乐中最能体现主人公情绪转变的7个关键片段作为空间转译的依据。结合音乐与电影的叙事方式去展现一个全新的精神互动空间,并将截取片段化的音乐通过"空间重组"形成全新的"幻想曲"空间来反观现实。

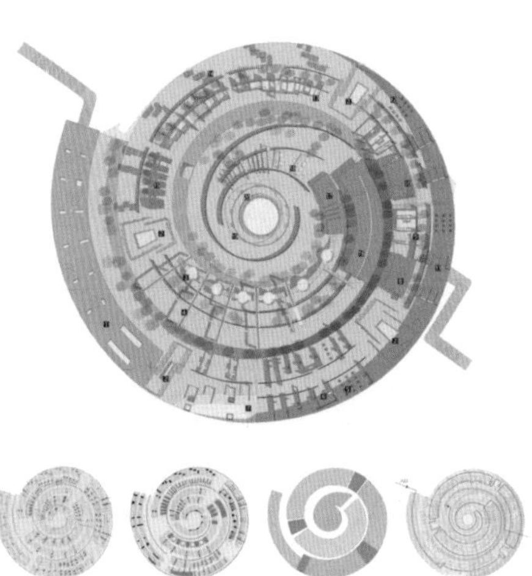

情绪空间转译对照表

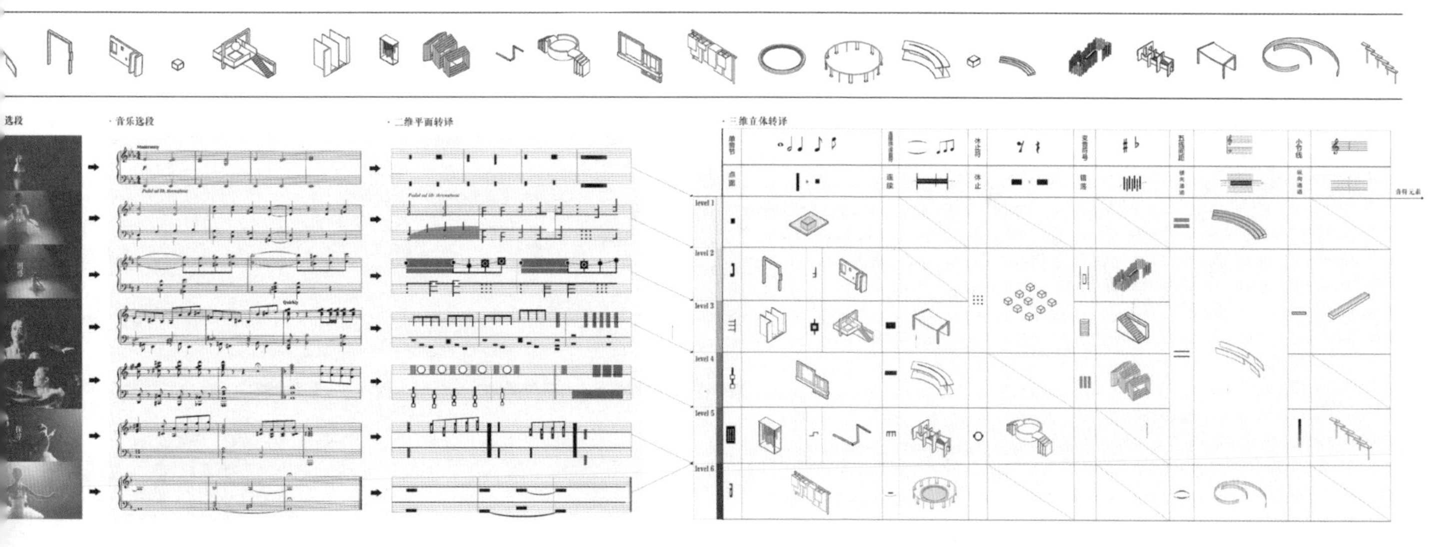
· 音乐选段
· 二维平面转译
· 三维立体转译
level 1
level 2
level 3
level 4
level 5
level 6

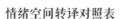

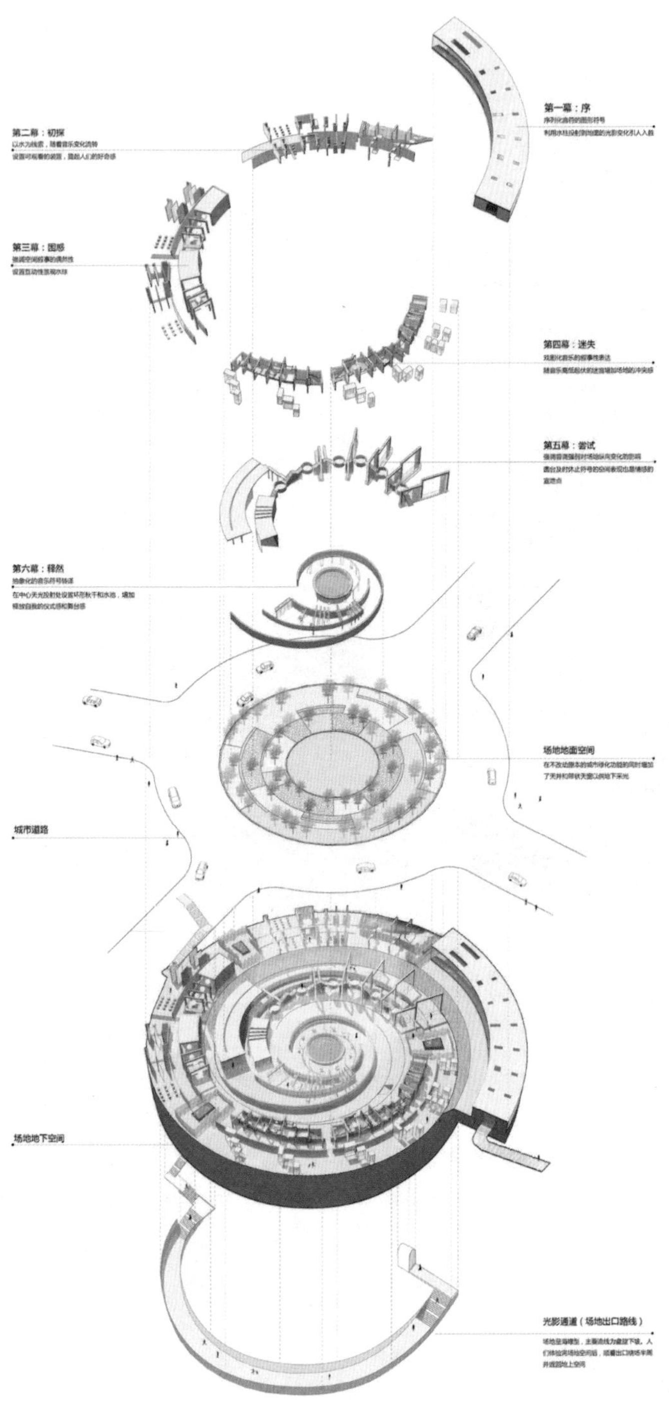

第一幕：序
利用水柱投射到地面的光影变化引人入胜
第二幕：初探
以水为线索，随着音乐变化流转
设置可观看的装置，提起人们的好奇感
第三幕：困惑
第四幕：迷失
第五幕：尝试
第六幕：释然
抽象化的音乐符号转译
在中心天光投射处设置环形秋千和水池，增加
释放自我的仪式感和舞台感
场地地面空间
在不改动原本的城市绿化功能的同时增加
了天井和带状天窗以供地下采光
城市道路
场地地下空间
光影通道（场地出口路线）

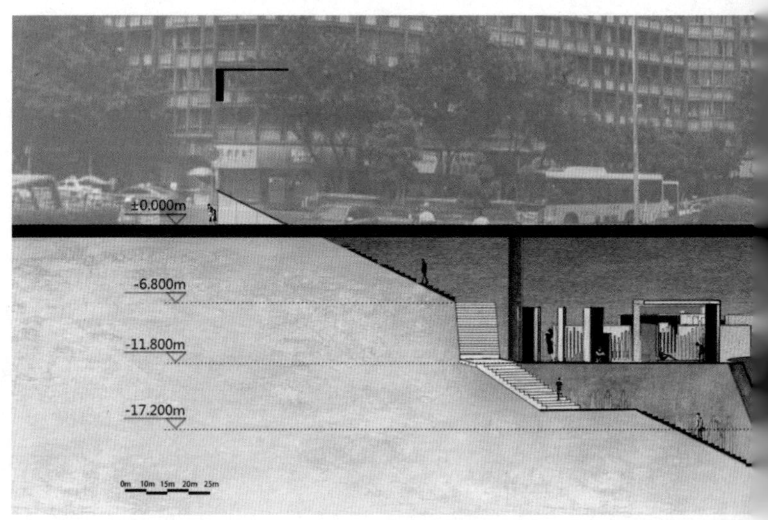

±0.000m
-6.800m
-11.800m
-17.200m
0m 10m 15m 20m 25m

±0.000m
-3.200m
-8.600m
-14.000m
-17.200m

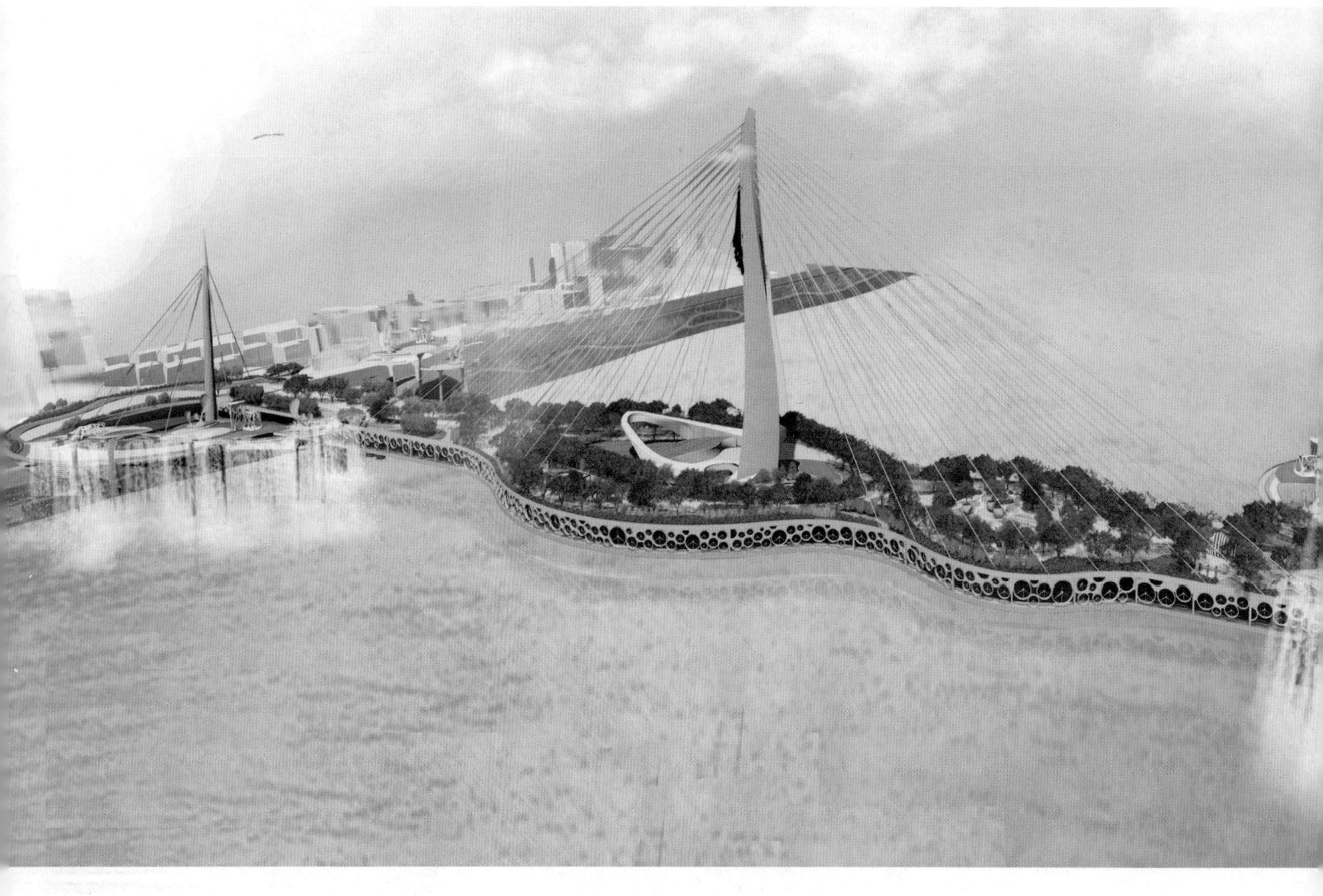

作　　者：孙凯瑞、刘怡
作品名称：“起风”——风能·可持续生态景观桥梁
所在院校：四川美术学院
指导教师：龙国跃

设计说明：

在生态景观桥梁设计的原则下，充分利用场地的自然条件。桥梁的主塔形态提取于天鹅的形态，修长、优美。将风力发电的无害能源采集装置以不同的形式融入桥梁景观中。

让桥梁成为一个风能和太阳能的理想收集器，桥梁不只是拥有通行的功能，也拥有更多的生态功能。它不只是扮演着连接城市纽带的角色，也是作为城市的新兴的活动空间，功能构筑物。新兴理念设计下的桥梁会更好地成为城市的活力发电机，高品质的休闲娱乐活动场地，更好地服务于城市、市民、环境。

作　　者：李杰儒、胡辉艳
作品名称：又见炉火——沩山村瓷文化创意村落景观设计
所在院校：四川美术学院
指导教师：黄红春

设计说明：

个性化集体作业模式是基于沩山传统手工业存在的两个普遍问题，提出的一种新的作业模式。这种作业模式以制瓷流程为切入点，将整个制瓷工艺流程分解为两大模块，将可以体现创意以及艺术性的拉坯、挂釉、绘画工序归为个体作业模块，将采土、碎土、打泥、晒坯、烧制等集体作业可以提高效率的工序归为集体作业模块。这种作业方式以村落为单位，用产业的形式将村民联系起来，形成具有特色的村落文创产业品牌。该作业模式在沩山这种以血缘关系聚居的村落中可以很好地发挥作用。

设计将村落原本散落的民居院落整合起来，形成四个文创手工制瓷院落组团和三个民宿主题院落组团，将村落以东的耕地与窑厂遗址串联形成集体作业文化景观片区，将村落西部的耕地整合，形成大规模的农业景观片区。整个设计场地由工作线、体验线、观赏线三条线路串联起来，形成七点、两面、三线的空间布局结构。其中四个文创手工制瓷院落和集体文化景观片区是整个设计中的重点。

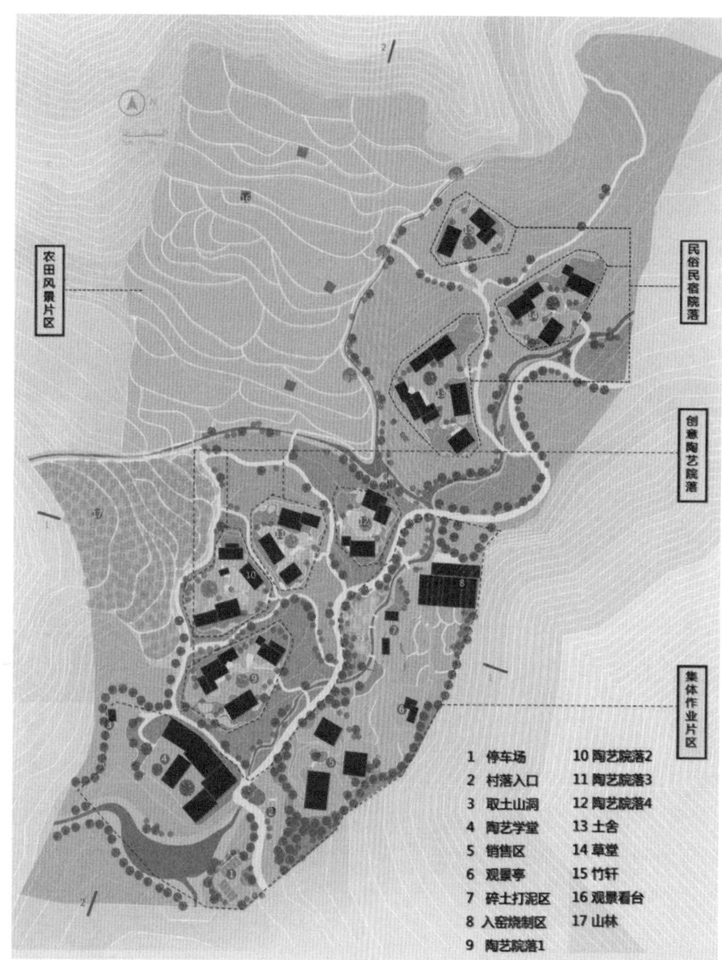

农田风景片区
民俗民宿院落
创意陶艺院落
集体作业片区
1 停车场
2 村落入口
3 取土山洞
4 陶艺学堂
5 销售区
6 观景亭
7 碎土打泥区
8 入窑烧制区
9 陶艺院落1
10 陶艺院落2
11 陶艺院落3
12 陶艺院落4
13 土舍
14 草堂
15 竹轩
16 观景看台
17 山林

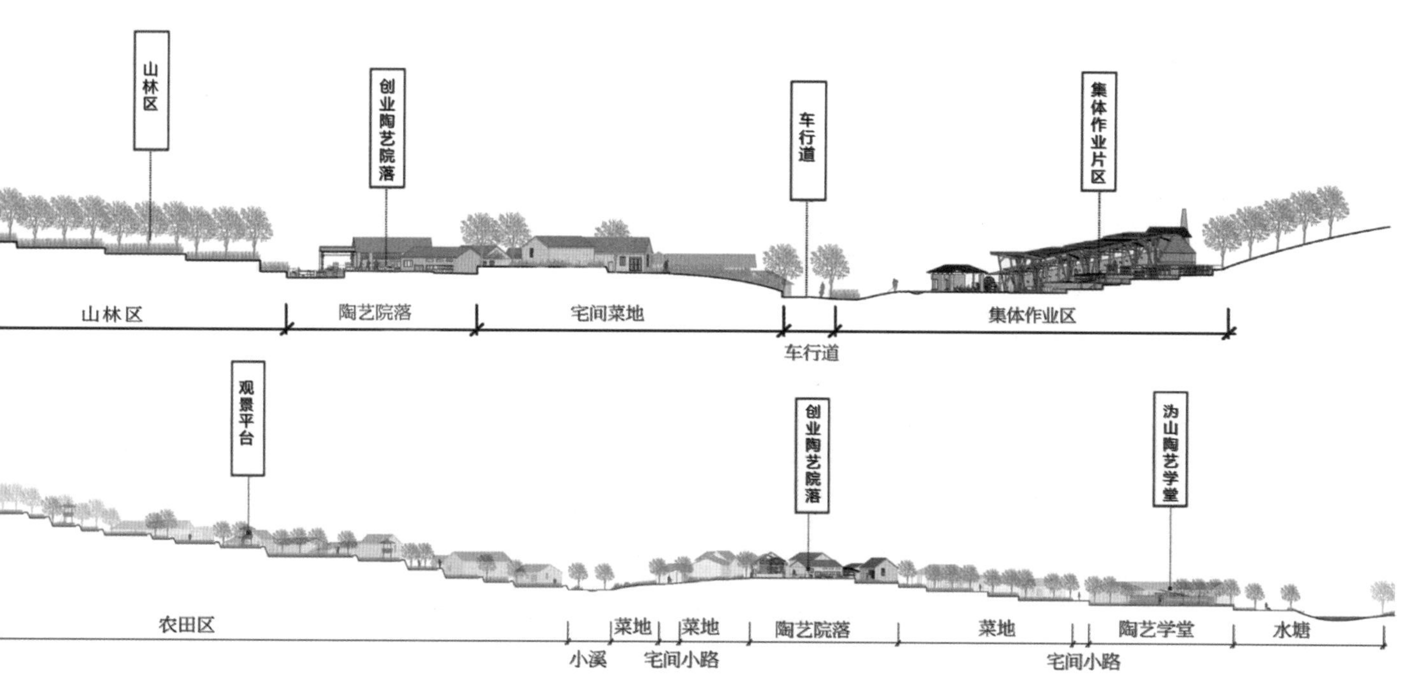

山林区
创业陶艺院落
车行道
集体作业片区
山林区
陶艺院落
宅间菜地
集体作业区
车行道
观景平台
创业陶艺院落
沩山陶艺学堂
农田区
菜地
菜地
陶艺院落
菜地
陶艺学堂
水塘
小溪
宅间小路
宅间小路

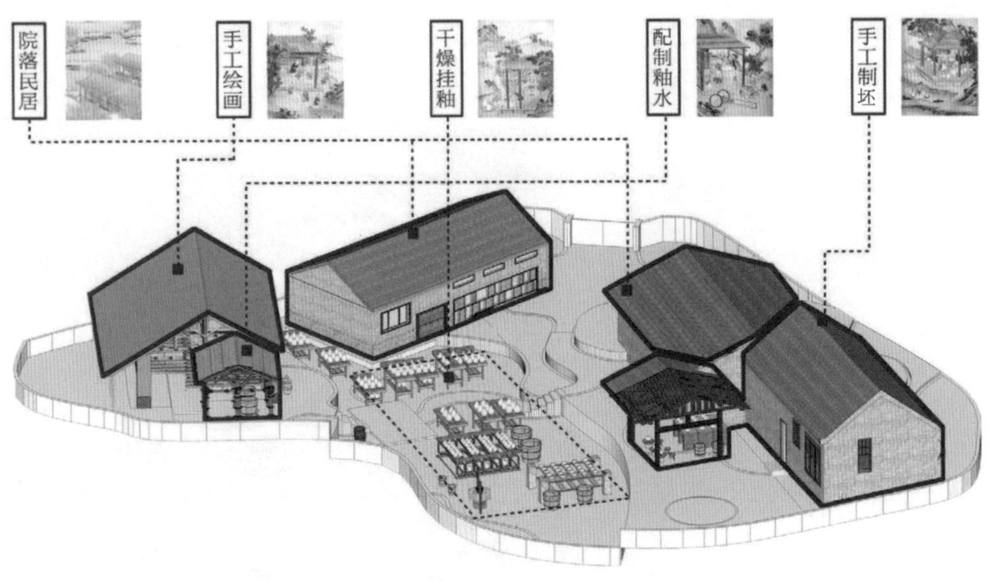
院落民居
手工绘画
干燥挂釉
配制釉水
手工制坯

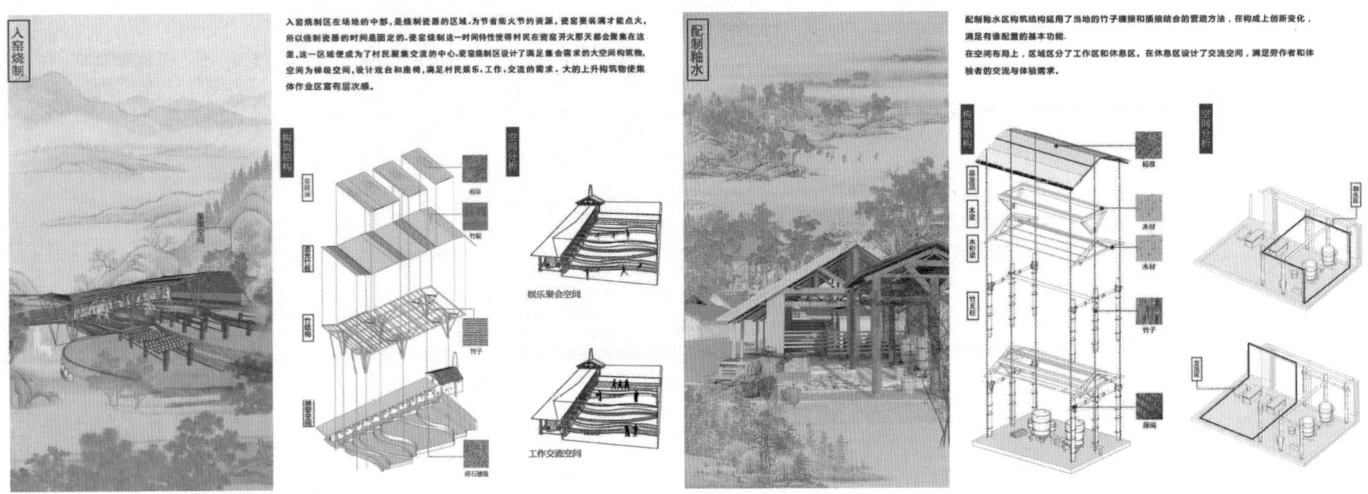
入窑烧制
入窑烧制区在场地的中部，是烧制瓷器的区域。为节省柴火节约资源，瓷窑要装满才能点火，所以烧制瓷器的时间是固定的。瓷窑烧制这一时间特性使得村民在瓷窑开火那天都会聚集在这里，这一区域便成为了村民聚集交流的中心。瓷窑烧制区设计了满足集会需求的大空间构筑物，空间为梯级空间，设计戏台和座椅，满足村民娱乐、工作、交流的需求。大的上升构筑物使集体作业区富有层次感。
构筑结构
空间分析
娱乐集会空间
工作交流空间
配制釉水
配制釉水区构筑结构延用了当地的竹子捆接和插接结合的营造方法，在构成上创新变化，满足有德配置的基本功能。
在空间布局上，区域区分了工作区和休息区。在休息区设计了交流空间，满足劳作者和体验者的交流与体验需求。
构筑结构
空间分析

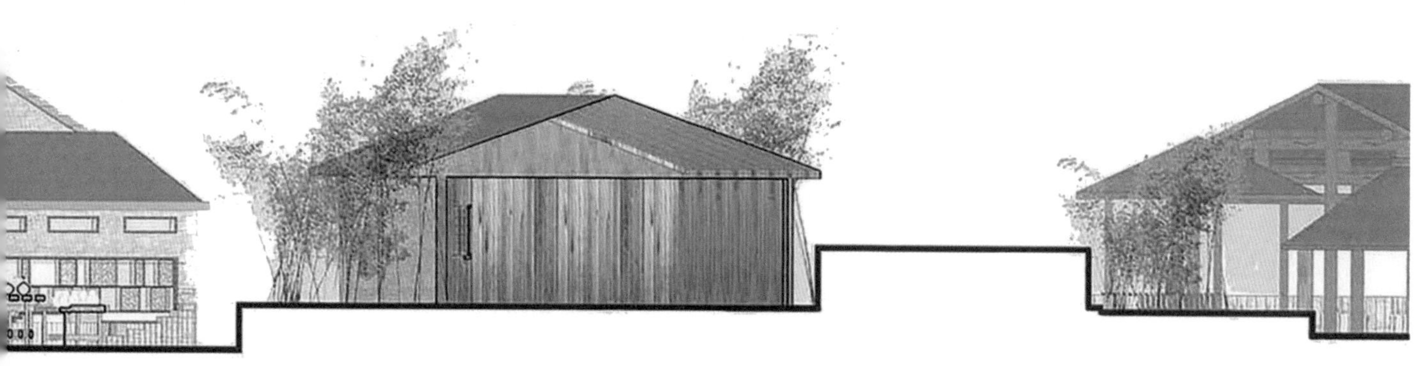

作　　者：彭馨仪
作品名称：忆·如歌岁月——重庆巴南区石滩镇双寨山主题景观设计
所在院校：四川美术学院
指导教师：龙国跃

设计说明：

忆本意是思念、回想。

现代社会飞速发展，历经光辉岁月的一代逐渐老去，那些记忆也成了历史中的闪光点，优秀的传统则需要年轻一代去继承发扬。同时，在快节奏的都市生活中，人们需要一个放松休憩、一个能给予心灵慰藉的场所。

重庆巴南区石滩镇双寨村民宿景观改造设计主要以“挖掘知青文化，打造休闲体验基地，发展旅游产业”为主题，以提取知青文化正能量为方向，大力倡导开发美丽乡村的潜力。

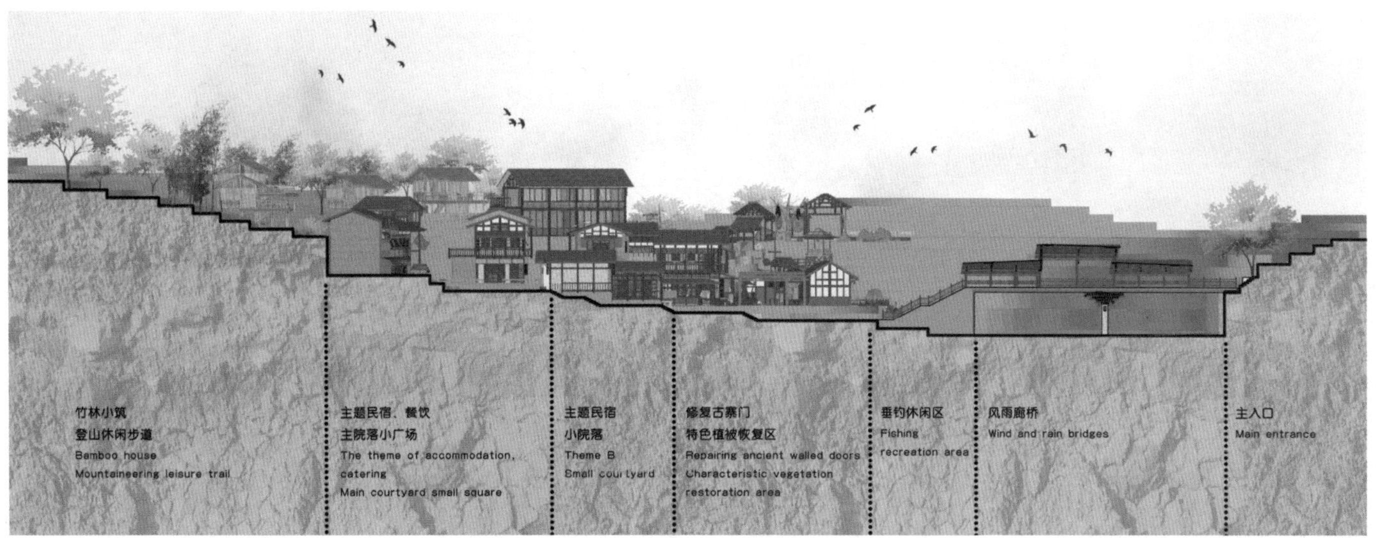
竹林小筑
登山休闲步道
Bamboo house
Mountaineering leisure trail
主题民宿、餐饮
主院落小广场
The theme of accommodation,
catering
Main courtyard small square
主题民宿
小院落
Theme B
Small courtyard
修复古寨门
特色植被恢复区
Repairing ancient walled doors
Characteristic vegetation
restoration area
垂钓休闲区
Fishing
recreation area
风雨廊桥
Wind and rain bridges
主入口
Main entrance

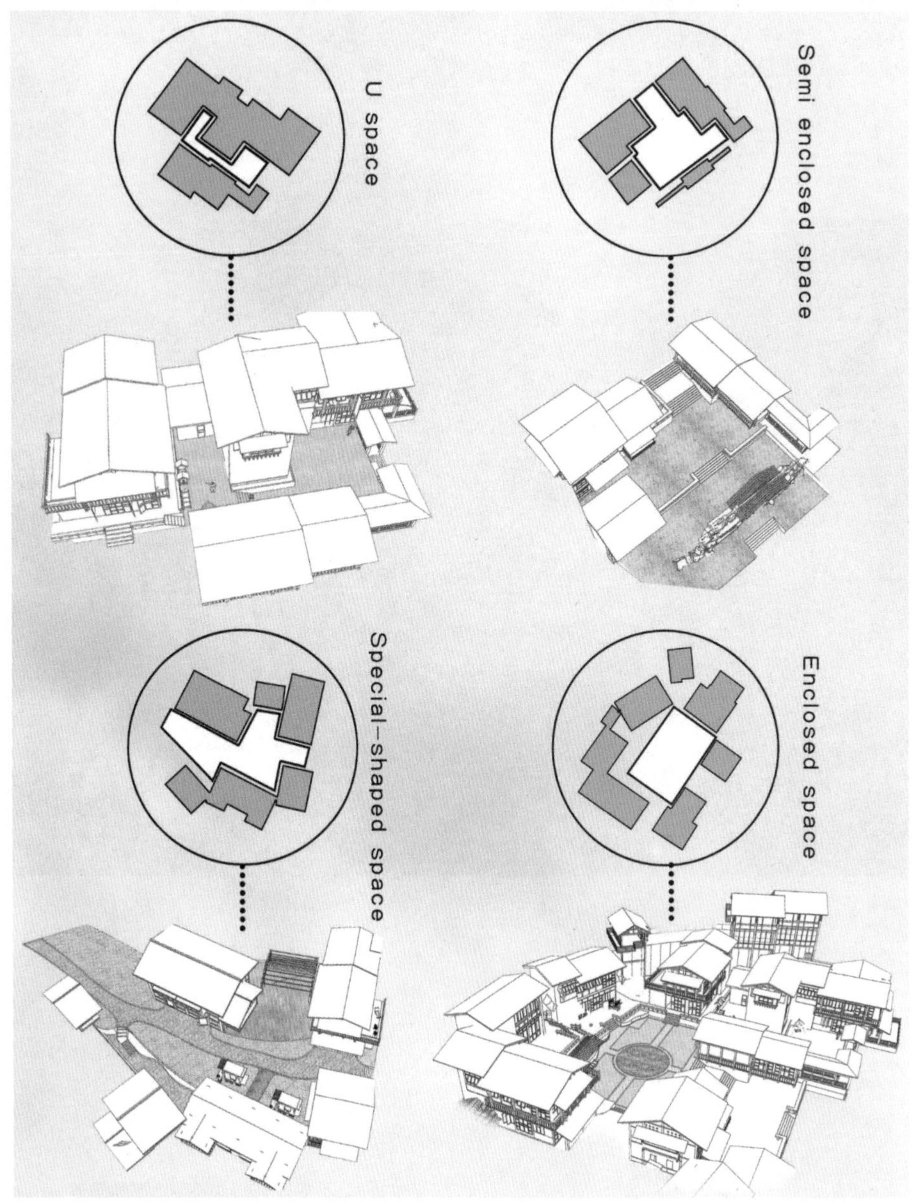
U space
Semi enclosed space
Special-shaped space
Enclosed space

广阔天地
炼红心，扎
根农村志不
移。
下中农是人民公社的坚强

作　　者：刘姝瑶、翁艺心、孙多琴、黄希欣
作品名称：致命粒子
所在院校：西安美术学院
指导教师：孙鸣春、李媛

设计说明：

日益严重的雾霾已然成为影响城市发展和生存的重要问题，本次设计我们从雾霾的产生原因着手，结合"无痕"设计理念对治理雾霾做了系统化的构想，形成了上中下、点线面的结构体系。分别从道路绿化带底层线状系统、天桥降尘中层系统、建筑外立面空中面状系统、基础设施点状系统和小区负氧离子内部空间系统着手，形成一个三维立体的城市空间治霾系统。希望能从源头缓解雾霾对城市的污染，从而净化城市环境。

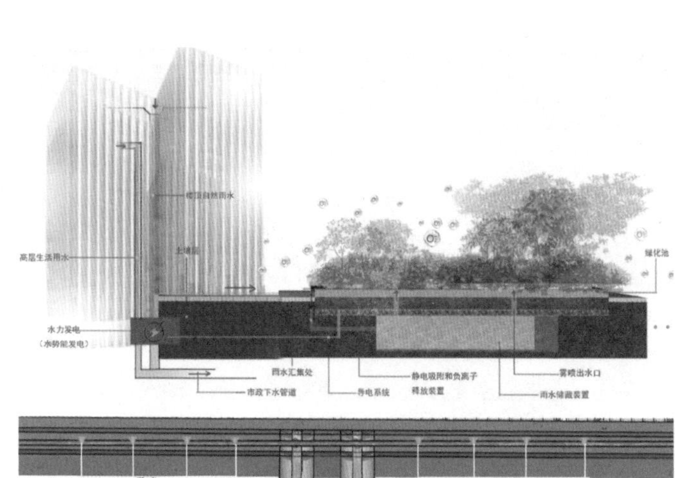

高层生活用水
绿化池
水力发电
（水势能发电）
雨水汇集处
静电吸附和负离子
释放装置
雾喷出水口
市政下水管道
导电系统
雨水储藏装置

雾喷
雾喷
吸入口
吸入口

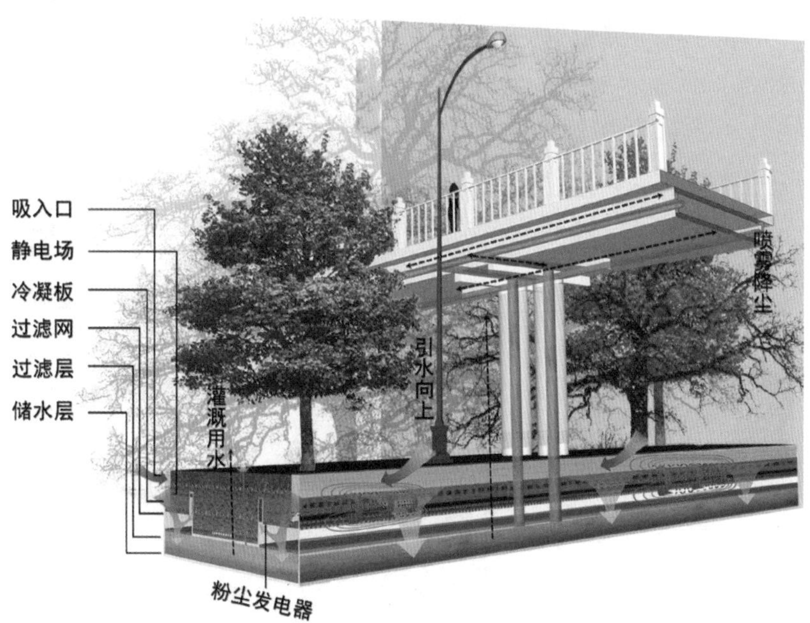

吸入口
静电场
冷凝板
过滤网
过滤层
储水层
灌溉用水
引水向上
喷雾降尘
粉尘发电器

天桥喷雾
喷雾灌溉
spray irrigation
汽车尾气
高层生活用水
高层生活用水
雾喷
水压势能发电
势能发电

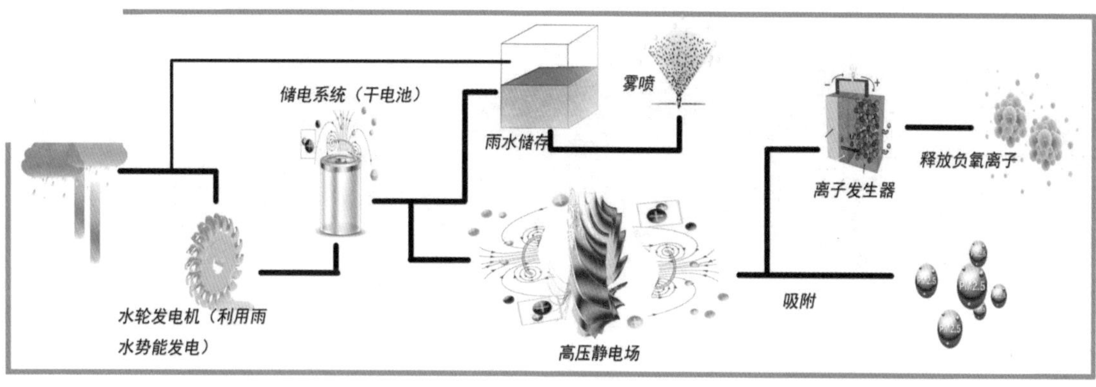

储电系统（干电池）
雾喷
雨水储存
离子发生器
释放负氧离子
水轮发电机（利用雨水势能发电）
高压静电场
吸附

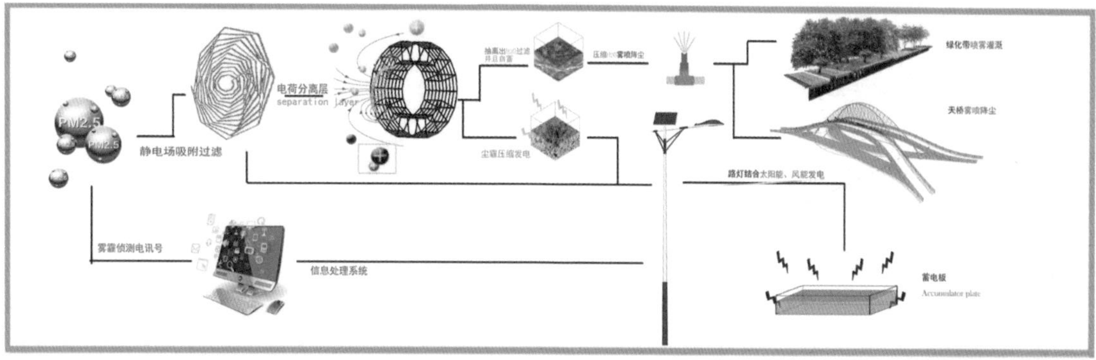

PM2.5
PM2.5
静电场吸附过滤
电荷分离层
separation layer
尘霾压缩发电
绿化带喷雾灌溉
天桥雾喷降尘
路灯结合太阳能、风能发电
雾霾侦测电讯号
信息处理系统
蓄电板
Accumulator plate

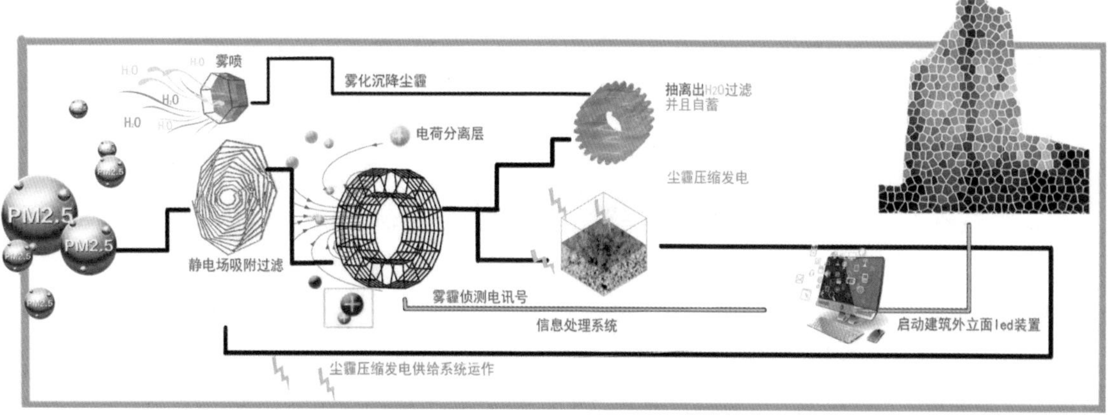

雾喷
雾化沉降尘霾
抽离出H2O过滤
并且自蓄
电荷分离层
尘霾压缩发电
PM2.5
PM2.5
静电场吸附过滤
雾霾侦测电讯号
信息处理系统
启动建筑外立面led装置
尘霾压缩发电供给系统运作

作　　者：刘宇龙、刘靖、王慧慧、陈晞
作品名称：谷岸云居
所在院校：西安美术学院
指导教师：刘晨晨、华承军

设计说明：

谷岸云居是源于对中国传统艺术家生活居所的向往。重现了王维辋川别业中艺术家寄情于山水之间的生活状态。将场地带入对应的终南山脉，加之关中民居文化的浸染，我们提出“依峪而居，扶摇而至”的概念。利用七条秦岭峪道，形成七条景观带，场地与秦岭形成对应关系。每条景观带形成独特的空间形态。利用场地与峪道概念形成的图底关系，设计了完整的水循环系统，实现了水资源的循环利用。运用了雨水花园，海绵城市的概念；运用马克思的辩证哲学——历史的发展是螺旋式上升的概念；单坡在螺旋上升的同时也就形成了合院。从而体现了关中民居合院和单坡的特点。

建筑在9×9的空间模数中，旋转的数值变化满足了不同艺术种类的空间需求。在传统建筑坐南朝北布局的指导下，实现采光和通风的空间功能需求。运用中国传统文化概念中谷还有洞的概念，顺势而建，形成了覆土建筑。

秦岭云概念的植入，利用立体云墙将峪道、建筑、湖串联成一个整体，形成“行到水深处，坐看云起时”的空间意境。

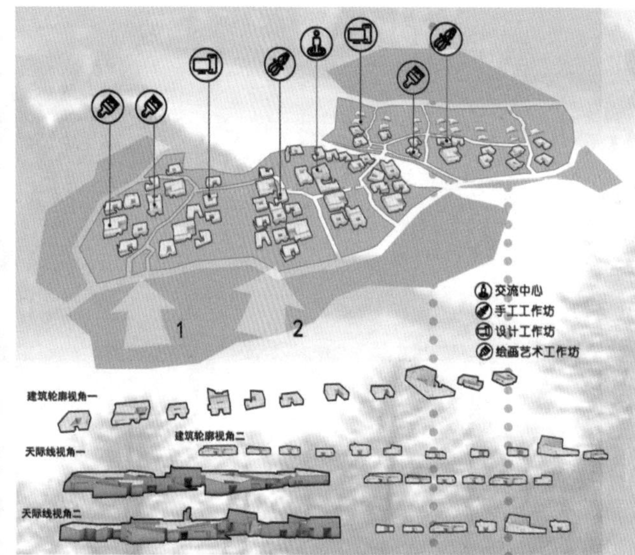

1
2
交流中心
手工工作坊
设计工作坊
绘画艺术工作坊
建筑轮廓视角一
建筑轮廓视角二
天际线视角一
天际线视角二

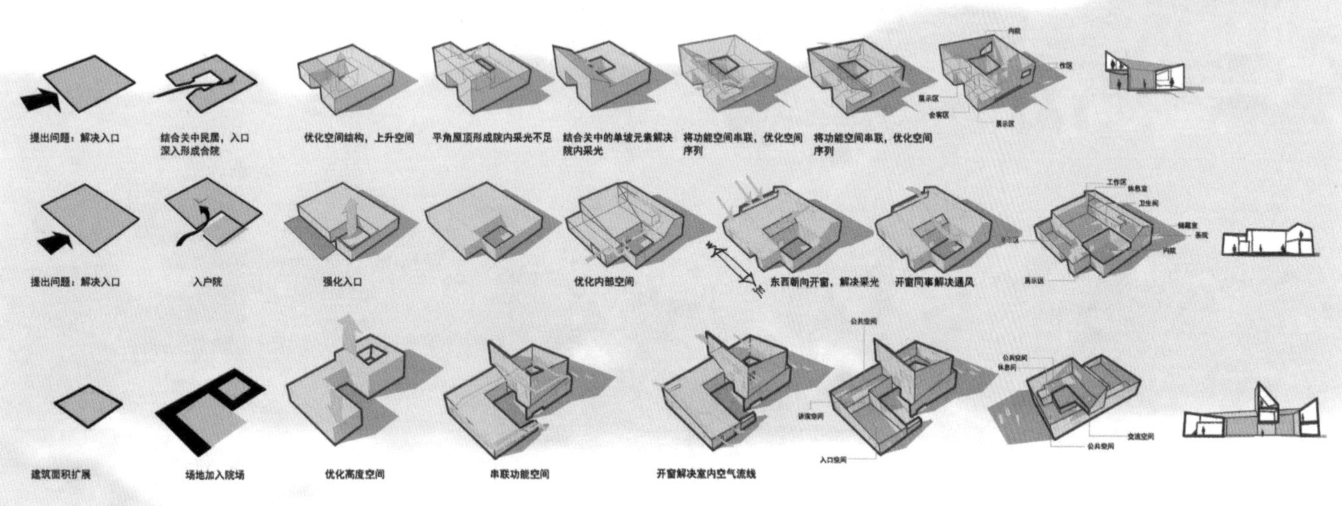

提出问题：解决入口
结合关中民居，入口深入形成合院
优化空间结构，上升空间
平角屋顶形成院内采光不足
结合关中的单坡元素解决院内采光
将功能空间串联，优化空间序列
将功能空间串联，优化空间序列
内院
展示区
会客区
展示区
提出问题：解决入口
入户院
强化入口
优化内部空间
东西朝向开窗，解决采光
开窗同事解决通风
工作区
休息室
卫生间
展示区
内院
建筑面积扩展
场地加入院场
优化高度空间
串联功能空间
开窗解决室内空气流线
公共空间
入口空间
公共空间
休息间
交流空间
公共空间

各个元素之间的独立性通过云墙得以联系，秦岭云的概念，利用立体云墙将峪道、建筑、湖串联成一个整体，使空间具有了连续性。形成“行到水穷处，坐看云起时”的空间意境。

作　　者：王冠英
作品名称：厂与场——新疆石河子酒仓创意区景观概念设计方案
所在院校：四川大学艺术学院
指导教师：周炯焱

设计说明：

石河子自古以来就是丝绸之路上的一个重要驿站，如今对“新丝绸之路经济带”的建设更是有着举足轻重的地位。石河子啤酒厂是石河子第一批工业企业，为石河子工业化发展增加了新的业态，注入了新鲜的血液。根据对现场的调研以及对周边环境的考察，本方案将废旧的工厂旧址改造成为一个艺术创意区，实现功能的多样升华，其功能包括艺术出创作、艺术展览、艺术体验、艺术交易、艺术教育以及休闲娱乐等。

本方案以“厂与场”为主题进行延伸设计，用意就是将原始的工厂转变成为功能多样的场所。“厂”，意为工厂（啤酒厂），代表场地之前原始的功能属性和价值。“场”，意为场所，是经过专门设计和规划为不同人群所提供的不同功能场所，为艺术家提供创作的场所，为市民提供休闲娱乐的场所，实现由无用、懒散、废旧的工厂转变成为功能多样、科学合理、专门设计的场所。采用保护、修复、改造、补充、重建的方式进行规划。将工业旧址与生态绿地交织在一起。满足石河子各个年龄阶层人群的需求。

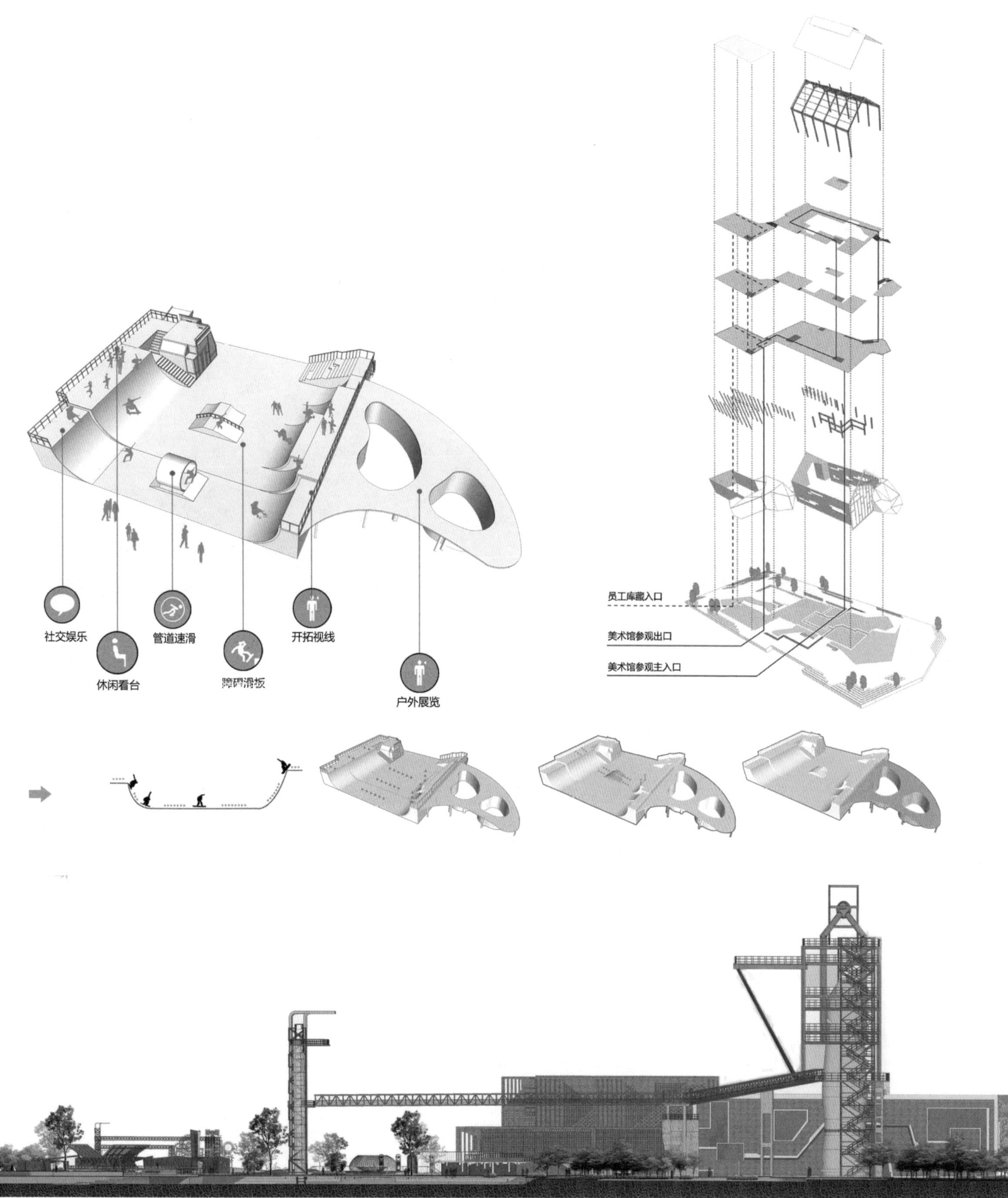
社交娱乐
休闲看台
管道速滑
障碍滑板
开拓视线
户外展览
员工库藏入口
美术馆参观出口
美术馆参观主入口

作　　者：袁华、张启飞、吴大章、钟云、鲁光伟、杜炳男、
罗培培、丁莹莹、杨芮、王薇、刘萍、张蕊

作品名称：阿佤秘境“摸你黑”文化创意园区规划设计

所在院校：云南艺术学院

指导教师：杨霞、彭谌

设计说明：

“时光在这里静止，文化在这里沉淀”，创意园区在大的整体规划中注入小的特色景观街区来突出特定的文化氛围，提升整个园区的价值品质，并遵循生态保护原则。强调对区域文化进行尊重、保护、开发和利用，打造出合理继承和灵活创意的文化园区。以佤族元素为设计灵感，贯穿于整个园区。浓郁的民族风情，多样的民族文化赋予园区思想和情感，新旧文化相互融合的理念，引发出一个以民族特色文化为线索的设计构思。追溯过去，传承千载文化，充分考虑人的情感认知，营造沧源佤族原始古朴的秘境。

保留沧源极具地域、历史特色的民俗文化和艺术特性，发挥优势，并融入现代文化，新旧文化的碰撞注入园区新的活力，使之成为文化交流和创作的平台，实现“创意、文化、设计”为一体的文化创意园区。

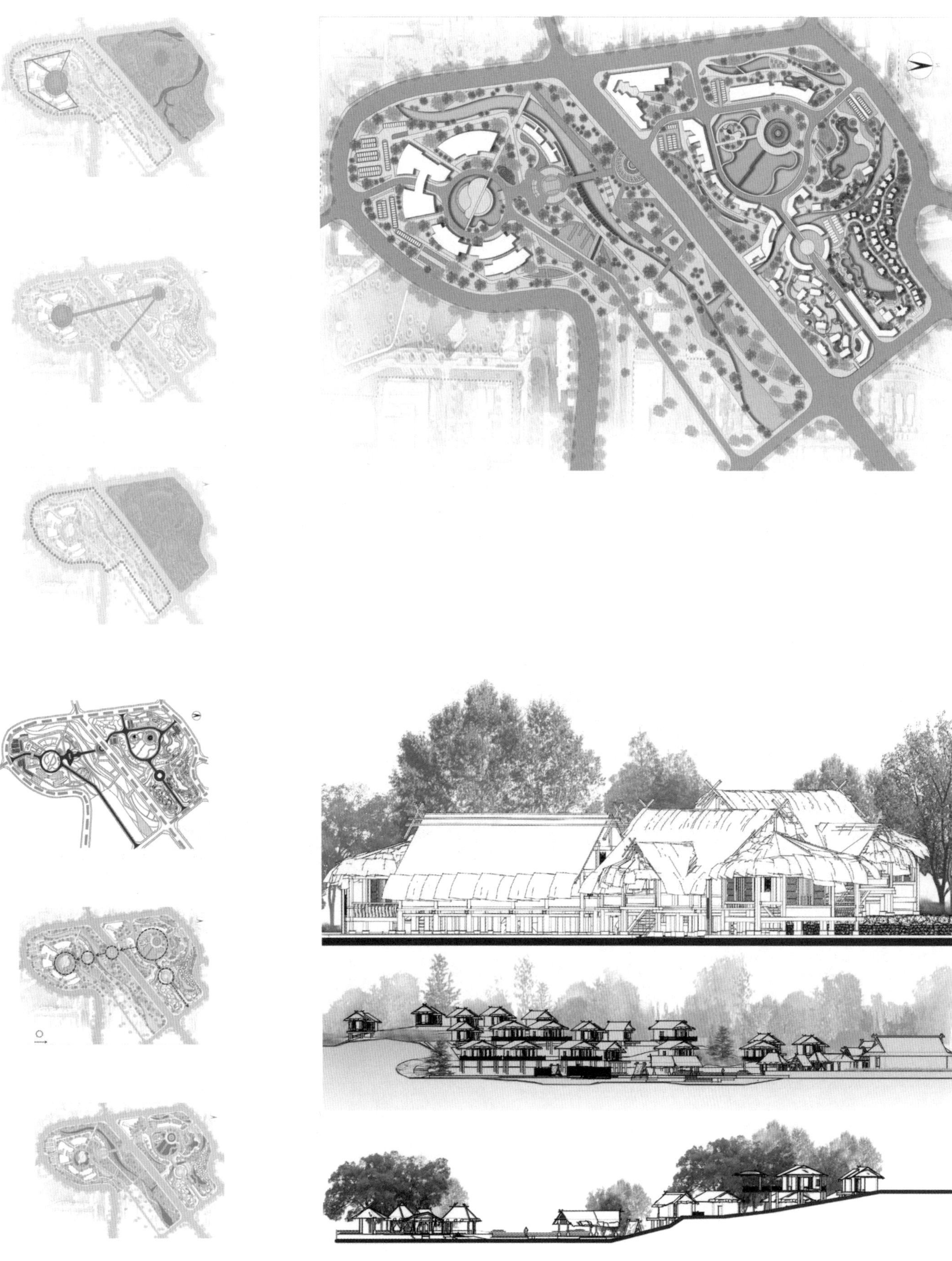

作　　者：范芸芸、陈竹
作品名称：山·院——歌乐山养老社区一体化庭院设计
所在院校：四川美术学院
指导教师：黄红春

设计说明：

此设计方案基于马斯洛需求层次理论，分析老年人的不同层次需求，在此基础上，针对老龄群体及个体需求分别进行景观设计与分析方法的探究；同时寻求山地城市养老院，如何解决地形高差的问题，设计满足老年人需求的无障碍环境空间；根据老年人生理及心理需求，设计适宜的室外景观环境色彩搭配方式。方案设计中包括三个设计要点，无障碍花园廊桥设计、生理特征需求设计和心理特征需求设计。其中，无障碍花园廊桥是链接整个场地的主要构筑物，主要解决地形高差及无障碍需求，同时连接建筑的上下两层。生理特征需求设计，主要为安全、尺度等方面的设计，其中的亮点为感官花园的设计，满足老年人疗养、锻炼的多层次需求。心理特征需求设计，主要表现在各个个性化区域的设计中，包括宠物区、文艺区、蔬果种植区等，满足不同兴趣背景的老年人的归属与爱、自我实现的需求等。

整个方案打造的养老社区一体化的庭院设计可以在满足老年人的不同层次需求的同时，让老年人既不脱离社会性又保留自我的个性。

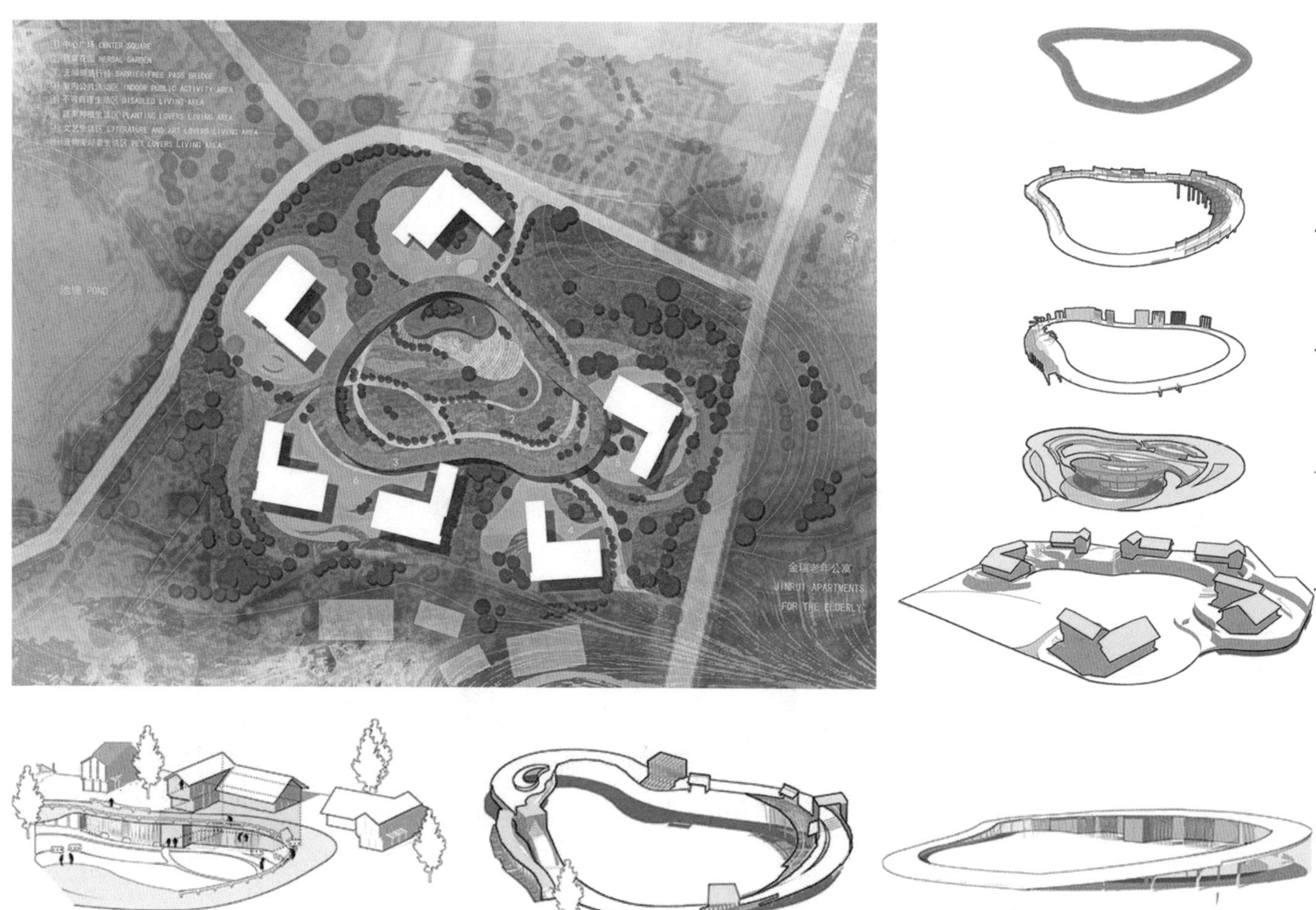

① 中心广场 CENTER SQUARE
② HERBAL GARDEN
③ BARRIER-FREE PASS BRIDGE
④ INDOOR PUBLIC ACTIVITY AREA
⑤ DISABLED LIVING AREA
⑥ PLANTING LOVERS LIVING AREA
⑦ LITERATURE AND ART LOVERS LIVING AREA
⑧ PET LOVERS LIVING AREA
池塘 POND
金瑞老年公寓
JINRUI APARTMENTS
FOR THE ELDERLY

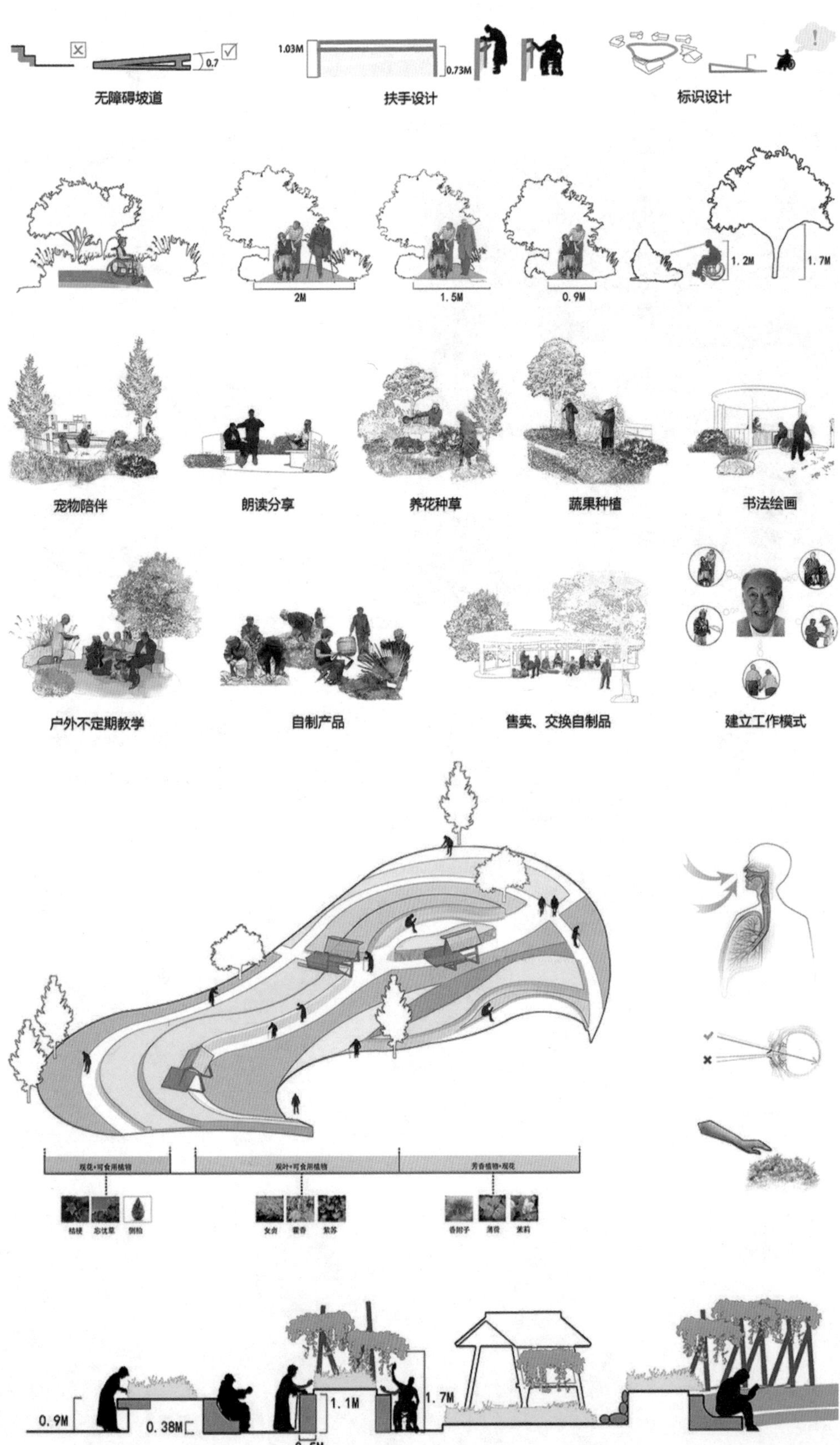
0.7
无障碍坡道
1.03M
0.73M
扶手设计
标识设计
2M
1.5M
0.9M
1.2M
1.7M
宠物陪伴
朗读分享
养花种草
蔬果种植
书法绘画
户外不定期教学
自制产品
售卖、交换自制品
建立工作模式
观花•可食用植物
桔梗
忘忧草
观叶•可食用植物
藿香
紫苏
芳香植物•观花
香附子
薄荷
茉莉
0.9M
0.38M
1.1M
0.5M
1.7M

作　　者：单亚东、左阳、刘丹
作品名称：当归——乡村景观重构再生设计
所在院校：西安美术学院
指导教师：周维娜、翁萌、濮苏卫

设计说明：

采用中医医理寻病施药的方式来诊断乡村，从乡村环境景观中选取三个景观节点进行设计，“回”“院”“集” 三个点分别有三个同代表性意义，在位置上也分别位于整个村落的关键节点。以三个“药物”的“偏性”来医治乡村的“偏性”，改善乡村的内环境，让乡村的内环境得到自我修复。

“回”：位于村口，以送人远行、等待人归来为设计因素，将村口设计成为乡村形象的“代言”。如同中国山水画的一部分，由画面当中延伸至实景之中。激起人们对于乡村联想与回归的欲望。“院”：位于乡村发展最为基本的地方。院既是庭院，又是书院。既是乡村环境景观的体现又是乡村建筑与人居环境的反映。针对老人，孩童，两者所需不同的空间进行设计，为乡村文化的传承与传播者（老人）和乡村未来的发展者（孩童）设计属于他们的空间环境景观。“集”：位于交汇处，有学校、村委、商店等，取传统乡集之“集”，又取《兰亭集序》之“少长咸集”之“集”。作为乡村设计公共活动空间，既赋予空间功能上(集市、集会等)的意义，又赋予空间精神上（乡村热闹的景观）的意义。

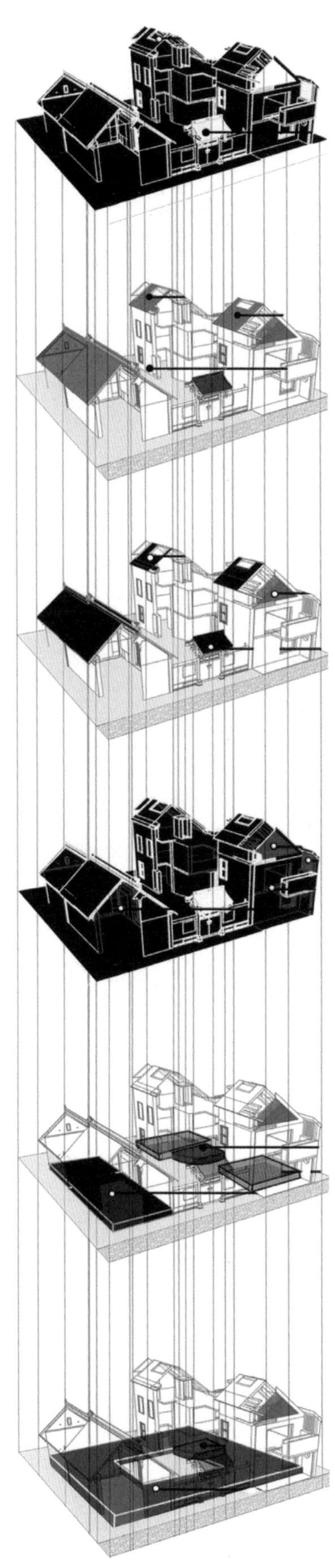

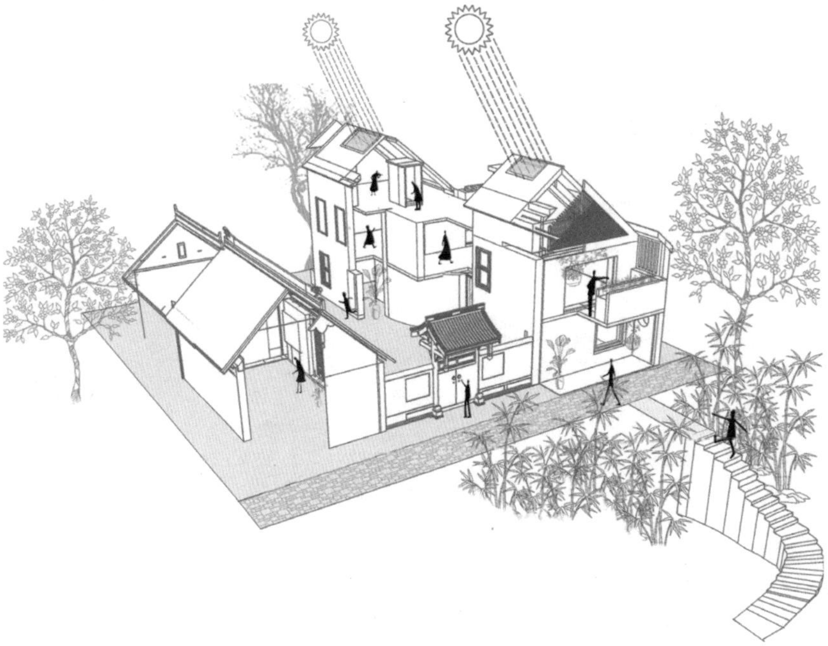

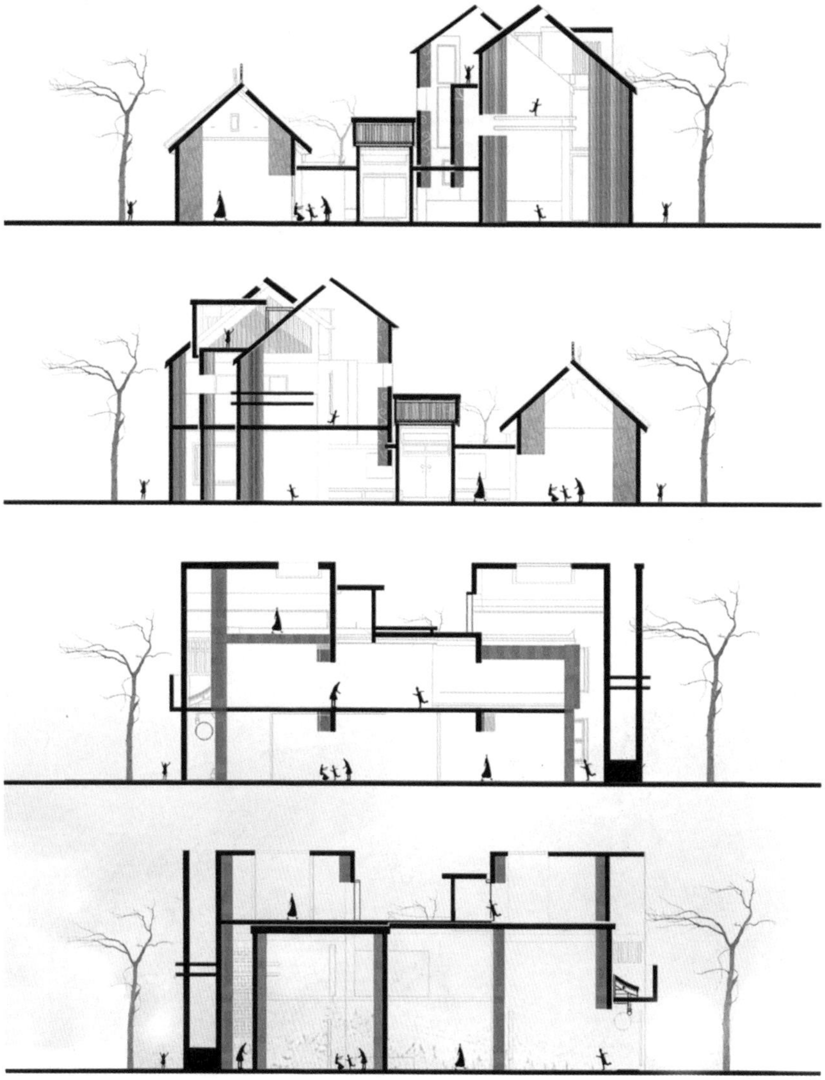

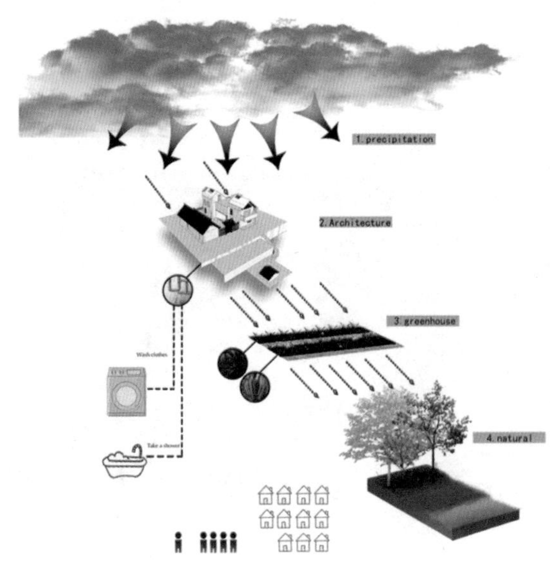
1.precipitation
2.Architecture
3.greenhouse
Wash clothes
Take a shower
4.natural

LANDSCAPE SEAT ANALYSIS

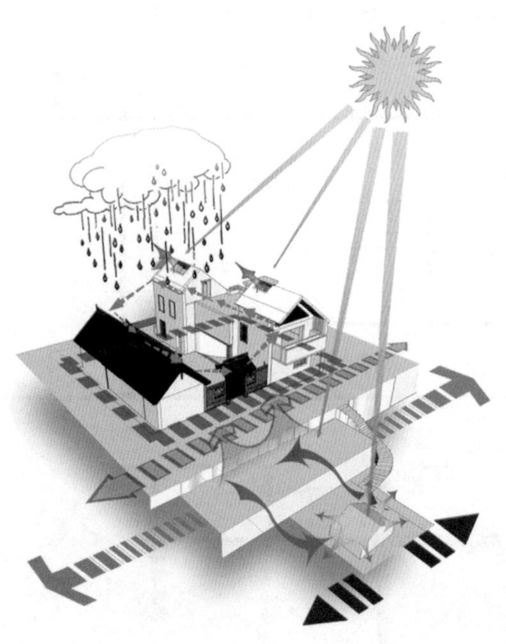

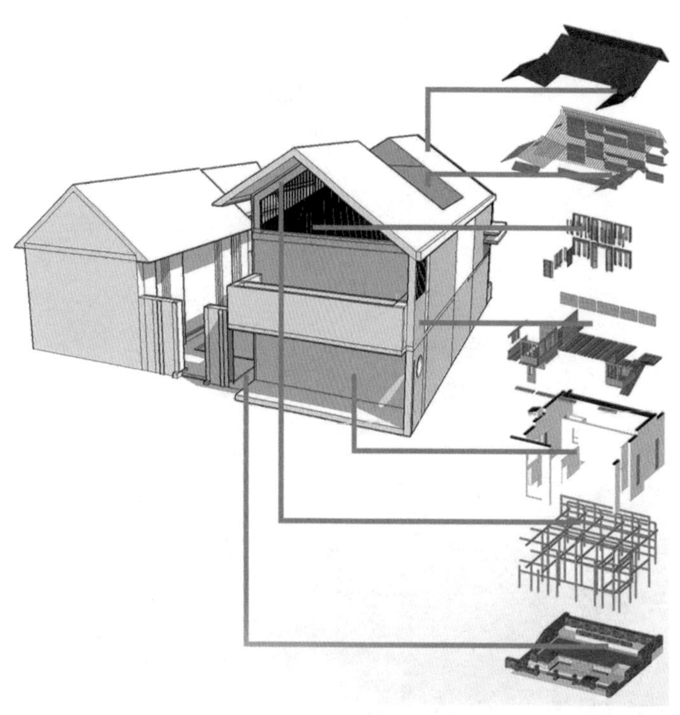

作　　者：罗丹

作品名称：城市公共艺术设计

所在院校：新疆师范大学

指导教师：肖锟

设计说明：

该设计源于以下几个方面的思考：一方面是公共艺术的城市功能，追溯其发展渊源，在城市中的重要性，以及怎样将地域文化很好地融入公共艺术中的研究探析。另一方面是针对新疆乌鲁木齐进行具体分析，通过实地考察、文献阅读、案例分析等相结合的方法，阐述新疆悠久的历史文化、鲜明的地域文化魅力以及城市中公共艺术的历史渊源于现状，并分析其发展过程以及发展中所存在的问题及对策。最后，是对乌鲁木齐市公共艺术的建设构想，构想原则以及发展策划等具体方面进行综合性的分析。旨在提出乌鲁木齐市公共艺术建设的可能发展方向及需要重点对待的问题。

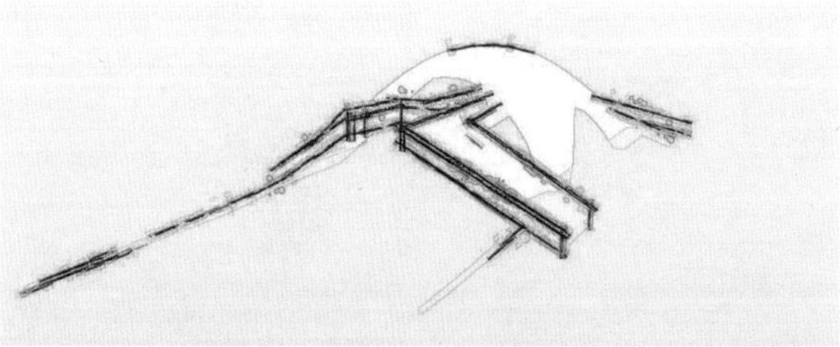

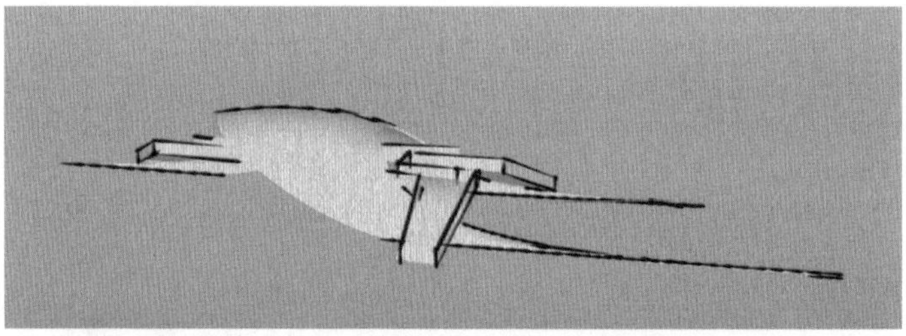

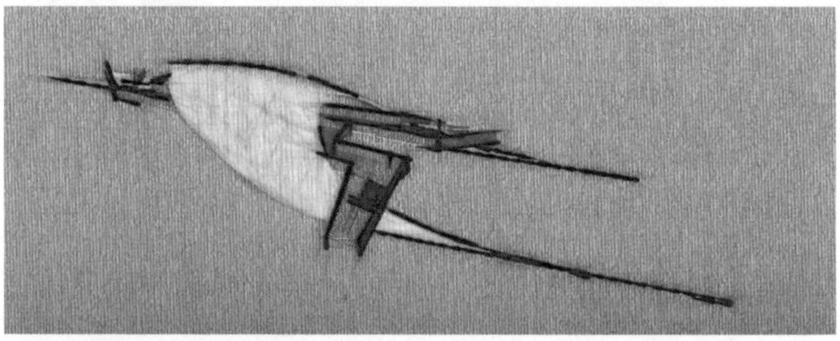

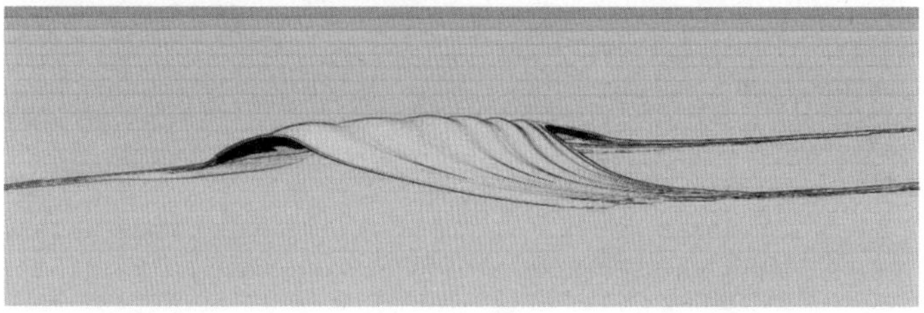

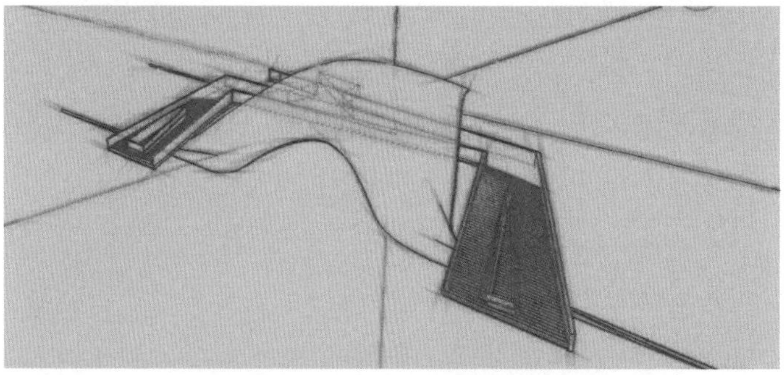

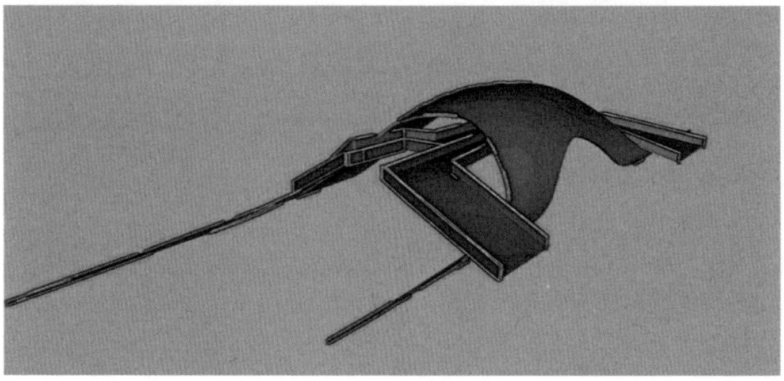

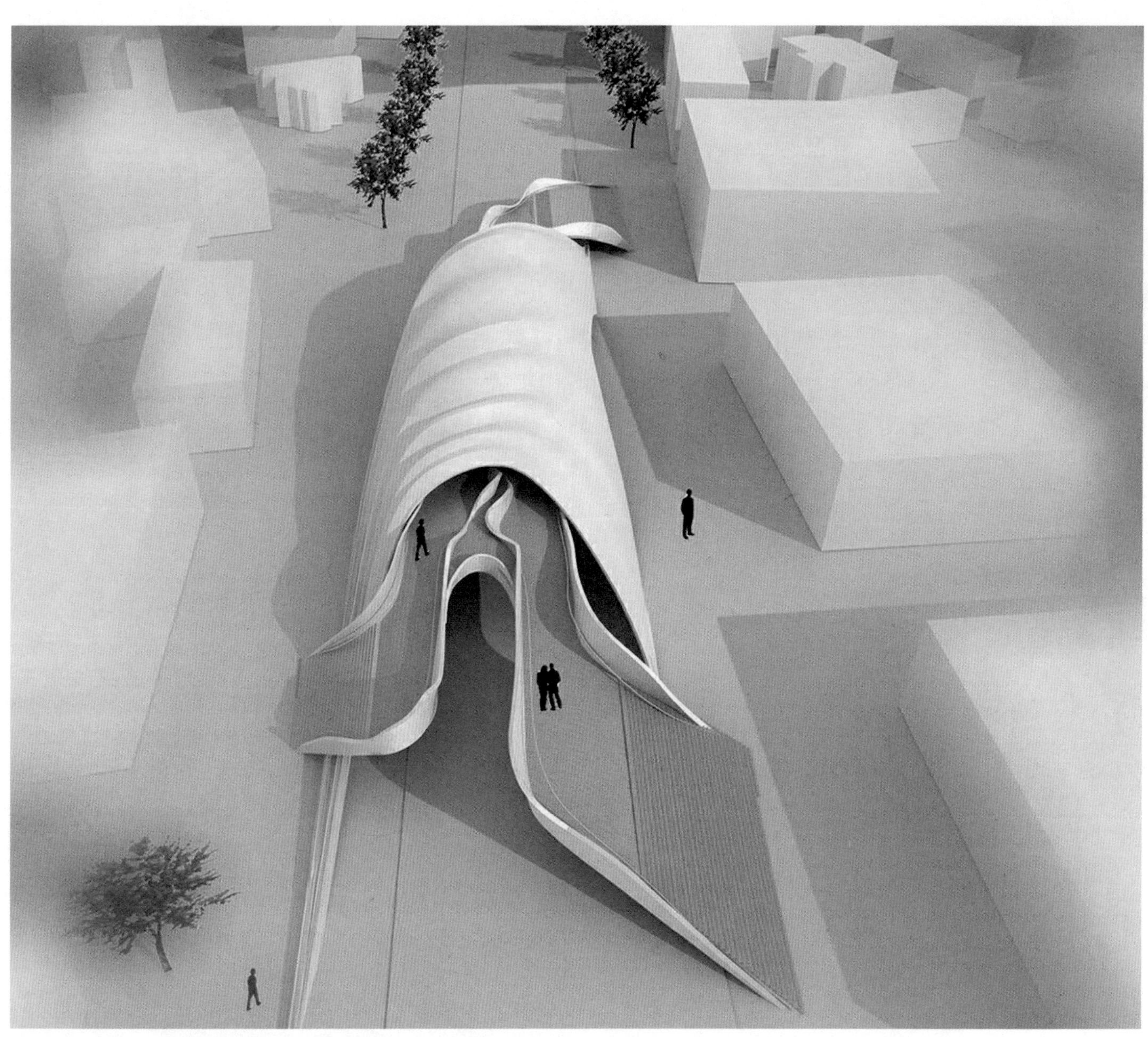

作　　者：温博、杨东鸽、薛改改
作品名称：存景落境——王峰村田塬生景干预与修复
所在院校：西安美术学院
指导教师：海继平、王娟

设计说明：

设计从村落田地地形地貌以及农作物品类的现状出发，分析村落现有自然环境因素，运用生态、科学、可持续发展的观念对王峰村现有生存环境进行梳理与生态干预，同时从王峰村古建筑中提取建筑元素，将其运用于景观构筑物之中。力求构筑物形态语言与王峰村山地自然环境相结合，使其在满足实用功能前提下，与王峰村古建筑文化相融合。其最终目的是维护村落原生文化中人与环境的共生观，以产生文化的介入与调整，带动村落科学种植与环境保护意识的回归与重塑。

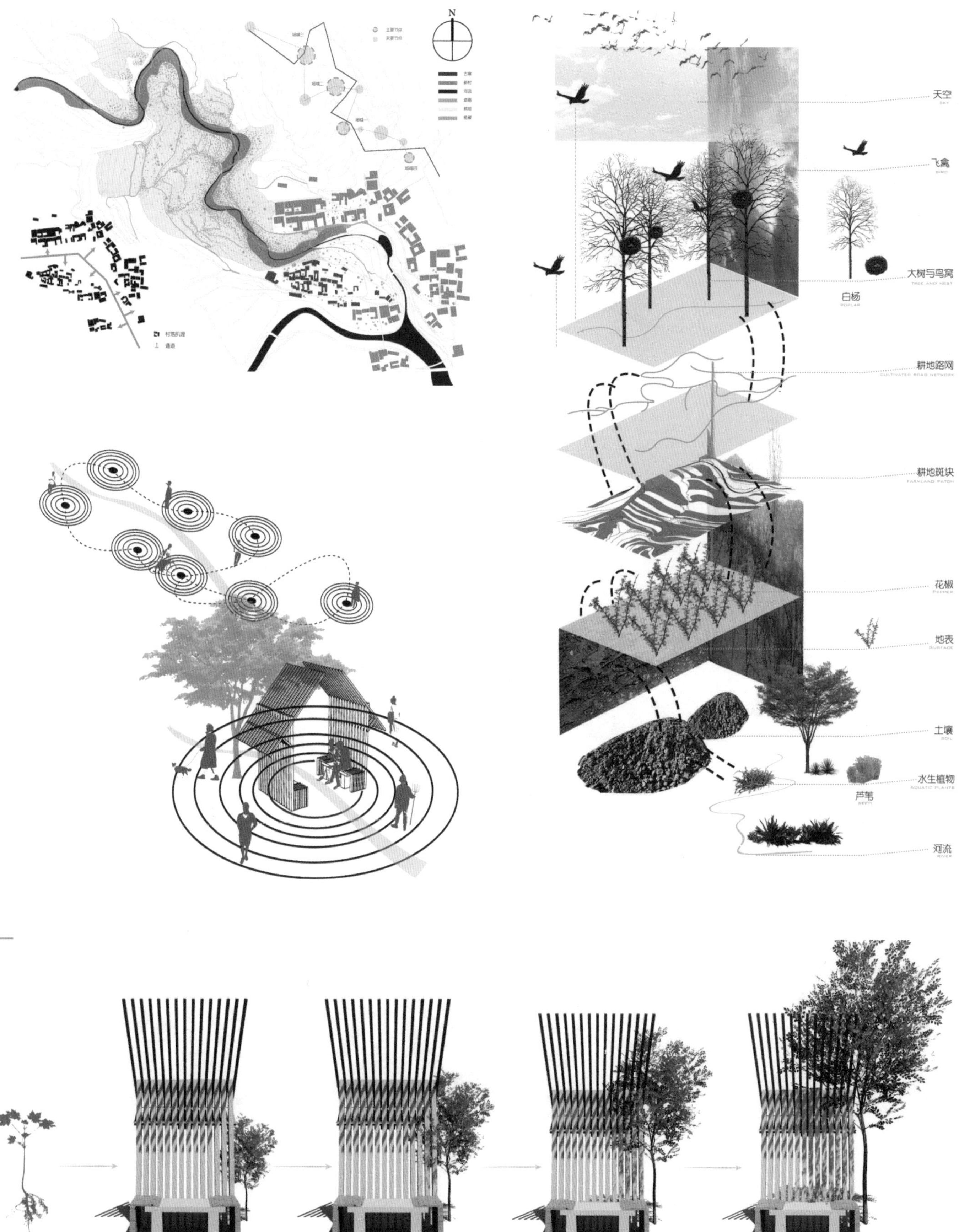
N
天空
飞禽
大树与鸟窝
白杨
耕地路网
耕地斑块
花椒
地表
土壤
水生植物
芦苇
河流

改善意向图
表面土层流动
土层营养物质堆积
土壤层
落叶

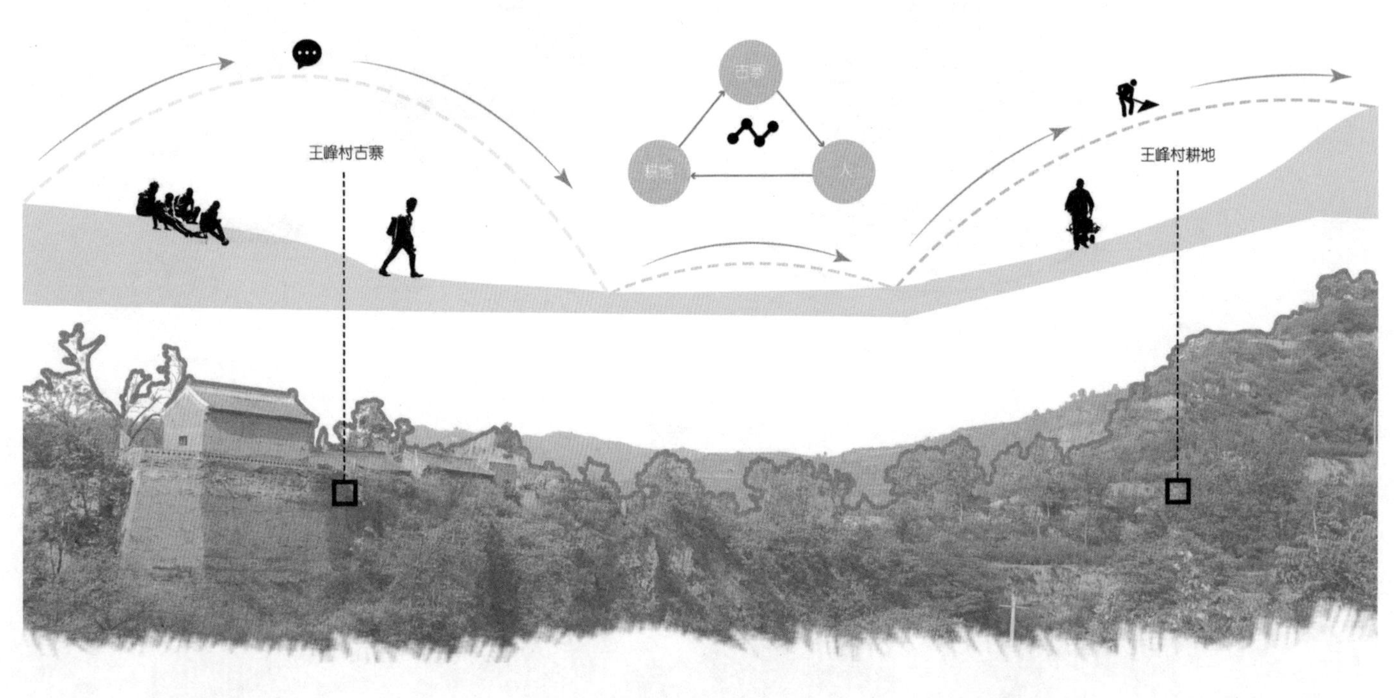
王峰村古寨
王峰村耕地

鹅卵石堆砌在坡地高差出，可以对土层有一定的阻隔作用。
自由生长
人为干预
采用种子繁殖。当温度稳定达到15摄氏度时播种为宜，在5月上、中旬播种，播期推迟到6月底，也能得到较高的草产量。播种时要掌握土壤水分适宜，播后覆土深度1.5厘米左右。通过播种后5–6天即可出苗。
狼尾草生长迅速，成坪时间49d，最大草层高度117.14cm
生长4个多狼尾草月后茎叶鲜重112.93t/h、茎叶干重32.99t/h、茎叶最大截留率45.35%、茎叶最大截留量5.12mm，枯落物有效蓄水率304.88%。
因为生物互动作用长期经过风、水流等的鞋带，狼尾草的种植范围越来越广，且越来越密集，需要人工管理。
5-6d
49d
1year
5year
5-6day
growth
1year
removal
reproduction
seed

作　　者：池墨菲、朱坤城、戴静颐

作品名称：声声不息 生生与共——共享共生型街道改造设计

所在院校：西安建筑科技大学艺术学院

指导教师：王琼、蔺宝钢

设计说明：

基于声音共生的城市共享共生型街道，利用声音作为城市有机更新的还原型辅酶。我们的出发点是一个城市的声景观，落脚点是利用街道建筑的屋顶空间形成一个自然的桥廊，把街道空间立体分层。

桥廊层——桥廊顶上是自然生物生存的廊道,产生大量自然声；屋面层——屋面与桥廊之间的空间是人类安静的阅读、交往、思考、聆听自然的空间；地面层——街道地面是原有的商业售卖空间；地下层——地下是车行空间。

设计的目的是让城市中无序、杂乱的人造声音分层有序共存，形成安静的城市环境，促进城市健康发展；创造空间条件，吸引并引入自然界中其他物种，增加城市生物多样性，形成人与自然声源的共存；记录城市中正在发生的、即将消失的、新增的声音，增加人与自然的互动，促进城市生态教育，并引发社会思考。

本设计依托于2017年度教育部人文社会科学研究青年基金（生生与共——高密度区微型绿道空间环境研究）。

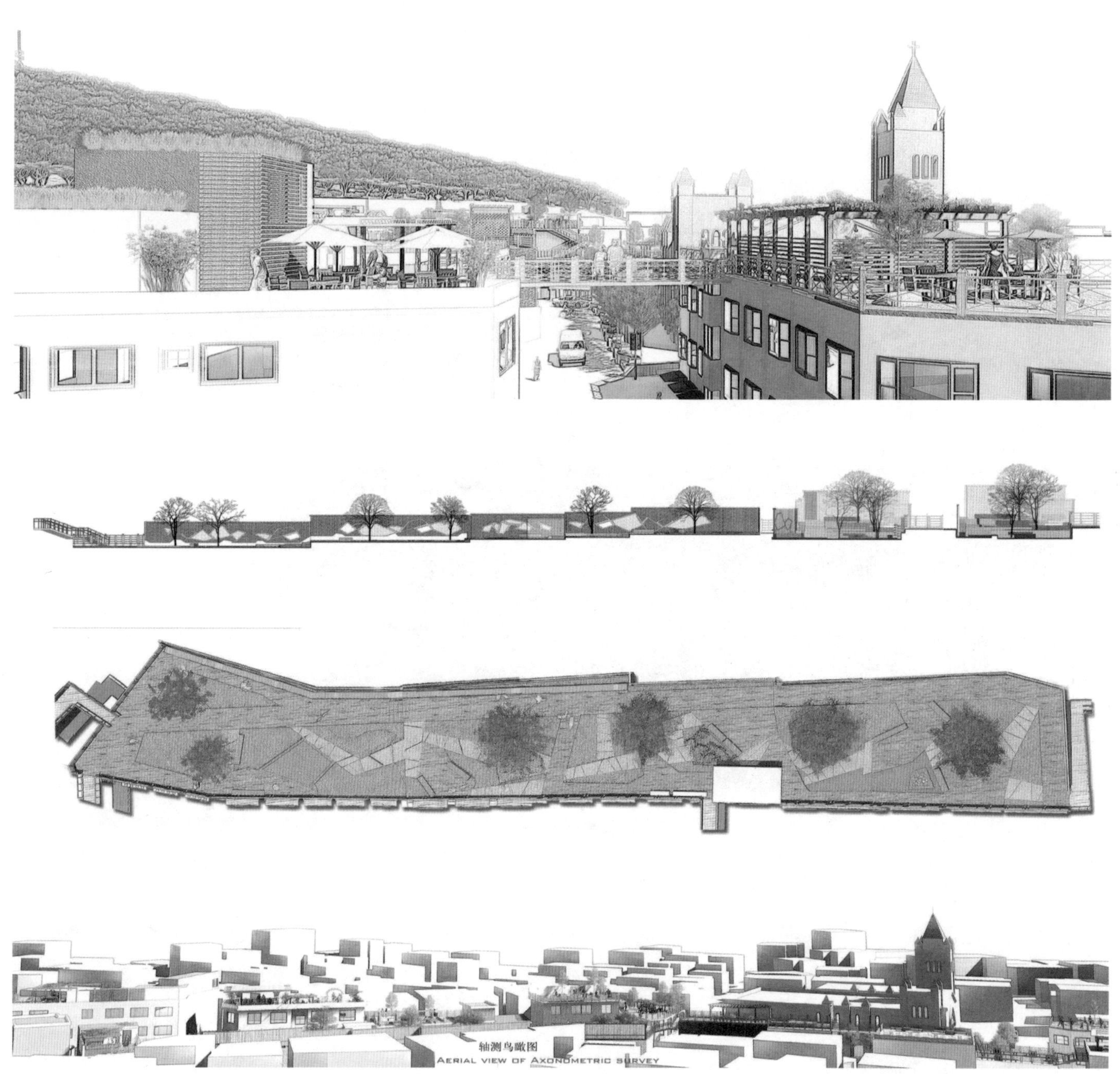
轴测鸟瞰图
AERIAL VIEW OF AXONOMETRIC SURVEY

作　　者：杨丰铭、王双、李杨柳、于茜

作品名称：牵手——乡村小学整体更新改造设计

所在院校：西安美术学院
指导教师：孙鸣春、李媛

设计说明：

我们的学习氛围及校园环境曾也是困难和简陋的。而如今这样的情况却在我们的家乡依然存在，以此为出发点，设计自给自足和最节约的系统去帮助他们是我们的目的。以人为本、以学生为本是选择该设计的思路，为由典小学，也是为更多像由典小学这样的乡村小学做设计，落地取材的方式有利于文化情感的继承与乡土材料的创新化应用。

空间的实质与精神内涵的再开发，有利于在保有空间本身意义的前提和基础上对人文心理元素进行剖析提升，从而使其更有社会意义。

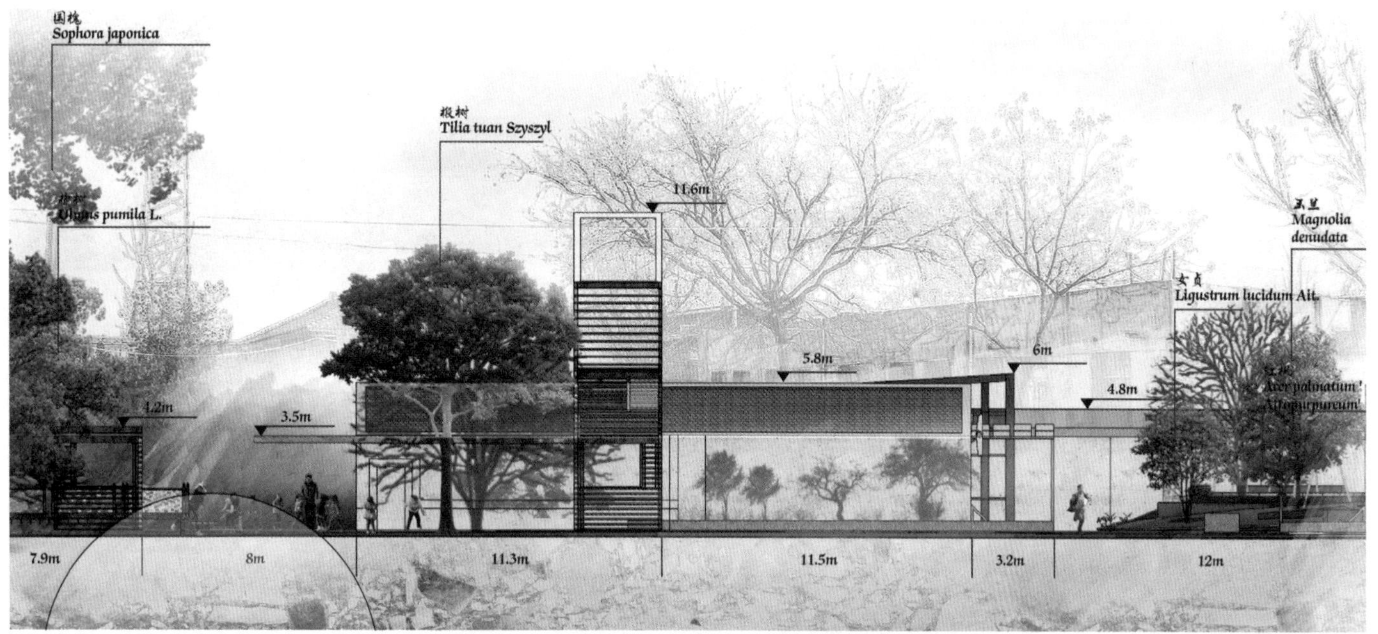
国槐
Sophora japonica
Ulmus pumila L.
椴树
Tilia tuan Szyszyl
11.6m
女贞
Ligustrum lucidum Ait.
玉兰
Magnolia
denudata
5.8m
6m
4.8m
4.2m
3.5m
7.9m
8m
11.3m
11.5m
3.2m
12m

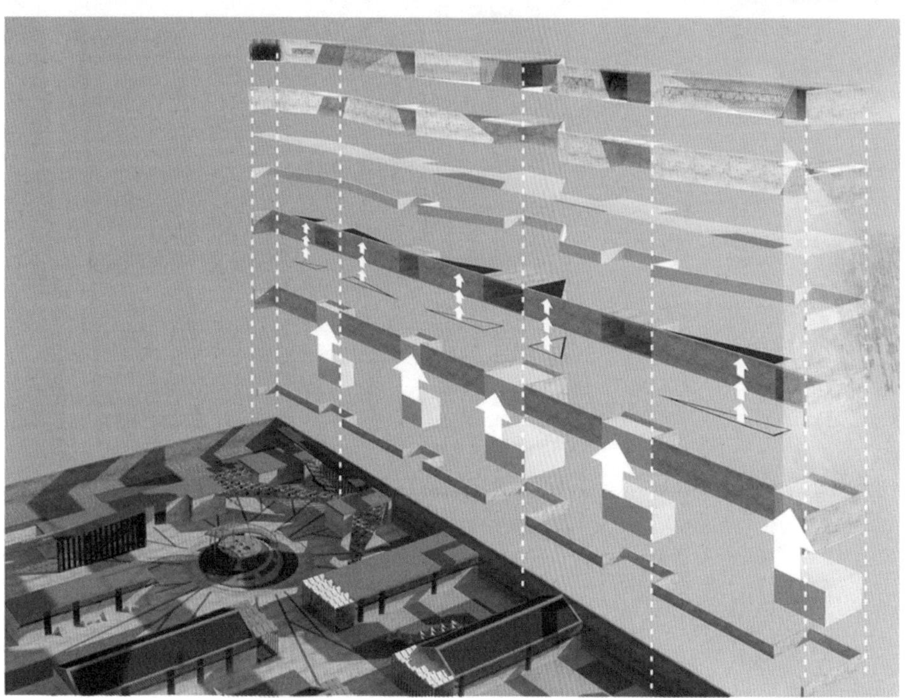

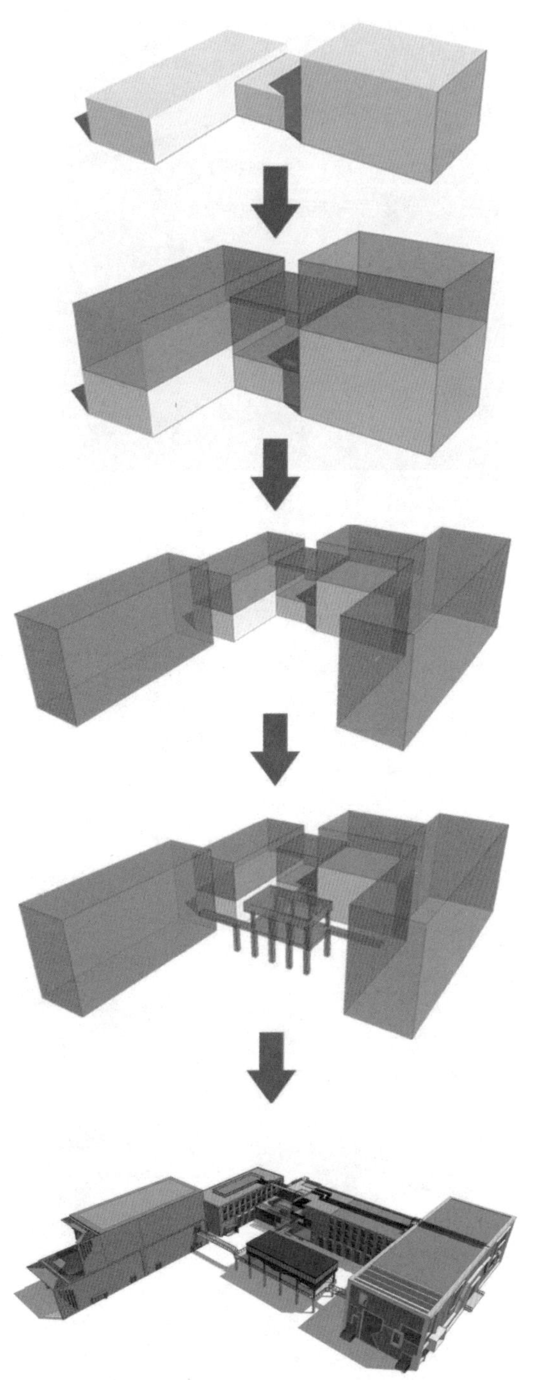

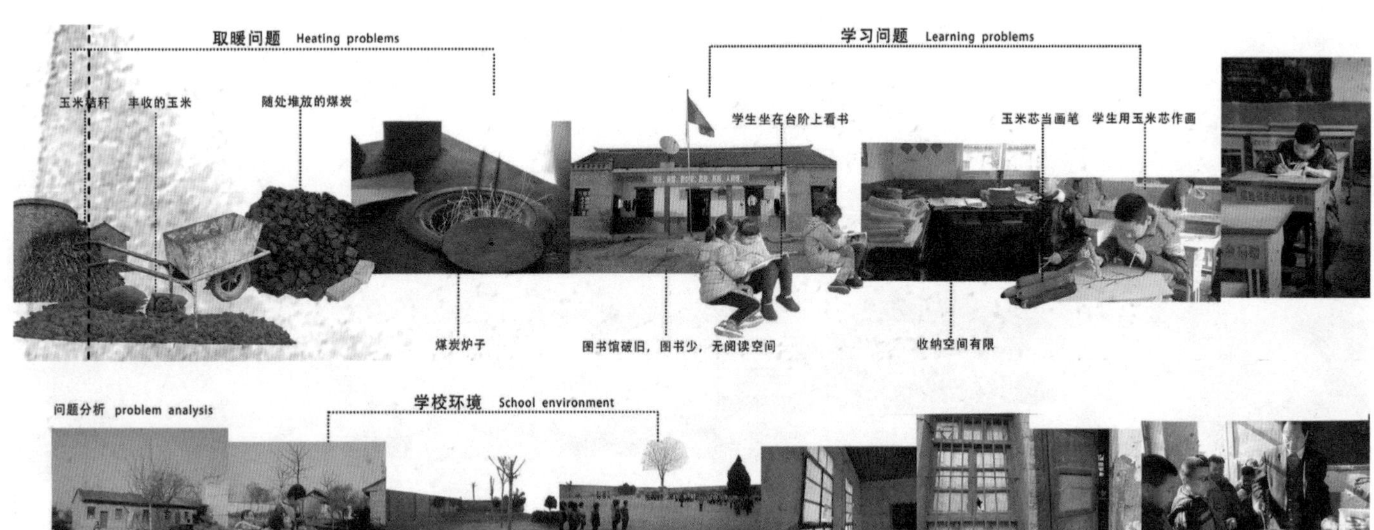

取暖问题 Heating problems
玉米秸秆
丰收的玉米
随处堆放的煤炭
煤炭炉子
学习问题 Learning problems
学生坐在台阶上看书
图书馆破旧，图书少，无阅读空间
玉米芯当画笔
学生用玉米芯作画
收纳空间有限

问题分析 problem analysis
学校环境 School environment
建筑年代已久
存在安全隐患
学校后院杂草丛生
大量土地闲置
学校操场尘土飞扬
教室内部破损严重
教室门窗破损严重
是教室同时也是餐厅

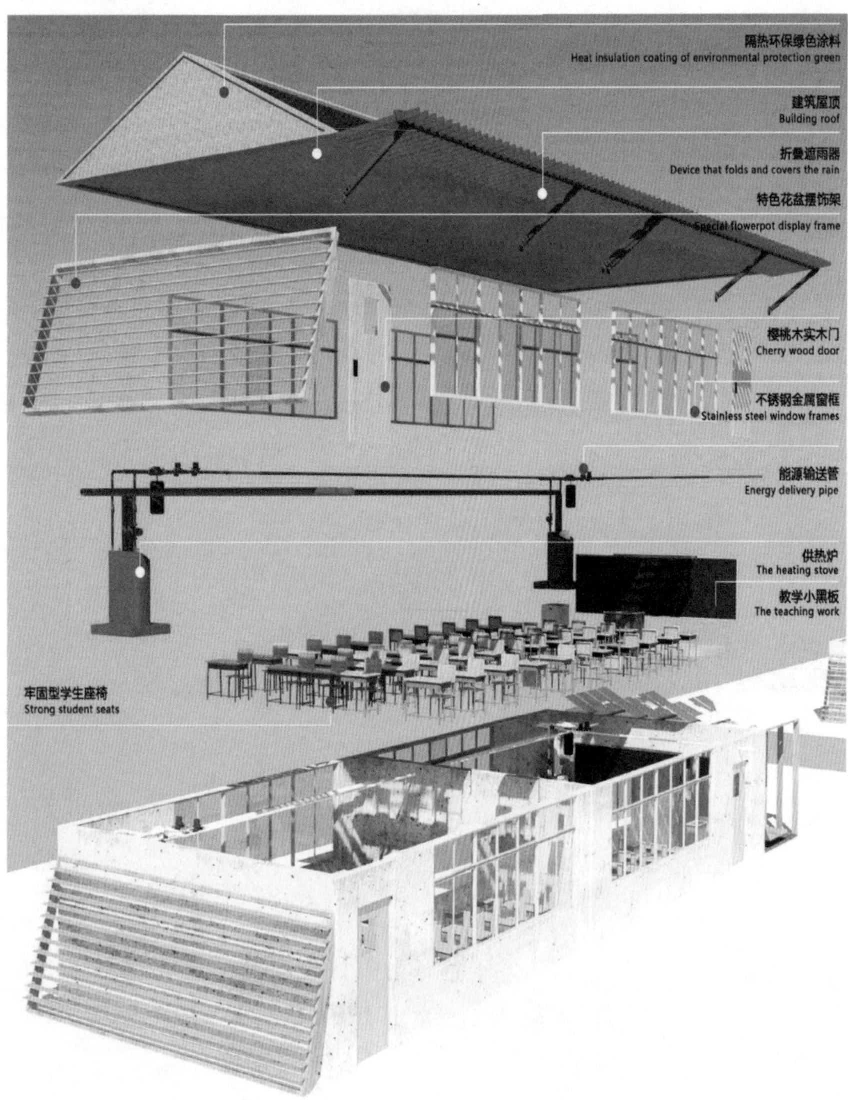

隔热环保绿色涂料
Heat insulation coating of environmental protection green
建筑屋顶
Building roof
折叠遮雨器
Device that folds and covers the rain
特色花盆摆饰架
Special flowerpot display frame
樱桃木实木门
Cherry wood door
不锈钢金属窗框
Stainless steel window frames
能源输送管
Energy delivery pipe
供热炉
The heating stove
教学小黑板
The teaching work
牢固型学生座椅
Strong student seats

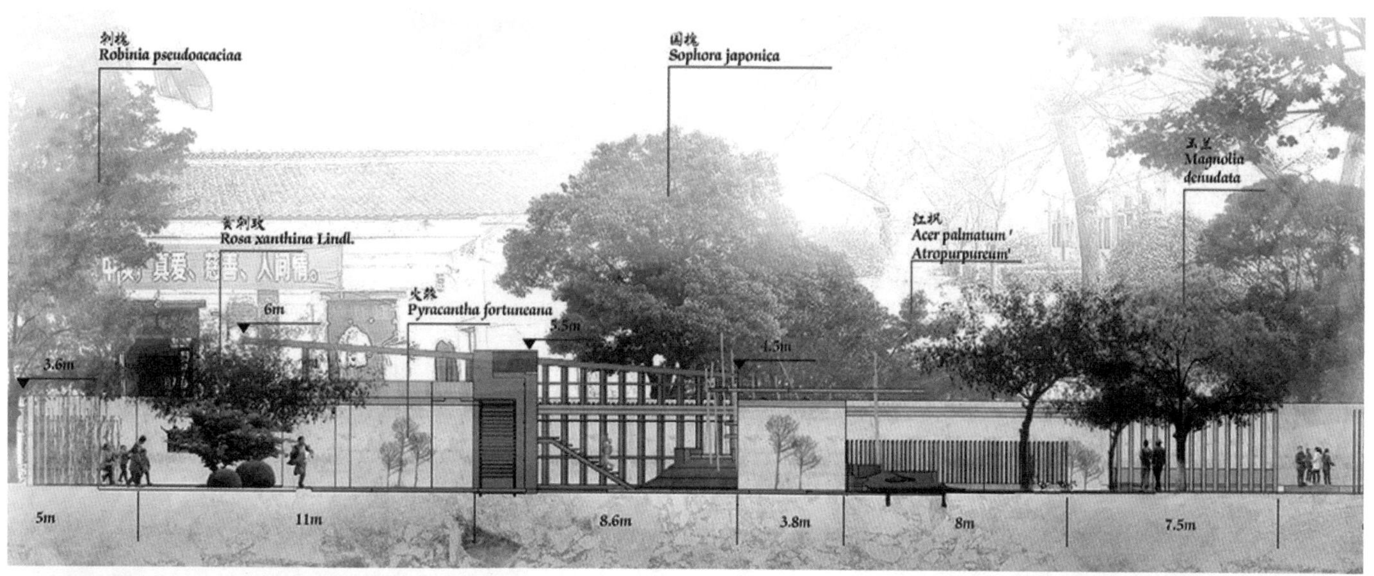
刺槐
Robinia pseudoacaciaa
国槐
Sophora japonica
玉兰
Magnolia denudata
黄刺玫
Rosa xanthina Lindl.
红枫
Acer palmatum '
Atropurpureum'
火棘
Pyracantha fortuneana
6m
3.6m
5.5m
4.5m
5m
11m
8.6m
3.8m
8m
7.5m

作　　者：韩雪、孙瑶、常博
作品名称：寨水一方
所在院校：西安美术学院
指导教师：海继平、王娟

设计说明：

韩城市王峰古寨坐落于两溪夹山的自然环境中，溪水常年充沛、径流不息，村寨自古与水相依，河岸边自然衍生出多处与村落生活相关的原生社交空间。据此，我们从古村寨的水生活方式入手，提取水城与村寨之间的生活、社交、环境因素，意图以水环境空间解读村民与自然的相处关系，并利用新的水景空间补足现有需求，以慢介入的方式，激活村落社交文化。"寨水一方"取自诗经《蒹葭》'所谓伊人，在水一方'，蕴含了我们一方水土养一方人，水土养人的设计理念。

我们结合王峰村当地实际情况，从水与寨入手，深入调研，设计了五个各具功能的景观空间，旨在营造一个更宜居、更舒心、更契合当地实际情况的、寨水和谐统一、相映成趣的一方世界。

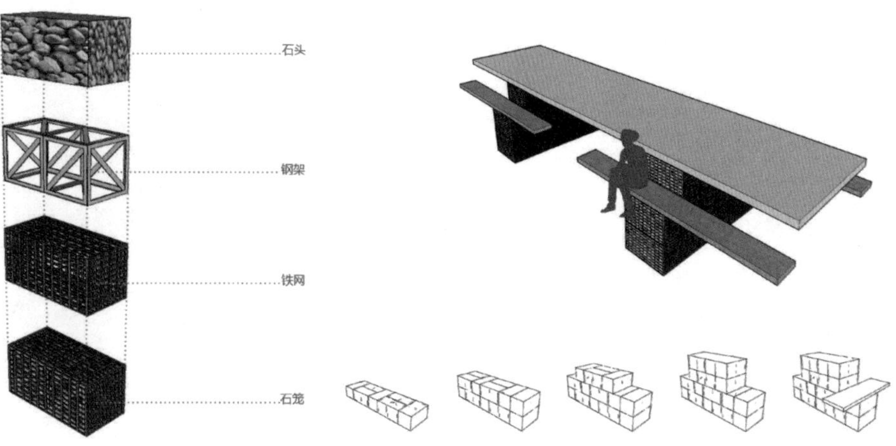
石头
钢架
铁网
石笼

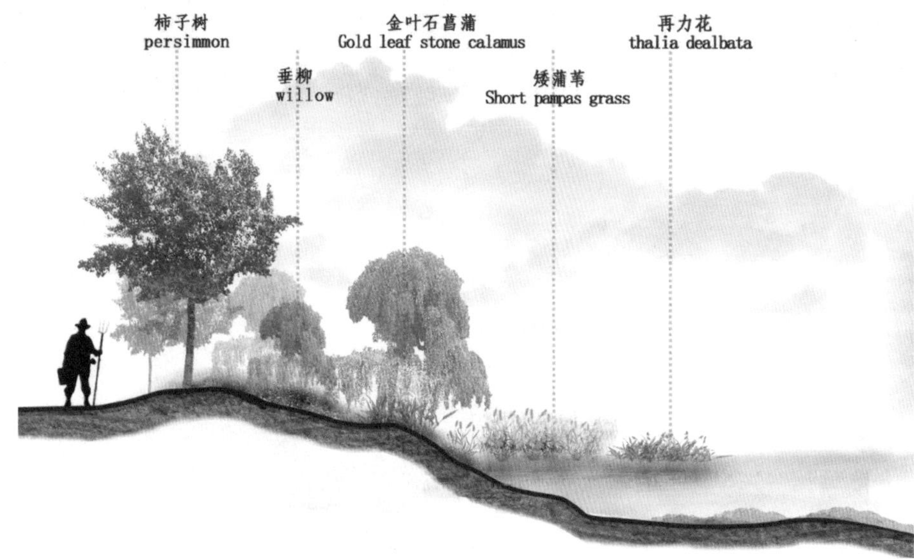
柿子树
persimmon
垂柳
willow
金叶石菖蒲
Gold leaf stone calamus
矮蒲苇
Short pampas grass
再力花
thalia dealbata

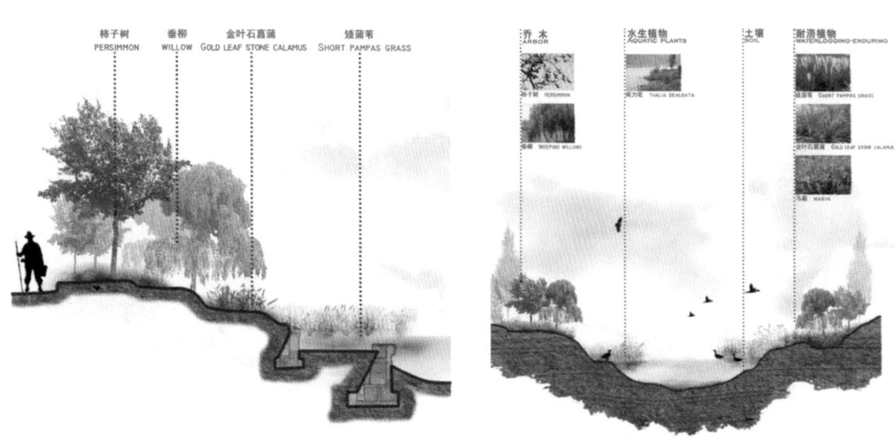
柿子树
PERSIMMON
垂柳
WILLOW
金叶石菖蒲
GOLD LEAF STONE CALAMUS
矮蒲苇
SHORT PAMPAS GRASS
乔 木
ARBOR
水生植物
AQUATIC PLANTS
土壤
SOIL
耐涝植物
WATERLOGGING-ENDURING

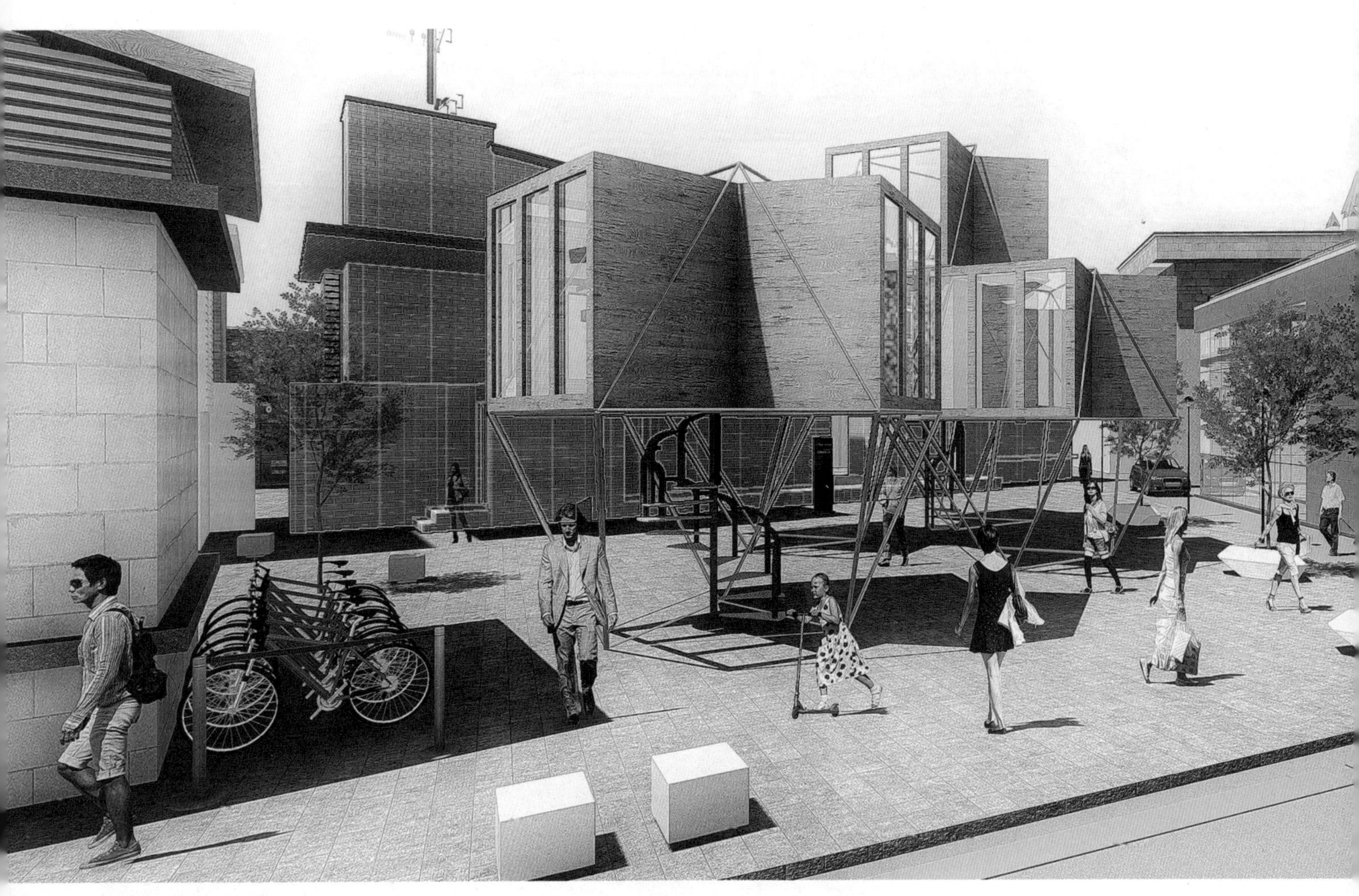

作　　者：徐夕然、张旸、贾静
作品名称：弹性搭建——解放村街区微更新设计
所在院校：西安建筑科技大学艺术学院
指导教师：吕小辉

设计说明：

此次设计的挑战在于描绘出一个有机的城市更新的愿景，就解放村街道目前的问题分析给出一个更加合理可行的方案，整合街道，调和居民、商家、游客三者之间的矛盾。针对所收集归纳的问题与缺陷使用景观的手法来应对，规划道路，通过模块化的弹性搭建对整个街区进行微更新设计，给参与者提供便利，规范环境，丰富人们的公共空间及日常生活，搭建色彩及材质的统一使它们以点成线，以线成面，可以在整个解放村铺设开，成为一道标识，吸引游客的到来，增加经济收益。同时，附加屋顶绿化，带动整片街区的生态复苏，提倡人行，倡导低碳、可持续的生活方式。希望能够在保持现有的城市构造和当前社区的样子不变的情况下，给老街以有机更新，赋予其新的生机与活力，吸引游客，发展经济，切实有效地改善当地现状。

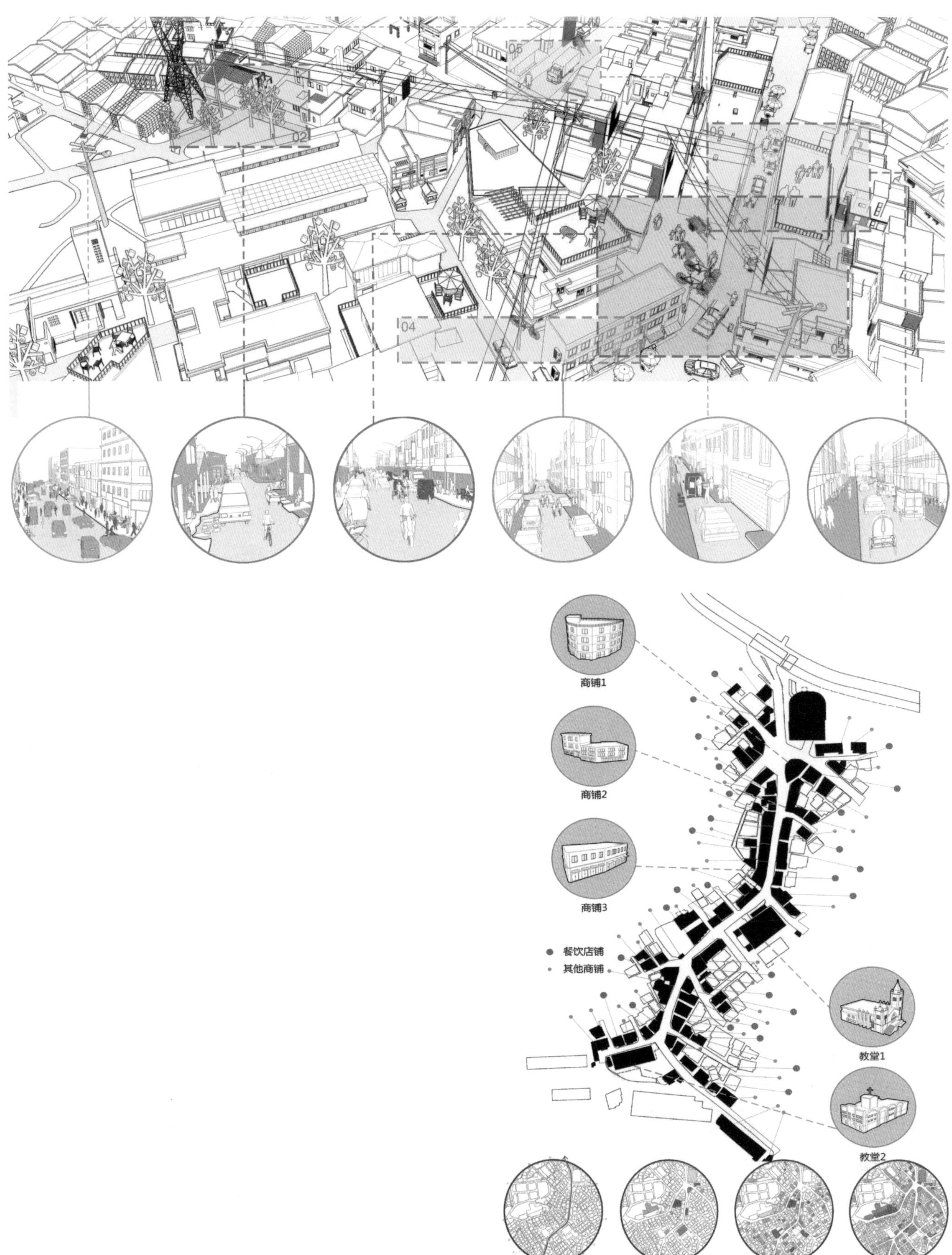
02
05
06
04
03
商铺1
商铺2
商铺3
餐饮店铺
其他商铺
教堂1
教堂2

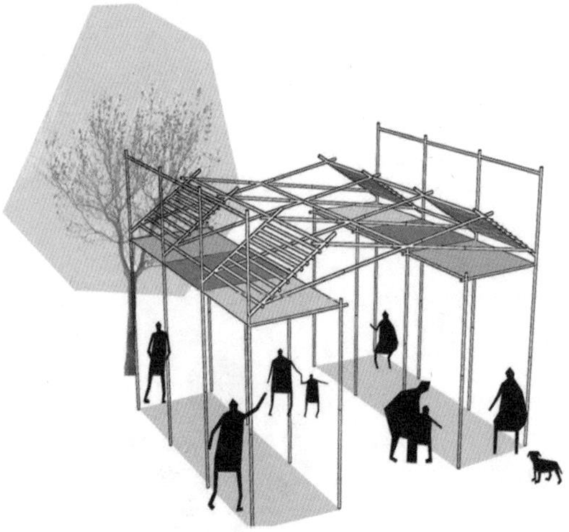

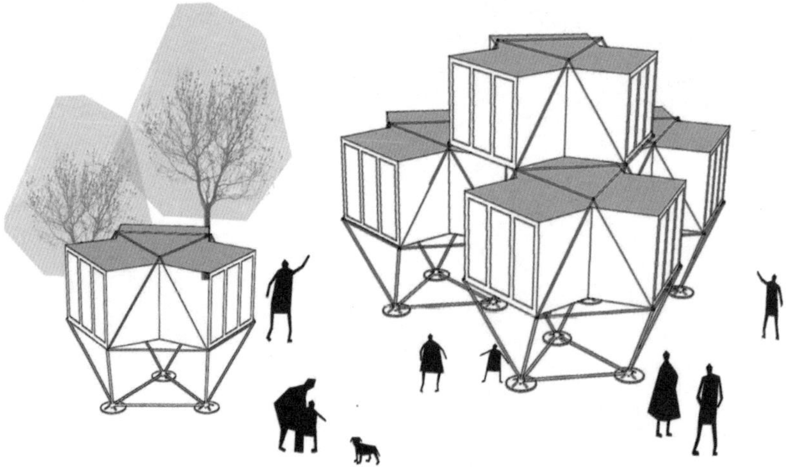

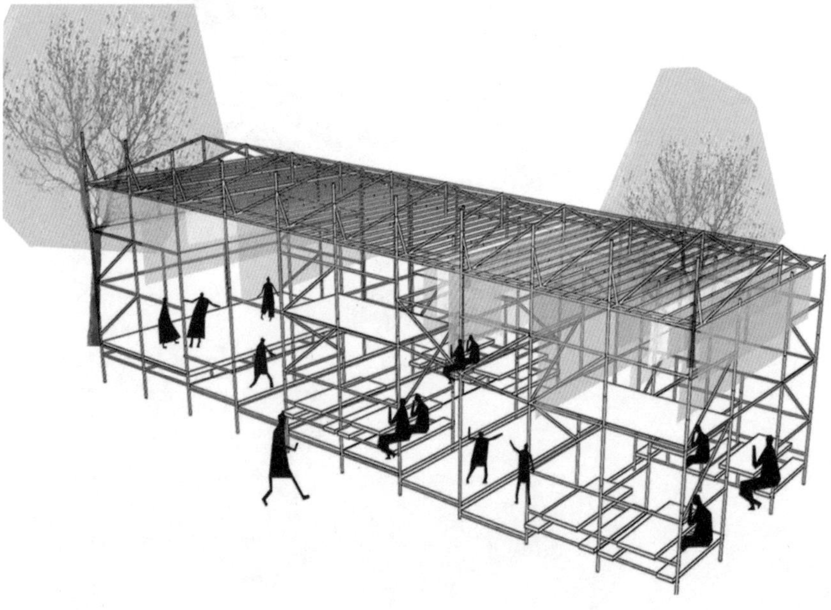

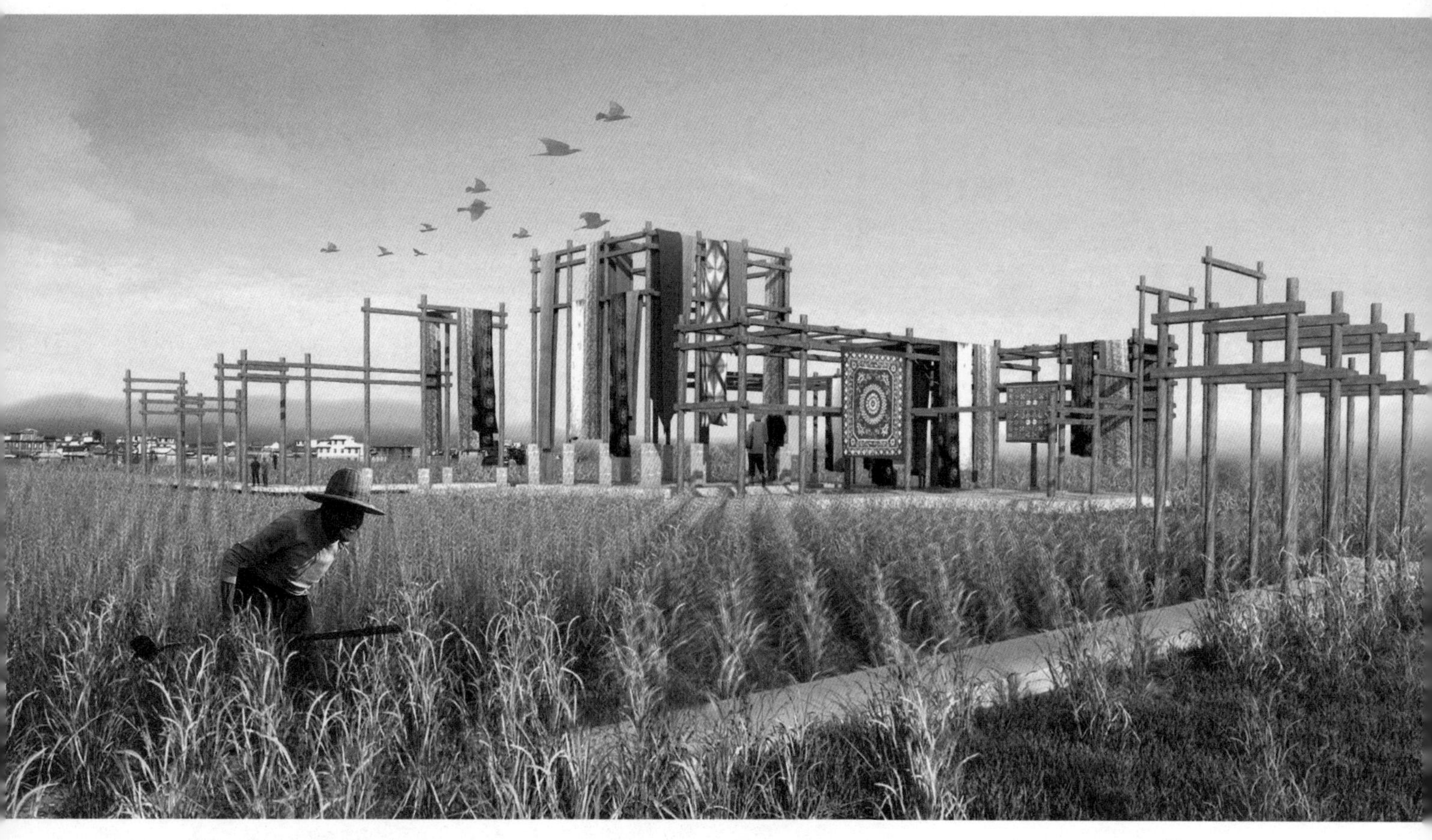

作　　者：段佳珮、钱凯旋
作品名称：菜——大理·白族扎染生活博物馆
所在院校：四川美术学院
指导教师：黄红春

设计说明：

守一份精神，做一个匠人。民族工业的传承离不开“匠人精神”。扎染这类传统工艺，工序复杂多变，需要一份执着，一份坚守，一份责任，一份情怀。大理周城不仅是“白族民族的活化石，更是扎染之乡，历史的积淀赋予了这个村落艰巨的使命。

扎染工艺对空间要求较高，在空间上的组合也多样，所以在空间上就按照工艺的流程，从扎花到晾晒完成空间的流程，在构筑物上，结合当地建筑的形态，打乱重组，与现在艺术融合，打造艺术生产空间。针对场地的现状，打造在设计一生产一展示一销售产业链的理念下。从横线、竖向和纵向对空间进行整合：空间形态上结合扎染工序对空间形态的要求，在空间上按照工艺的流程，从扎花到晾晒完成空间的流程；空间结构上保留原场地的特色肌理的基础上提炼场地元素对场地进行整理，融入扎染的元素和当地白族特有的文化背景进行空间竖向的设计；空间层面上融入现代生活，引入青年设计师，为传统工艺和我们的场地注新鲜血液。

撷撷采线结之
而后染色
即染
则解其结
凡结处皆原色
余则入染矣
其色斑斓
浸染区
庭院晒布区
扎花拆线区
浸泡脱浆区

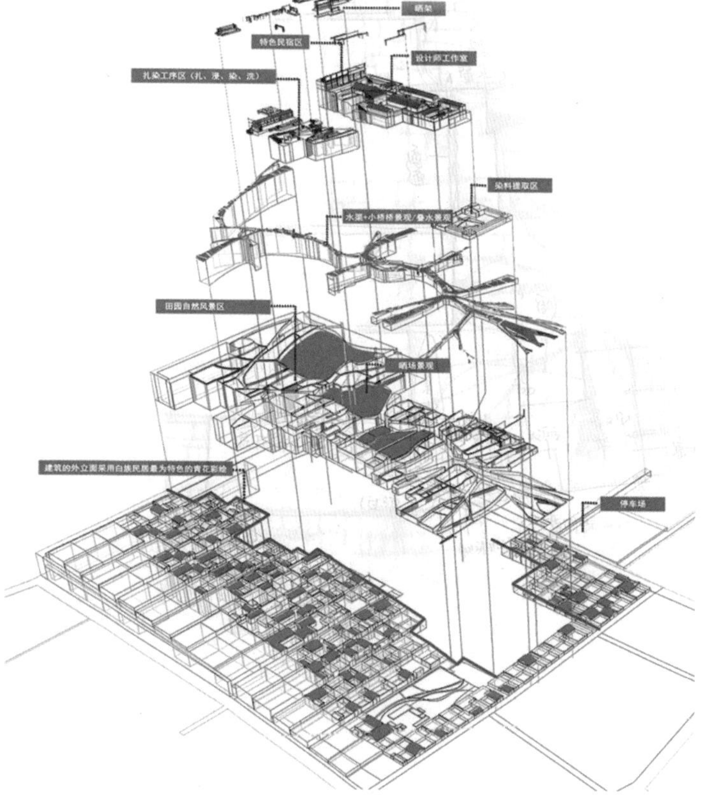
晒染
特色民宿区
设计师工作室
扎染工序区（扎、浸、染、洗）
染料提取区
水渠+小桥桥景观/叠水景观
田园自然风景区
晒场景观
建筑的外立面采用白族民居最为特色的青花彩绘
停车场

作　　者：程世杰、贺彩、罗丰、白天霄、王英政、陈柳、陈默、易静雯、时嘉薇、陈坛、张逸群、杨赛萍、许梅、石明玲

作品名称：迹忆

所在院校：云南艺术学院

指导教师：杨春锁、穆瑞杰、张琳琳

设计说明：

本设计方案结合佤族特色民族文化，使人们充分了解佤族、爱上佤族、传承勇敢无畏的佤族精神。根据司岗里大道周边地形与现有水系，将其分为三个规划区，分别是“追·秘境佤乡”区、“承·层台累榭”区、“源·火耕水种”区。

“追·秘境佤乡”区为整体设计的第一区域，整体设计展示佤族起源，呈时间流线状。将佤族从葫芦中诞生的传说与佤族民族英雄等传说相结合，通过文化广场、葫芦栈道、佤族文化博物馆等设计，使人们在此区域休闲的同时充分了解佤族文化。“承·层台累榭”区为整体设计核心区域。通过对佤族建筑的设计传承和佤族传统手工艺的展示，将整个区域打造为佤族手工艺体验街区。在内容上通过传承文化、融合商业来营造多功能体验空间；以佤族传统技艺为线索，促进传统技艺的传承与发展。“源·火耕水种”区为司岗里大道水系区。水是生命之源，佤族人亲水爱水天性使然，水耕火种的生产生活方式历来已久。贯穿全城的勐董河位于司岗里大道边，源头来自于勐董水库该水库建于1977年，是一个集观光、灌溉、发电、防洪、排污于一身的多功能水库。在堤岸安全加固及防洪设计的基础上，改造为居民休闲、嬉戏的场所。

作　　者：王娇、沈策、戚梦圆、张宝月
作品名称：藏·西安美术学院新校区美术馆空间环境设计
所在院校：西安美术学院
指导教师：濮苏卫

设计说明：

将经典的园林文化与当代的设计文化相结合，建筑群落间的流线互动，建筑层次之间的空间尺度形成合理的功能布局设计。结合设计中的立意，找到合理的环境整合形式，使景观与建筑间的关系更加和谐，国内美术馆的教育功能尚处于初步阶段，我们将通过展馆的多面性、多元化、开放性、服务性以及创新性为出发点，设计出适合当代社会发展的更具有现代意义的美术馆。追求自然的景观肌理，静谧诗意的展示空间氛围，赋予古典禅意的景观境界，藏与露的智慧空间情感，古典园林式的魅力空间体验。

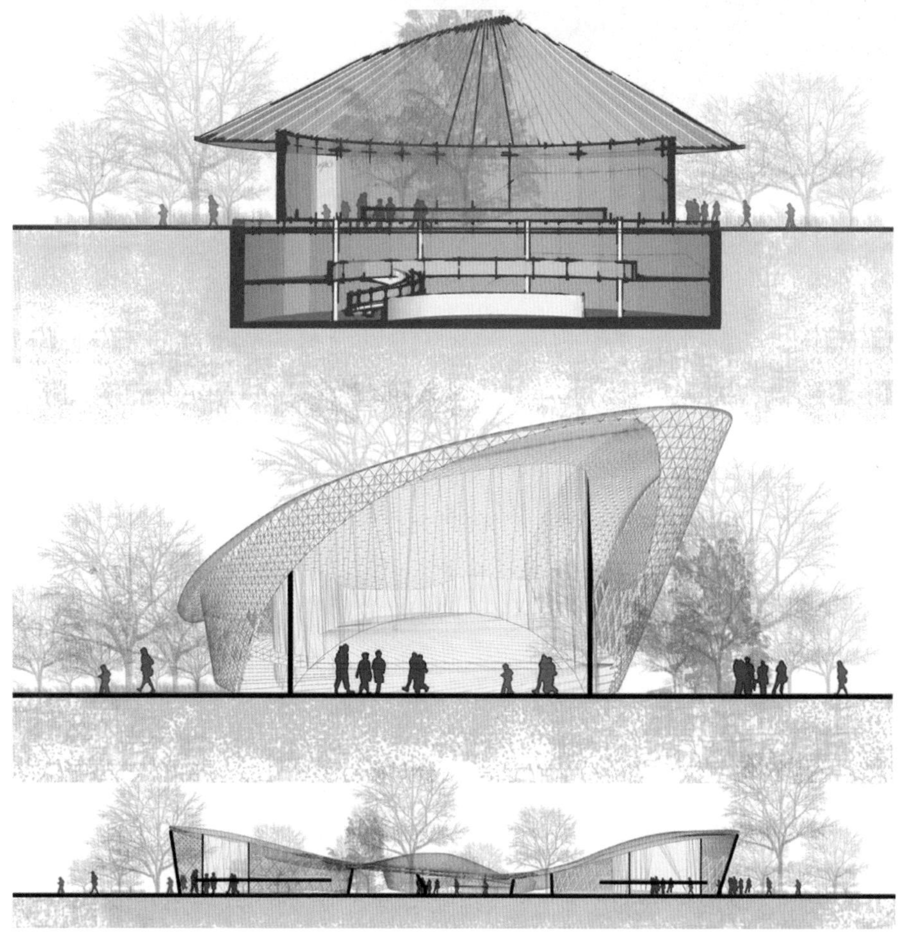

作　　者：吴秀、傅乃军、姚俊
作品名称：地脉——南宁市朝阳民族路口地下通道改造
所在院校：广西艺术学院
指导教师：陶雄军、边继琛、张昕怡

设计说明：

对地下通道的改造，是为了缓解地面交通的混乱与拥挤，挽救将被遗弃的地下通道，更多地利用地下空间资源。

引用现代先进的感应技术，美学艺术与理性科技的结合，对地面和墙面设计感应发光的互动装置，让人们能与整个空间互动起来。通道里设有坡度扶手电梯和平地扶手电梯，让人们能更快速地通过。这里相比于路上混路交通更快捷更安全。

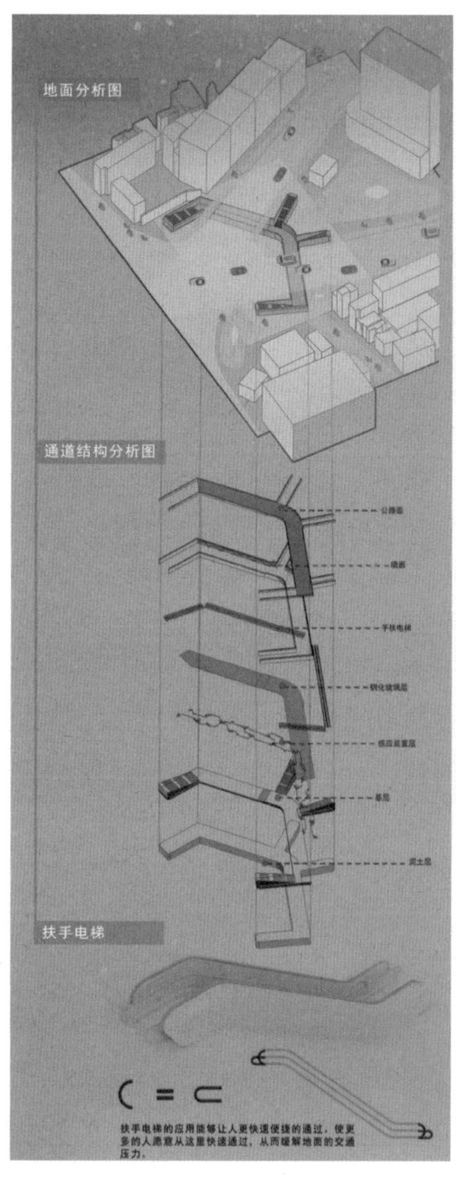
地面分析图
通道结构分析图
公路层
墙面
手扶电梯
钢化玻璃层
感应装置层
基层
泥土层
扶手电梯
扶手电梯的应用能够让人更快速便捷的通过，使更多的人愿意从这里快速通过，从而缓解地面的交通压力。

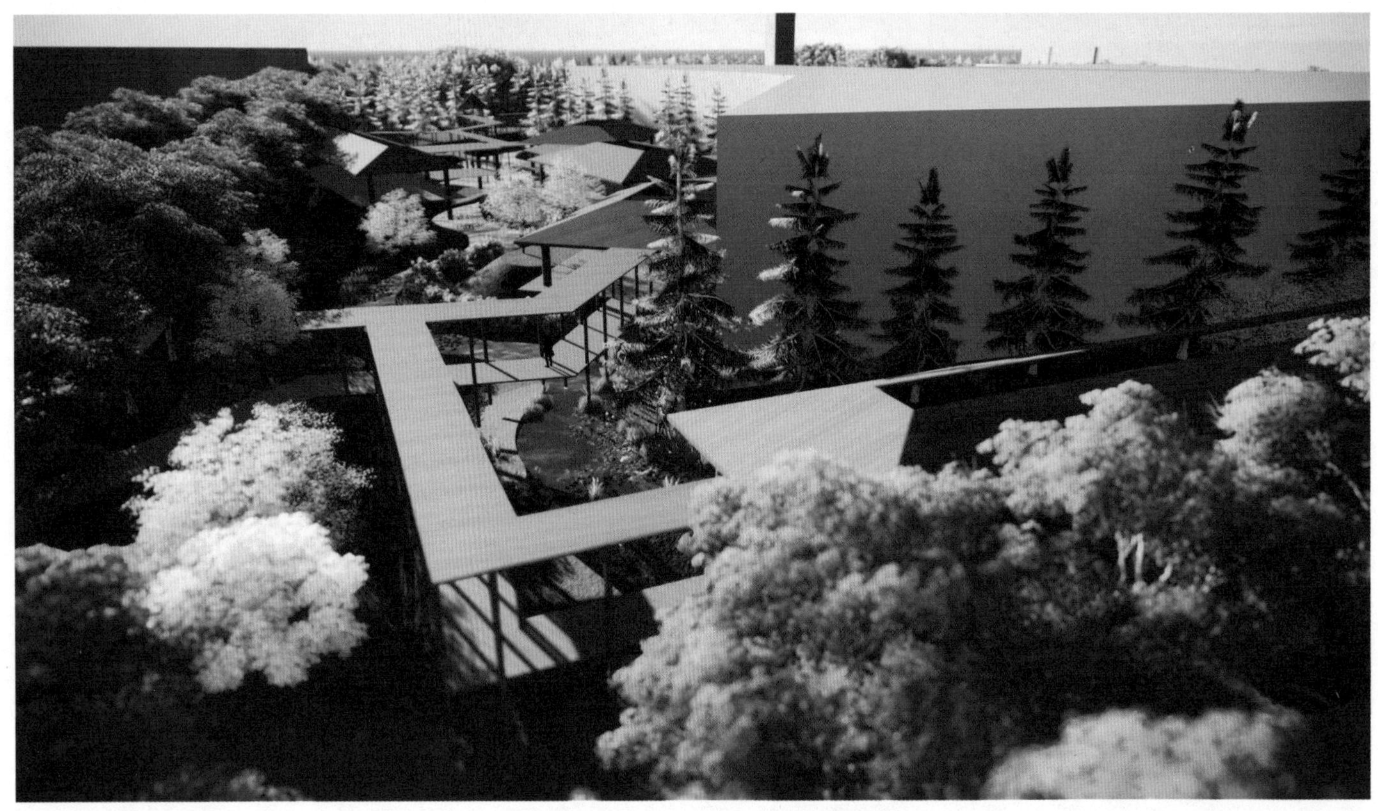

作　　者：张云、王钦
作品名称：OPEN THE "WALL"打开"围墙"——校园景观设计
所在院校：西安欧亚学院
指导教师：崔妍

设计说明：

整个校园景观的设计以对外开放为原则，通过对不同功能区的不同设计手法，诠释校园精神，反映校园文化的多元性、自由性、兼容并蓄。校园景观规划更加注重内外的交融、渗透，以及"以人为本"的理念，力图打造传承地域文化、特色和学校人文精神的校园环境。

校园景观布局为两条（东西、南北）主要景观轴线，将校园景观分为四个区域。左右为水景与广场区，上下分为休闲游乐与植物观赏区，共12个园区、24个景点。由东向西的景观轴线是按照从中式园林风格向西式园林风格渐进的方式进行。

设计的主要特色在于：打破传统的围墙，校园景观以公园形式对外开放，将校园景观与周边景观融合；主要景观在图书馆周围以及主要入口部分，景观元素采用中西结合方式，将中西文化相融合；保留了小部分的围墙将其改善用作景墙，保留了围墙的历史，改变了围墙的功能，将旧景与新景相融合；在宿舍区域私密性比较强的地方运用绿篱，形成围墙遮挡视线也十分美观，打造了一个半开放的空间。

作　　者：王菲菲
作品名称：井观 · 井语
所在院校：西安美术学院
指导教师：孙鸣春、李媛

设计说明：

由井而观，以井而语。当我们发现一种具有文化价值、艺术价值以及地域特色的古井，失去功能时，它该如何继续存在。一口井，它似乎也代表着整个社会的一个普遍问题：传统的流逝和文化的缺失。传统的生活结构发生了改变，旧的形态已经适应不了新的生活模式，但蕴含在其中的文化能量早已深深地融入人们的生活中，我们试图通过井的外在形式和内在含义使其重新定义且进入而今的景观体系之中，使苏州地域文化得以延续。以对苏州平江传统历史街区的遗产、风貌保护及景观设计为选题方向，以该历史街区中的一百多口老井，及因老井这一历史文化遗存而形成的情境场所为区域保护主要对象，在无痕设计的理念引领与方法指导下，分别运用传承保护、情境再造、现状改造、生态基底、文化提升、空间叙事等方式，形成了区域性、系列性、情境性的传统文化遗产空间的提升与再造。

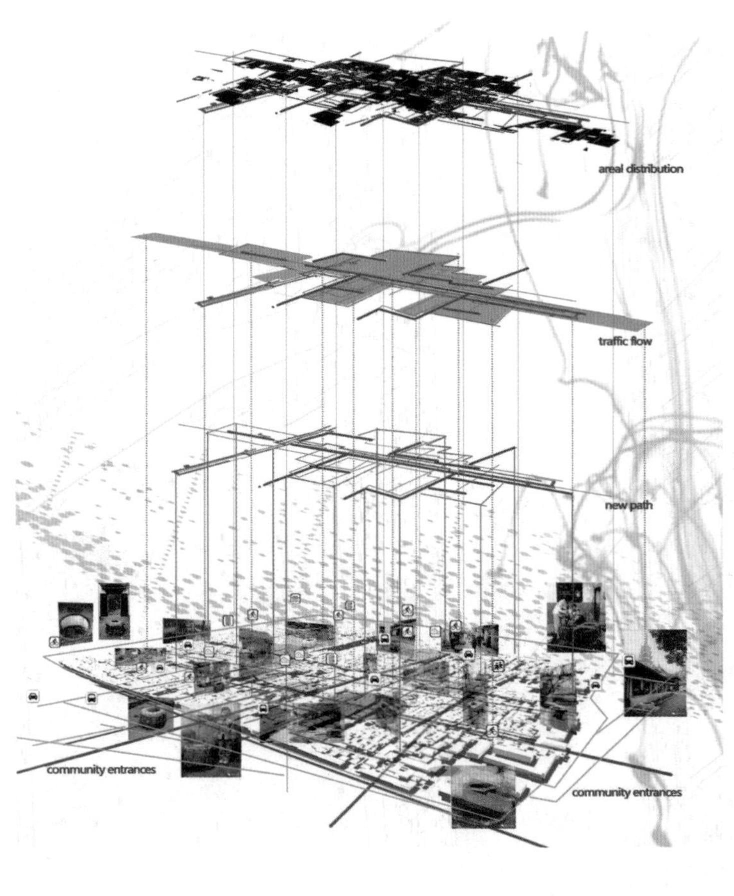
areal distribution
traffic flow
new path
community entrances
community entrances

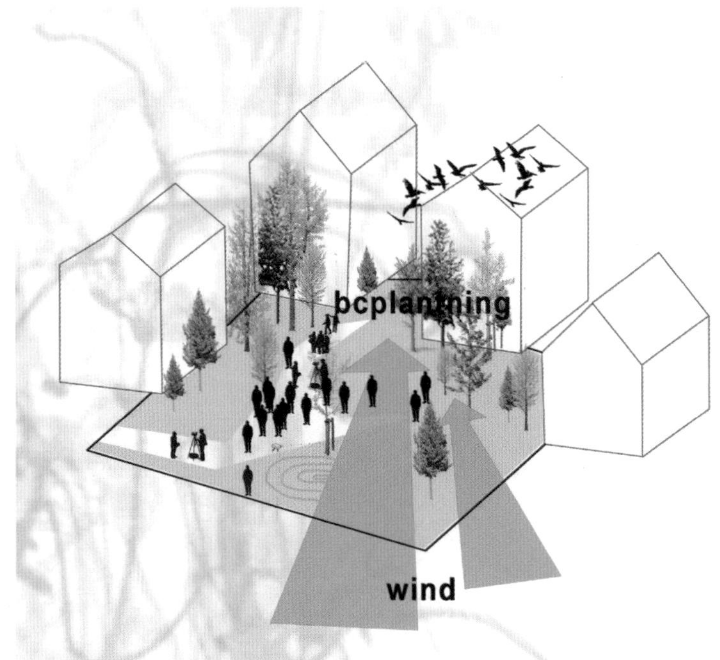
bcplanning
wind

作　　者：许美玲
作品名称：社区・结合自然
所在院校：西安美术学院
指导教师：周维娜

设计说明：

伴随着我国城市化的发展，其过程中导致了城市生态空间系统连续性的欠缺，使生态环境受到不同程度的影响。肆意排放的废水、河流生境的破坏、“硬质景观”的水泥渠化现象，种种阻隔生态大循环的集体无意识行为都对我们生活的环境造成了不可逆的影响。面对城市化建设带来的诸多问题，我们试图寻求城市发展中更为合理的解决方案，通过对环境更小的伤害达到更合理的生态诉求，同时也对设计规划相关人员提出更高的要求。

贵安新区定位为现代化生态城区，不仅是未来区域政府和政局所在地，而且是服务于整个贵阳市的辅助地域。

在未来贵阳生态城项目将向市民提供令人激动的新生态生活方式，以满足贵阳现代化进程与经济增长过程中的要求，并致力于发展成更有魅力的区域，真正成为一个21世纪可持续性发展的社区，在经济活力及生态栖息地之间实现平衡。

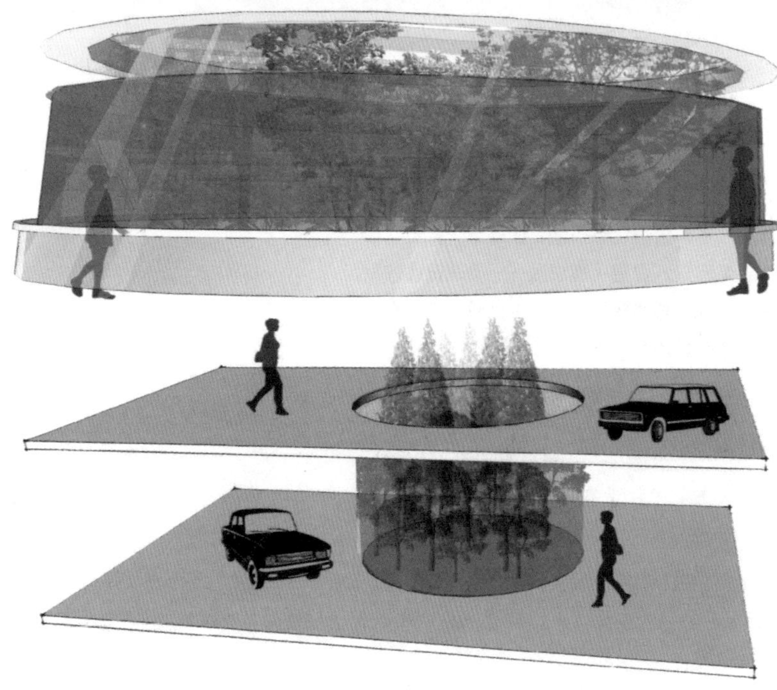

作　　者：鲁娜、龚子豪、谢思钒、黄宏
作品名称：八里唐・理想国——景观设计方案
所在院校：郑州轻工业学院易斯顿美术学院
指导教师：杨超 、汪海、张杨

设计说明：

本方案项目是洛阳八里唐文化创意公园的三期工程，现实原场地为一片预留待开发的草坪，在此用集装箱作为设计切入点，集装箱具有低成本、可移动、可拆卸、环保的优势。我们在场地内规划了商业街、酒店、会所、酒吧、音乐节舞台以及电子乐舞台，目的是为了建成一座适合年轻人的集客小镇，打造成全国唯一音乐产业集合、国内最大的集装箱建筑集群、中原最具魅力的青年街头社区。

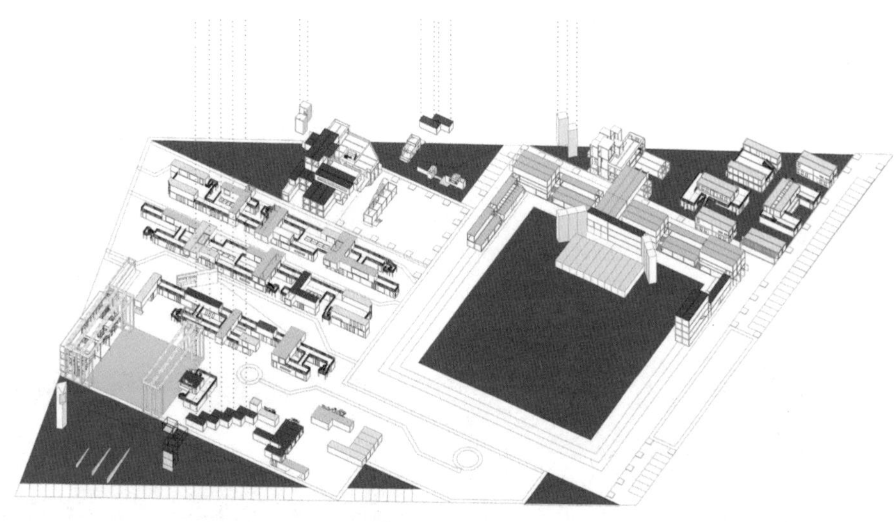

作　　者：杨鹏、李新宇、田鹏义
作品名称：宝鸡渭河滨河景观规划方案
所在院校：宝鸡文理学院
指导教师：马劭磊

设计说明：

本次设计的核心思想是将生态设计和滨河设计“植”入到渭河景观设计中。随着社会的发展，生态越来越成为人们关注的问题。在设计区块时，考虑到解决原有污染源，清除生存污染，将生态恢复到自然状态，以满足人们的生活需求。设计充分突出生态为主的滨水景观设计，将自然生态与淡水景观相结合，设计出适宜人们生活的生态环境。

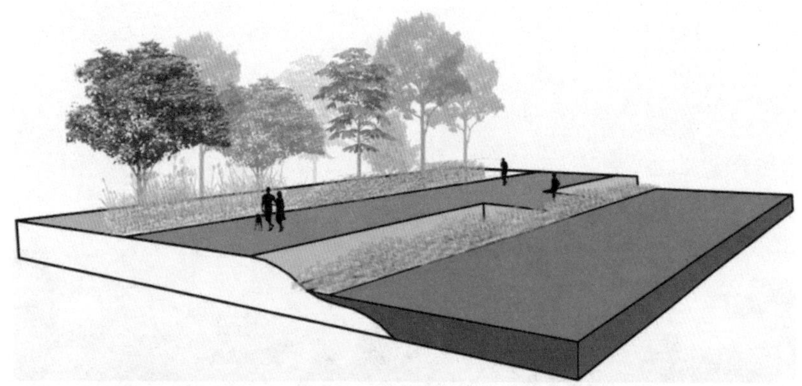

作　　者：艾鼎玉

作品名称：艺术大街

所在院校：广西民族大学艺术学院

指导教师：韦红霞、赵悟

设计说明：

以“打造水城乡土特色名片，培育弹性生态景观”为主题，旨在掌握基本的景观规划设计方法，设计成为独具特色的滨水生态景观公园。

根据项目的现状和要求，将该项目公园作为一个容纳各类艺术、文化、生态等内容的巨大容器与载体——景观艺术综合体。设计一种新的生活模式——跨界生活模式——“跨界、超越、融合”。一种艺术性的大众日常生活场所——滨水艺术生态公园。

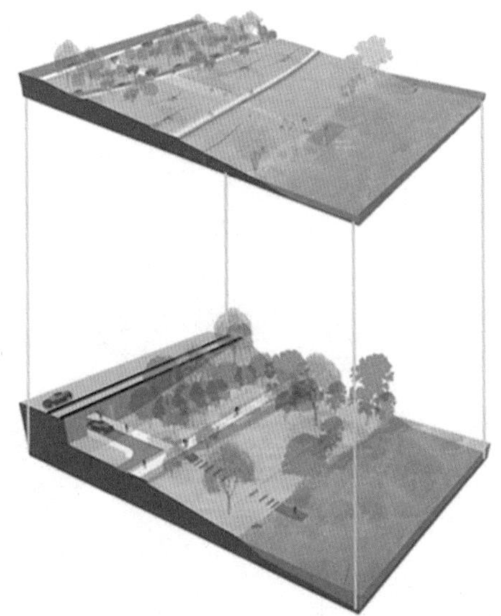

作　　者：张亚婷、孙旖旎、唐瑶、方依利
作品名称：“为明日之星而设计”校园景观之上下学接送空间设计
所在院校：四川美术学院
指导教师：龙国跃

设计说明：

我们是以重庆市礼嘉星光小学的建设为设计蓝本，通过设计活动方式、行为等改善现状问题，解决小学校门口存在的交通隐患，营造一个可以让家长看到、校方容易管理的轻松活跃的休憩空间。孩子们在娱乐与读书的过程中等待家长，以达到分流家长的目的，解决校门口交通拥堵的问题。我们主要采用的表达形式为数据分析整理、文本数理分析、su建模，以及后期lumion的渲染，最后以展板的形式表现。

这是一个人为关怀性的设计课题，在我们对小学校门外区域交通的设计与改造的过程中，不仅规范了社会因素，更重要的是通过空间的再造去改变人们的行为与体验，缓解社会压力与社会矛盾。

星光學校
primary school

作　　者：史圣霆、史利楠、李丽竹

作品名称：合·新校区艺术家工作室设计

所在院校：西安美术学院

指导教师：梁锐、王展

设计说明：

关中传统民居属于中国北方传统民居的范畴，其空间布局仍是中国传统的院落式布局模式。由于受到地理位置、文化、宗教、生活习俗等因素影响，关中传统民居表现出"深宅、窄院、封闭"的空间形态。同时为适应夏季闷热及沙尘侵袭的气候条件，两旁的厦房（关中称"厢房"为"厦房"）向内单坡高耸，院落在夏季成为了一个很好的阴影区，满足居民日常生活要求的同时防风沙袭击。设计是从关中民居的单坡、合院、巷道出发，研究关中民居在当代建筑聚落中的设计应用。在传统的关中地区民居空间布局中，由于呈现窄长、严谨和规整的形式，庭院比例较为狭长，通常用墙、门、倒座、厦房、厅堂围合窄长的院落空间，在狭长的庭院中用厅堂、正房、墙和门洞分隔大小不等几个庭院，既调整了庭院比例又丰富了空间层次。在设计中我们运用这种空间布局手法进行再创作。在设计当中运用传统的材料与新的工艺手法相结合，表现传统的空间形态，研究新型城市化下的聚落空间。

作　　者：郝伟、谢志鑫、曹玉春、薛郑雪、朱旭东
作品名称：记忆存遗
所在院校：西安美术学院
指导教师：王展、梁锐

设计说明：

城市工业遗址景观托生于城市旧工业地块，服务于新型社会需求。对工业遗址的改造产生了艺术区、文化区等新兴业态，在该地块上的景观配置也应当兼具工业风格和现代风格，既要体现工业地块的历史，引起周边居民的记忆共鸣，同时也要符合地块未来发展的需要，具备极佳的艺术性和观赏性。

建筑的使用功能必然会产生一定的形式，在对旧的地块进行改造的过程中，首先要对地块上的历史有较为完善的了解，对在该地块上生活的居民的生活习惯和观念有一定的认知，在通过形式和情感上的提炼和总结之后，我们将地块上的场所精神寻找到区别于其他地块的特点，同时用景观的语言表达出来。

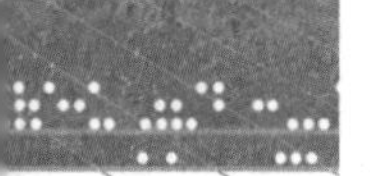

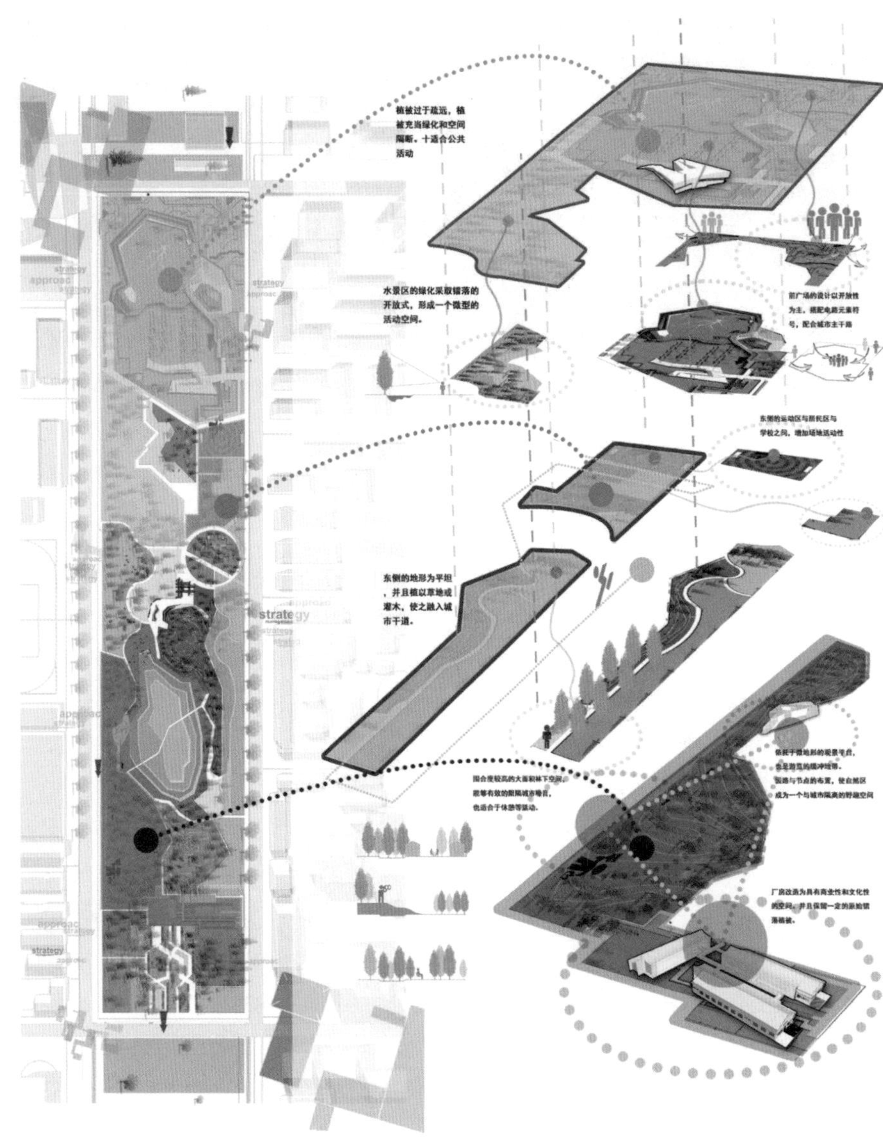
植被过于疏远，植被充当绿化和空间隔断，十适合公共活动
水景区的绿化采取错落的开放式，形成一个微型的活动空间。
前广场的设计以开放性为主，搭配电路元素符号，配合城市主干路
东侧的运动区与居民区与学校之间，增加场地活动性
东侧的地形为平坦，并且植以草地或灌木，使之融入城市干道。

作　　者：姚昕玥、王月
作品名称：山为邻·水为媒
所在院校：四川美术学院
指导教师：赵宇

设计说明：

生存的可持续和生态的可持续，是乡村资源与商业资本的结合点。新型经济模式介入乡村，理当使乡村更绿色，环境更美好，农民更幸福。项目现状存在生产与销售的不平衡，设计以此为起点，通过对乡村景观的优化，恢复生产种植，打造乡村生态循环产业，实现度假区的自适应经营，解决乡村经济发展落后与环境缺少管理的现实问题，进而吸引人，留住人，带动旅游经济，促进乡村的生存与生态的同步可持续发展。

作　　者：李昭弦
作品名称：渤海湾地区生态集装景观设计
所在院校：西京学院
指导教师：赵力元

设计说明：

设计从改善生态环境的角度出发，来进行景观打造。渤海湾属于港口地区，废弃集装箱堆积现象严重，在保护生态环境的前提下设计利用废弃集装箱进行改造再利用，这不只是循环再利用的方式，更是绿色循环的方式，并且成为一种可持续发展的新模式，体现了渤海湾建设的核心价值观。

在现代生活节奏逐步加快的社会背景下。宜人的园林景观是人们忙碌生活之余的精神憩园。因此在园林规划工作中，应将人与自然的和谐统一摆在首位，实现人文规划与园林景观的共融。同时，人文规划与园林景观共融也是人类社会文明程度发展下的必然要求，我们据此目标，在合理利用资源的前提下，设计中力求功能与形式相互融合，具备特色的、优秀的园林景观语言，营造一个生态、环保、轻松、愉悦的户外景观空间。

作　　者：王红梅
作品名称：玉林二巷更新改造
所在院校：四川大学
指导教师：周炯焱

设计说明：

“人们拥抱它，游客寻找它，文人迷恋它，专业人士赞美它，在我看来，再没有比“玉林”更担得起城市名片这个名号的了。”——刘家琨《何处是玉林》

玉林街区作为成都最老的生活片区之一，是后期自发形成的典型开放式街区，代表了成都平民享乐的一面，可谓是成都生活的缩略图。面临拆迁的玉林二巷，具有20世纪80年代的建筑特色，20世纪80年代的城市生活印迹；以低介入、低成本的改造方式对其进行更新，既具有现实意义，也更具有城市文化保护的意义。

此次设计在深入调研的基础上，尊重基地现有的空间结构；保留体现集体生活公共性的沿街公用水池，延续具有场所精神的商业丰富性与混合性特征；同时运用艺术、创新的手法进行改造，使之配合新的空间功能需求，既保证了巷子的活力再生，同时又实现了对内在精神的延续，对城市记忆的保留；使基地复兴成为一个充满成都真实生活气息的场所。通过功能设置、交通梳理、节点打造，增强其社区邻里间、社区与城市间的互动关系；考虑其在城市里的角色，使场所有机地融入城市的发展中，形成一个多元混合的城市环境。希望人们在新的场所中能够怀念过去，享受当下，畅想未来。

禾木
HOME

作　　者：李阳
作品名称：荷花乡糖厂改造
所在院校：四川大学
指导教师：周炯焱

设计说明：

基地位于云南腾冲荷花乡，工厂原为当地糖厂，需要改造成商业综合空间。设计基于当地特色的傣族佤族文化、独有的自然风光和糖厂现有的建筑特色，同时将建筑修复和立体绿化等相结合，设计出富有文化特色和鲜活生命力的商业综合体。

Welcome come to
Hehua

作　　者：顾均娟、刘维飞、马南郎

作品名称：生态互驯——王峰村村域生态环境营计

所在院校：西安美术学院

指导教师：王娟、海继平

设计说明：

场地选址为陕西省韩城市桑树坪镇王峰村，通过对王峰村的多次、多时段的实地调研考察，我们摒弃以往常规的以人的主观视角为设计观察视角，在此次设计中提出以鸟的视角对王峰村的村域发展及村域生态进行观察，并且在整个设计中以多维度理论概念作为设计的科学依据，就鸟在多维度空间内的生存发展及王峰村各生物与人的互驯关系及状态进行探讨。通过对多维度空间内鸟的活动进行探索，发现在四维度空间内鸟的生命周期与村落的生命周期具有叠加与契合的时间段，将可观测到的鸟的生命周期进行无线额延长，最终鸟的与村落生命周期予以重合，同理论证得出村落与鸟的发展近似，同样具有形成、鼎盛、固化消亡的过程。而王峰村现状则处于固化消亡的状态。通过科学的维度空间论在五维空间内，可以将时空对折弯曲最终回归至过去的某个节点。通过系列的理论研究，我们在本次设计中要做的就是将固话消亡后的王峰村回归至鼎盛时期的生态状况，在整个设计中我们模拟时空倒流，利用生态互驯的手法对王峰村生态现状进行修复，并且建设生态设施，以鸟的视角，上帝的视野对王峰村生态互驯过程进行探索式设计。

水域缓存过滤区
互调共生
生物恢复
水域缓存过滤区

作　　者：马召斌、唐陆洲、郭丽娜
作品名称：橧巢古意——王峰村功能整合与景观营造
所在院校：西安美术学院
指导教师：海继平、王娟

设计说明：

王峰村是一个历史文化与自然风景兼备的传统古村落，但由于地理和经济等因素，这样的村落正在消失。我们希望通过对古村的规划改造，赋予它新的活力，充分传承传统文化，展现生态魅力。通过对村落进行修复性改造，保护自然风貌，发扬传统文化，发展生态文化旅游业，调整村落产业结构，吸引外出人口返乡；同时改善村落基础设施，提高村民生活水平,提升村落影响力。

通过对王峰村进行功能整合与景观营造，解决王峰村现阶段存在的问题，改善村民生活质量并为村子的发展作出长远的规划，使王峰村实现可持续发展。

作　　者：平雨轩、王紫静
作品名称：路地重生——废弃铁路景观改造设计
所在院校：西安欧亚学院艾德艺术设计学院
指导教师：刘凡祯

设计说明：

该设计项目为废弃铁路景观改造设计，项目的场地现存问题有铁路被废弃、场内绿植杂生、垃圾无人管制等。设计重点在于对两条铁路的改造再利用，为了解决垃圾问题，将场地内的垃圾进行分类焚烧填埋，形成高地形的草丘；重点利用铁轨的存在，分别设计了浅滩亲水下陷式水渠和与水格草格铺装结合的多样铺装广场。场地东北方向的水上咖啡厅，以商业、主题、水体相融合，提取废旧火车车厢，咖啡厅建筑外形参考改造成后工业风格休闲咖啡馆，带动商业发展，迅速形成周边商业服务配套；利用车厢铁皮材料，改造出南段景墙跌水景观节点，提取火车车轮造型元素，设计出草丘旁供人休憩的活动平台、树阵广场里与绿植结合的树池、广场遮阳构筑物。

整个景观为两轴一心架构，第一主轴是由东入口起，第二主轴是由北入口起，景观主轴将多个景观区有机结合成一个大气且有内涵的景观空间。水景观以喷泉水池为中心，贯穿南北轴，形成一条闲舒、亲水的滨水景观带。

I N D O O R　　室内类

作　　者：刘蔚、王宇涵、吴伊娜
作品名称：微·筑——主题空间设计
所在院校：西安美术学院
指导教师：周维娜

设计说明：

从宏观角度出发，挖掘由城市公共空间规划发展所引发的一系列空间问题。我们选取了西安最具特色的城中村样貌，提取蕴含着浓浓市井气息的人文景观元素，探究城市与微空间繁华与萧条的强烈对比的背后，所隐匿的社会问题。最后提出畅想“微空间”设计理念，淡化城市边缘界限，同时拉近人与人之间的情感界限。

城市的温度与底蕴，源于人的聚居于生活。城市源起之处，往往生活之气越浓文化底蕴越厚。然而矛盾之处在于，积聚越深的生活之气含带着千百年前城市的繁荣之气，也含带着现今城市发展对旧事物的摒弃与鄙夷。我们希望能够通过我们的设计让人们了解认识到周边存在着的微空间及微生活，并能够重视对它的利用、改造和发展。毕竟，即便微小，但它仍然有着不卑微的尊严。

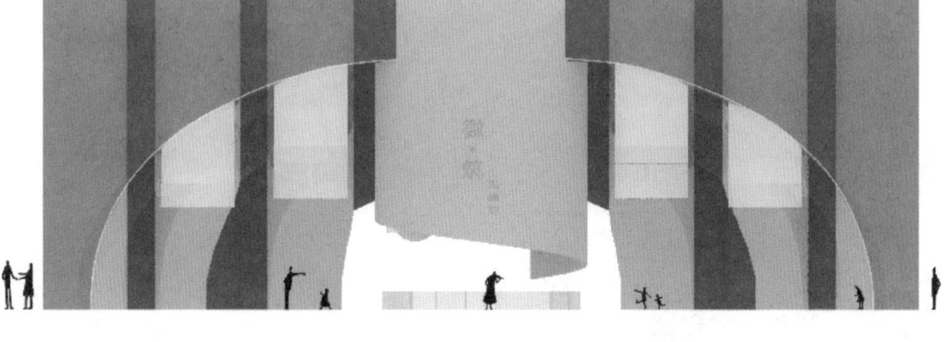

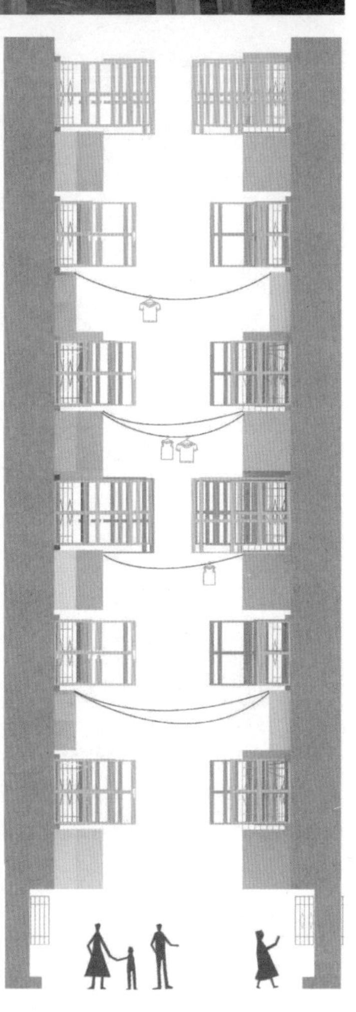

第二展厅
积微致著
THE SECOND HALL
上海
巴黎
伦敦
LONDON

作　　者：刘文飞、王倩倩
作品名称：广西桂北木构建筑传承与设计
所在院校：广西艺术学院
指导教师：韦自力、罗薇丽、肖彬、陈罡

设计说明：

从建筑正视图可以清晰地看到建筑两边分别是桂北木构建筑中的吊脚楼形式，这些吊脚楼都是亚结构，对整体建筑不起承重作用。建筑的中间则是利用了木柱的阵列形式做了假结构，也呼应了木构建筑木头的元素，不同时间的阳光照射在木柱上都会形成不同的光影效果。建筑屋顶的不规则形状设计则是观察了桂北木构建筑群落之间的叠加形成的负形而衍生出来的屋顶线条，简洁时尚，又呼应了木结构屋顶的形式美。

作　　者：梁朱思米

作品名称：候鸟原生态洞穴酒店项目概念设计

所在院校：广西艺术学院

指导教师：陶雄军、边继琛、钟云燕

设计说明：

人们从远古走来，经历了从洞穴到房屋的居住环境演变，这一演变过程为的是得到更多的空间、采光和摆脱潮湿。而时至今日，在摩天大厦林立的城市中人类更渴望透过那一道道密不透风的砖墙与自然亲密接触。城市越来越密集，空气越来越稀薄，隐隐感受到自然古朴的召唤。逃离城市，再度回到洞穴，该是一种寻找与自然亲密接触、寻找安静之所和大地亲切感的历程。我们曾经因为洞居种种不利而渐远这种原始的生活方式，现在洞居作为传统的居住方式能否已经改良新面孔重新回归人类生活并被人们接纳是本设计的中心要点。"候鸟"洞穴酒店设计是一个集体验、休闲、度假一体的概念项目设计，通过结合自然环境与洞内空间的规划，原生景观与人工建设的融合，打造洞居与野宿多样居住功能的酒店。本着不破坏、不放弃的原则进行整合，增加基础设施，建筑构造不破坏山洞本身的自然体系，保留原生石、加固其所在区位，加强安全系数，在保证人与自然零距离接触的同时实现"人与自然共生"的设计理念。

通风口

蜂窝洞房

观光梯

景观房

电梯

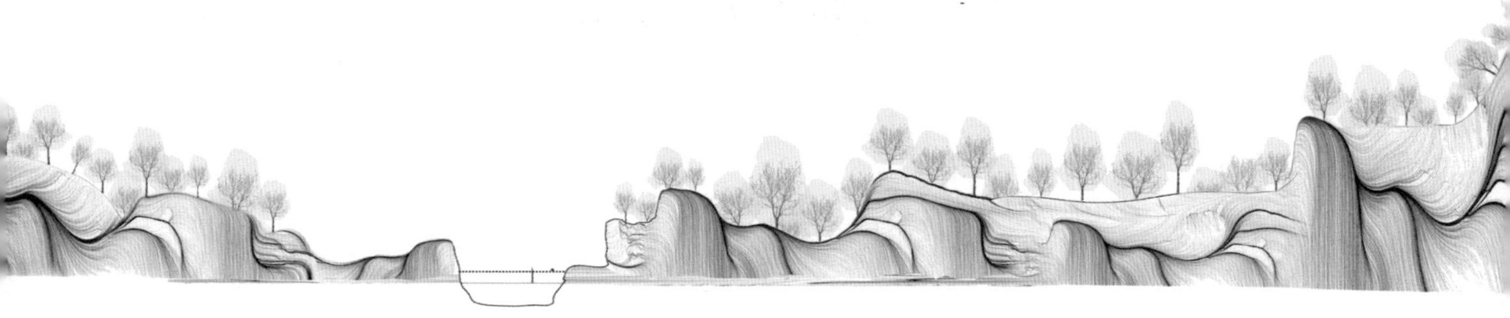

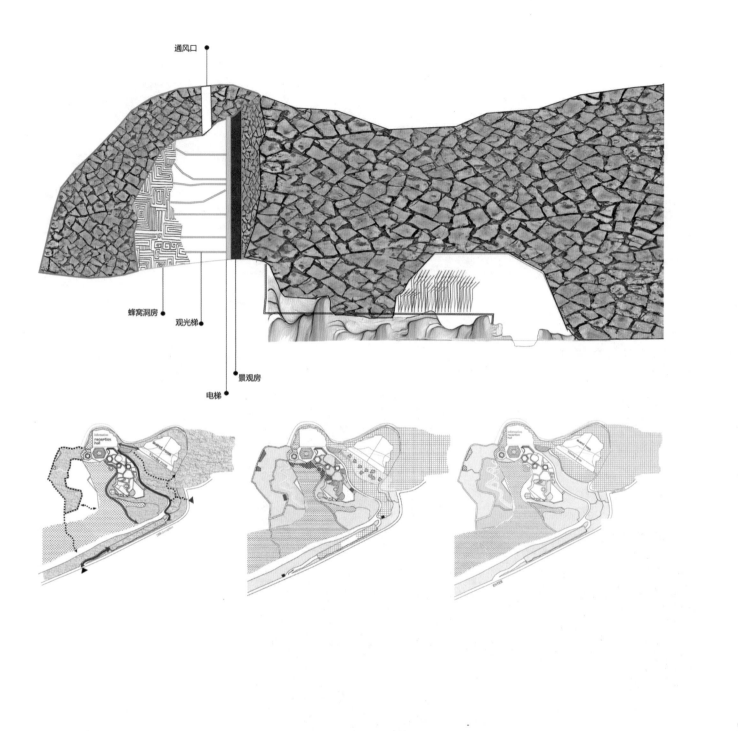

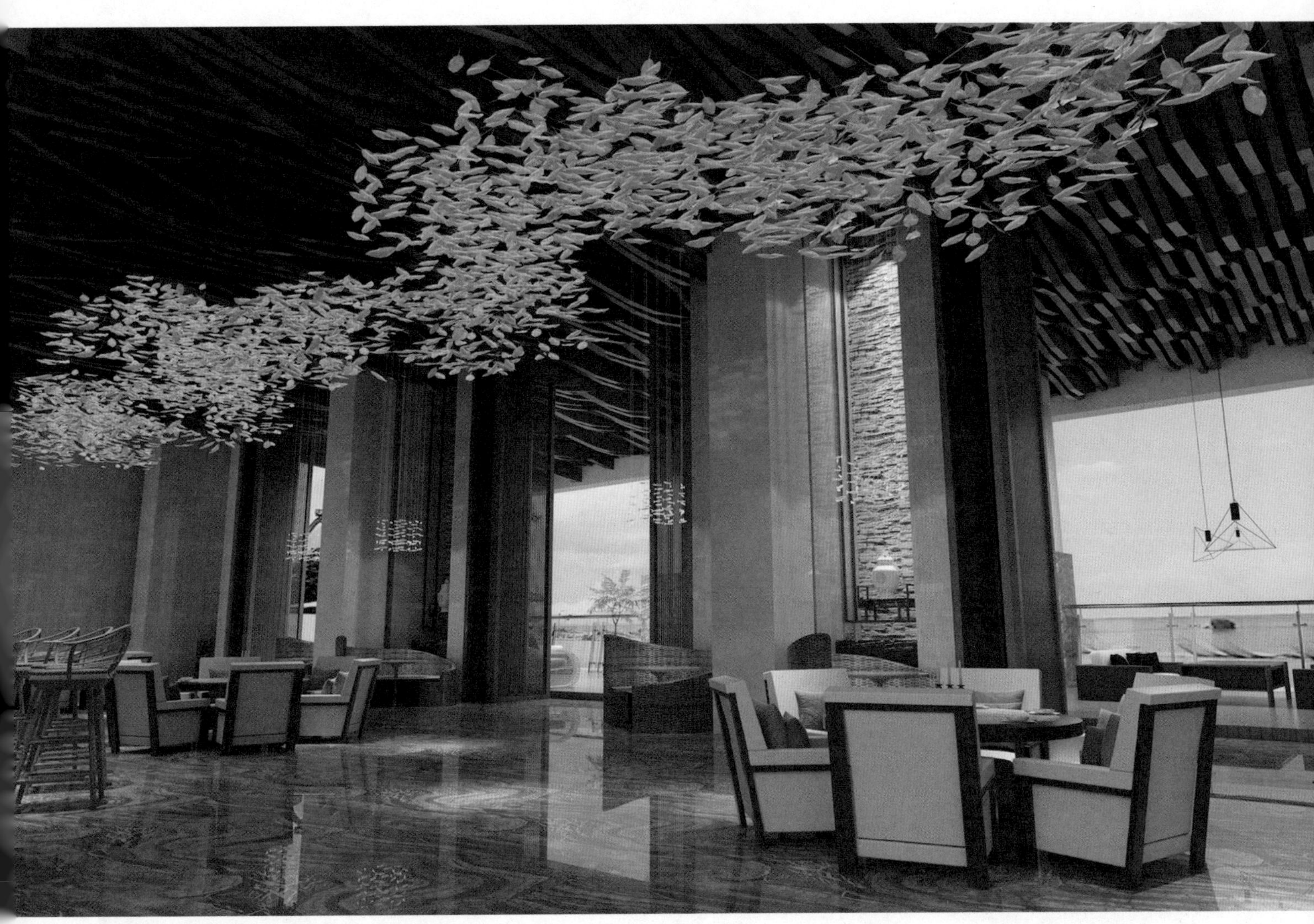

作　　者：张晓鹏、王兴琳、唐瑭、刘玉妍
作品名称：碧・然——三亚温德姆度假酒店大堂室内设计
所在院校：四川美术学院
指导教师：龙国跃

设计说明：

碧——代表绿水，水——是生命之源。然——意为自然，即环境的自然，亦是身心的自然。方案立足于现代人们对都市快节奏生活的逃离，对度假需求，给予生活一个新的开始,创造一个舒畅、自然的空间。

设计创新同功能、形式、材料相关，通过材料以及形式去表达空间，根据客户的需求和空间的解读而形成。消费需求多样性决定了酒店空间的装饰多元化，以文化为载体，丰富空间的内容，对空间认知的不同，其空间设计的侧重点也会有所区别，其最终是为消费者营造一个舒适、温馨的居住空间。

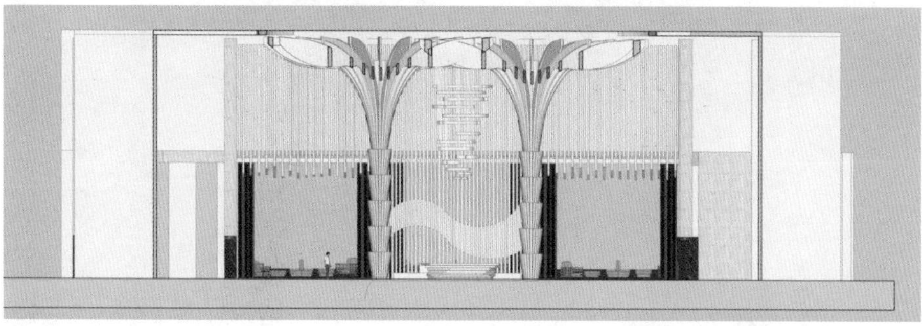

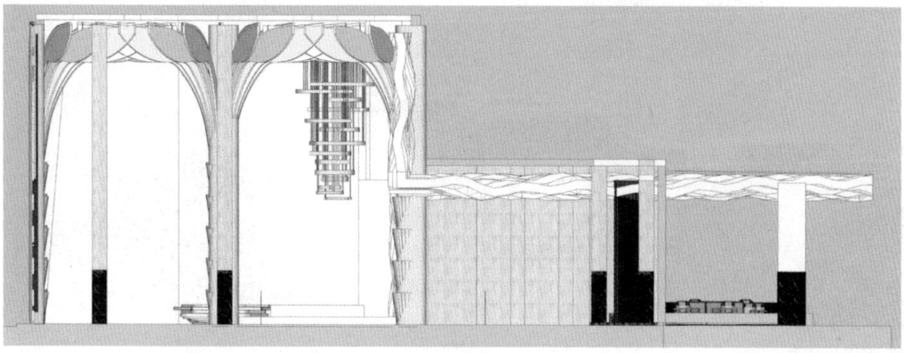

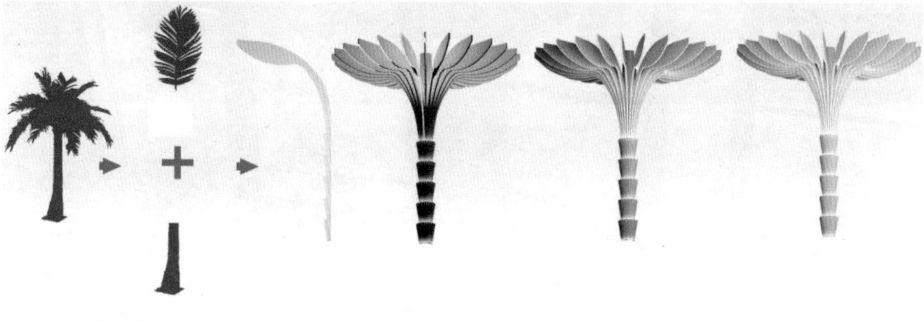

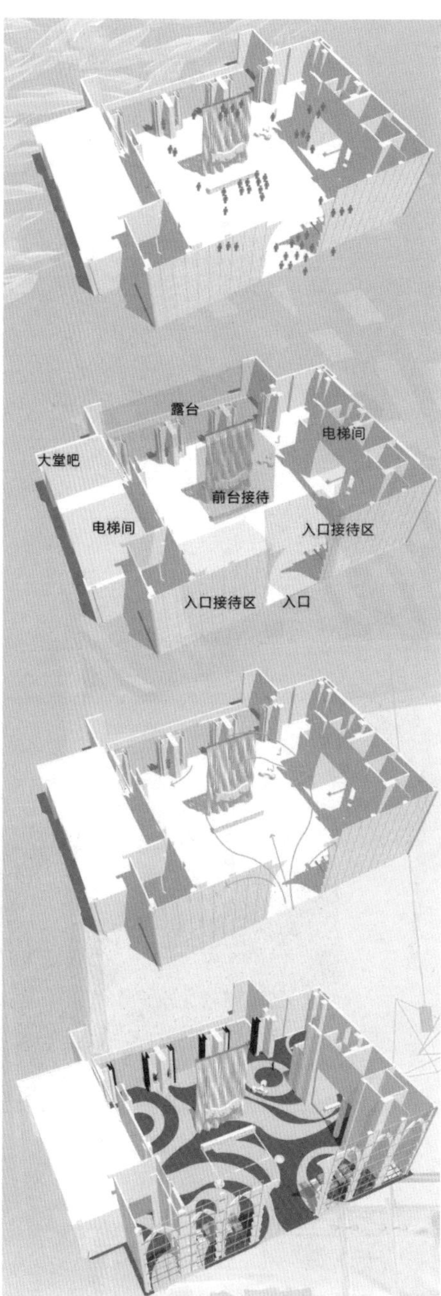
露台
电梯间
大堂吧
前台接待
电梯间
入口接待区
入口接待区
入口

作　　者：鲁潇
作品名称：遗记重构 民艺述说——凤翔民间艺术基地
所在院校：西安美术学院
指导教师：周维娜

设计说明：

本方案为凤翔民间艺术基地的空间重构与规划设计。凤翔民间艺术是华夏民族传统文化的最深根源，保留着形成中原文化的原生状态以及特有思维方式、心理结构和审美观念，体现了中华民族独具特色的历史文化发展轨迹。凤翔民间艺术种类丰富，融入了多样的民俗文化和图腾意识，是当地人表达自我情感与精神的重要途径之一。方案选址在陕西凤翔氮肥厂，该厂于1970年建立，2012年倒闭后一直废弃至今，这些工业遗址记载着一段近代工业发展的历史，它并没有随着生产的停止而被人们所遗忘，厂区内废旧工业器械，凝刻着旧工业时代的烙印，也凝聚着人们对老工厂的记忆。本案将工业遗址规划改造成为凤翔民间艺术基地，通过民间艺术文化产业的注入，将工业遗迹与民间艺术相结合，重新激活该工业遗址，在发展弘扬凤翔民间艺术的同时，赋予厂区新的生命。

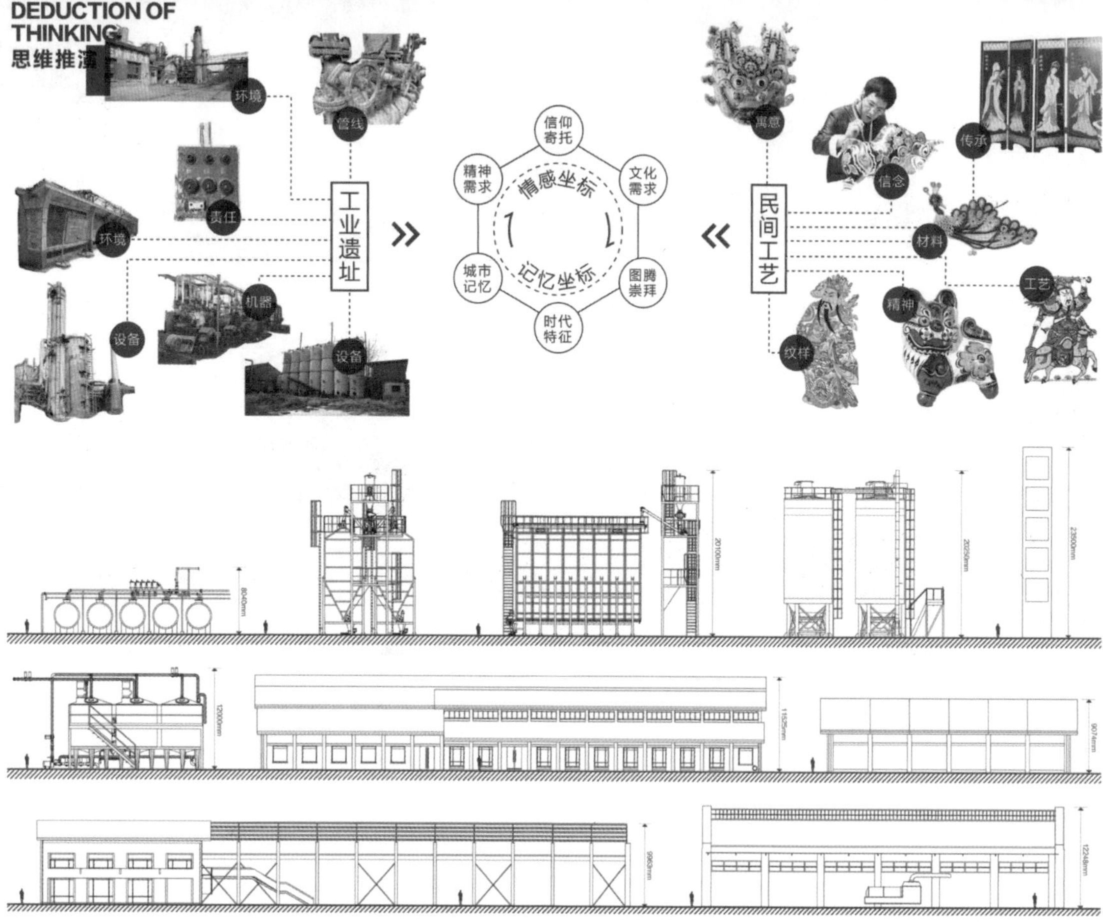
DEDUCTION OF THINKING
思维推演
环境
管线
责任
环境
机器
设备
设备
工业遗址
信仰寄托
文化需求
图腾崇拜
时代特征
城市记忆
精神需求
情感坐标
记忆坐标
民间工艺
寓意
信念
传承
材料
工艺
精神
纹样

F·A
PARK
剪
PAPER-CUT WORKSHOP

F·A
F·A PARK

COFFEE & TEA
F·A
PARK

作　　者：王瑞霞、吕晶晶
作品名称：EPMSD
所在院校：西安欧亚学院
指导教师：李琳

设计说明：

在设计中我们遵循绿色环保设计的原则，选用了可回收利用的钢筋材质以及可降解的塑胶，用钢筋来划分空间并表现空间，运用钢筋的艺术效果来体现它所带给人们的艺术效果及感染力。在此次设计中主要体现框架结构，在框架上放置展台与展架来展示家具。钢筋结构贯穿整个设计，主要是来体现钢筋的艺术表现力，空间的主色调是黑色和白色，辅助色调是红色、黄色和灰色。辅助色主要是家具的颜色以及品牌形象墙的logo设计。整个空间给人的感觉就是点、线、面、体块的组合，体块为展台与展架，在空间中展品呈高低错落放置，来增加空间层次之感与灵活性。

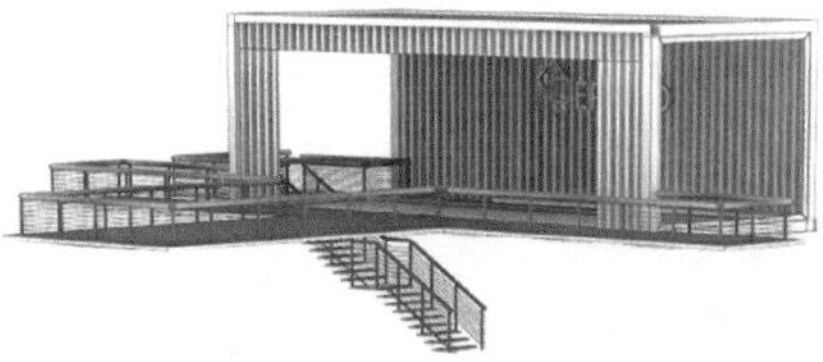

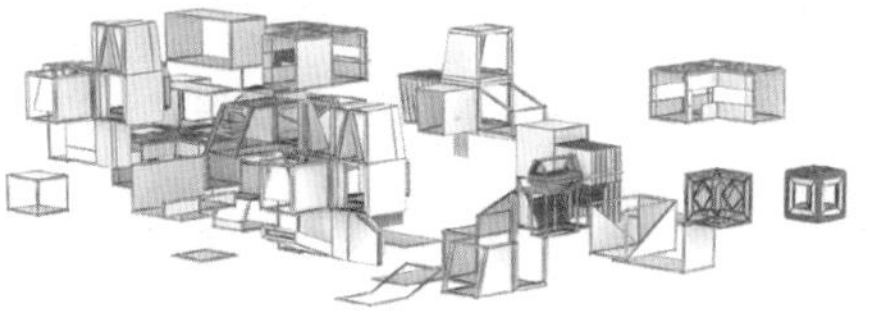

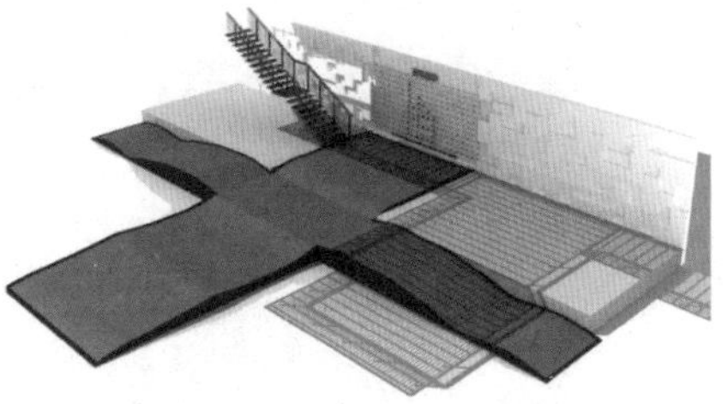

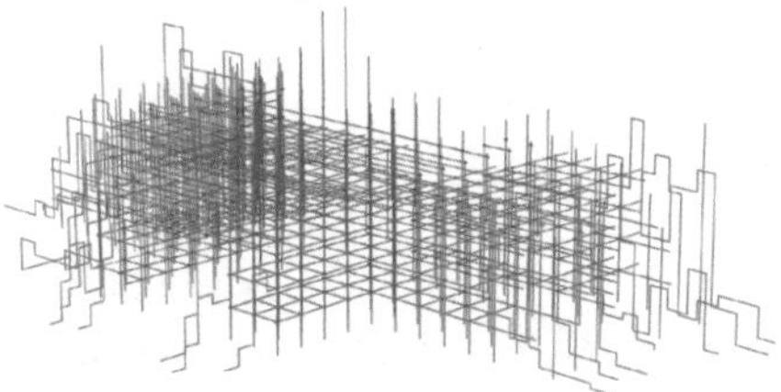

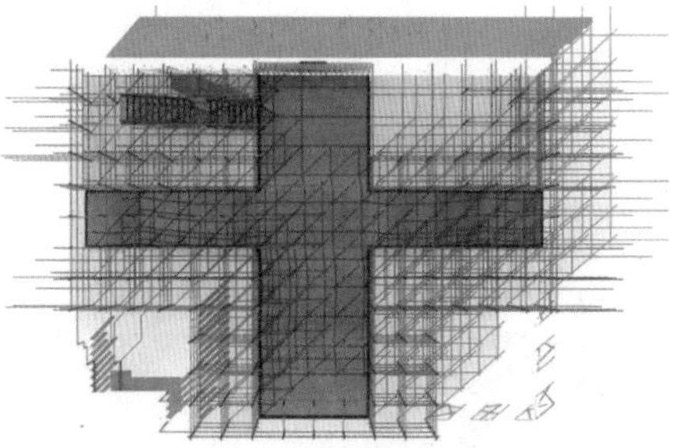

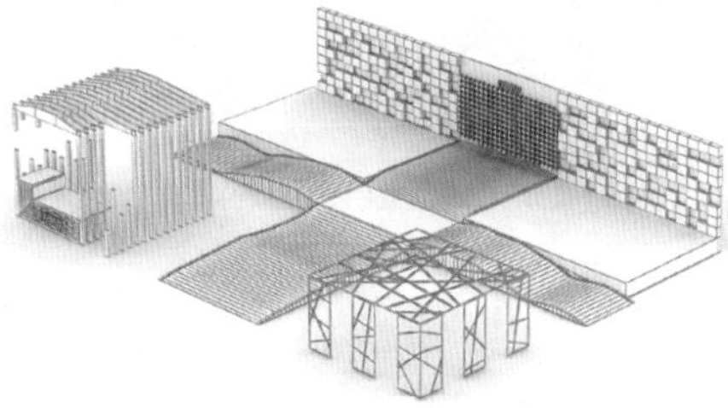

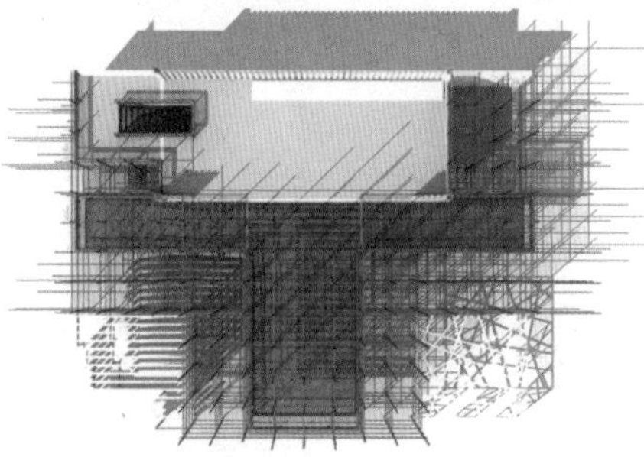

EPMSD
Environmental protection material space display
20
April
EPMSD
BEST BUSSINES
PROVIDINGNEWIDEARS
FOR INOVATION
PROVIDINGNEWIDEARS
20
April
EPMSD
BEST BUSSINES
PROVIDINGNEWIDEARS
FOR INOVATION
PROVIDINGNEWIDEARS

EPMSD

作　　者：龚宇星
作品名称：晴耕雨读
所在院校：重庆文理学院
指导教师：张丹萍

设计说明：

天有晴雨，人的命运一样，有顺利的日子也有背运的日子，这是命运。但是，当你了解命运，你在顺利的日子可以积极进取，在你背运的日子可以反思、学习。依天理而行，就和命运达成和谐。所以，你了解命运的规律，就可以把命运把握在手中。耕是实践，读是学习。学习和实践是命运发展的真正动因。你的命运是你自己造成的，但是也会受到客观规律的约束。你可以通过学习和实践了解客观规律，和客观规律和谐相处，获得客观条件助力，积极学习和实践，才是领悟人生的道路。耕雨读，学习和实践，晴和雨，是一对很好的辩证表述。学习也是实践，实践也是学习，无论天晴和下雨，都能主动把握人生，积极修行，此乃大智慧之境界。希望借“晴耕雨读”的美好寓意来为留守儿童打造一片属于他们自己的小天地。设计者希望其改造设计的这个建筑空间，既符合当地人生活习惯也呼应当地文化特色，还能为留守儿童提供一些符合现代儿童生活的功能空间等。

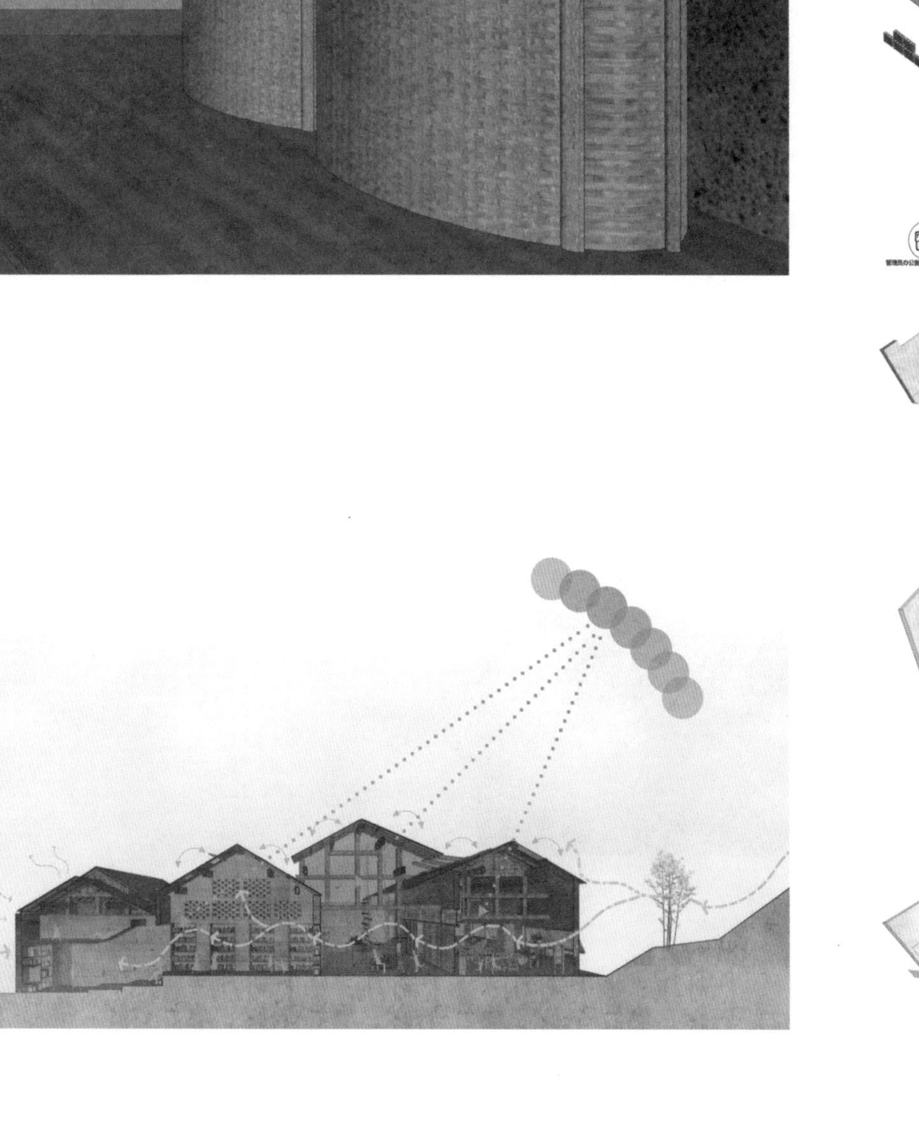

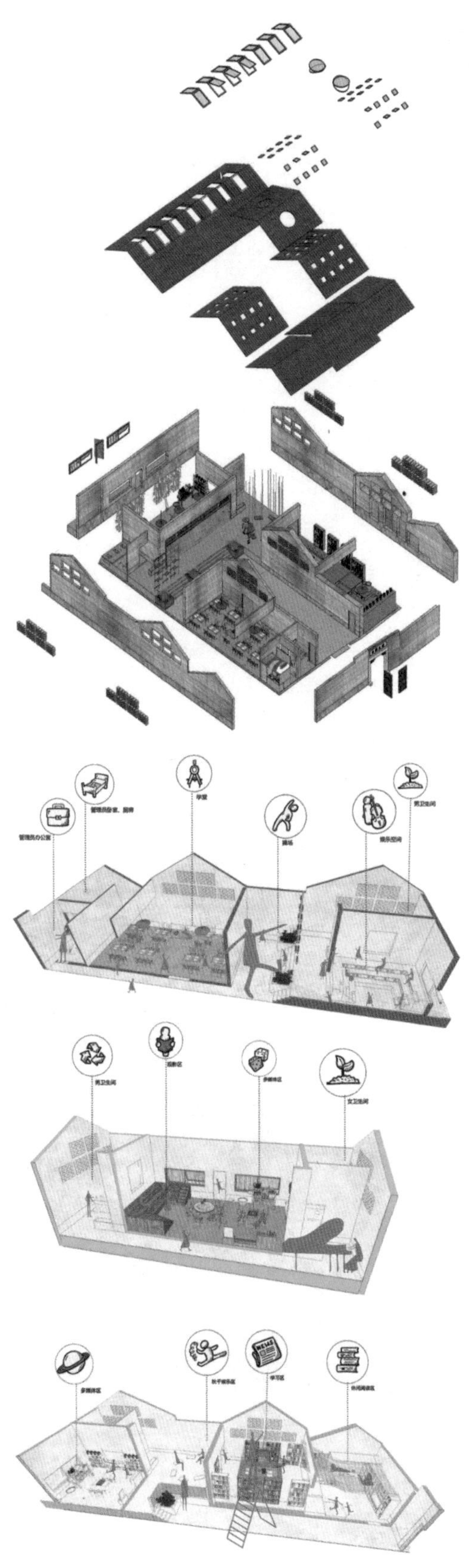
男卫生间
女卫生间
NEWS
学习区

晴耕雨读

晴耕雨读

作　　者：湛颖 、姚家宝、谢韵、刘九明

作品名称：旧厂房新利用

所在院校：广西艺术学院

指导教师：韦自力、罗薇丽、肖彬、陈罡

设计说明：

本餐厅设计将20世纪70年代工业建筑与文化艺术相结合，在旧糖纸厂原有建筑的基础上进行改造。将工业色彩与中式元素相结合，并将中国传统文化与现代元素联系在一起。例如，将中国屏风与山水花鸟壁画运用在餐厅设计上，再用现代主义元素将其融合，通过不同元素之间的连接，凸显中式的典雅风格，相当独特。

旧厂房之所以赢得艺术和文化创意产业的青睐，是因为工业建筑有别于日常生活空间的建筑和景观。旧建筑是有历史和故事的，通过物质的元素，给空间带来一种非物质的氛围，并弥漫四周，创造一种独特的场所感，这也是一种新的设计。

本案充分研究老厂房、老仓库在空间改造上的多变性，以及原有工业建筑特有的砖石墙体、梁柱结构等，方案巧妙利用建筑空间运用传统元素来装饰建筑内部空间，达到传统与现代、历史与未来的完美交融。

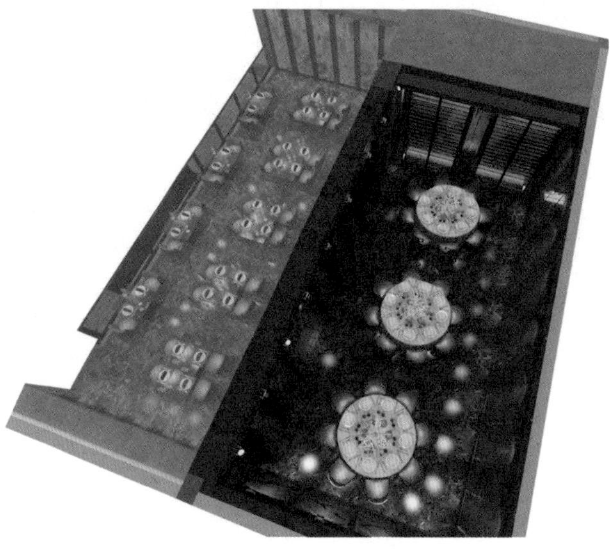

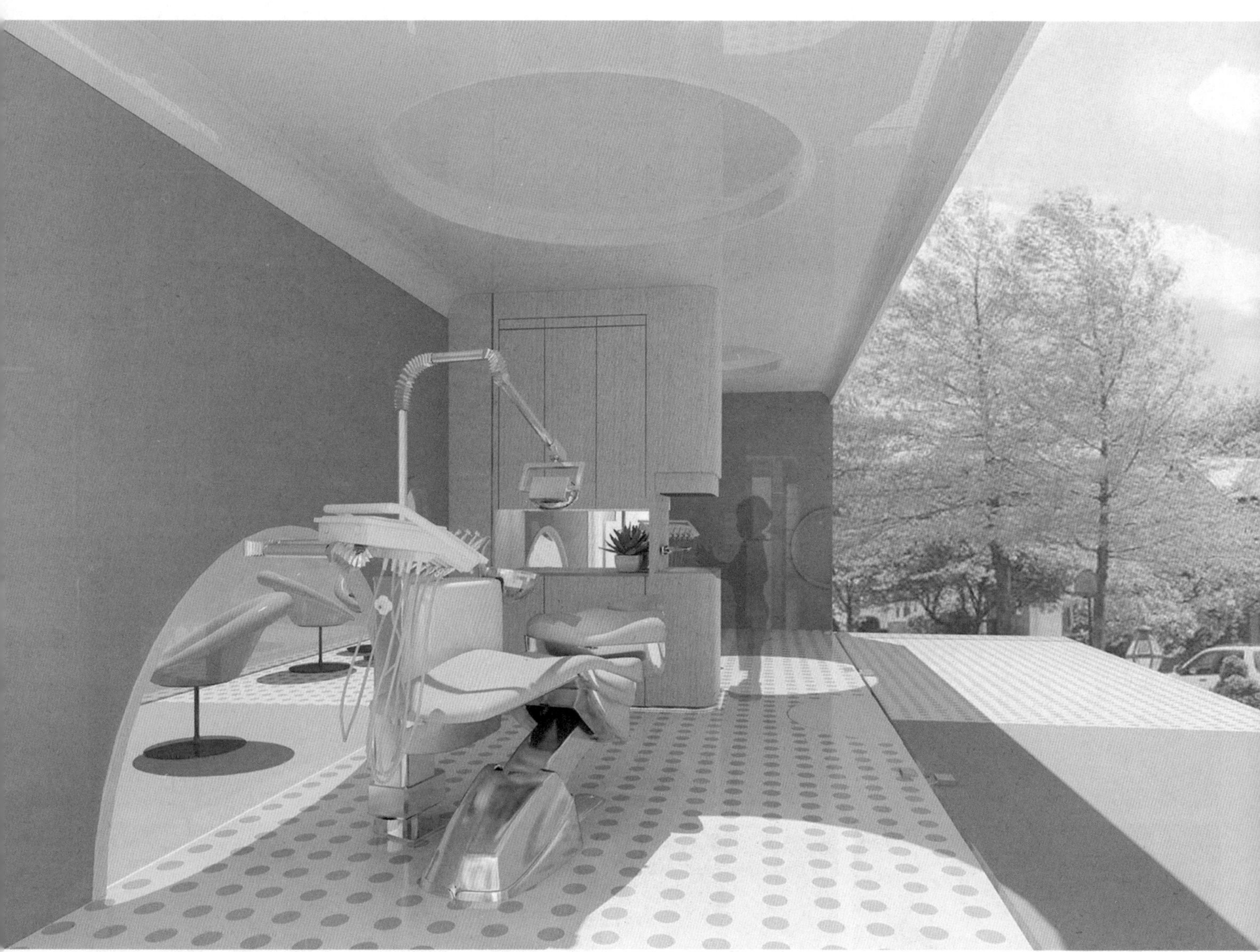

作　　者：汪斯杏
作品名称：儿童口腔救助车室内设计
所在院校：四川美术学院
指导教师：刘蔓

设计说明：

采用“奶酪”元素与口腔对接，设计中使用数个直径不一的圆来形象化处理整个空间，采用与奶酪同一色系的色彩搭配营造温暖亲和的氛围，用儿童熟悉的事物来改变儿童对医院的惯有印象，牙科诊所和便利店一样，是一个日常的空间，甚至拥有更多的趣味感。

项目运行方式：口腔救助采用了移动式的卡车为载体，优点在于家长可以提前预约诊疗车，儿童能够在没有家长陪伴的情况下，自己独立到社区附近进行检查和治疗，之后诊疗数据再发给家长。这样的方式既节省了家长时间，能够为儿童带来乐观积极的就医态度，也让更多的人开始关注口腔健康这个会伴随每个人一生的问题。

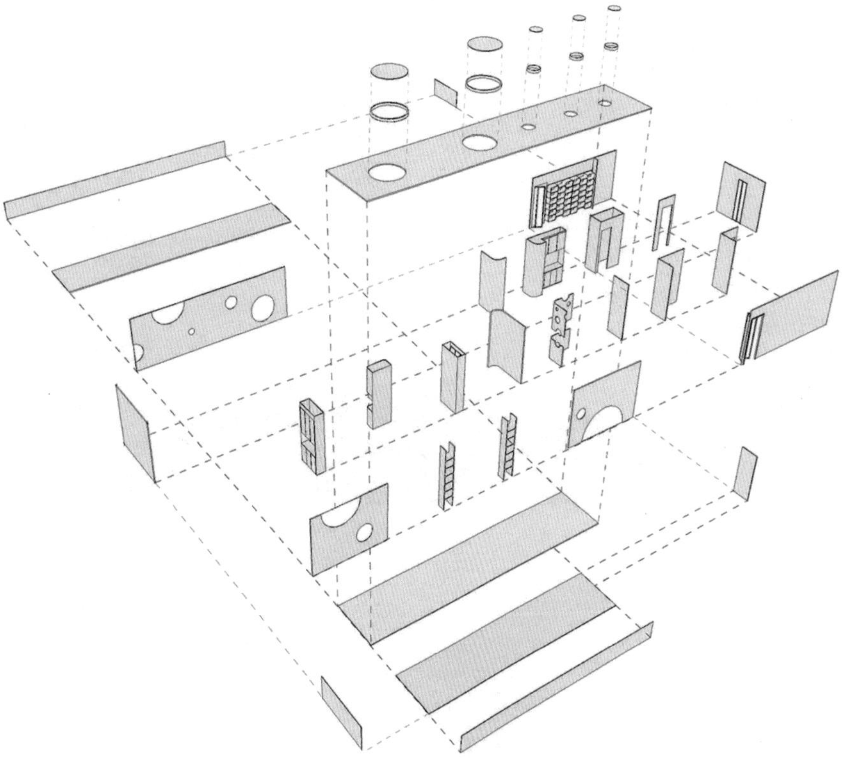

交通流线图

ROUTE ANALYSIS

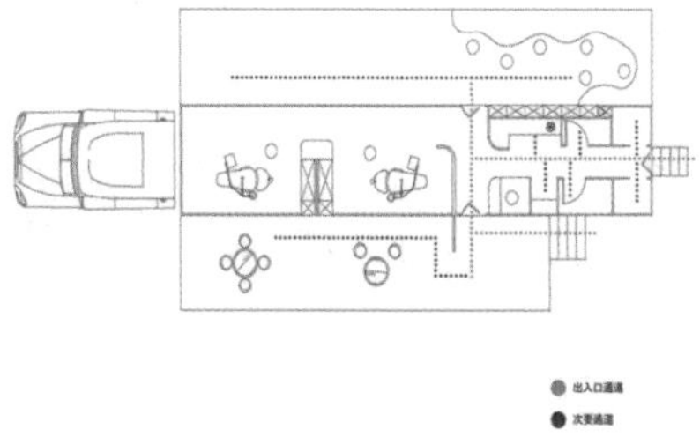

出入口通道

次要通道

立面图

ELEVATION

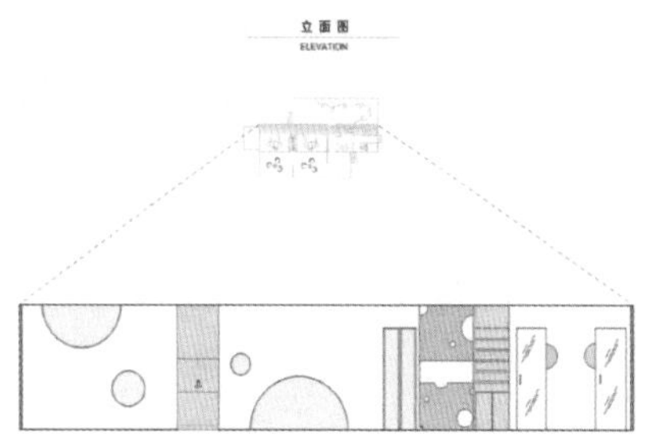

CHEESE
Dental Clinic

作　　者：陈佳怡、严珩予、张垚烨
作品名称：三分之一微型旅馆
所在院校：广西艺术学院
指导教师：韦自力、罗薇丽、肖彬、陈罡

设计说明：

有一种说法，纵有房屋千万座，睡觉只需三尺宽。微型旅馆的住宿理念——一张单人床的空间，足以让你安度一天中最重要的1/3时间。微型旅馆具有独特的便捷式特点，像便利店一样便捷的经营模式，能够因地制宜，不受到地域空间限制，打破常规的旅馆选址。1/3微型酒店通过在机场内一个小小的空间进行合理的布置和利用，将乘客所必需的生活要求（如休息、餐饮、洗浴、更衣等）集中起来，在小范围空间内通过合理的布置与利用，来满足乘客的生活需求，打破了候机时蜷缩在椅子上枯燥等待的现状。

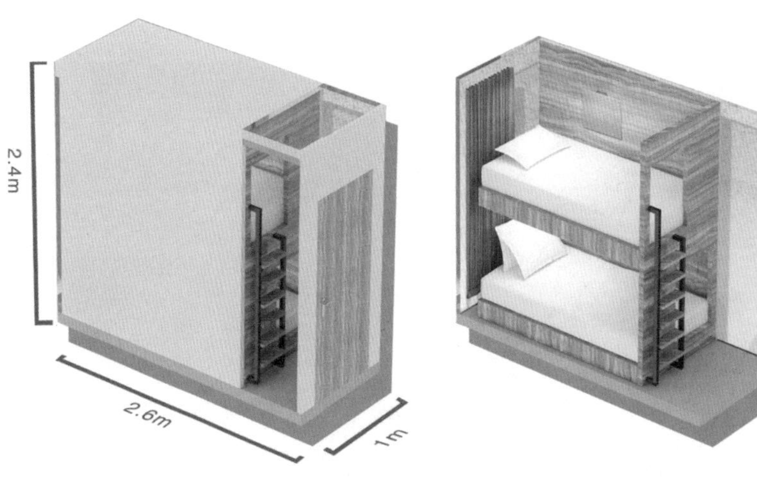
2.4m
2.6m
1m

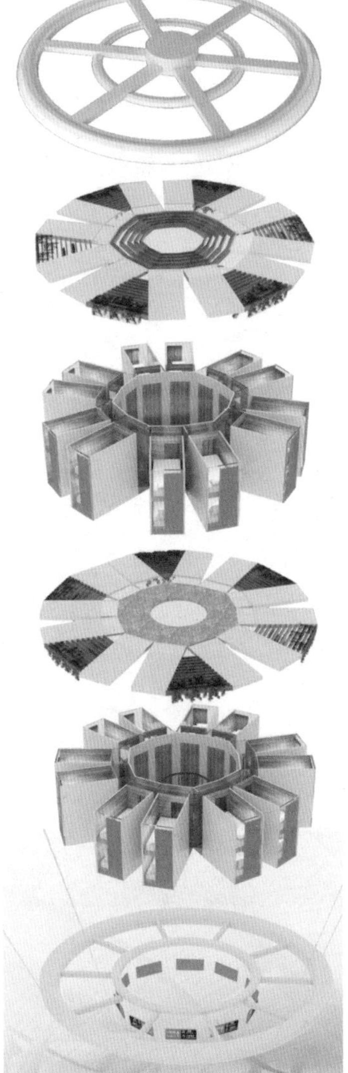

作　　者：黄欣、于鸿萍、 黎香廷、包惠萍、劳可玲
作品名称：童稚——儿童教育与活动中心
所在院校：广西艺术学院
指导教师：罗薇丽、陈罡、韦自力、肖彬

设计说明：

本儿童早教中心以卡通米奇为中心，基于儿童自然开放的理念建立，旨在鼓励儿童发散思维。空间做了多种穿插设计，激发孩子探索及发现美的能力，多采用木地板搭配黄、白、绿三色，营造一个绿色、自然、亲切的环境，加强空间细节的舒适度。弧线形空间为孩子带来更加强烈的空间认知感，以孩子的思维理念作为视角，给予他们一个开放式的学习和玩耍空间。

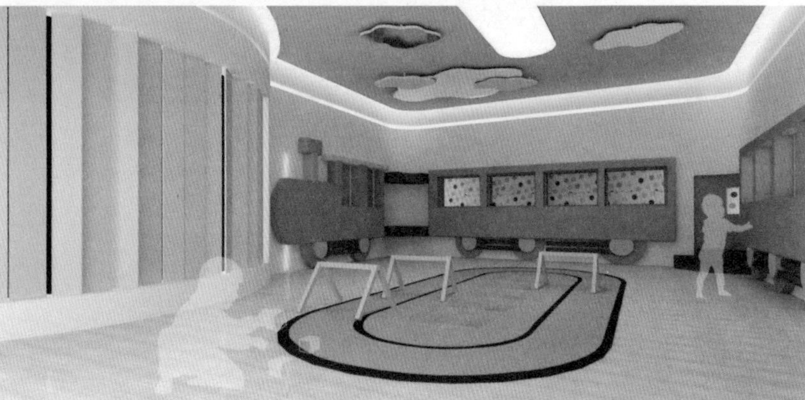

作　　者：张晨
作品名称：滨河如意办公空间设计
所在院校：西安美术学院
指导教师：吴昊、张豪

设计说明：

在装饰风格方面运用简洁的设计手法，并融入新东方装饰元素，从而摆脱传统沉闷、保守的办公环境。

根据需求及建筑自身的优缺点，将办公功能分为前厅接待区，档案室，会议室（传统会议室、休闲阶梯会议室），休闲区（书吧阅读区、树屋造型休闲区、按摩区），独立办公室，开放办公室，影音室，娱乐室等。以如意、流线型将这些功能贯穿成为动线，为使用者带来舒适的体验。

空间装饰造型简洁，连动的弧线与精简的几何造型并用，为空间带来刚柔并济的特殊气质。

在软装搭配上，也是考究良多，家具、地毯、艺术品、挂画、绿植墙及花艺等，都为空间营造了精炼、温润、绿色、阳光、温暖的氛围。

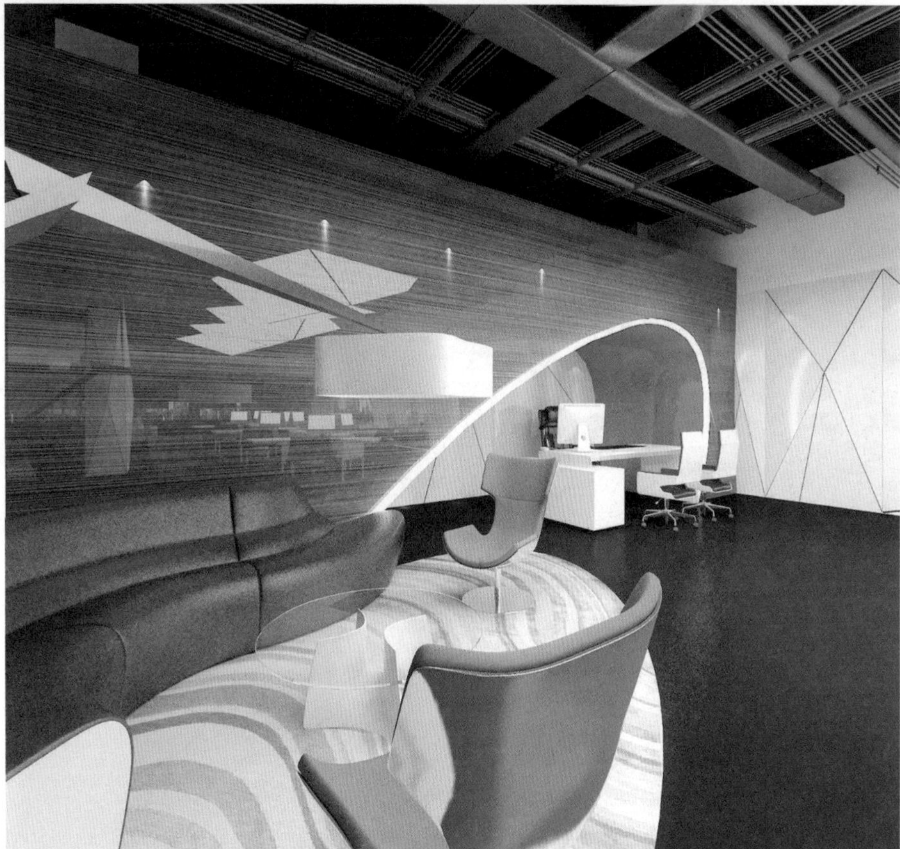

作　　者：王紫晶、凡雅欣
作品名称：“半木”品牌展示空间设计
所在院校：西安欧亚学院
指导教师：李琳

设计说明：

主题以“半木”品牌本身的特性为基调，从其品牌文化内涵还有品牌产品本身出发，通过对品牌文化的深入了解与层层剖析，取得精髓，而后观察品牌产品本身具有的元素，进行推导分析，展开联想，重新排列组合出新的元素符号，来作为整个展示空间的主题。我们从“半木”品牌产品与品牌现有的工作室中发现了大量月洞、格栅等形象元素的运用。基于这个点，我们展开联想，觉得特别类似于中国传统建筑中的窗花格。窗花格纹样多变丰富，而且也符合“半木”的品牌特色基调，于是我们选用窗花格作为我们整个展示空间的主题元素。展现形式上也采取现代工艺，用钢索将窗花板平吊起来作为展台。展示空间作为一个展示产品的空间，在空间分布上应该在合理的基础上达到让人长时间停留的目的。我们此次空间流线以便捷、舒适为主，同时保留以最简单的人群流线，让人逗留的特性，并将其品牌文化内涵体现在整个空间中。从空间划分上，尽量避免使用隔墙来划分空间的方式，而是运用窗花板通过高低、穿插、层叠来划分一个个井然有序的区域，让整个空间拆分开看来既区分合理有序，但同时又是一个完整的整体。

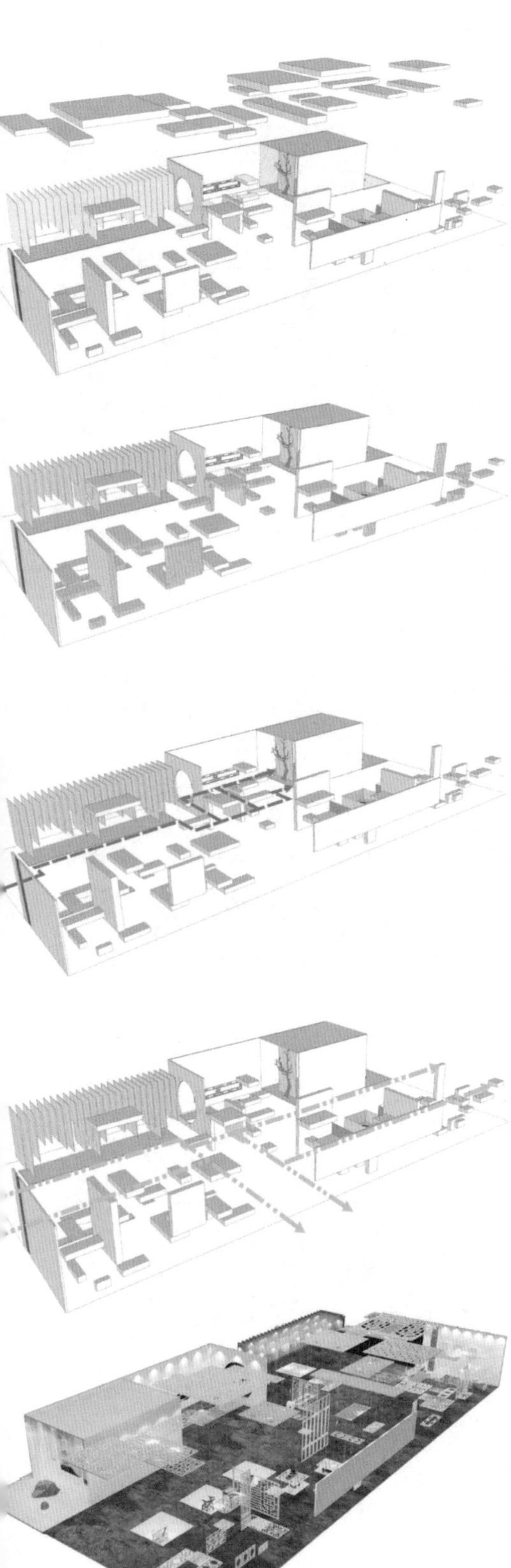

作　　者：覃乾、林铭辉、廖威榕
作品名称：无限灵动——B&O 影响特装展位设计方案
所在院校：广西艺术学院
指导教师：江波、贾悍、陈秋裕

设计说明：

世界顶级视听品牌Bang & Olufsen 自1925 年在丹麦斯特鲁尔（Struer）成立以来，一直以不断创造卓越科技和感性魅力完美结合的音频、视频产品享誉全球，充分体现了B&O质疑常规、绵延惊喜的企业愿景。拥有80多年历史的B&O一直执着于运用精挑细选的材料和完美精湛的工艺。凭借卓越品质和超凡脱俗的设计，B&O更成为丹麦皇室的御用品牌。

从耳机、电话、数码音乐播放器等小型产品，到电视机、扬声器、DVD播放器等家庭影院系列，产品备受赞誉，除了满足消费者对顶级视听产品的不同需求，也为消费者带来了无与伦比的视听体验，更将简约奢华的生活方式演绎到了极致。

展厅的设计概念来源于我们对B&O特有的品牌元素的理解，运用精挑细选的材料和完美精湛的工艺，凭借卓越品质打造超凡脱俗的设计。

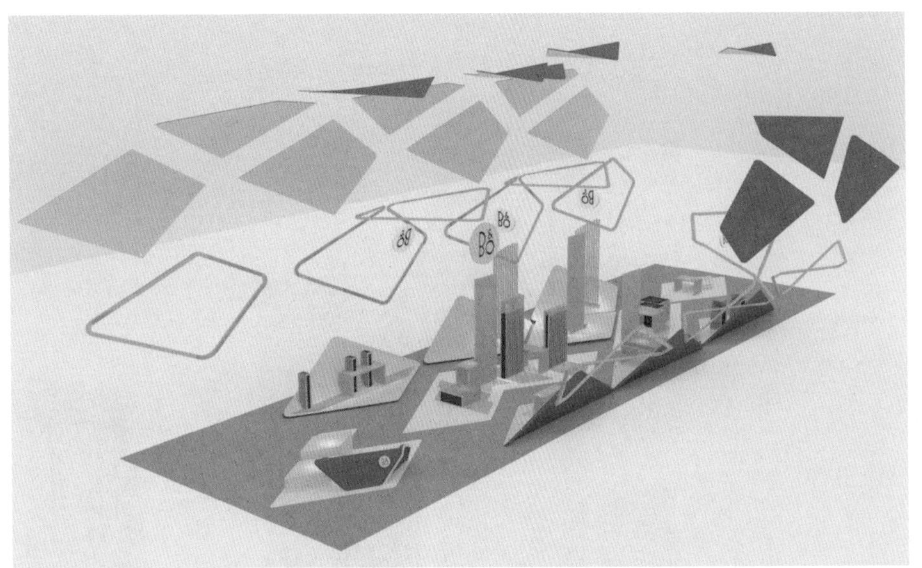

B&O

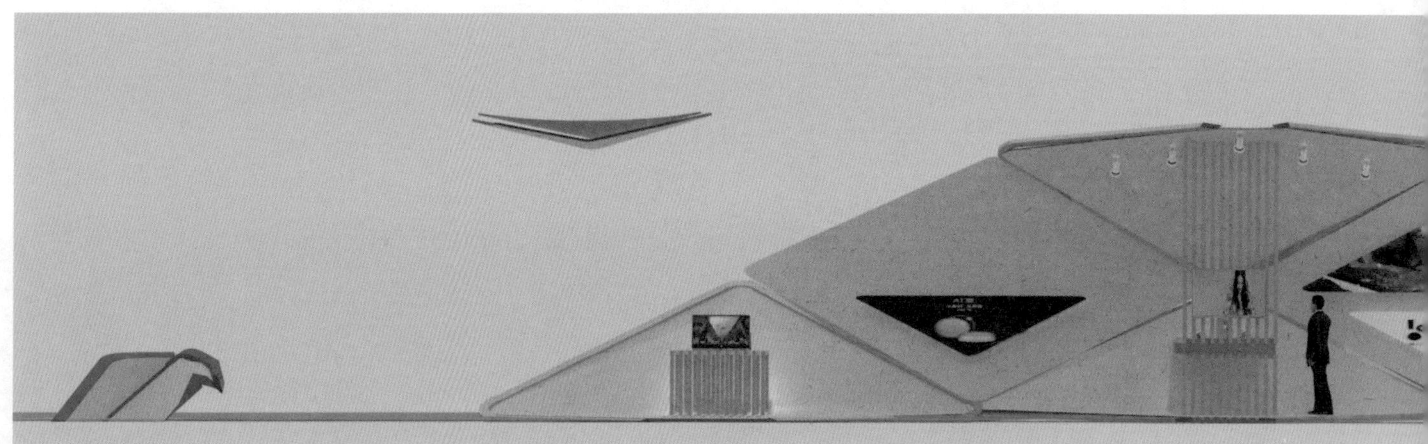

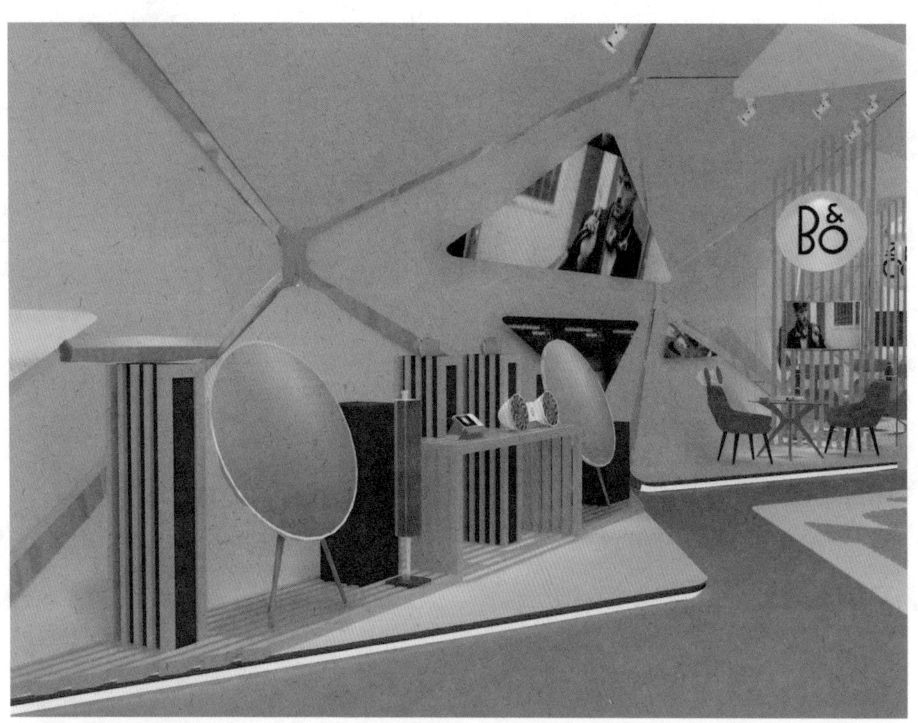
B&O

B&O

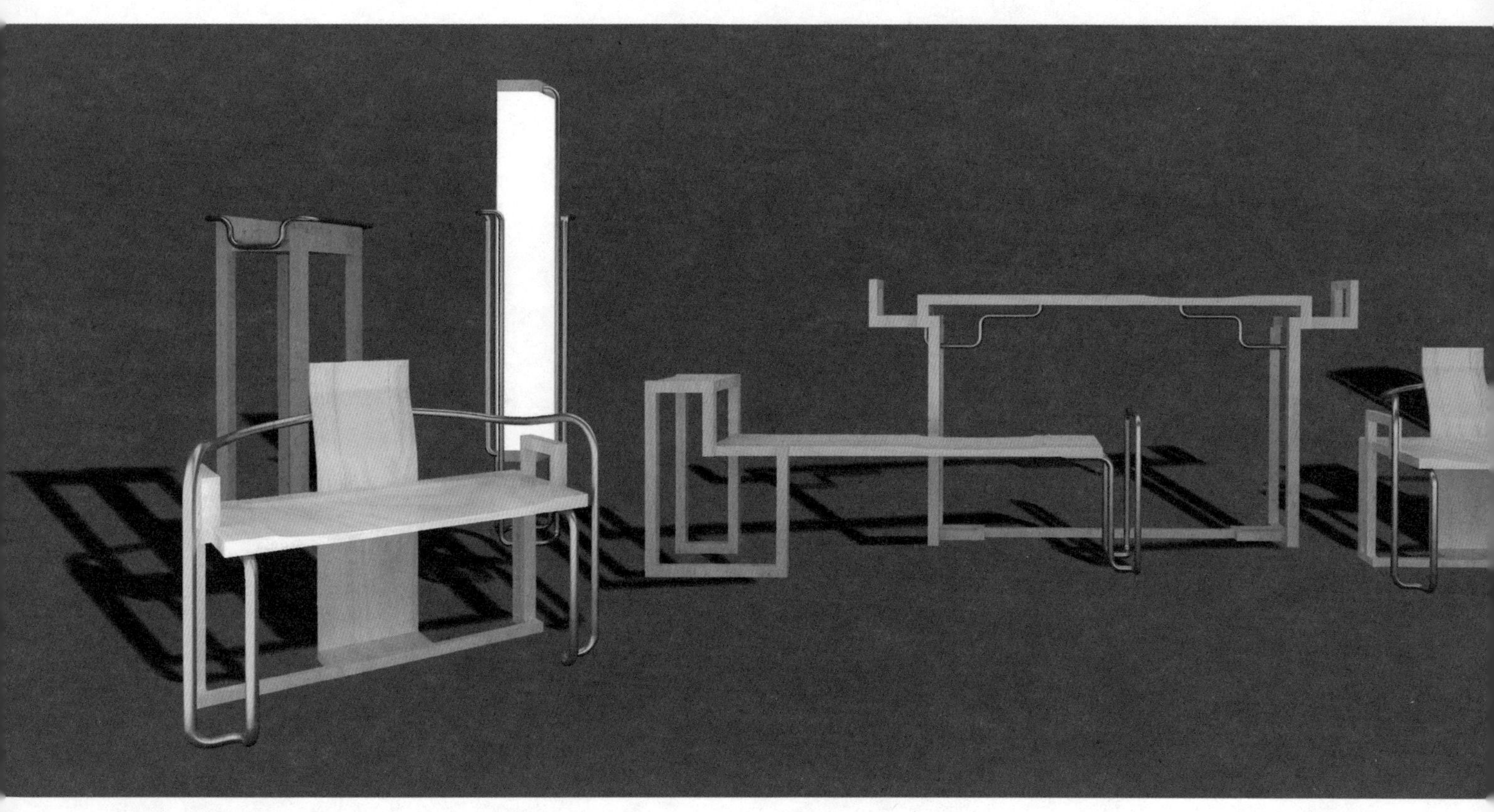

作　　者：吕永康、任卓颖、任卓颖、郝悦
作品名称：甲骨文——当代中式家俬设计
所在院校：西安美术学院
指导教师：周靓、濮苏卫

设计说明：

将中国的传统文化用现代人的视角阐释，让其能够在我们这个时代生存得更合乎情理。回看中华上下五千年，传统，古老，随着岁月的沉淀留下的经典生生不息，文字作为传承这些文化的主要载体以一种最纯粹的方式记录着这一切。而这一点恰与我们想追求的点相契合。而为了增加更深的趣味性我们将整个时间跨度拉得更长，追溯到了文字的最初原始状态，以文字最古老的形式作为灵感来源，以现代不锈钢材料的轻巧与家具经典材料木的结合作为载体，说出了我们对“新”中式的理解。

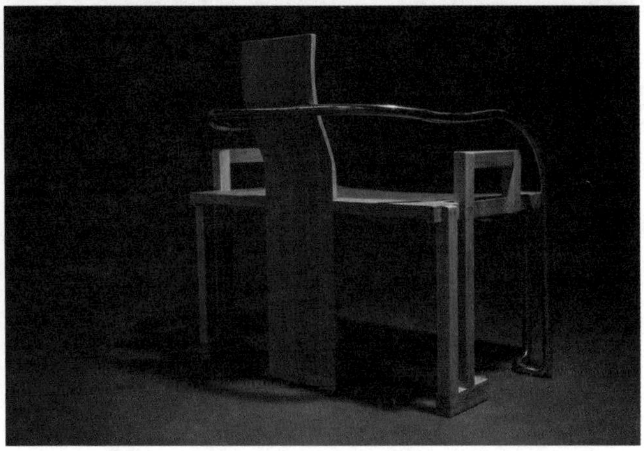

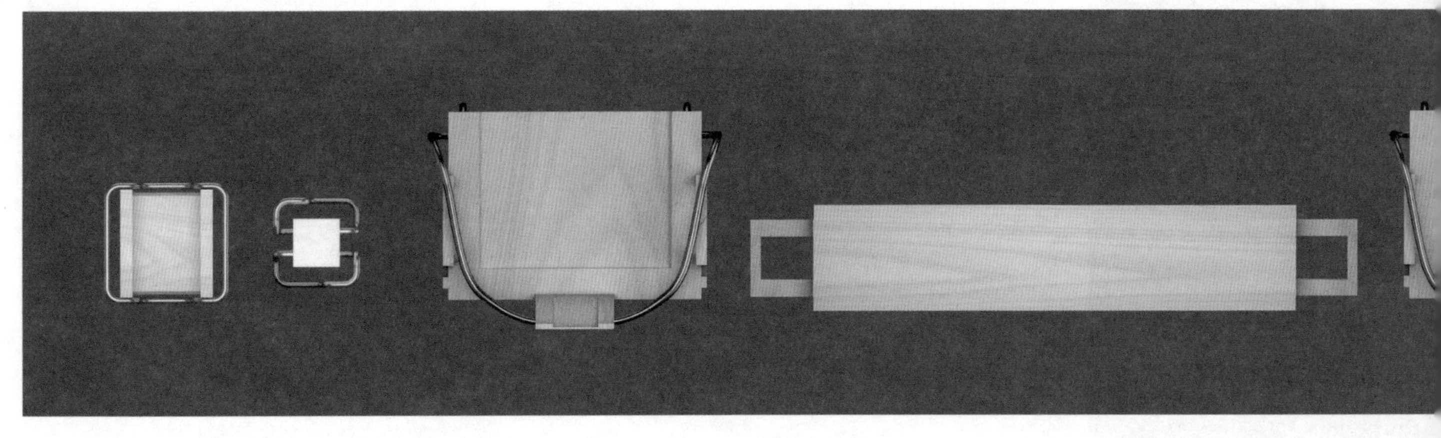

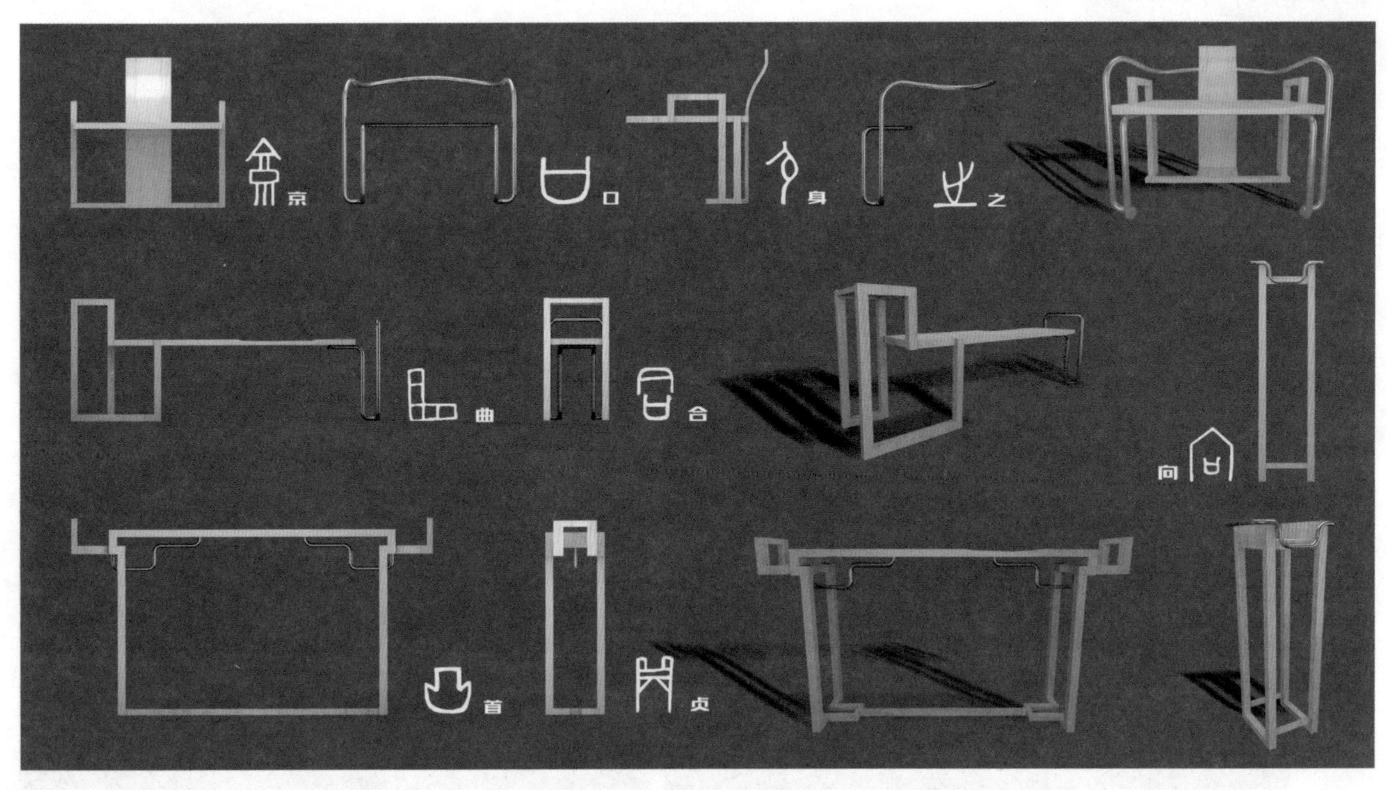
京
口
身
之
曲
合
向
首
贞

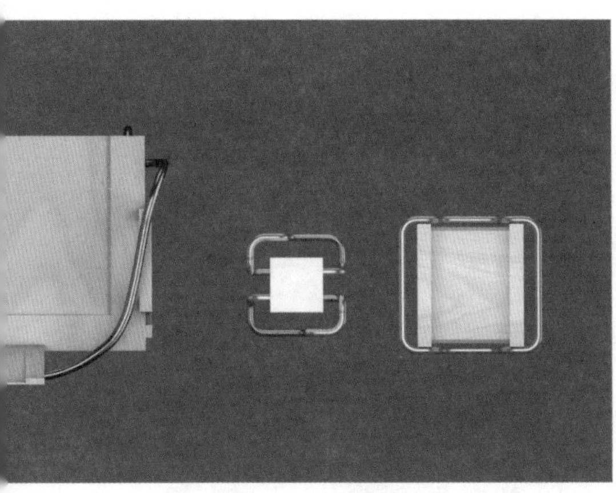

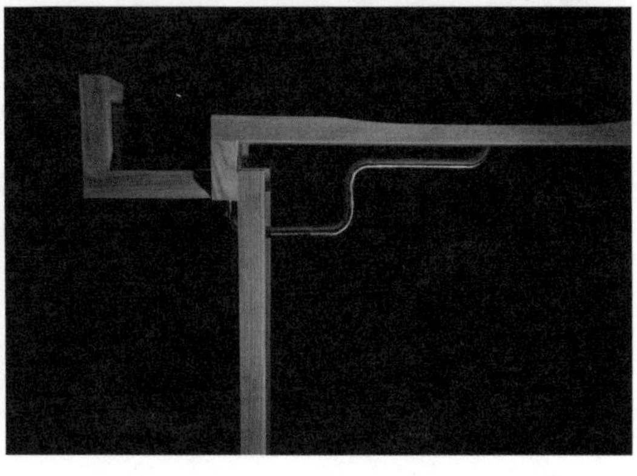

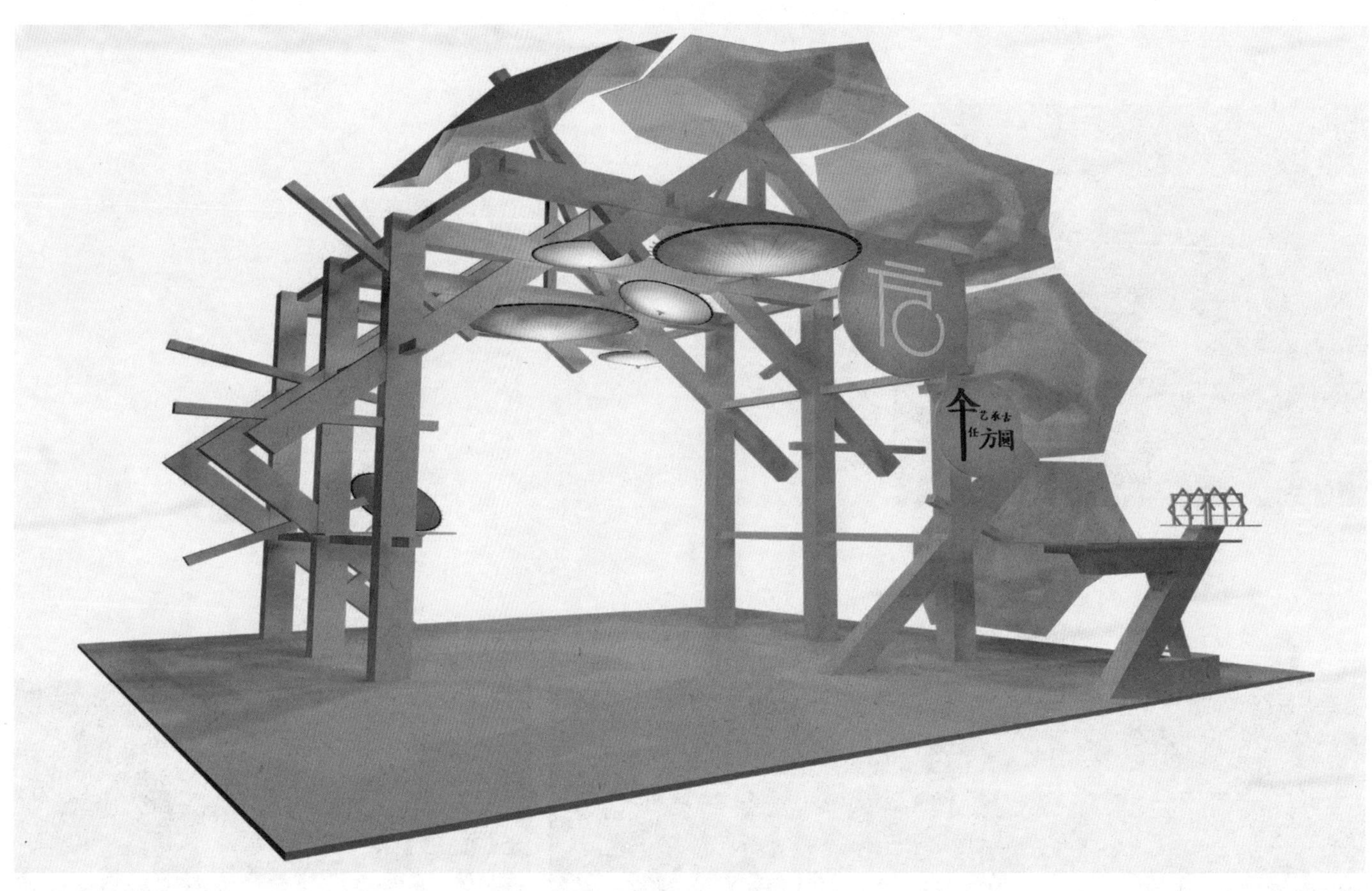

作　　者：文发、郭慈发、张逢君、舒灏、李耿庆
作品名称：方圆特装展位
所在院校：广西艺术学院
指导教师：江波、杨永波

设计说明：

作品《方圆特装展位》以承载中国古人智慧结晶的日用品——油纸伞为展品，以油纸伞为中心构成了整体的展厅设计。展厅以继承中国传统油纸伞工艺，传承古老油纸伞的文化艺术为主旨；用环保而又轻软的瓦楞纸为材料，再辅以中国传统建筑构造的灵魂——榫卯结构，共同组合达到了力学与美学上的统一，同时突出了主体结构的"方"和主展品油纸伞的"圆"。通过对中国传统建筑构造的熟悉利用及对瓦楞纸材料特性的控制和搭建,让传承中国传统工艺与环保完美结合，展现了中华古老而又经典的"方圆美学"设计思维。

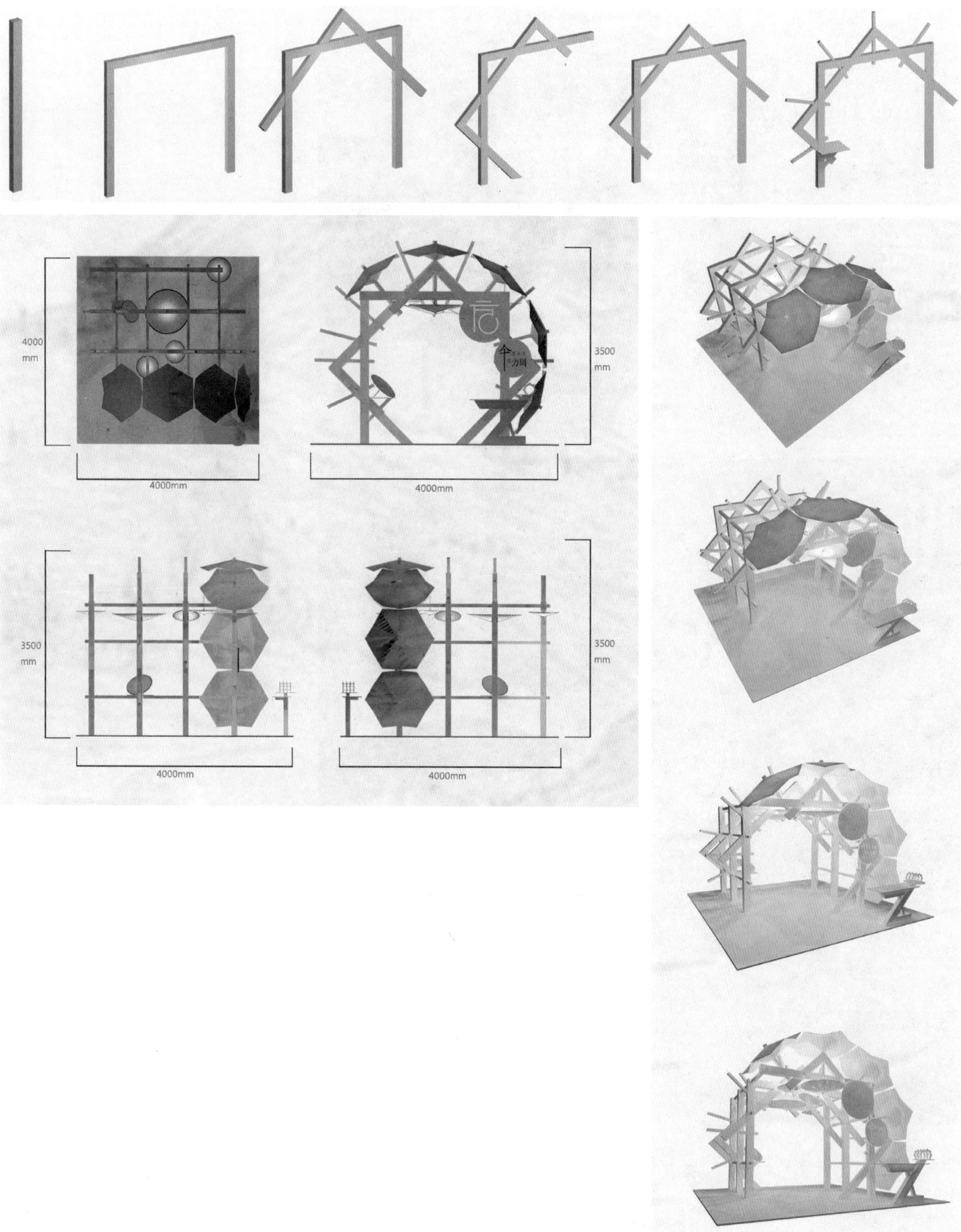
4000
mm
4000mm
3500
mm
4000mm
3500
mm
4000mm
3500
mm
4000mm

伞
艺承古
任方圓

作　　者：张鹏飞、李亮
作品名称：夯土再生——“同居式”宜老空间设计
所在院校：四川美术学院
指导教师：许亮

设计说明：

本案针对养老模式及其空间环境进行研究，空间的整体构造为组团式的布局，其产生的公共空间可以为老人提供更多的活动场所，尽可能满足老年人对精神生活的需求。空间的局部构造为院落中庭与室内盒子套盒子的空间关系， 让居住空间变得更有趣，也赋予更多的可能性。无障碍系统设计空间应有广泛的选择性并适宜老人的生理行为能力。室外的无障碍坡道、慢行系统；室内增加的升降平台，房间配备适合老人的家具及呼叫按钮，卫生间干湿分区增加扶手和洗浴的坐台等，老人能以最小的劳累程度进行有效率的舒适生活。

作　　者：彭亭君
作品名称：“竹棉”——205 库酒吧改造项目
所在院校：西安交通大学
指导教师：蒋维乐

设计说明：

旧工业建筑以其大尺度的空间、可塑性强的空间格局受到了现代人群的喜爱，设计师对建筑进行二次利用和修复赋予其新的含义。保留原有的元素并增添新的功能，让这些“时代痕迹”的老房子重现生机。

此次设计位于陕西省渭南市华州区205库库群，前身是棉花厂区，通过此次改造将其中一座功能转换为清吧。利用工业风加现代元素的运用，在给客人带来视觉吸引力的同时帮助大家了解建筑的历史文化，更好地感受空间的多元风格。

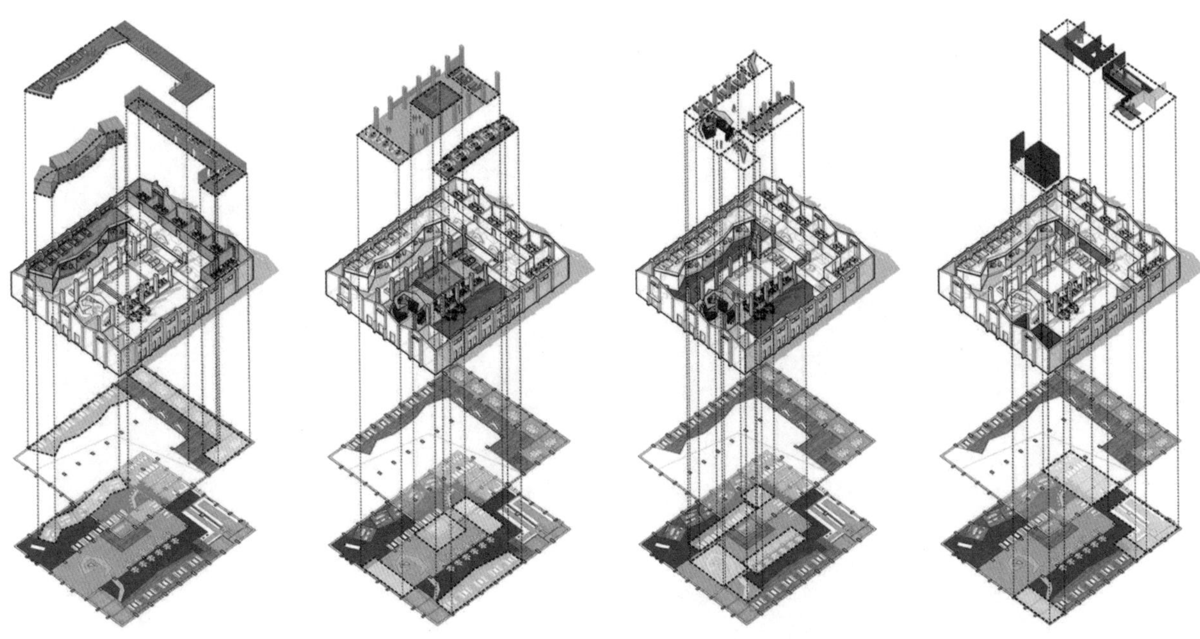

作　　者：范如婵、李少云、卢清、苏荣丽、卢信达、黄尚超
作品名称：节点
所在院校：广西艺术学院
指导教师：贾悍、陈秋裕

设计说明：

展位以“节点”为设计主题，主要展示广西横县特产——木瓜丁，采用木瓜树特有的节点，以分割、嵌入、排列、重组的方式结合，从而形成半围合半开放的空间形态，形成一种“节节而立”的生长趋势。

我们对木瓜丁进行了品牌设计，推广应用。同时整个作品象征着我们在纯真的年华里，从陌生到相遇、相识、相知、相伴，大学四年是我们人生中的一个节点，却无意间成为我们今生最美好的故事。

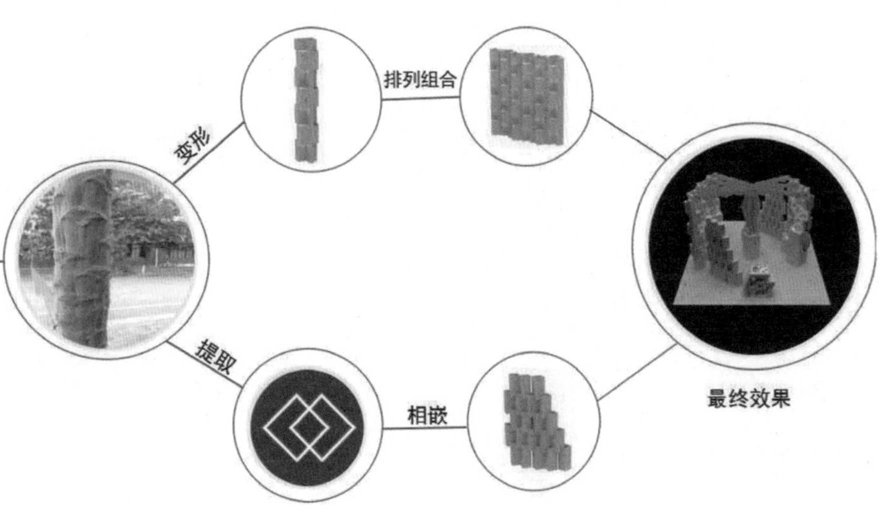
变形
排列组合
提取
相嵌
最终效果

作　　者：陈艳玲
作品名称：山居秋暝——民宿设计
所在院校：桂林旅游学院艺术设计学院
指导教师：牟彪

设计说明：

以王维"山居秋暝"为主题，通过形、色、质、光的空间设计来表达一种桂林江边文化、信布竹林，涉水山涧悠闲、返璞归真的氛围。造型上，保留吊脚楼干阑式造型，家具上用竹排造型的床，由竹篓提取的圆床造型，由桂林山水和龙胜梯田提取客厅屏风造型，大量的曲线灯具，更能让居住的客人感受到桂林文化。色彩上，客厅、书吧等保留原建筑的原木色，房间卫生间等引入桂林山水的优美景色，让来这里居住的人都能体会"空山新雨后……明月送间照……"的意境。而且本设计在软装搭配上还适当加入了当地蜡染手工艺品的颜色来点缀这个舒适温馨的氛围。材质上，保留大量原木，大量运用当地的竹子，少量鹅卵石、小青瓦等来体现这个空间的朴实、亲切、休闲、返璞归真，少量使用玻璃等现代材料，满足卫生间等使用功能。灯光上，室内局部空间开天窗引入天光。

作　　者：谢宗效

作品名称：废弃公路隧道避难所改造设计

所在院校：西安美术学院

指导教师：周维娜

设计说明：

以废弃隧道作为改造基础，进行隧道避难所的模块化设计。方案分为居住模块、公共空间模块及食物采集加工模块。在设计中考虑到了避难者从准备、发现、空间通风保暖、报警监控、居住使用、医疗娱乐、食物采集制作、救援等一整套流程的设计。

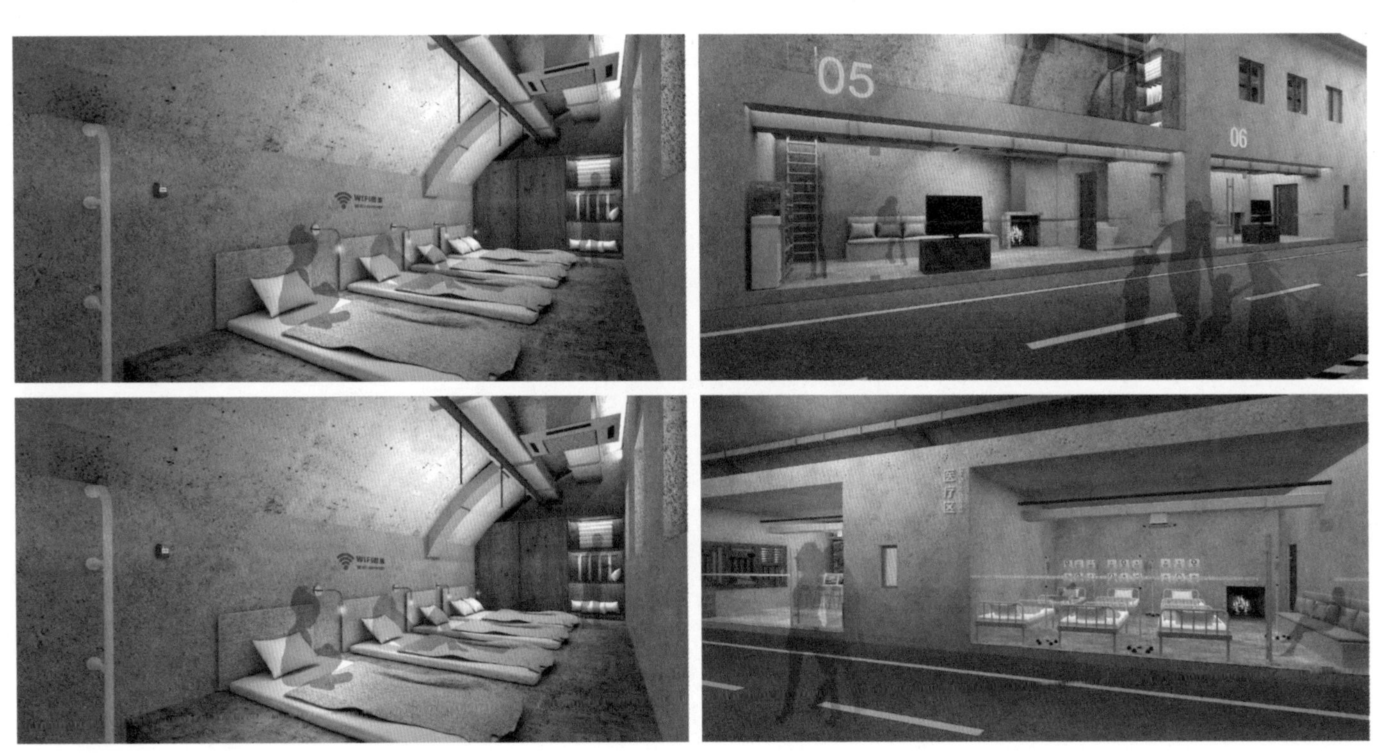
05
06

作　　者：潘文宇、周维闯
作品名称：阿佤莱 · 逸吧
所在院校：云南艺术学院
指导教师：段红波

设计说明：

逸吧以休闲空间的形式向游客展示了丰富多彩的佤族文化：通透的落地玻璃窗，让游客在游览中能直观地观赏到室内的民俗陈设；入内围坐在火塘边可以饮茗到佤族特有的烤茶、擂茶和凉拌茶，还能观赏传统的织布技艺。我们秉承着环保无污染的设计理念，在逸吧的外景设计上运用敦厚且而自然的原木作为设计的主材，井然有序且不规整的布局为葫芦小镇增添了一丝别样的风景。

一楼设计以体验当地文化民俗特色为主。一是吧台旁的展示空间，展示当地手工制品；二是入门处的火塘，在茗茶和体验米酒的同时，可观赏和进行传统织布技艺的体验，让游客更直观地感受佤族地域文化的特色；三是葫芦彩绘体验：这里既有各式各样葫芦的手工制品，又可以让前来的游客体验绘画葫芦的乐趣。一楼聚集了沧源当地最富有文化特色的元素，让游客在感受、体验佤族原生态的、本土的文化和生活方式的过程中，达到文化的传播目的。

二楼室内淳朴的造景为空间渲染了一丝静谧的气息,为游人提供了一个更安静的空间休息。材质设计以原木为主，石头、植物、原木的搭配组合，给游客营造出回归自然的感觉。

作　　者：陈合玉、林铭辉、覃乾、覃椿芹、王艳帅、王鑫浦
作品名称：寻觅
所在院校：广西艺术学院建筑艺术学院
指导教师：贾悍、陈秋裕

设计说明：

作品《寻觅》主题概念为寻山觅水，灵感源于广西山水，整体造型以线性形式为主。流线既是山也是水。寻山觅水——行走在山水之间。寻山觅水的概念由此而来。材料以瓦楞纸为主，意在强化文艺复古的情怀。在提倡环保的同时将纸的结构最大程度的利用和回收。

在展馆的造型艺术与修饰手法上，我们选择了运用“山水”作为主要元素加以改造从而得到半开放圆环形的艺术展厅。

我们将高低起伏的展示设计手法运用到展馆的外形设计中，并体现了山的高低错落让参馆展览的观众有身处山水的空间的感觉，仿佛既能听见水流敲斑石的声音，又能看见峰峦叠嶂，碧水如镜，青山浮水，倒影翩翩，山水景色犹如百里画廊。加上游动的灯，Logo投影灯的效果更加让人身入其中，如同行走在山水之间。

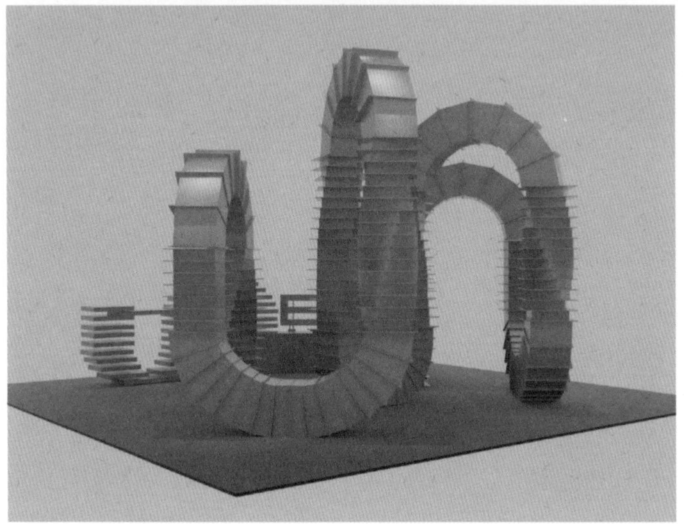

作　　者：于悦
作品名称：云中小雅
所在院校：西安交通大学
指导教师：吴雪

设计说明：

云中小雅主题餐厅的设计灵感来源于水的元素，通过诗词“君不见黄河之水天上来”的启发，营造出一种水天之间贯穿的感觉，同时通过水元素的通透和灵动感，营造一个浪漫又高雅的女性化餐厅空间氛围，适合于精致的江南中式菜品。

在水平空间上，通过动感十足的曲线表现水的灵动，在整个空间中穿梭；在垂直空间上，通过垂坠感十足的细条状，贯穿上部和下部，仿佛是上部水平面上的水流倾泻下来，又像是银河的水流泻到人间。灯光设计运用半透明亚克力材质的光带，营造浪漫光源，同时具有引导作用，亚克力材质具有很好的发散光线效果，伴随花朵的点缀，在白天和夜晚会有不同的效果感受。

作　　者：刘伟、刘欢
作品名称：空谷冥生——冥想空间设计
所在院校：西安欧亚学院
指导教师：胡璟

设计说明：

空谷冥生——冥想体验空间旨在设计一个供体验者暂避世俗之累，排除杂念、找寻真我的心灵栖息之所。通过波普尔的“三个世界论”采用解构手法叙事性的营造三个冥想空间形式，即物质世界空间、精神世界空间和灵魂世界空间。

叙事主题：波普尔的“三个世界论”。“三个世界论”赋予三个主要的冥想空间。

在空间形式上，采用经典的方、金字塔、圆作为基本几何元素并展开细化。选址于终南山山顶，借终南山造物生灵之气，以山顶上一山体为载体，将空间置于山体之中。地方收敛静止，“物质世界空间”及“体验之前部分”以方体形式的演变建于山外与山体的下端，也是整个空间的出入口。三角静止而稳固，运动而冲突。“精神世界空间”以金字塔形式建于山体之内，空间平台朝向顶部三角形天窗不断上升，叙述一个不断找寻和感知的过程。“天圆”产生运动变化，“灵魂世界空间”以二分之一球体与四分之一球体围合，玻璃的半球体，一半置于山体之内，一半置于山体之外，用透明材质模糊室内与室外的界限。在该空间通过弧形银幕观望山顶之景，表达“万物皆空”的思想。借用限研吾《负建筑》中的理念“将建筑、空间融合在自然之中”，人身处空谷之中，去贴近大自然，回望与展望，达到冥想的状态。

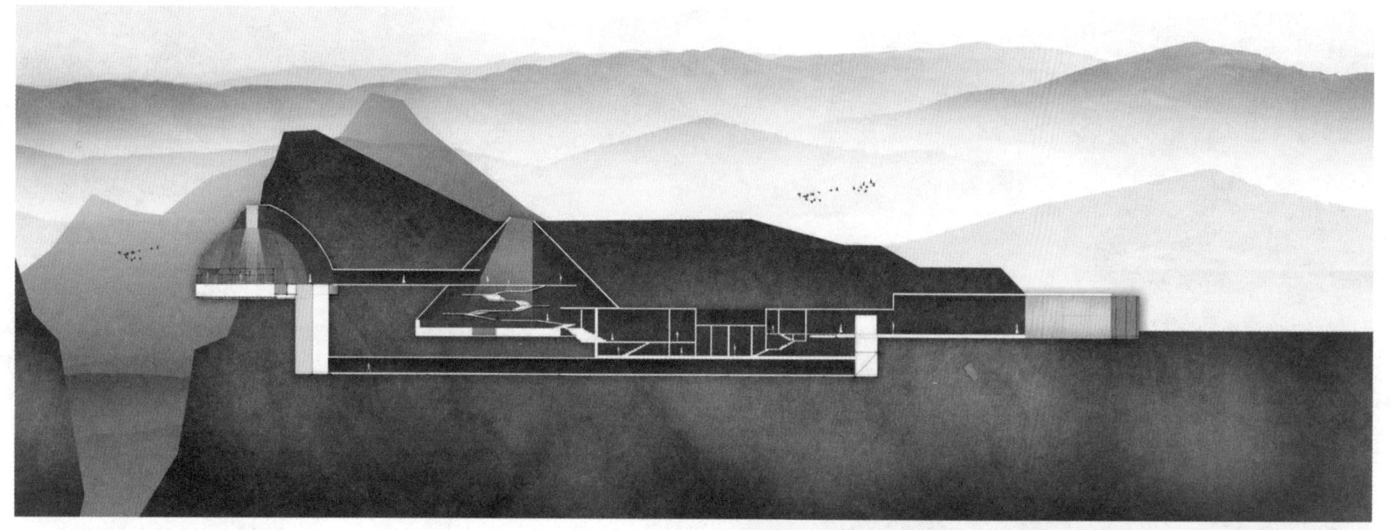

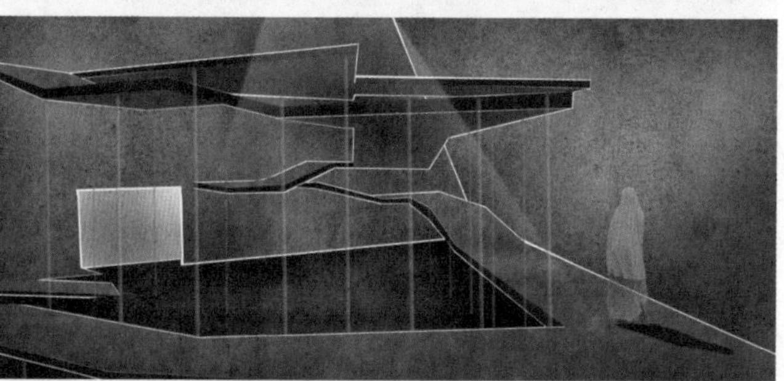

作　　者：王 杰、王圆圆
作品名称：宝鸡刘家大院保护改造设计
所在院校：宝鸡文理学院
指导教师：降波

设计说明：

本方案以“传统、保护、延续”为设计理念，以位于陕西省宝鸡市渭滨区神农镇冯家塬村的刘家大院为例，在尊重地域文化、本原文化的前提下最大限度的保留建筑原貌。在保证建筑外观及结构不变的基础之上，保留关中西部传统民居的居住方式，运用新材料、新科技、新工艺来改造传统民居，从而提升传统民居的居住环境，提高居住者的生活质量。

作　　者：陈熙、黄敏、刘润华
作品名称：未来的模块化组合房屋集装箱改造
所在院校：广西艺术学院
指导教师：罗薇丽、陈罡、韦自力、肖彬

设计说明：

现代人类居住的空间越来越丰富，不再只局限于普通的建筑之内，集装箱的运用和设计在现代室内设计中越来越普遍，如何在有限的条件内达到室内居室和方便实用的有效统一，这是我们作为设计工作者应该考虑的，本案通过对集装箱室内外的改造，达到人与自然，人与人，人与社会之间的和谐统一。

作　　者：郑渊渊
作品名称：组合式·集装箱·空间——为农民工而设计
所在院校：四川美术学院
指导教师：张倩

设计说明：

“我们总以为灾民只要有个地方避难就已经很好了，但连续十几天在没有隐私的公共空间，他们精神上是很紧张的。”坂茂先生说过这样一段话。我个人很同意这个观点，其实不只是灾民，作为弱势群体之一的农民工兄弟也是一样的。我的作品要表达的就是根据农民工的自身需求去设计，让使用者在居住过程中感受到舒适，感受到被尊重。

结合农民工本身的特殊性，本案提出设计一个专门为农民工打造的“互动式集装箱居住空间”。设计要求它是方便安装、拆卸、实用且美观。在布局上，对集装箱进行单元模块化设计，采用“互”字形结构排列，中间设计“点式”绿化，打破了以往集装箱宿舍单一的布局形式；在外观上，通过蓝、红、白、橙、黑等不同的色彩搭配，增加视觉上的趣味性；在空间上，用“盒子模式”对集体宿舍进行“空间分类”，划分开睡眠休息区和日常活动区，对空间进行最大化利用；在功能上，为每个居住者设计床柜一体式床位，床下床柜均为私人存储空间，保证个人收纳空间和隐私性；在人性化设计上，考虑到全家外出打工者的不便之处，为其设计单独的家庭式宿舍，注重考虑不同受众的切身利益。以此来为农民工提供一个舒适、低价、环保、注重个人隐私也同时具备娱乐休闲空间的居住环境。

CIMC
CIMC
CIMC
CIMC
CIMC
CIMC

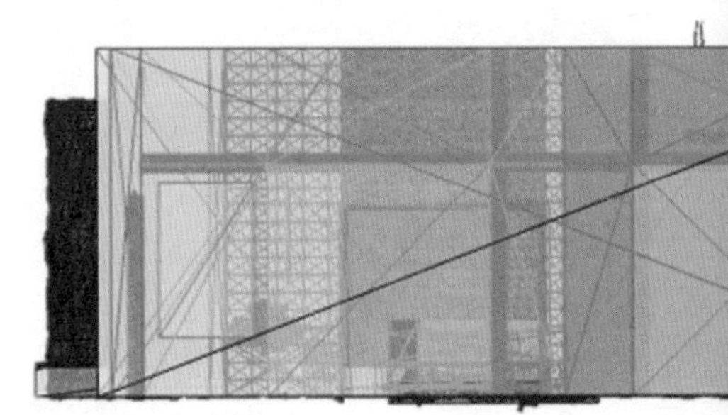

作　　者：李博涵、刘竞雄
作品名称：自然生态博物馆设计
所在院校：西安美术学院
指导教师：周维娜、孙鸣春

设计说明：

自然生态博物馆主要是将动物进行分类展示，通过分类的科普，让观者更好地认识不同种类动物的生活习性。每类动物均有相应的动物介绍，在介绍动物的同时也给受众普及目前我们自然生态所面临的危机。让观者在观看的同时切身体会到生态自然对于我们人类生存的重要性。设计手法主要体现于灯光的使用，及其布局上的合理。空间布局使用开敞空间、半封闭空间、障景、借景等手法。

两栖动物
两栖动物

作　　者：肖林顿、张利婷
作品名称：四川会馆——蜀园餐厅室内设计
所在院校：西安石油大学
指导教师：陈超

设计说明：

“蜀园”是四川会馆旗下品牌，主打“中国菜·四川菜”。本设计项目地点位于陕西省西安市阳光天地购物中心，原场地中存在一些不合理之处，所以在平面布置设计中因地制宜划分各个功能区域，通过空间合理布局，综合周边人居环境及受众，实现卓越级美好餐饮生活的理念。

在空间色彩上主要是以黑白基调为主，同时配以古铜装饰收边，空间给人以大气感觉的同时也尽显华贵。在材料的选择上以大理石、瓷砖、木地板相结合进行地面铺装，起到了很好地划分空间效果；墙面材料为大理石、橡木细纹木饰面、仿古镜为主，为用餐空间增加了戏剧化的效果，并提取中式传统元素进行装饰，以丰富空间视觉感受，使其成为具有中式韵味的餐饮空间。

餐饮空间设计要为顾客提供独特的饮食空间体验，优雅的氛围可以使顾客放松心态，专注于空间中的细节，从个人的角度去发现空间中的美并与之对话。通过这种氛围的创造建立起餐饮空间与顾客之间的联系，从而为顾客带来绝佳的用餐体验。

作　　者：朱珉辉、李智森
作品名称：逸战
所在院校：广西艺术学院
指导教师：韦自力、罗薇丽、肖彬、陈罡

设计说明：

主题酒店在一定意义上通过主题的文化性来实现，文化性又通过酒店的建筑、装饰、服务等一些载体加以渲染得以呈现。民族文化特色鲜明，而每一个区域都有其特有的地方历史文化和资源。壮族是中国少数民族人口最多的民族，民族特色鲜明有壮锦、绣球、铜鼓、山歌、壮戏等，在大学学习的日子里我们深受壮族民族文化的熏陶。因此，我们设计了一栋现代的带有壮族文化特色的主题酒店。

ARCHITECTURE 建筑类

作　　者：石志文
作品名称：游动的栖居地——生态性主题展馆
所在院校：西安美术学院
指导教师：周维娜

设计说明：

设计旨在将参数化逻辑建构作为一种设计方法和构建手段在展示空间中运用，利用逻辑关系或者其他自然科学知识来建立一个关联且可控制的系统（模型组织）来描述和解决设计问题。此次毕业创作《游动的栖居地——生态性主题展览馆》，通过鱼的特征以及游动的形态逻辑来描述展馆与环境的关系，体现设计无痕、环境共生，并生成设计雏形。这种科学性、关联性、可调控性的建构方法让功能与形式得以统一，同时，艺术化的形态表达，给参观者带来了新的视觉和心理体验。以游动的栖居地作为切入点也希望能呼吁人们对自然环境的关怀，和谐共融。

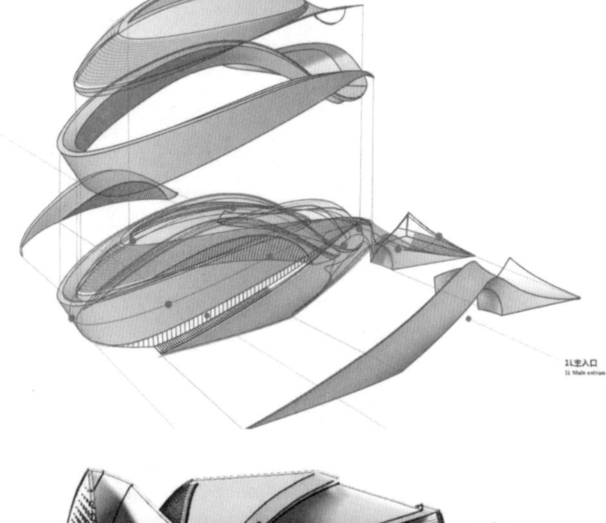

1L主入口
1L Main entran

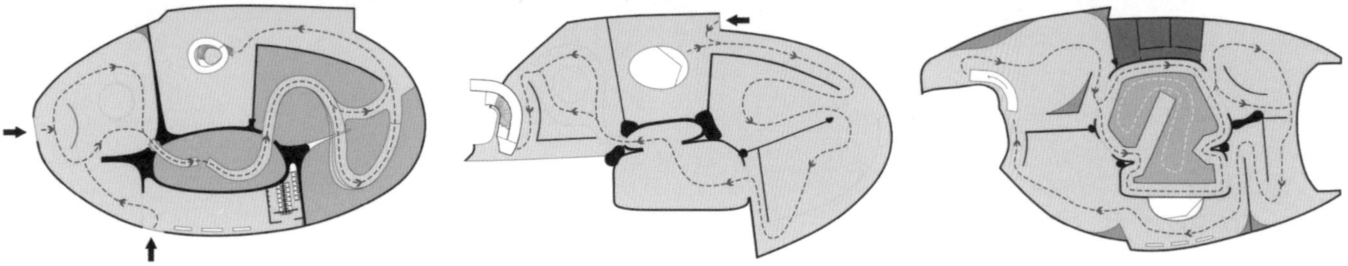

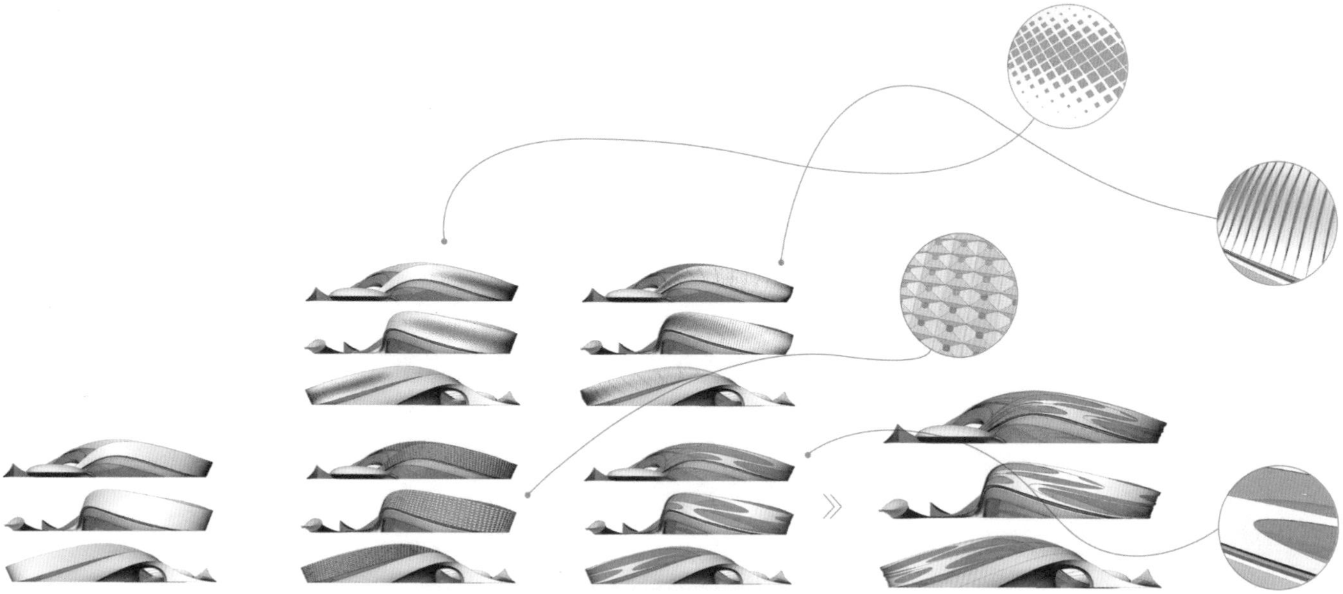

作　　者：胡艺璇
作品名称：震后重建之“竹”过渡场所
所在院校：四川大学
指导教师：罗珂

设计说明：

2008年5月12日汶川大地震，第一次经历了自然灾害的摧毁力量，房屋、生命、通讯等都可在瞬间被摧毁，造成大量的人员伤亡。地震发生后，每一个抢救时间点都将是非常关键的，救援、恢复、重建这三个主要时期构成了灾后重建工程系统的三个紧密减灾阶段。针对不同的救灾阶段，所对应的安置场所将配合各阶段的变化来适应。

用最简单的方式快速搭建震后重建的过渡住房，将震后重建住房的各个时间段的需求整合为一个连续的过程，从避难场所到临时安置房到完全恢复后的地震纪念博物馆。选取“环式围绕”的空间组织模式，其特征具有团结、快速建立信任的促进作用。根据就地取材的优势，选取“竹”作为建筑原材料，它们分布广、易获取、易降解，然后根据竹子很好的韧性与弹性，选取最简单的结构——拱形，组成外部空间，利用编织、交错所建立的稳定性作为连接形式延展空间，不仅在平面还在立面上都有延展性。这样的形式简单、适地性丰富，可以使得更多的人们参与搭建的过程，增大搭建速率，使得灾区迅速进入全面重建。

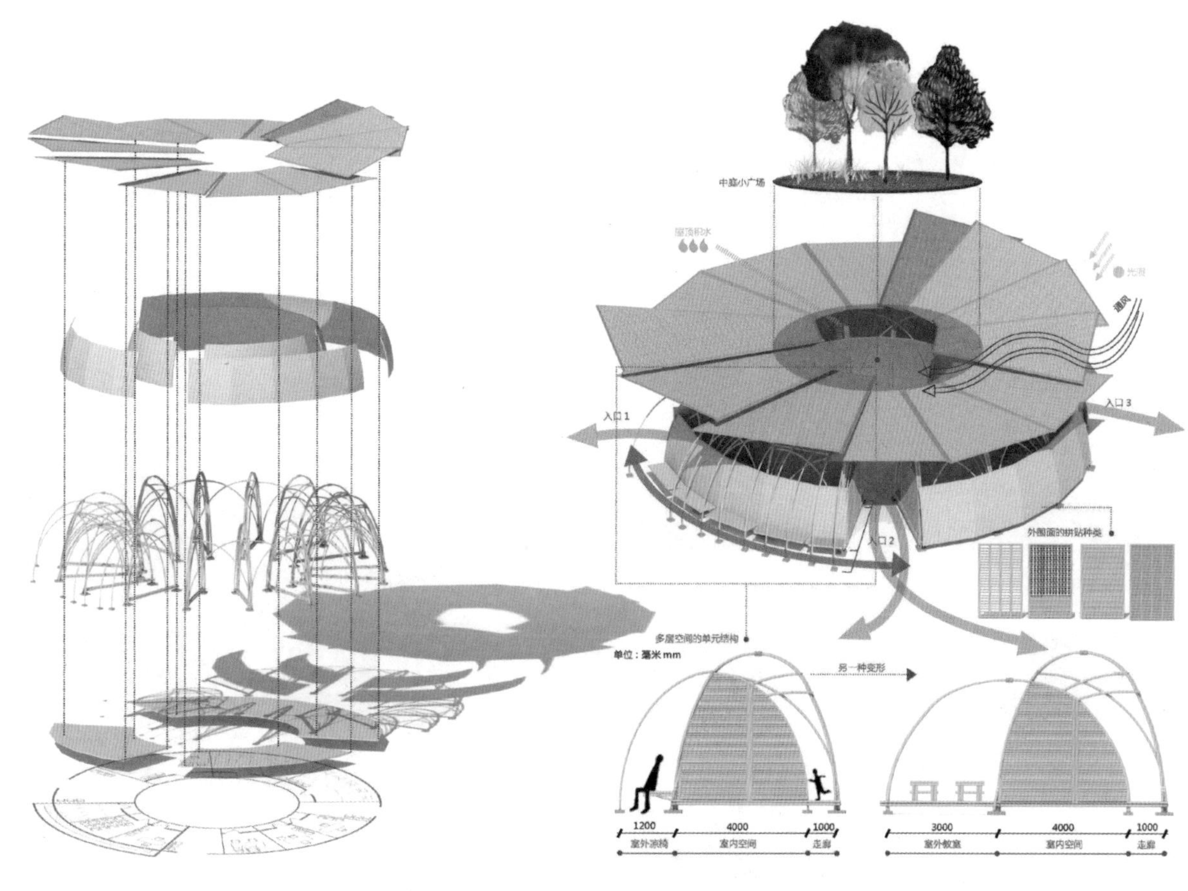
中庭小广场
屋顶积水
光照
通风
入口 1
入口 3
入口 2
外围面的拼贴种类
多层空间的单元结构
单位：毫米 mm
另一种变形
1200
4000
1000
室外座椅
室内空间
走廊
3000
4000
1000
室外教室
室内空间
走廊

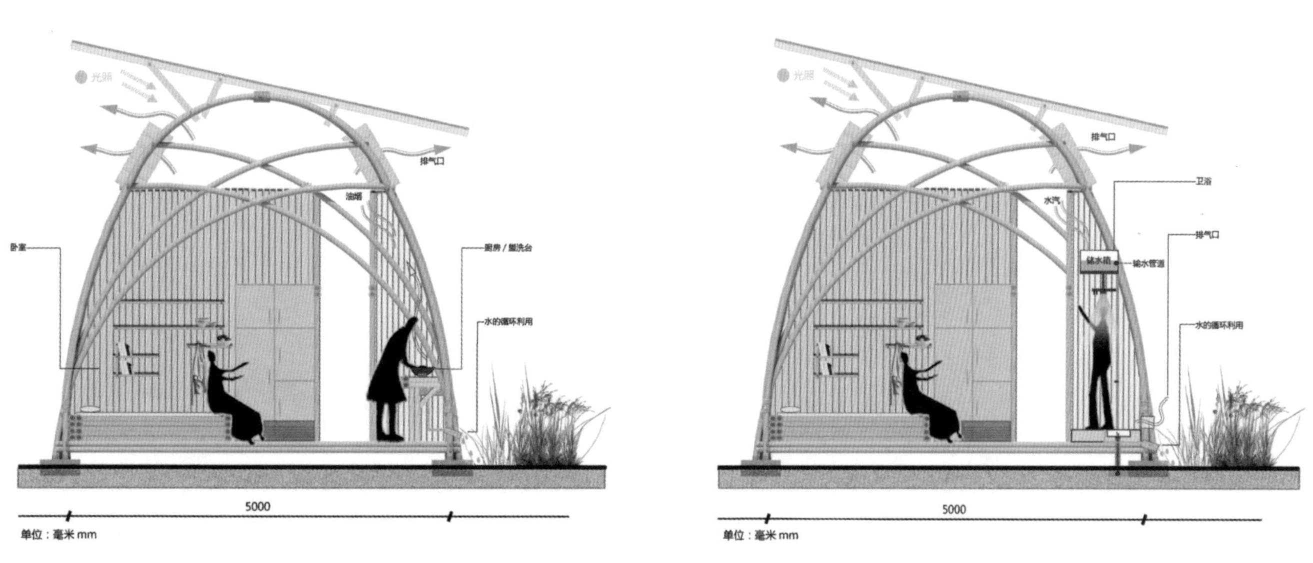
光照
排气口
油烟
卧室
厨房 / 盥洗台
水的循环利用
5000
单位：毫米 mm
光照
排气口
卫浴
水汽
排气口
储水箱
输水管道
水的循环利用
5000
单位：毫米 mm

我们在这里过得非常好，生活很方便，房子都是我们自己亲手搭建的，我也可以参与到其中，大家都在共同努力互相帮助重建新的家园！
赈灾物

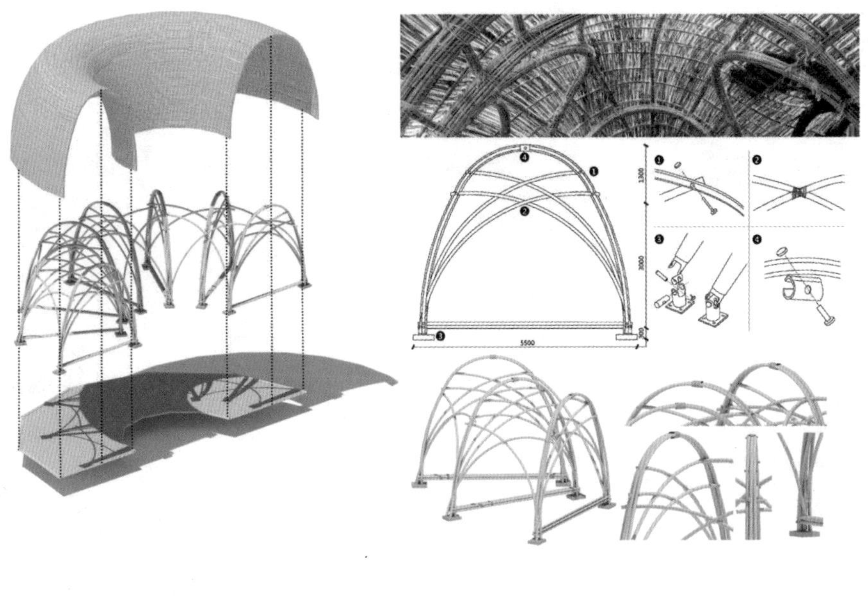
5500
1300
3000

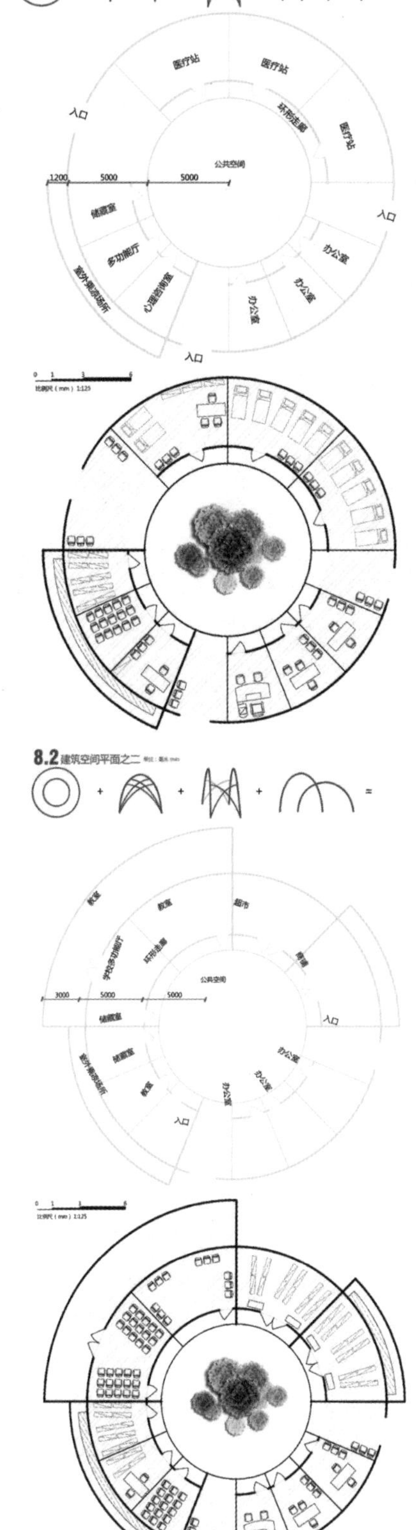
医疗站
医疗站
入口
环形走廊
医疗站
公共空间
1200
5000
5000
储藏室
入口
多功能厅
办公室
室外乘凉场所
心理咨询室
办公室
办公室
入口
比例尺（mm）1:125
8.2 建筑空间平面之二
教室
教室
超市
学校多功能厅
环形走廊
公共空间
3000
5000
5000
储藏室
入口
储藏室
办公室
室外乘凉场所
教室
办公室
办公室
入口
比例尺（mm）1:125

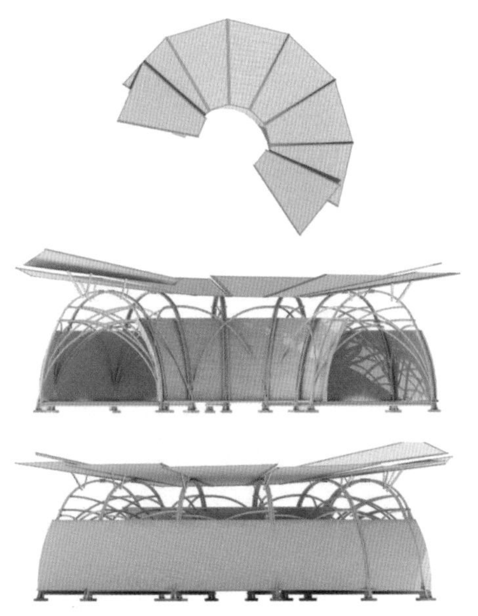

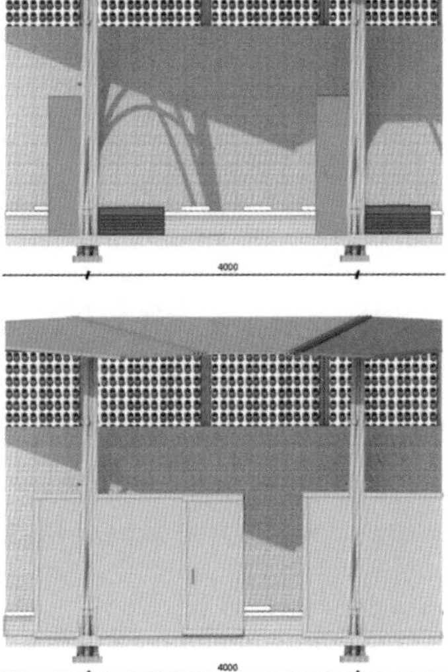
4000
4000

作　　者：林茂群、车思瑞、刘姿彤、张清婷
作品名称：呼吸·脉动——西美新校区体育馆空间设计
所在院校：西安美术学院
指导教师：濮苏卫、翁萌

设计说明：

以“呼吸”为设计主题：首先，追求空间失焦，布局结构分散，虚实对比，使真实物体消退于空间之中；其次，强调“空间渗透”，注重自身感受、存在感知和行为理解；第三，为了与“呼吸”这一主题相呼应，体现模糊的界面与暧昧空间的互动，此次设计中可以使用玻璃等透明和轻盈的现代材料来构筑空间，利用光影照射，产生意念交错的感觉，以此赋予建筑体量和形态以消失的特征。界面模糊的塑造让空间渗透成为一种常态，从而建筑在空间中消失，人与环境对话，精神与大自然彼此渗透。

探索“有无”与“虚静”中的空间意蕴，体验和感知空间，运用写意手法营造空间。设计与空间环境所契合，避免原有地形地貌和植被等自然景观的破坏，让建筑在土中“生长”，让场地真正成为自发的场所，释放空间，增添空间吸附力。在景观中，为了更好地实现“可呼吸”的建筑景观这一理念，可利用地势地形以及人为参与设计进行雨水收集利用，如规划下凹状绿地景观、可呼吸的透水铺装、交通道路高于地面、雨水花园等。整体环境可呼吸，在环境可呼吸的基础上，增添莫比乌斯环的创作来源，莫比乌斯环体现了呼吸的延续性，将整个环境穿插，建筑景物与人整体的交流性与互动性。

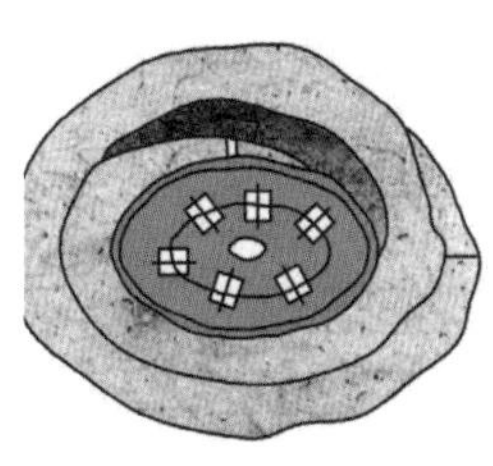

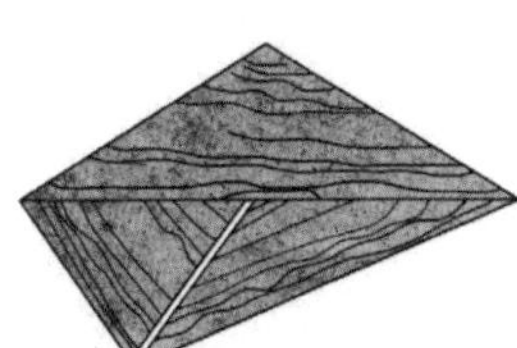

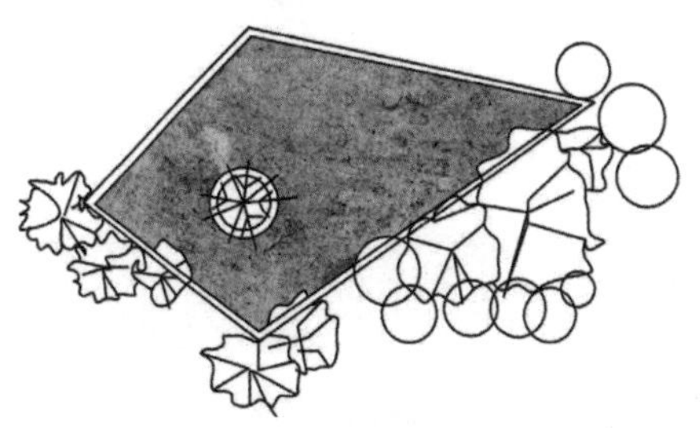

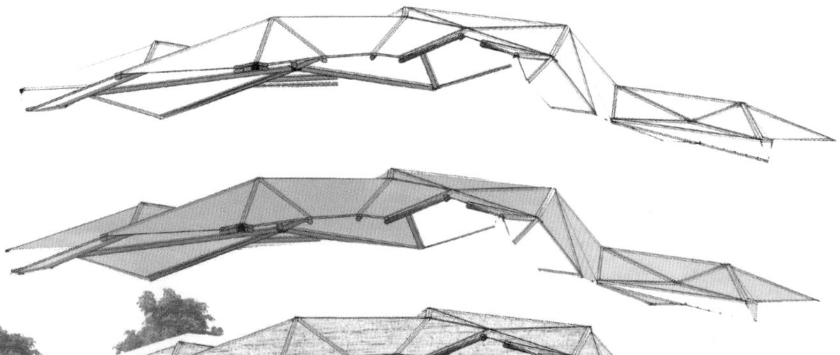

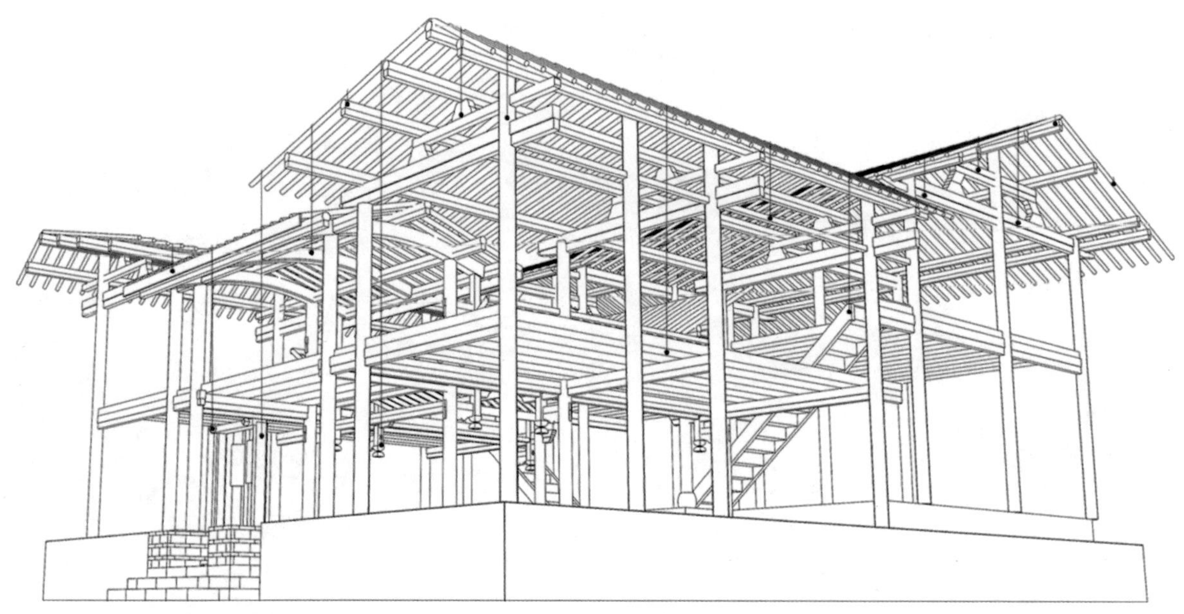

作　　者：杨青青、肖肖、吉丽蓉、吴雄强、阮志刚、马孝文、夏伟强、陈奎存、王龙专、朱珍珍、郑玲玲、曾一霄

作品名称：印迹

所在院校：云南艺术学院

指导教师：杨春锁、穆瑞杰、张琳琳

设计说明：

“一颗印”是云南地区曾广泛分布的民居形式。随着社会生活需求的改变，“一颗印”式民居渐渐退居历史的舞台，成为昆明人记忆里的老房子。走过“一颗印”残存的村庄，大部分“一颗印”式建筑早已无人居住，破烂不堪，有的甚至倒塌，沦为危房。“唯愿老房应新境，白骨再生现昆明”，这是我们团队最殷切的期盼。

设计中，我们始终遵循“保留、替换、改造”的原则，尽可能将功能与形式结合起来。“一颗印”的再生，我们坚持尽力保留老屋的元素，进行改造设计，置入新的社交元素，让空间符合现代的使用。这个方案在记忆与创新之间，所有的设计表现被隐藏在老屋之后，这是我们对老屋、对记忆的尊重。老房子的门头造型、整体空间形式、基座形式等得到很好的保留；工艺复杂的材料，如夯土、榫卯等，我们替换了新型材料，降低造价，完善需求；门窗等小木构件，结合了玻璃材料使其更具通透性；空间形式根据需求合理考量，进行功能空间的重组与再分配。

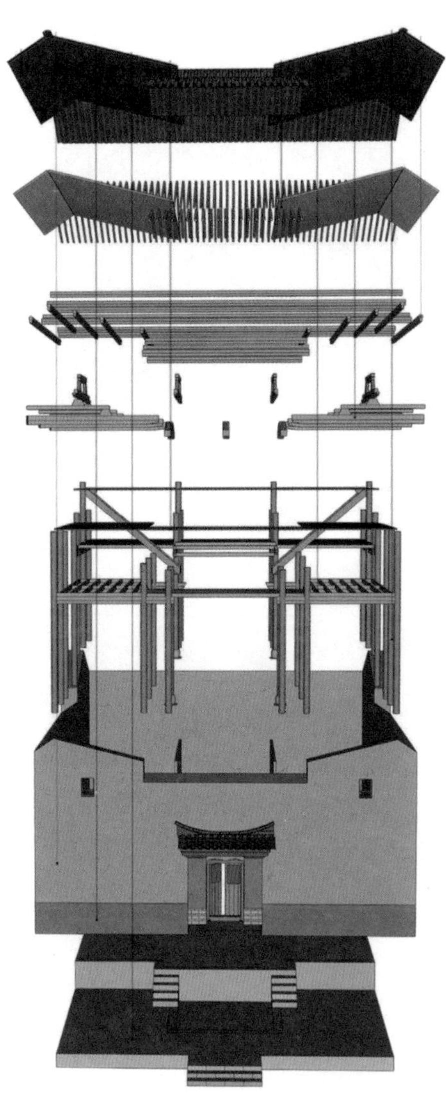

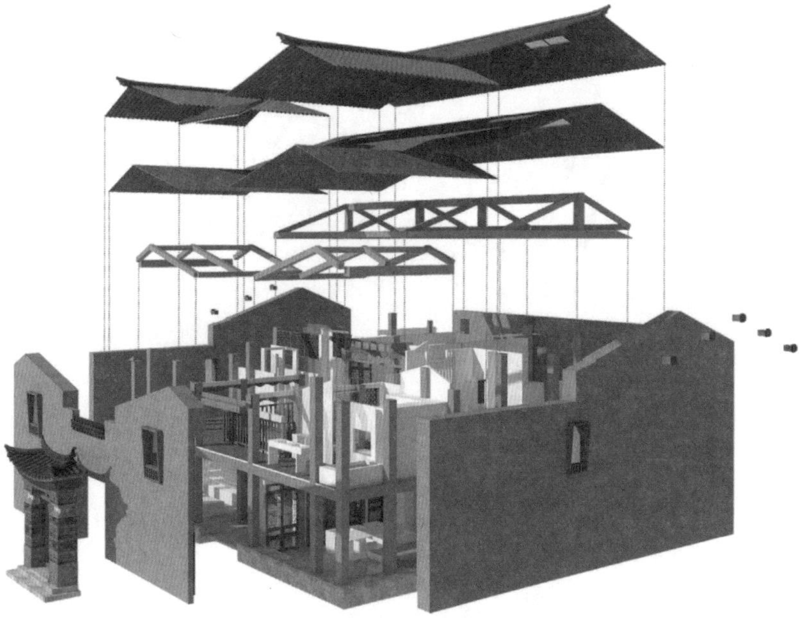

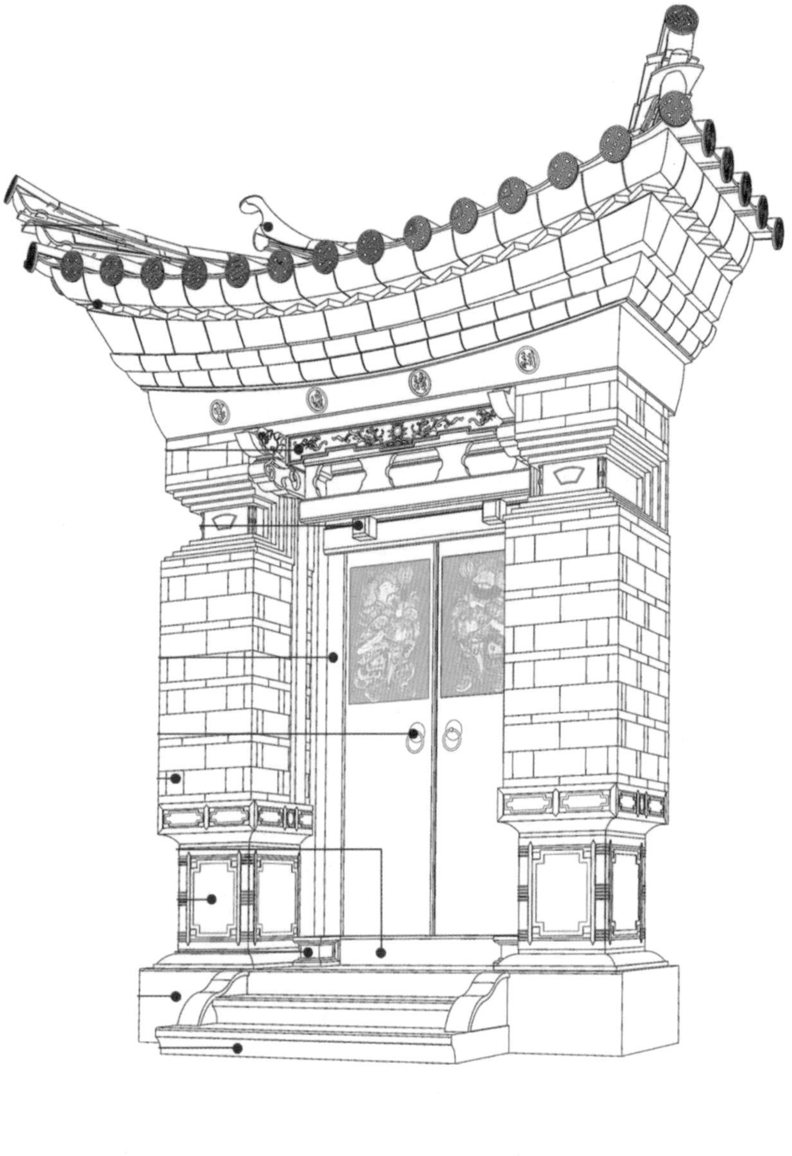

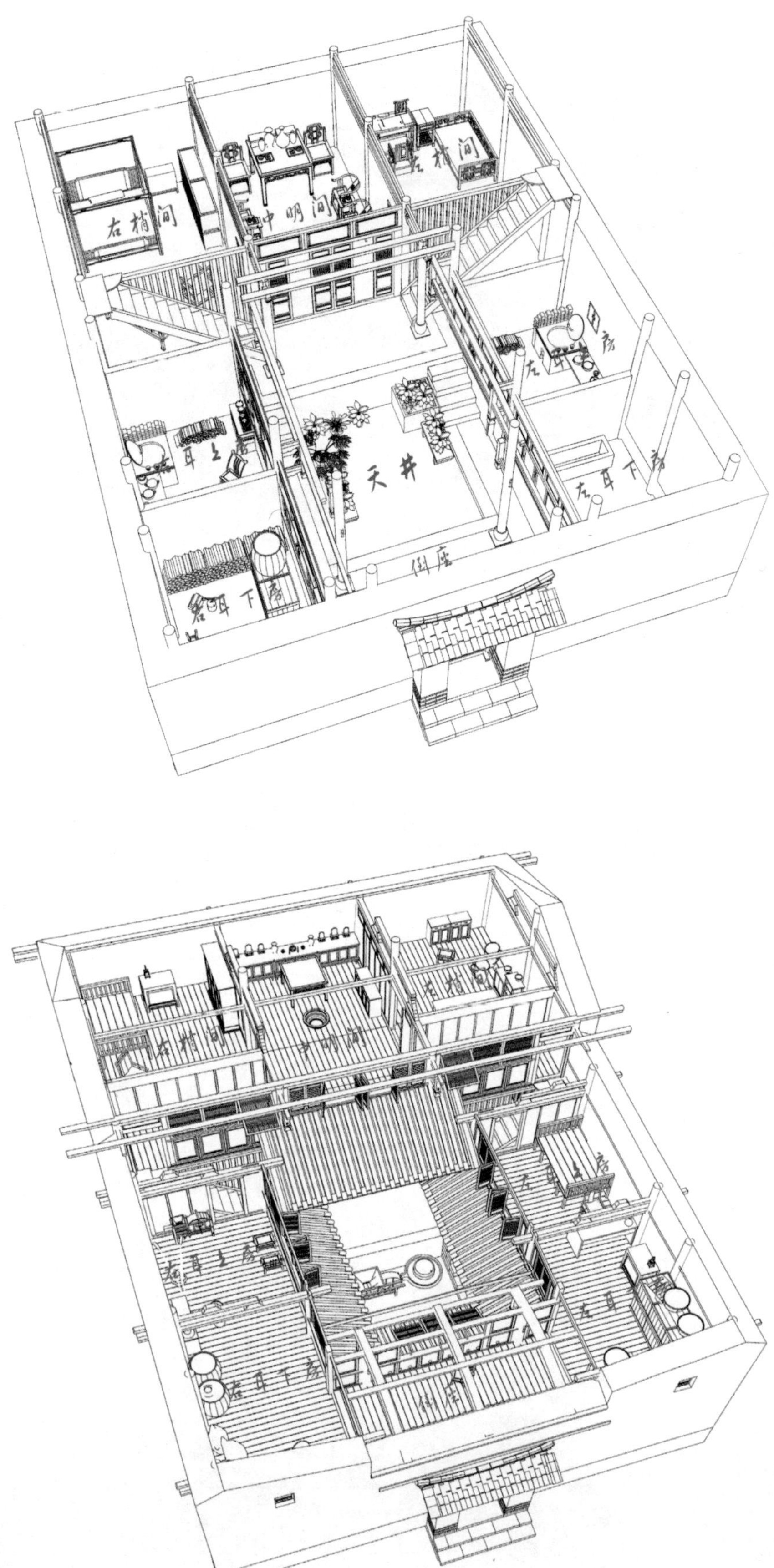
右梢间
中明间
左梢间
天井
倒座

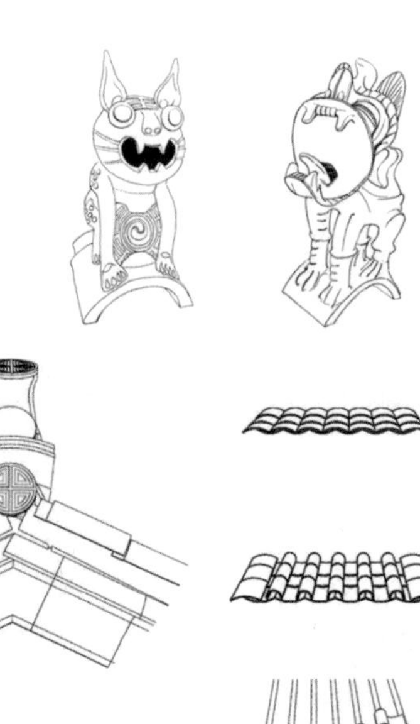

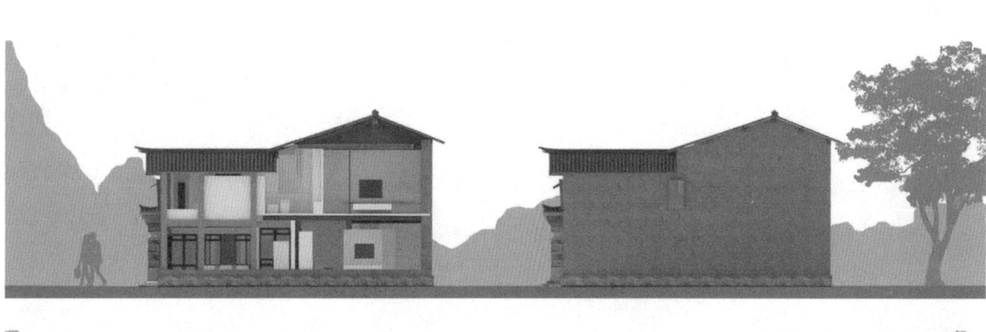

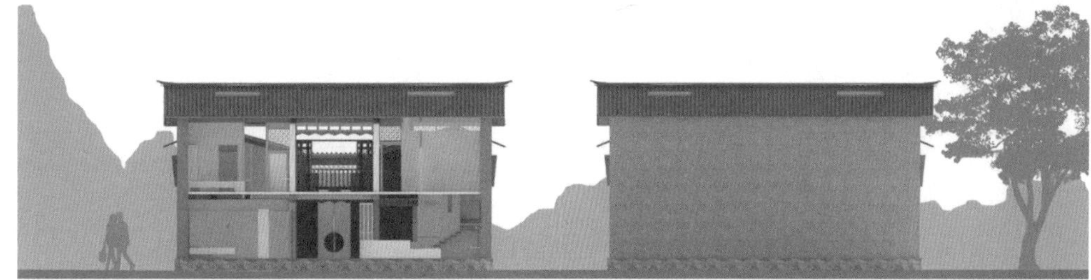

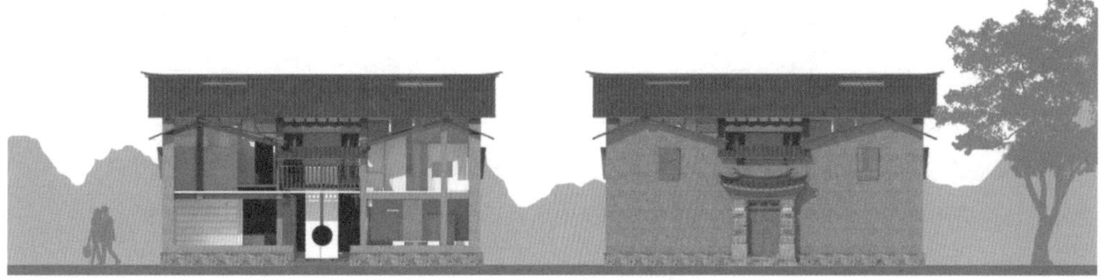

作　　者：冯佳瑞、寇琦、张天宇、高竟达
作品名称：蜂巢绿洲
所在院校：西安美术学院
指导教师：周靓、濮苏卫

设计说明：

我们设计的方向是一个概念性的，根据我们的调研现状来看，人口的增加，城市发展快速，人们对空间的需求量越来越大，越来越多的高密度建筑的建筑发展，给地上空间造成了很大的压力，地下空间的开发是必须的。最大的威胁是自然生态遭到破坏，水土的流失严重，我们可利用的土地变得越来越少，我们需要保护我们的土地与环境，为地表腾出更多的空间，来使地球可以自我修复，未来我们想建造更多与环境可以相融合的建筑，改善环境，这个建筑不仅仅是完好的土地上改造，我们需要更多的利用那些废弃土地，重新建造新的人居环境，远离城市喧嚣。此次，我们选择沙漠地带建造群居化的地下建筑群，是想将不可用的土地重新研究与探索，利用沙漠具有的特性来建造这种生态建筑，满足人们对空间的需求。

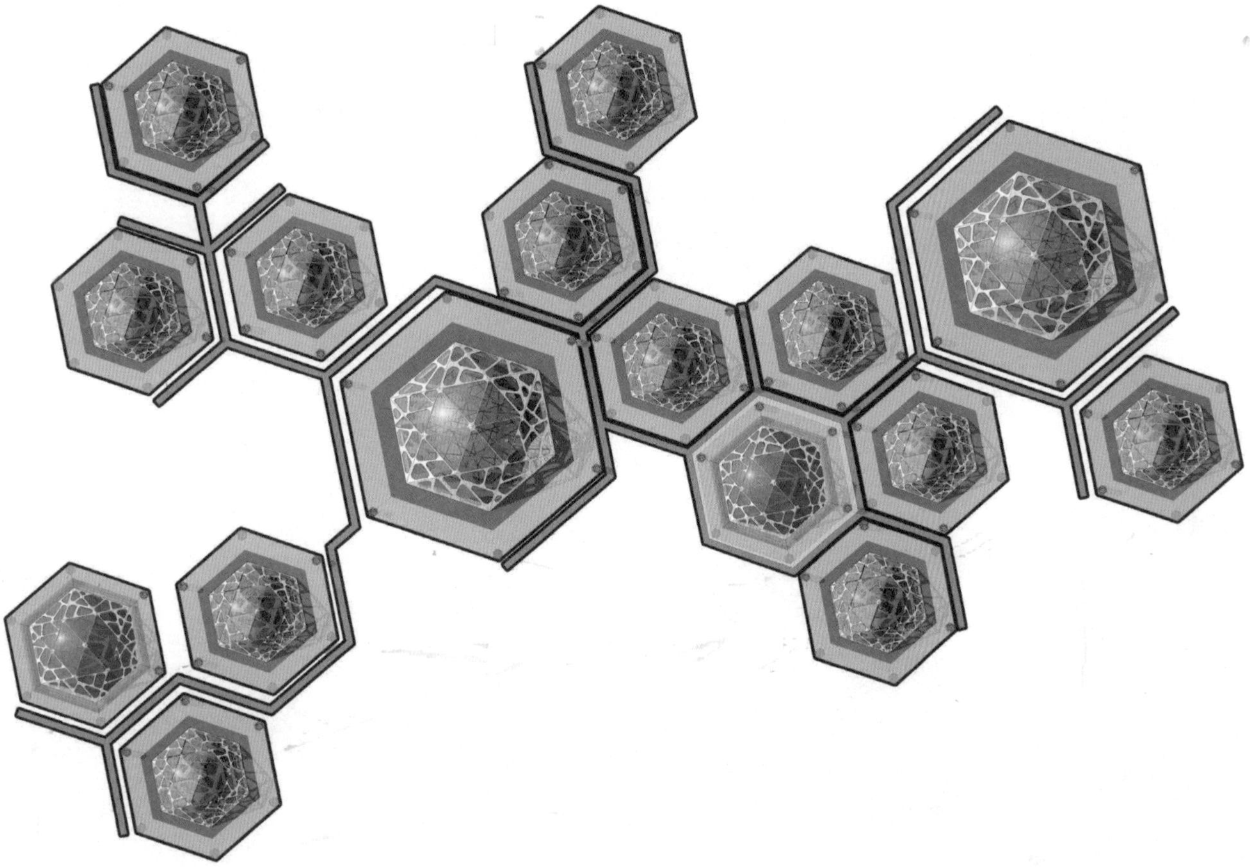

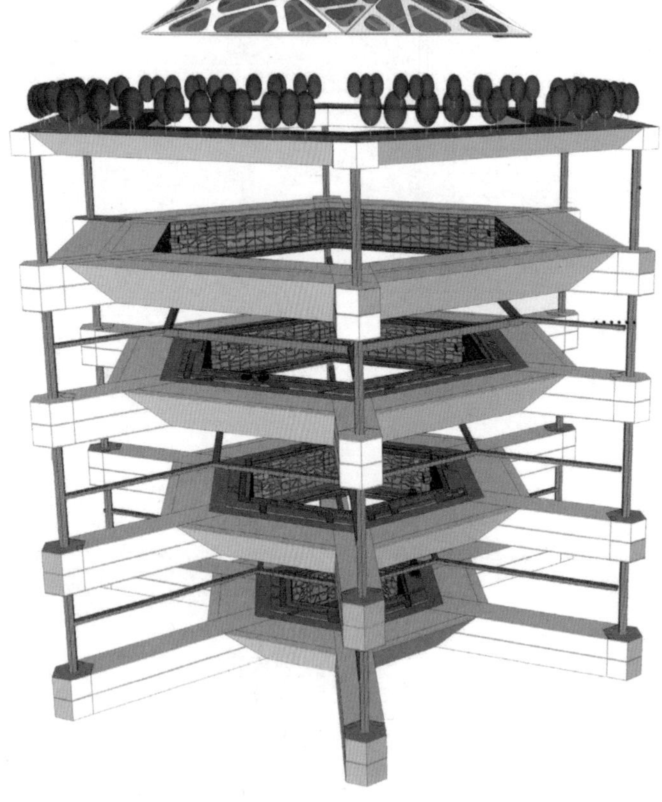

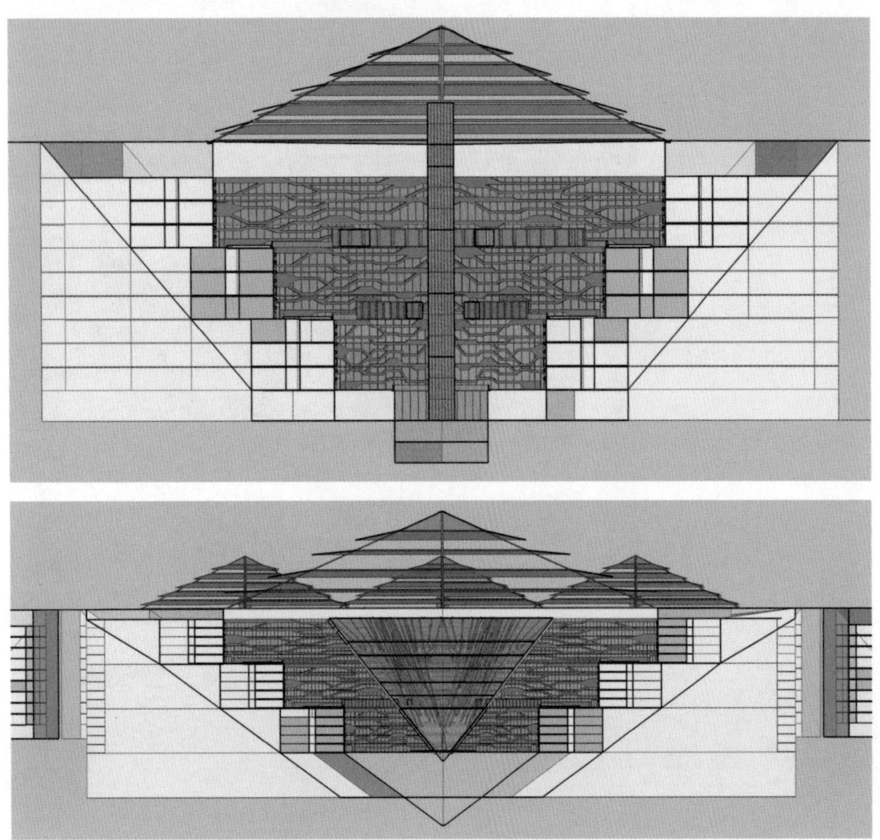

作　　者：王全欣、王绪爱、李翰奇
作品名称：无为而顺生——王峰村民居建筑改造
所在院校：西安美术学院
指导教师：海继平、王娟

设计说明：

新农村改造已成为新时代改造的潮流，也是建筑文化的新课题。顺应王峰村特有的地理文化气质，改变王峰村现代民居与传统窑洞样式的简单相加，保护王峰村的本土特色，使整个村落的建筑形态得到更合理，更生态的发展。

该设计结合王峰村整体村落民居的特点，整体思考，从不同时间段、不同民居院落户型、人口数量、建筑材料等节选出能代表王峰村民居建筑特点的5家建筑分别来进行改造，因地制宜，顺应当地关中文化，顺应当下新农村发展的要求来进行改造与更新、发展出更适宜当地特点的现代民居。

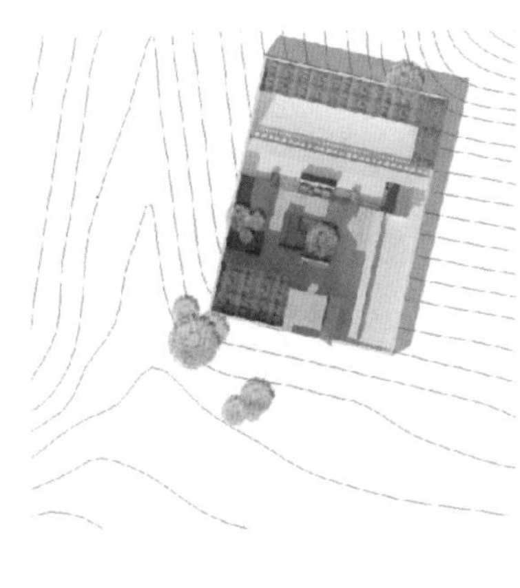

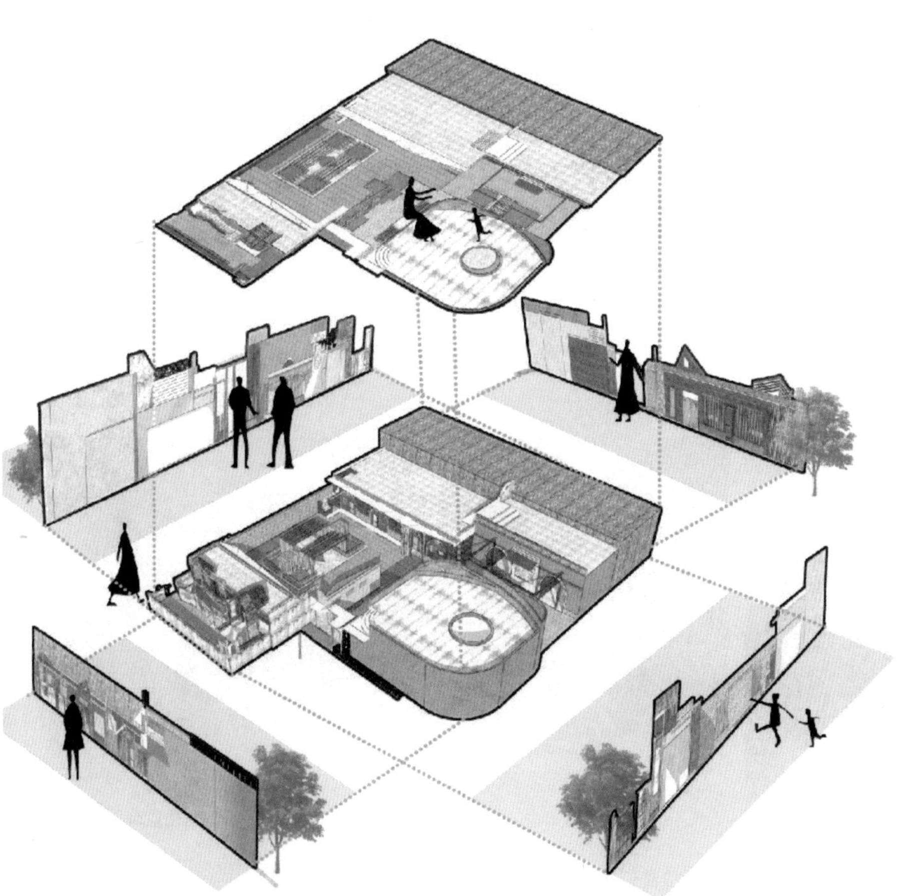

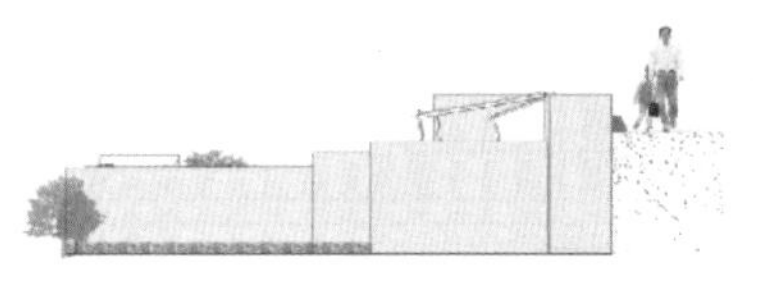

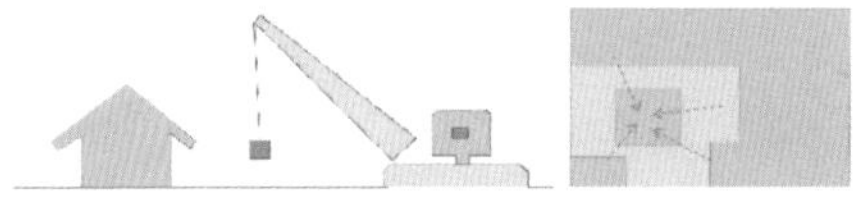

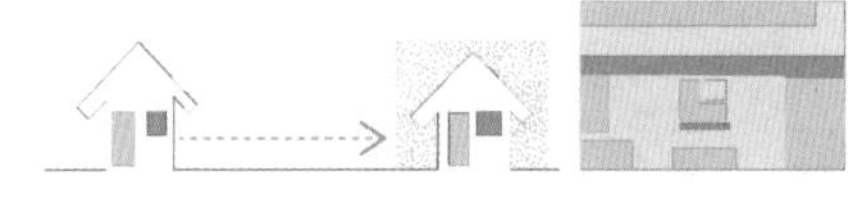

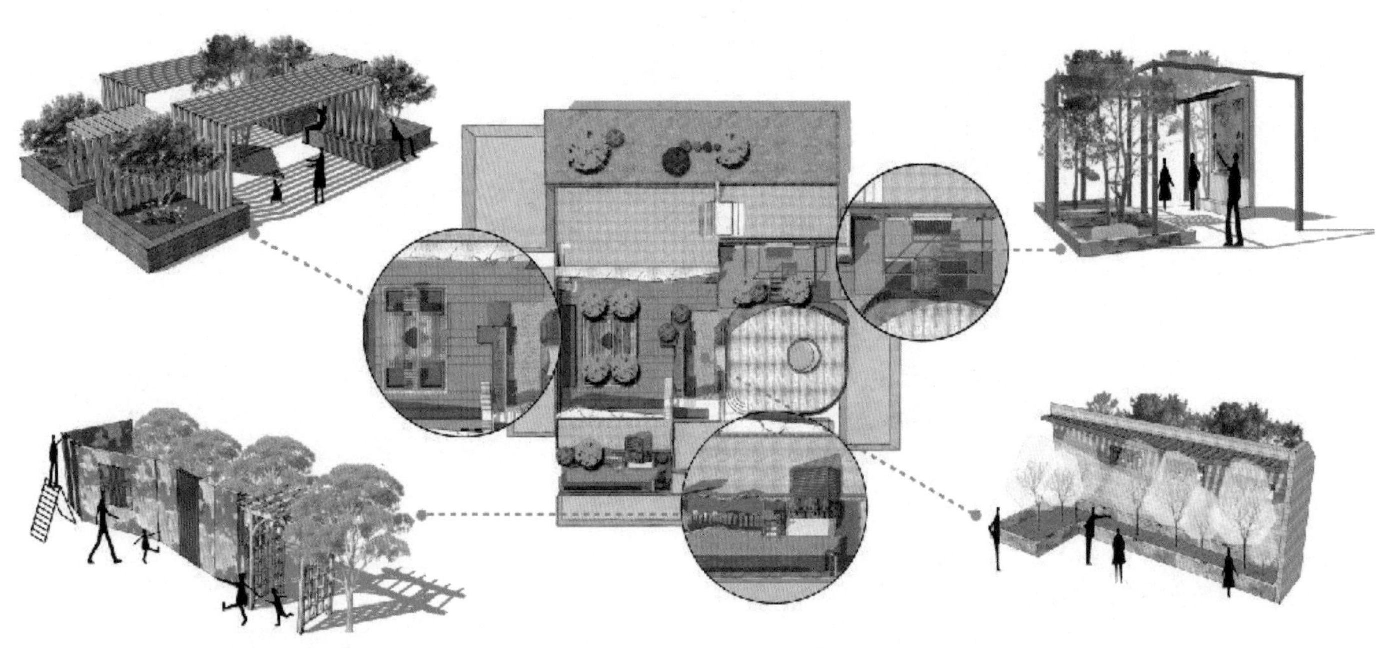

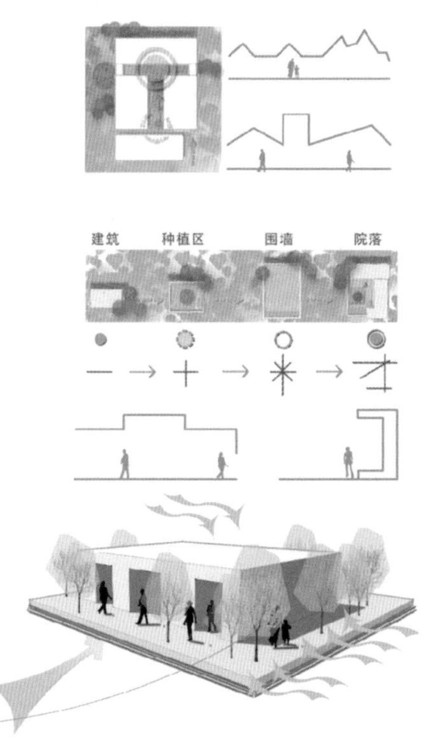
建筑
种植区
围墙
院落

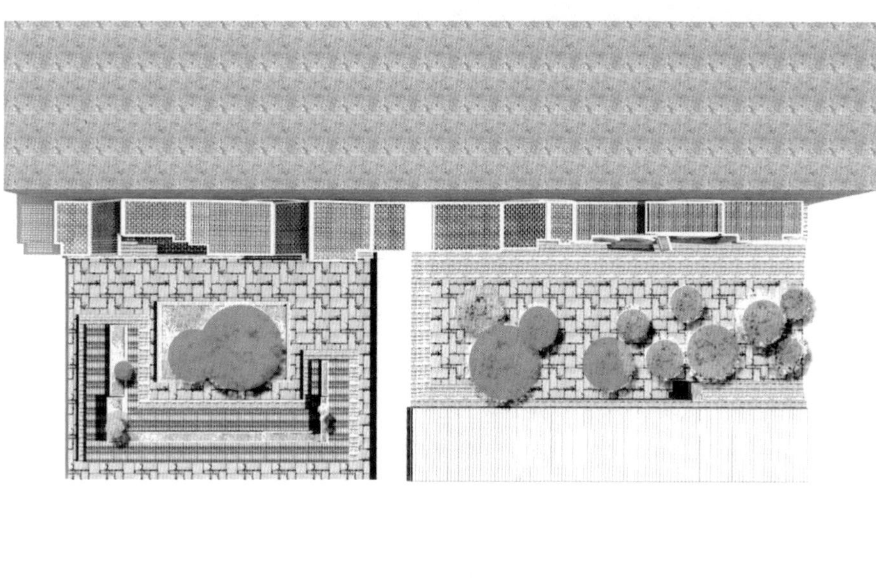

作　　者：华超、郑园园、曹旭、席博文、朱红丰
作品名称：吐鲁番市新城路街区建筑风貌规划设计
所在院校：新疆师范大学美学术院
指导教师：李群、郭文礼、王磊

设计说明：

新城路街区居住着维吾尔、汉、回等多个民族,在此居住的居民有着各自的民俗文化与精神信仰，形成了具有特色的建筑风貌和多元建筑装饰特征。新城路街区以新城路为界，路北主体是汉、回居住区，而新城路南街区即项目所在地是维吾尔、汉、回等民族的聚集区，同时是商住集合的区域。面对居住与商业业态的混合地带，建筑风貌规划与建筑空间组的形成就需要有着当地的特色与独特性才能引起人们的关注和游客的门槛人数，从而带动当地的商业业态和居民的生活水平。依据实地的调研统计出居民的居住空间过于拥挤，商业业态环境的美观、卫生条件都有待提高。

基于以上因素提出“设计无痕环境共生”的设计理念以到达当地居民居住与商业业态相互共生。要求该项目建筑风貌的规划必备着当地的特色。而特色不只是建筑空间的套取和装饰元素的叠加，而是满足现代生活、审美、传统习俗相互共生，也需要自然因素的存在，即要求设计无痕。该街区的小型巷道、高棚架的遮阳、院落中的晾房、民族生活色彩的共生。建筑空间的组合要错落有致的组合起整个新城路街区的建筑群，让内部的庭院、广场、巷道空间交织串联各功能空间和商业业态的同时，能够与公共空间进行无缝链接，与街区融为一体，共同承担起新城路的居住与商业业态的共生。

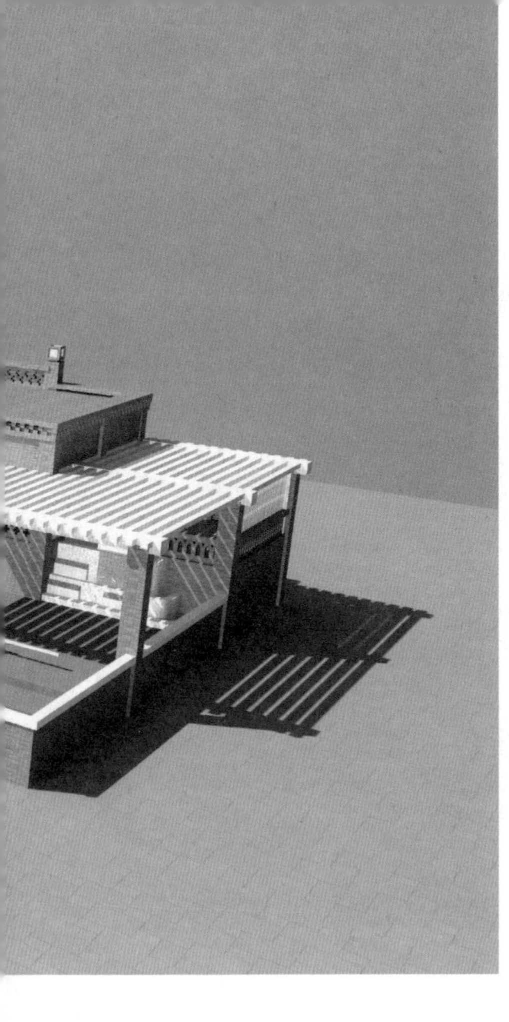

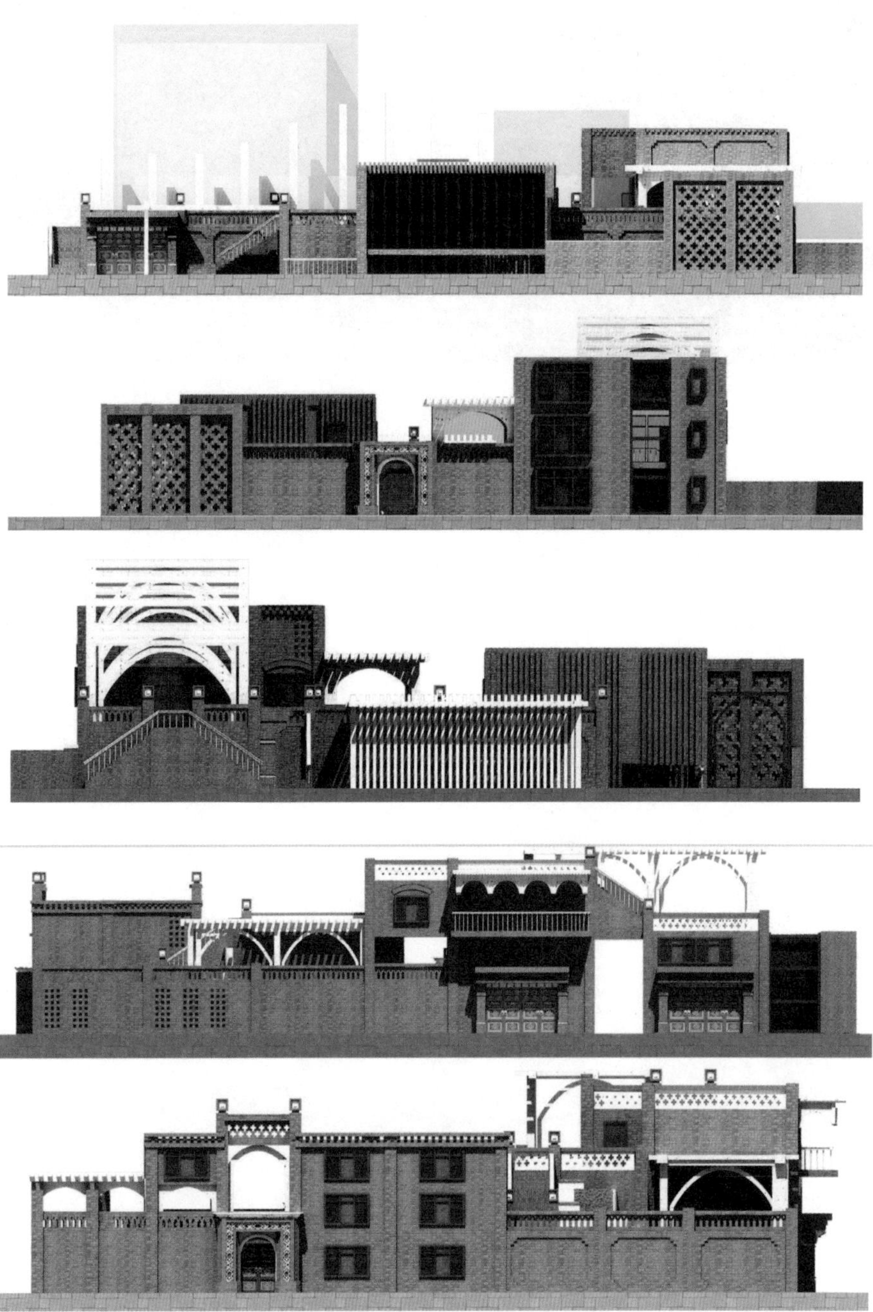

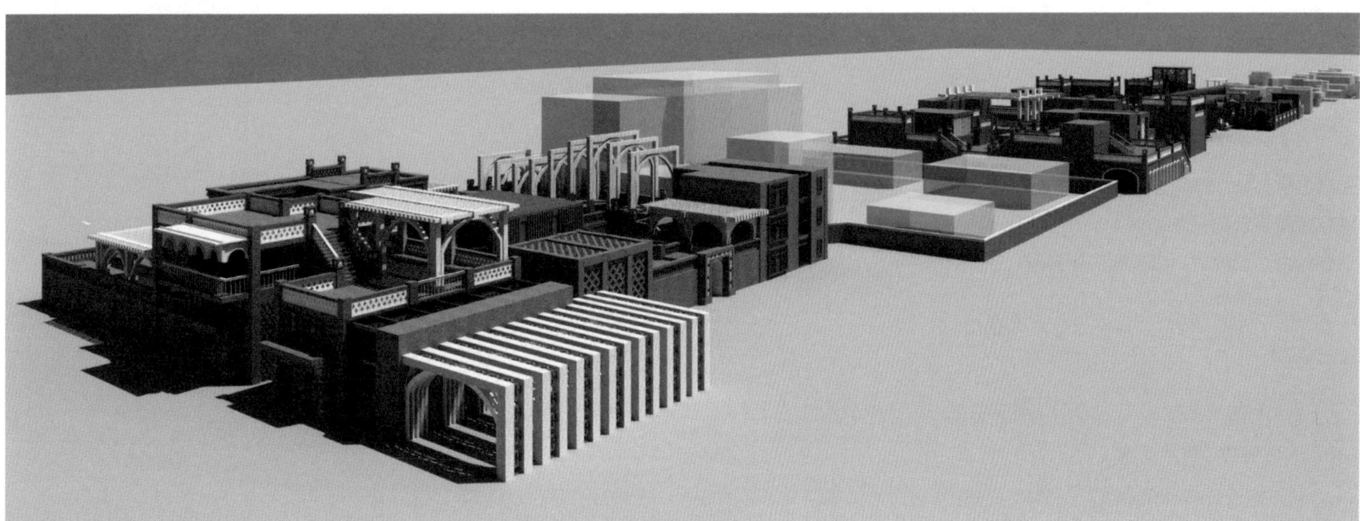

作　　者：高澎、林家斌、樊占宇、彭佳佳、杨宗芳、王夕希、林燕祥
作品名称：翁丁原始部落茶语佤韵酒店设计
所在院校：云南艺术学院
指导教师：杨春锁、穆瑞杰、张琳琳

设计说明：

翁丁原始部落茶语佤韵酒店设计项目地点位于中国云南省沧源佤族自治县翁丁村，沧源俗称阿佤山区，也称“葫芦王地”。

设计定位是集休闲、娱乐、康体、餐饮、住宿为一体的茶文化体验园区。茶语佤韵酒店设计理念：整个茶文化体验区的平面布局采取了一株含苞待放花朵的形式，佤族人民向来尊重自然热爱自然，翁丁有云雾缭绕山水相接的释义。翁丁村寨被鲜花树木形成的天然屏障包围着花朵的平面形式体现了佤族人对自然的憧憬对环境的热爱，对生活的向往。

茶文化体验区坚持休息环境的舒适性原则，在有限的空间内创造出符合佤族特色的功能空间，提供美观、传统、舒适的多功能空间。充分利用现有地形因地制宜，以重点与一般不布置相结合为原则，还原佤族民居聚散空间形态。

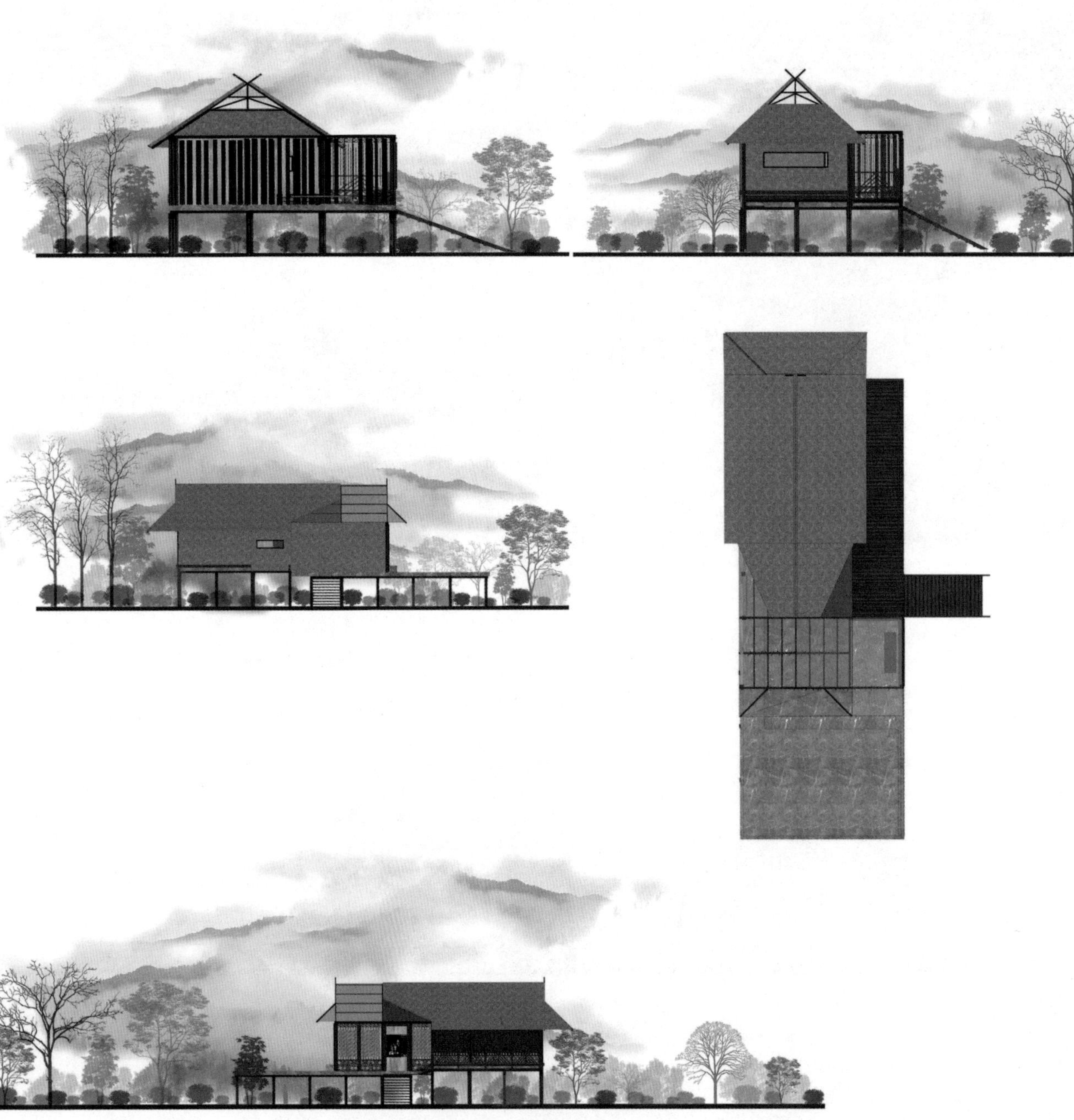

作　　者：杨萍
作品名称：原 · 野——翁丁村的保护与更新规划设计方案
所在院校：云南艺术学院
指导教师：李卫兵、王睿

设计说明：

翁丁村被称为中国最后一个原始部落。如何保护原始村落，保持其特有的“野”味，又要满足现代的使用功能。为此，我们就村落的保护与更新进行了思考。规划提取翁丁村四大特色要素：“田”、“园”、“塬”、“林”。在探寻四者关系的基础上，本次方案总体规划理念：阡陌纵横、田园共融、塬林相连。打造“释天性、享文化、归自然、养身心”沧源最美的原始文化生态旅游村落。

设计风格上统一采用当地佤族建筑风格，提取了“叉叉房”元素，材料则选用当地环保的竹木材料，具有一定的地域特征。设计中对老寨部落建筑及环境进行保护与更新，而在老寨周边规划设计了新村，新村设施功能用于服务老寨部落，解决老寨不完善的基础设施及游客服务需求，不对原始部落内部环境造成破坏，并且有效地解决了翁丁原始部落空心化严重的问题。

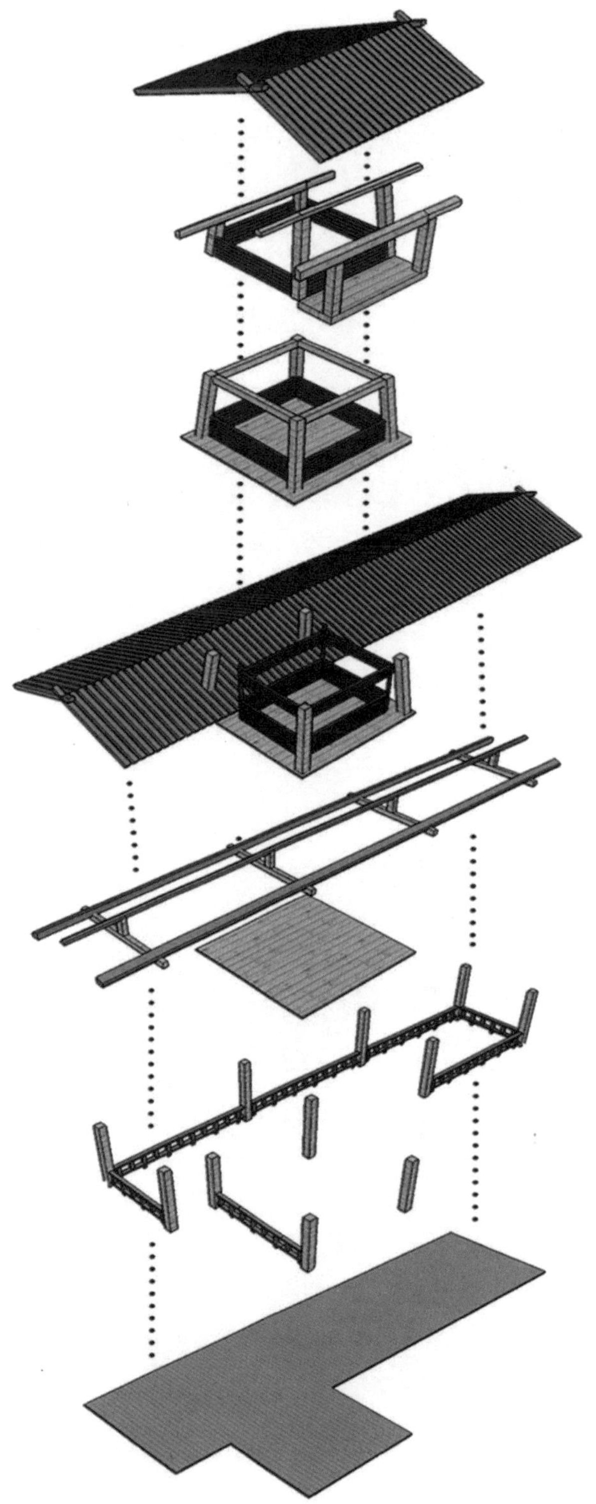

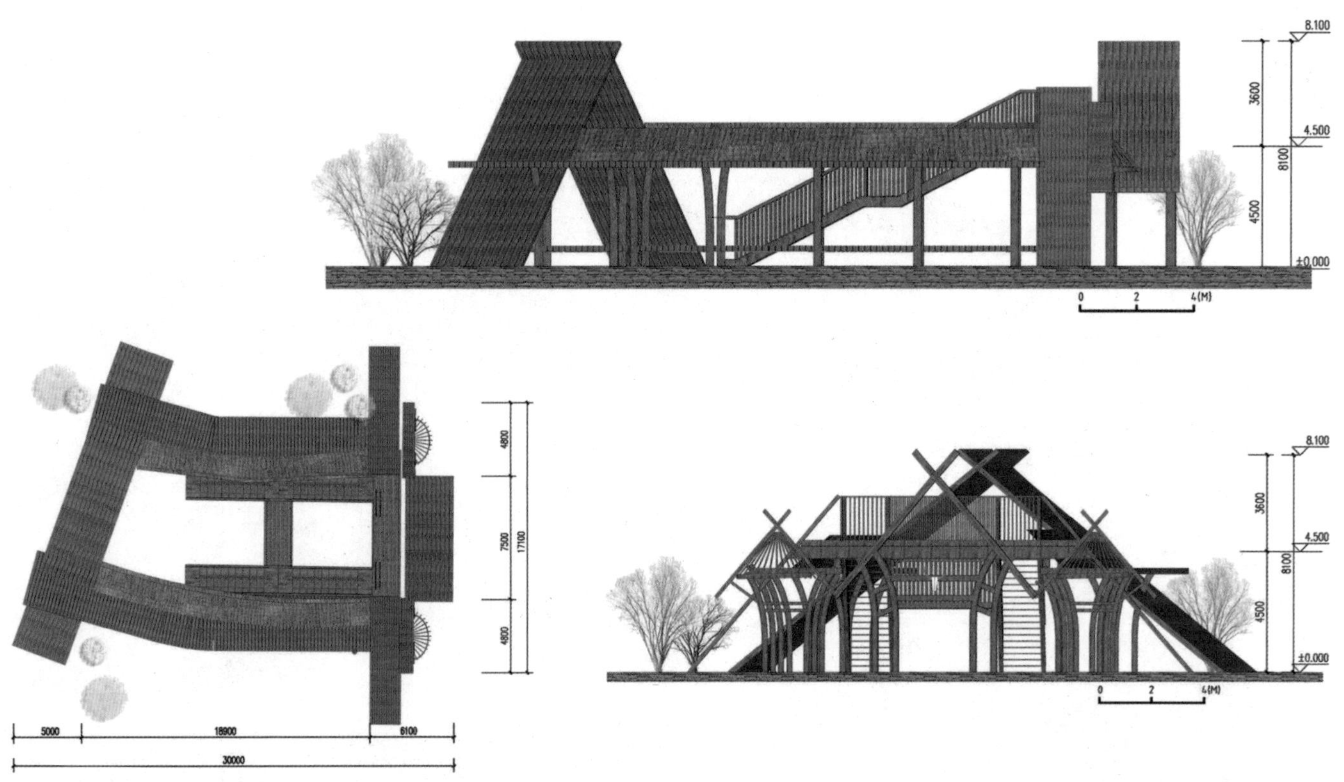
8.100
3600
4.500
8100
4500
±0.000
0 2 4(M)
4800
7500
17100
4800
5000
18900
6100
30000
8.100
3600
4.500
8100
4500
±0.000
0 2 4(M)

作　　者：黄泽禹、沈源
作品名称：立面舞台
所在院校：广西艺术学院
指导教师：涂照权、杨禛

设计说明：

21世纪的大都市不断蔓延，占用越来越多的土地和空间，同时它们又是松散广漠的。城市的进化并不应当简单以扩张的方式持续膨胀。设计无痕·环境·共生，从空间设计的角度出发，以人的"空间"为载体，将自然资源、环境资源、社会资源碰撞整合，使空间中各种资源发挥出最大价值。通过前期对20世纪80年代的武汉和如今对现代上海的人民生活心理方面的研究，我们发现，曾经的人们生活饥不择食，物质匮乏，但生活得其乐融融，如今人与人之间充满着自私与冷漠，面对物价飞快地上涨，拥挤喧嚣，阴冷潮湿，空气浑浊的城市已经使人们形成了一种疏离感，沉重的压力使百姓喘不过气。我们希望通过改造增加老城区立面阳台的方式，来夺回曾经逝去的生活气息，展现丰富多彩的市井生活。每一户阳台都是一座舞台，每一立面又是一座更大的舞台，呈现多种舞台、多出戏。因此，我们构建了以下不同的舞台，以期望增加住户在公共空间逗留与交往的时间，加强人与人之间的互动，营造一种舒适的生活氛围，既美化了环境又找到了过去环境的记忆。

Forest stage

作　　者：赵睿、曾斌、陈琪、卢美君
作品名称：三生——秦岭终南山水泥厂改造
所在院校：西安美术学院
指导教师：王展、梁锐

设计说明：

遗留的历史建筑在城市中占用了大量土地，随着城市发展和城市功能的转型，对城市建设形成一定的阻碍。因此，许多工厂被迫搬到城市外围，大量工业厂房被废弃与闲置，旧有的空间也失去使用价值。但其所承载的文化内涵却远超过了土地价值本身，它们的存在是城市文明进程的重要见证者。

当今旧工业建筑改造过程中，注重旧工业元素的再利用以及与新元素的"互动"成为了设计师的根本关注点。通过旧工业元素的更新利用，使人们在工业文化上的需求得到满足，以此激活废弃的工业建筑，使老城区重新散发活力，是设计师努力追求的目标，这样的希望就促使了相关理论的产生，从而弥补因理论体系不完善导致实践方法缺失的遗憾。而这也正是毕设课题研究的根本目的和意义。

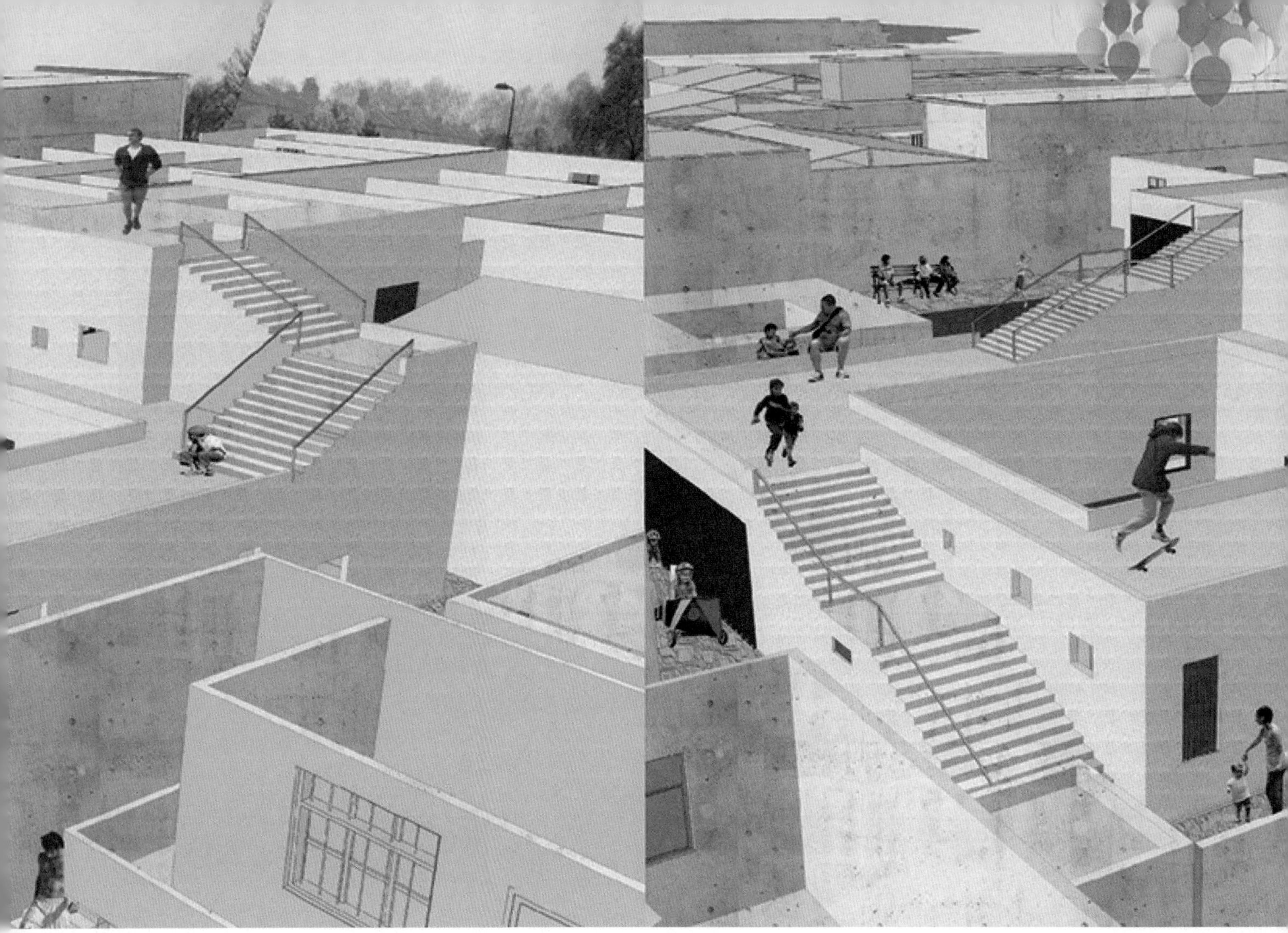

作　　者：赵崇廷、陈俊伟、柳倩、刘浩
作品名称：城中村·村中城
所在院校：西安美术学院
指导教师：胡月文

设计说明：

我们可以在城中村里发现许许多多现代城市空间中正在消失的景象：活力、生机、年轻、混合、复杂、交融，这样一些日常生活场景的存在本身，或许已经证明了城中村所蕴含的深刻价值。但是目前来看，大部分的城中村还是缺少跟城市之间良好对话的窗口，城市与城中村之间的隔阂却越来越大。

为了解决城中村在城市发展中与城市间的矛盾，以可生长、可延展的方式促使城中村形成完善的城市生态，满足该地区特定人群的生活生存需求，最终探索出新的城中村发展模式。我们通过对特定地区的研究，根据其现象和当地特色入手设计，以该设计地区为例，我们结合当地大现象和文化背景，最终将"众多的孩子"这一现象提取，并以此现象为设计出发，既满足该地区需求又辐射影响周边进而带动其发展，试图去建立一个可以跟周围城市空间良好对话的窗口。我们通过这种改造城中村的方法，来达到保留城中村和解决城中村问题的目的。

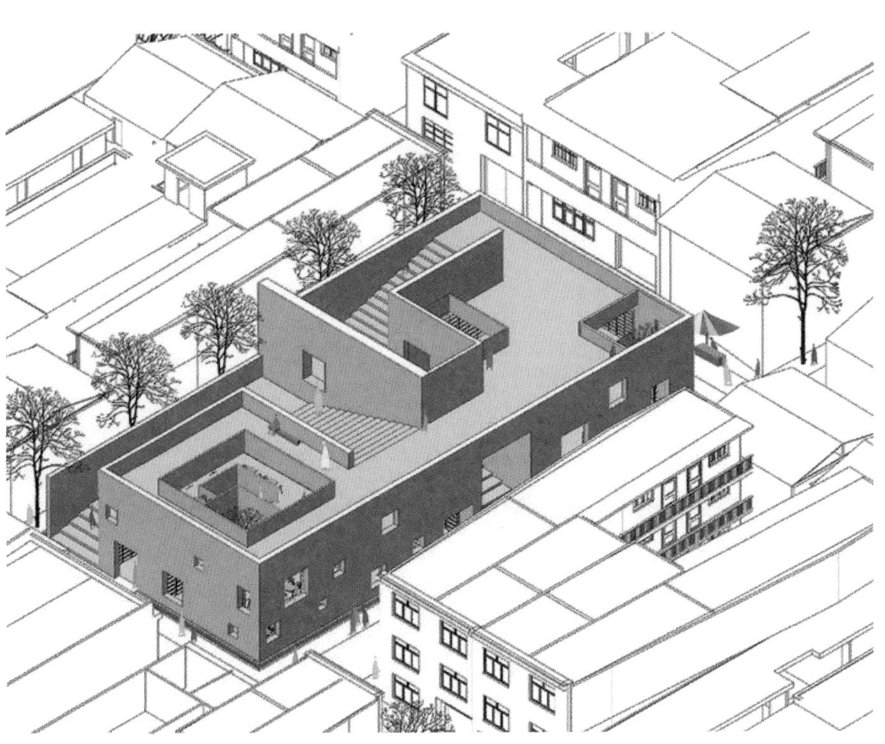

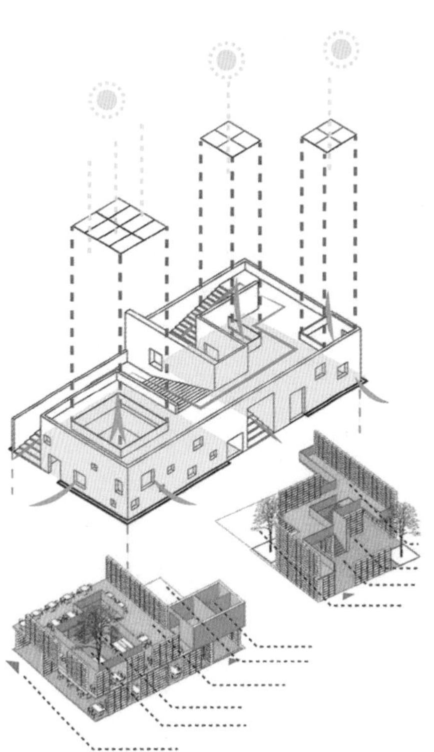

作　　者：李晨璐、李阳
作品名称：极端环境下延续人生命的设计——以太白山徒步穿越线为例
所在院校：西安美术学院
指导教师：孙鸣春

设计说明：

本设计关于近年来徒步登山者山难频发、救援难度大的现象，以极端环境下延续人生命的设计为研究目标，以山难多发的秦岭太白山为典型例子。通过对太白山极端环境的具体分析和多条徒步路线的危险度分析，设计出两套供极端环境下遇险的人们使用的庇护空间。设计方案与环境紧密相连，采用就地取材材料制作而成制作简易且环保，具有临时庇护作用，内部提供延续人生命的基本资源。该设计可提前预置于易发生危险的自然环境中或高空投放，既能起到救人保命的作用，又与环境从视觉上相协调。整个设计方案本着低碳、无污染、可回收多次利用的“无痕设计”原则，尝试以最低的能耗实现最大价值的庇护空间设计。

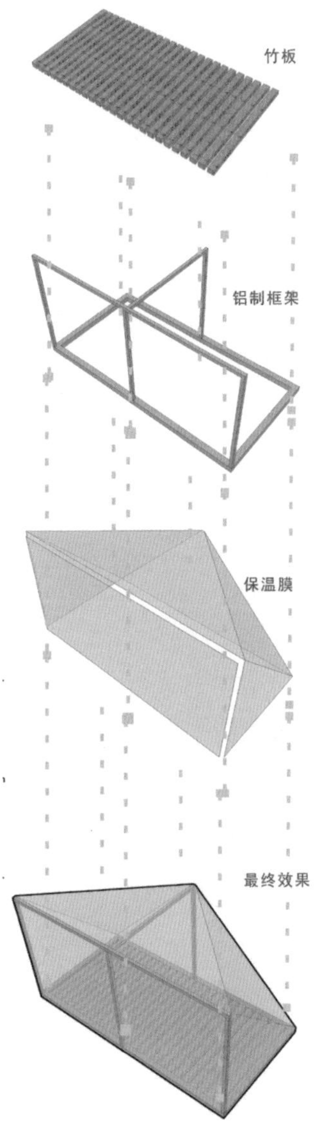
竹板
铝制框架
保温膜
最终效果

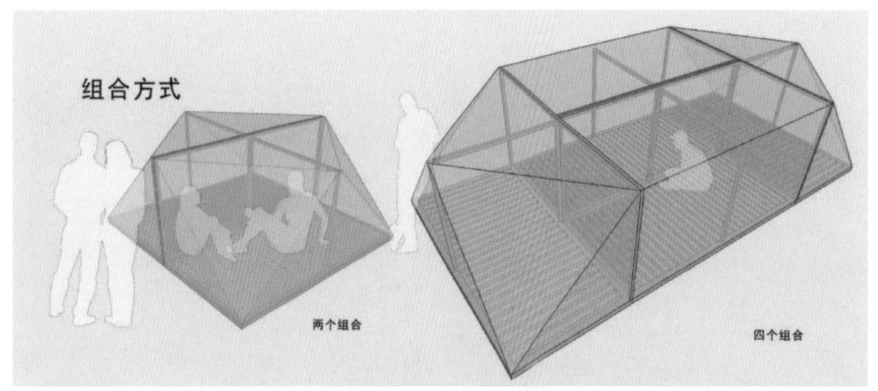
组合方式
两个组合
四个组合

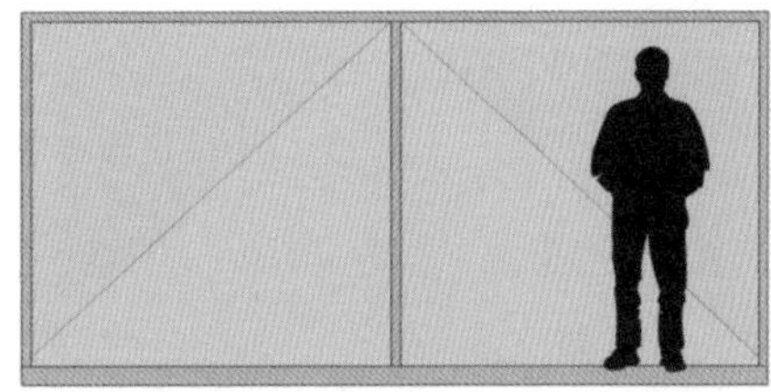

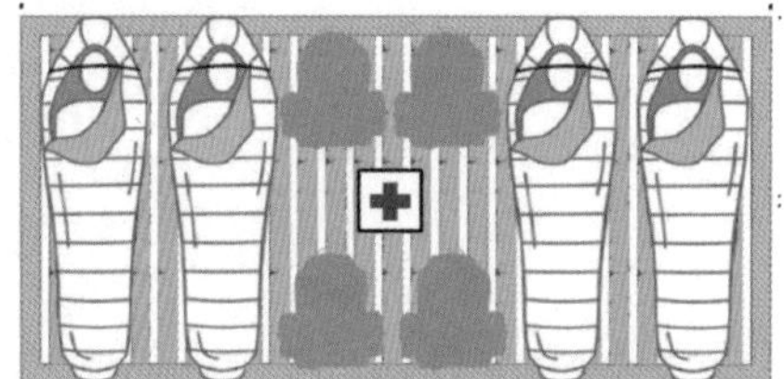

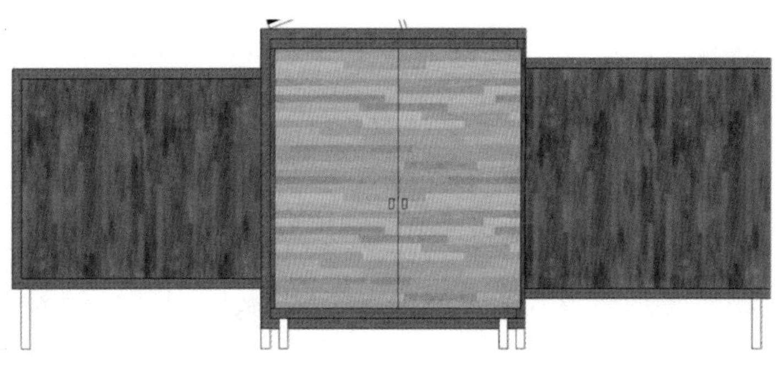

作　　者：马欢、夏雨、张婷、李若男
作品名称：融合的双生空间
所在院校：西安美术学院
指导教师：周维娜、濮苏卫、翁萌

设计说明：

在为选择毕业设计方向时，我们发现，特教学院的教学楼与普通教学楼并没有太大不同，由此，我们希望能为以后来西安美术学院求学的特教学生设计一座专属的教学楼，满足他们的日常学习需求。

这座建筑的主要目的是为了促进与普通学生的交流，通过对特教学生的了解我们想到了默剧，由此把电影式建筑作为设计教学楼贯穿始终的要点。

使用叙事性的表达形式，表现出空间的蜿蜒、曲折、高潮，使空间具有递进关系，拥有一种艺术的张力，满足作为艺术院校的特色。

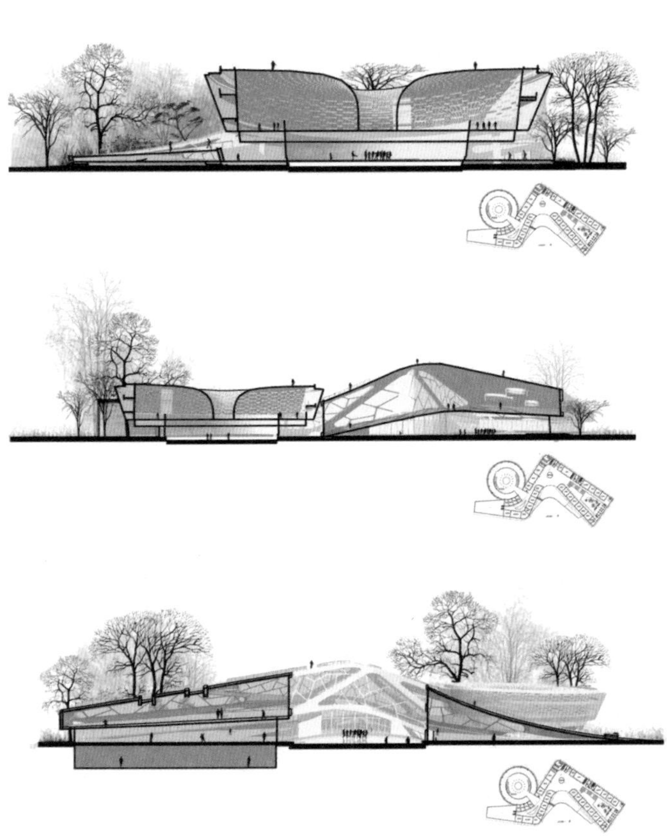

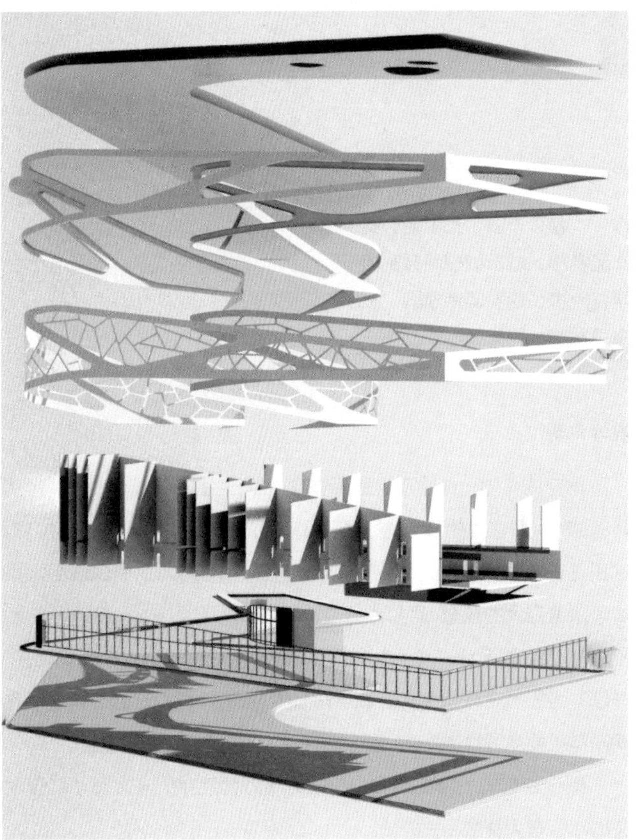

作　　者：刘蔚、王宇涵、吴伊娜
作品名称：城市微空间展览馆
所在院校：西安美术学院
指导教师：周维娜

设计说明：

微空间作为一种独有的空间形态，表面上是一种城市现象的特例，但其内在的价值体系可能具有普遍性。而这样的普遍性赋予了微空间的核心价值——未来性，它具有无数的可能性和创造性，这正是未来所珍惜的，是具有巨大潜能的空间形态。这个建筑便如同微空间一样，隐于城市之间，却蕴藏着巨大的能量，等待人们去发现、思考。

建筑造型设计来源于玩具百变魔尺，魔尺是以单一个体旋转拼接形成不同造型，而微空间同样以不同的形式样貌存在于城市角落中，我们希望以这种造型展现微空间的特点。同时，改造微空间同样需要多样性的变化，因地制宜，适应不同的社会环境。

整个建筑有一种由小而大的动势，如同微空间一样，微小却蕴藏着巨大的价值，以小见大，小空间却拥有大智慧和大能量。

F2
F3

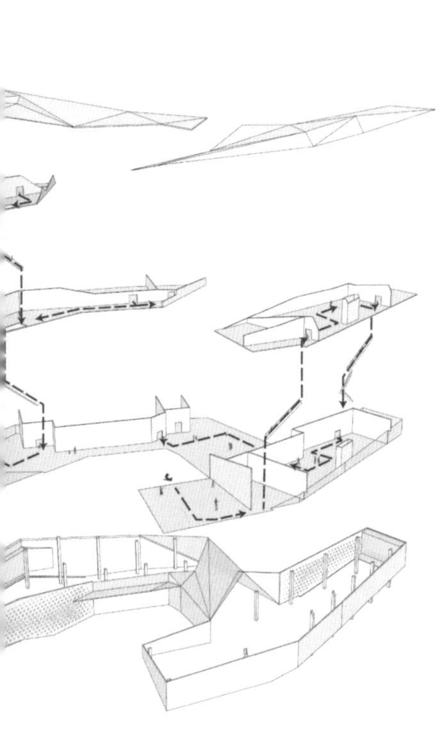

作　　者：邱青晓、张晨
作品名称：幽湖硒居
所在院校：西安美术学院
指导教师：濮苏卫

设计说明：

本设计将建筑处于青山绿水之间，半悬空于山体，充分利用自然资源引景入室，时尚舒适与自然融为一体，使人推窗便可呼吸到清新的空气，远眺万亩风景画卷。室内采用中式的风格让室内低调而奢华，简约而不简单。让人有种回归自然的感觉。

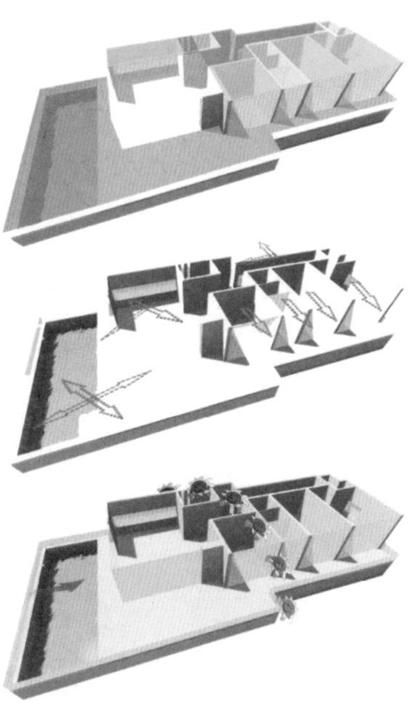

作　　者：姜静
作品名称：城市微空间修补方案
所在院校：西南林业大学
指导教师：陈新洋

设计说明：

本设计以绿色·共生为主题，在人文关怀的基础上对城市特色“微空间”的营造进行适宜性探索，目的在于激活这些负面空间，进而改善城市面貌，促进城市空间的良性发展，让这些“失落空间”能够迅速转变成市民个人生活与公共活动的重要载体，唤起每个居民对所居住社区的归属感。

首先结合场地现状，进行场地设计。解决场地内的交通问题，将场地架空一层，原建筑（双柏县政府服务中心）的一层空间用作停车场，建筑的主入口放置于架空的平台上，架空平台作为入口空间与街道景观结合。 结合原有的古建筑以及其四合院的布局现状，将其有意识地保护起来，形成内院，并作为次入口空间。重点打造内院的垂直空间。在古建筑的上方加建新建筑，延续四合院的布局，并突出绿色共生的设计理念，将新建筑打造为一个视线通透，景观渗透、流线自由的公共开放活动场所。在新建筑中插入若干个微型建筑，作为人群茶余饭后，休闲时刻的聚集交流场所。空间上相互渗透与贯通，形成“大空间包含小空间”的、开放的、人性化的空间格局。打通旧建筑，并与新建筑合理相容，依据当地文化背景和建筑风格，统一新建筑与旧建筑的整体建筑风格。

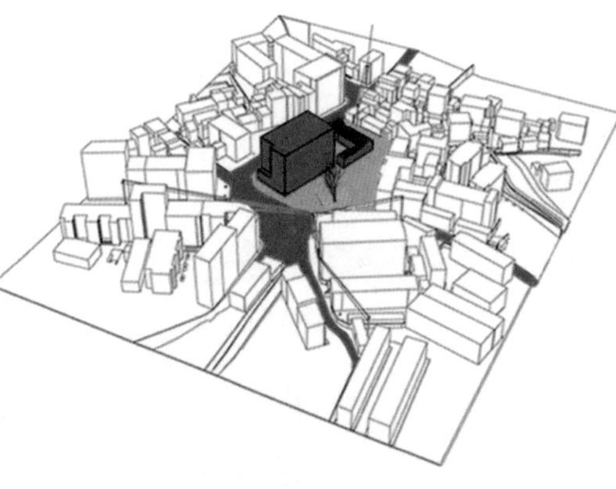

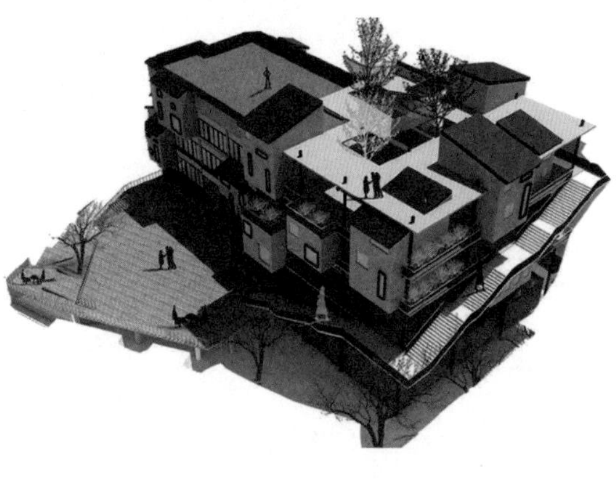

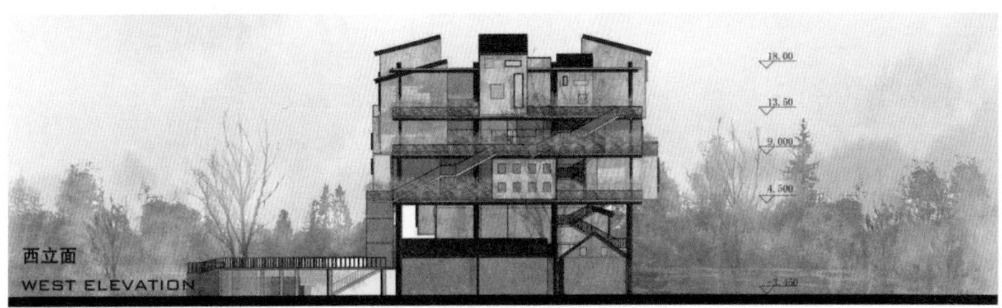
18.00
13.50
9.000
4.500
西立面
WEST ELEVATION

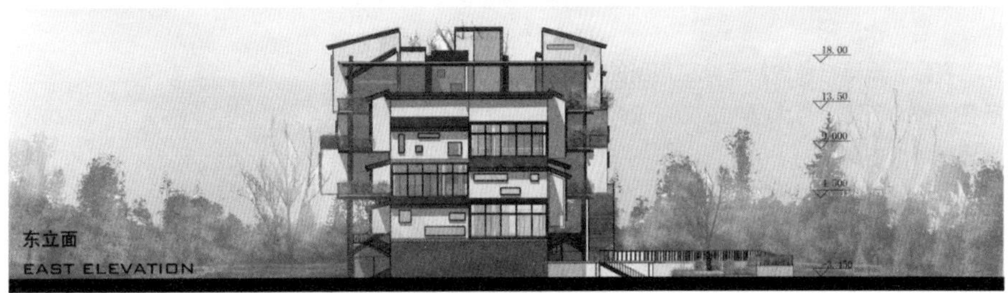
18.00
13.50
东立面
EAST ELEVATION

15.000
8.900
18.00
13.50
9.000

作　　者：张东阳
作品名称：建筑行业农民工临时居所的重构
所在院校：新疆师范大学
指导教师：衣霄

设计说明：

农民工是在我国改革开放和工业化、城镇化进程中涌现的一支新型劳动大军,他们是城市建设过程中不可或缺的力量，却在城市中难以寻得一处安心的落脚点，他们的居住环境亟需改善，而这一社会问题需要多方发力共同解决这一难题。本方案以建筑业农民工这一群体为主要对象，通过对其特征、生活方式的研究，设计一款新型的、适合该群体的可移动模块建筑，希望能通过这一方案，以我们环境艺术设计专业的角度对这个社会问题进行发力。本方案具有美观、循环利用率高、自由度高、便于移动的特点，能通过分配不同居住空间的方式保护生活隐私，空间应用更加灵活，体现了对居住者的人文关怀。

6

作　　者：杜泽猷
作品名称：折线餐厅设计
所在院校：新疆师范大学
指导教师：王哲

设计说明：

大学生宿舍不仅仅是学生生活的地方，也是我们口中所说的交往场所之一。通过研究新疆师范大学高校学生宿舍所存在的问题，并了解了学生喜欢的宿舍是什么样的，要怎样做，改造之后对大学生自身的影响。进而对学生宿舍进行了空间改造，增加交流空间以及适宜大学生生活的储物空间，大学生活不再枯燥而乏味。改造后的空间给枯燥乏味的生活增加了一笔多姿的色彩，让我们更幸福，更舒适。

INVITE WORKS　邀请作品

Name: Hajnalka Juhássz
Project: Design attraction for tourists
Institution: PTE, MIK Institute of Architecture
Instructor: Ildikó Sike

Description:

The planning task was to design attractions for tourists, included useable developments. The planning area was take place at Orfü. At the project the main point was to develop the planning area and make it useable not just in the summer but in the whole year. My concept was to create a fish-farm with trouts where the tourists can see the life periods of the fish.

In addition to the fish-farm which called "trout-house" I planned four "key-houses" like accommodation, and a new nature-trail to make connection between the different functions.

The bigger part of the project was the trout-house witch has two main area: 1.the guest area contains places where visitors can have a break or eat some fish in the restaurant. 2. the other one for the staff, is to keep working the place.

The building-shape shows similarities with the traditional building features of the area. For example the well-known pitched roof. And about the material use: the new houses got timber cladding to reduce the contrast between the building and the environment.

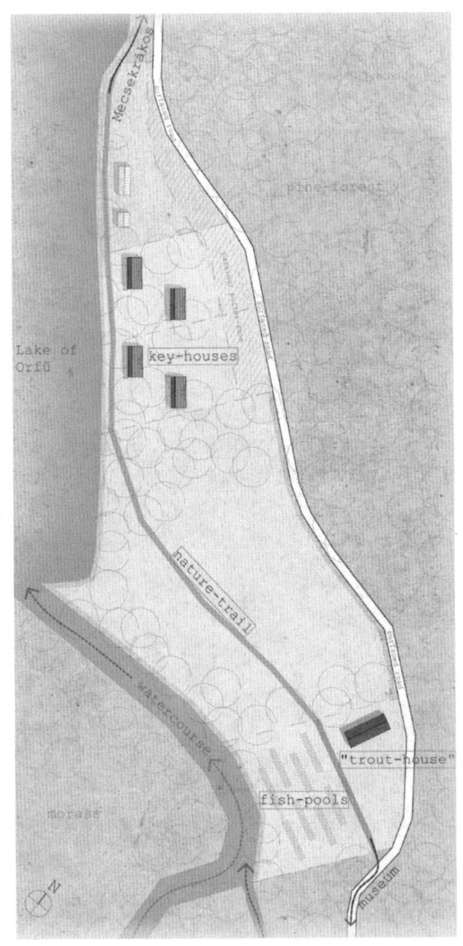
Mecsekrákos
pine-forest
Lake of Orfű
key-houses
nature-trail
watercourse
"trout-house"
fish-pools
morass
museum

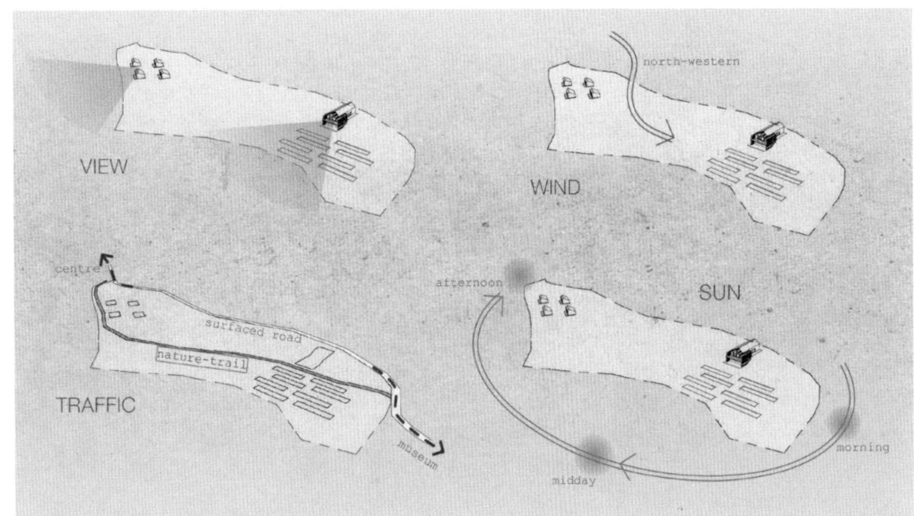
VIEW
WIND
north-western
centre
surfaced road
nature-trail
TRAFFIC
museum
afternoon
SUN
midday
morning

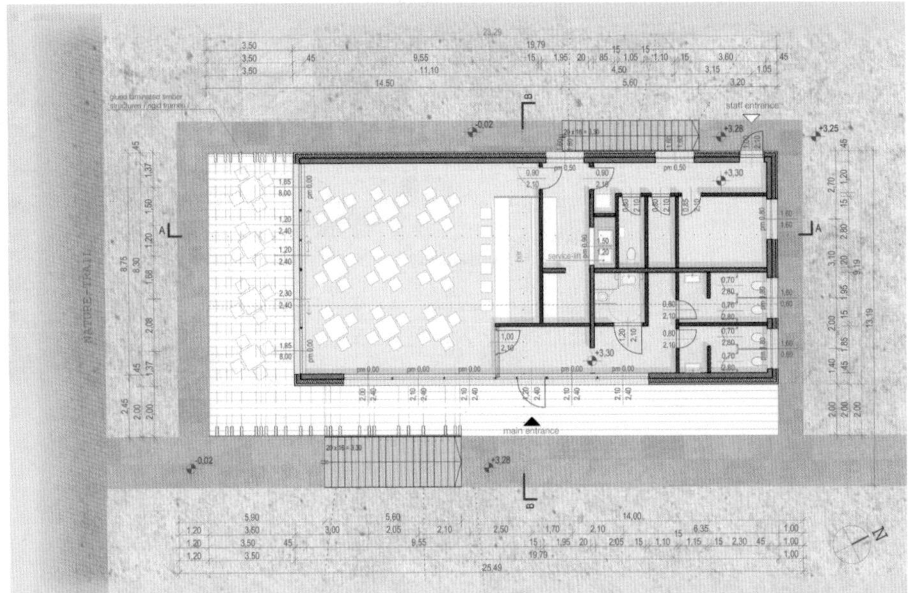
staff entrance
main entrance
NATURE-TRAIL
service-lift

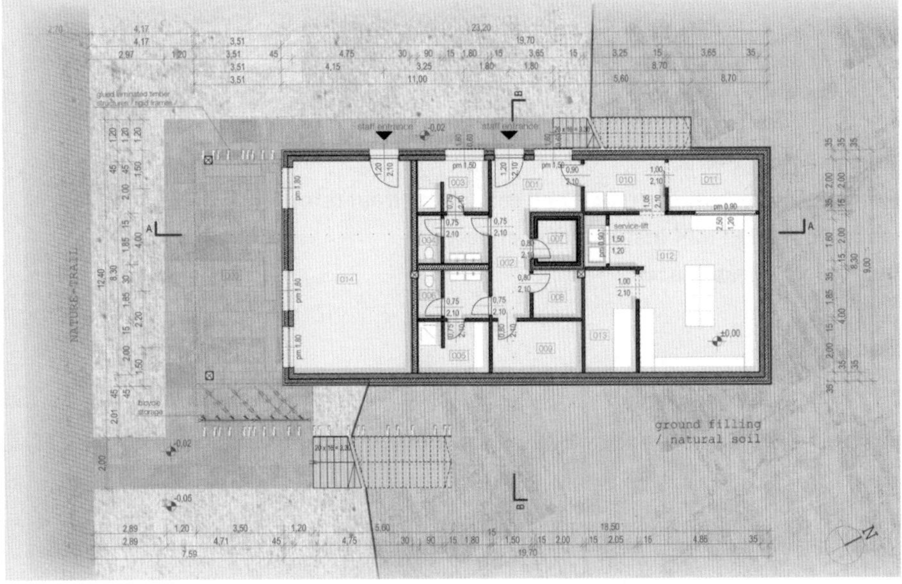
staff entrance
NATURE-TRAIL
service-lift
ground filling
/ natural soil

Name: Torma Patrik
Project: Develop the territory, and reborn the troat farm
Institution: PTE, MIK Institute of Architecture
Instructor: Veres Gɑ́bor

Description:

The important point of my project is how to integratethis seperate area back to the village life. I create abikelane whic is combined with anatural trail in the forest.

The main project is the reborn of a troat farm. They can taste or feed the fishes. I imagined a small scaled wood houses above the fishpools. The public and the factory area is in one place, but every functions got seperate buildings.

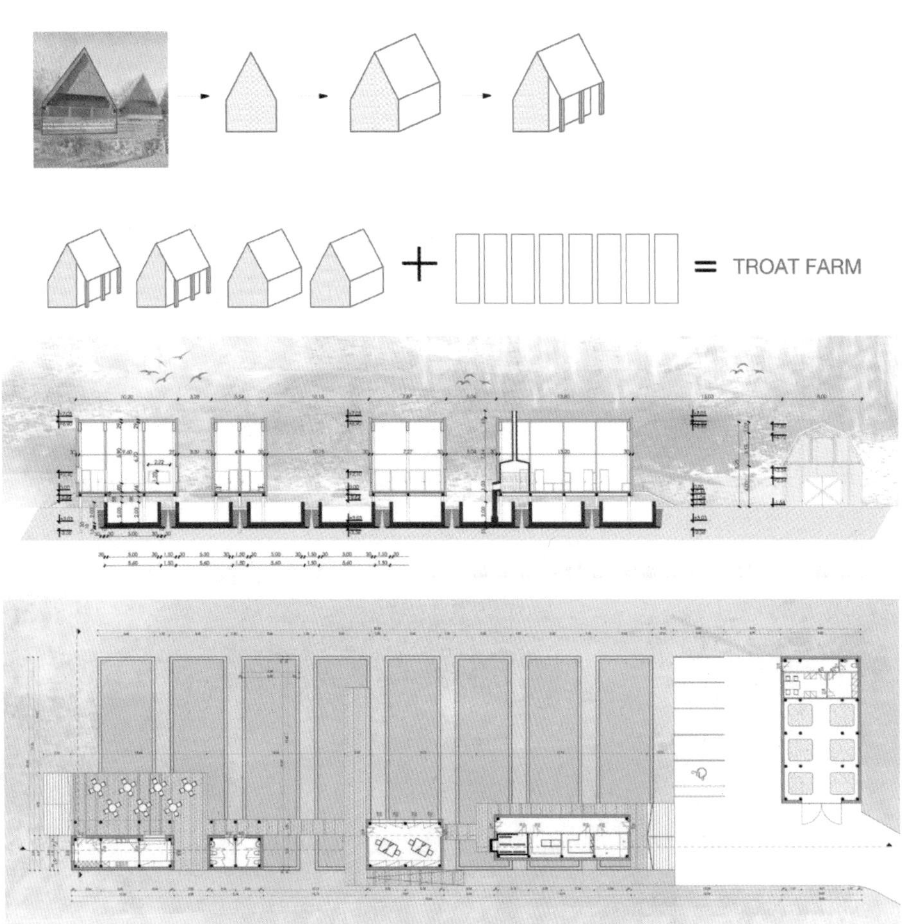
= TROAT FARM

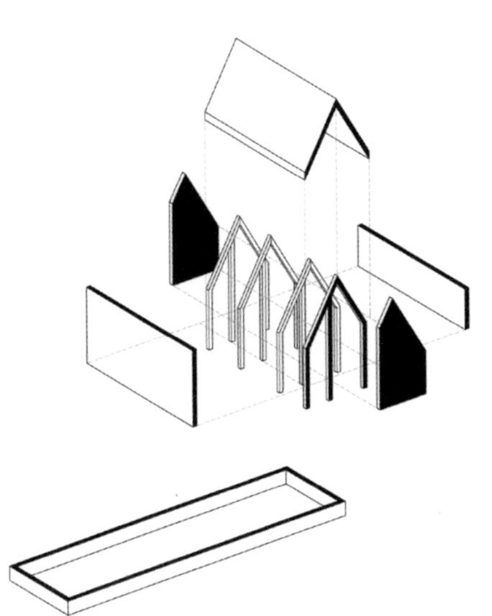

Name: Fruzsina Czibulyás
Project: Revitalization of Kistó (small lake)
Institution: PTE, MIK Institute of Architecture
Instructor: Ildikó Sike

Description:

Orfü, the village is mainly a recreation area in a natural atmosphere, rounded by hills. The village gives facilities of bathing, sporting, and fishing.

My planning was influenced by the natural aptitude of the place, the tourist paths and the newly built bicycle road.

I imagined a small scaled complexum which provide more facilities for the tourist during more seasons. It would contain a restaurant, teashop, hiking shop, plage building and sauna with tight connection with the lake.

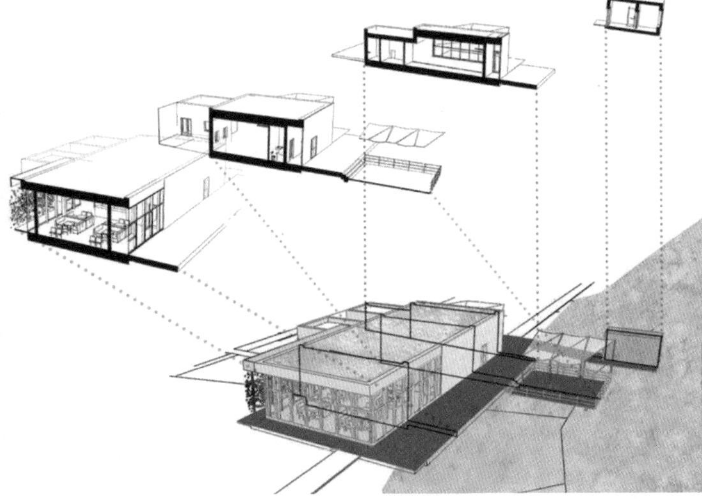

作　　者：李玉寒
作品名称：步入自然
所在院校：香港大学
指导教师：姜斌

设计说明：

概念设计为步入自然，其设计目的在于重新规划有效的路径，连接富士康工人所居住的清湖社区和湿地公园，与此同时，在满足富士康工人所需的活动及理想环境目标的同时，满足周边居民和商业区的要求。在之前所分析的富士康周边情况我们可以看出，在清湖社区的北部有龙华文化工厂，工友大多聚集于此处进行不同活动。其中包括羽毛球，滑旱冰等。

与北部的龙华广场不同的是，在南部的观澜人工湿地公园可以满足人们享受自然的需求，摆脱城市喧嚣和吵闹。但是由于有限的交通条件，和过于长的步行时间。很少有人在平时下班后来到此处。在经过为期一周，两次的现场调研后，我总结了该地区的人群活动频率。在我的调查问卷中，53%的人为居住在富士康的工人，其余为周边居民和在不同商业区上班的工作人员。当我问及，他们是否认为该湿地公园很重要时，他们的回答是如果有时间，在平时也会到此处。但是30分钟的步行路程往往阻碍了他们的出行计划。要强调的是，在湿地公园的北部，有名为观澜社区的城中村形态的小区，由于租金较观澜社区廉价，有很多富士康工人也居住于此。所以这条路成为了居住在观澜社区富士康工人通勤的必经之路。因此，重新规划路径，让人们享受自然带来的优越环境是该地区景观设计及规划中必不可少的环节。

我的设计策略是结合人们的步行时间，在不同的步行时间可以享受不同意义的自然环境特征的景观。利用植被覆盖率与基础设施所占的比重来重新规划该地区景观。达到即便不能够到达终点的湿地公园，也可以让该地区人们享受类似湿地公园带给人们的摆脱城市喧嚣的体验之目标。在不同节点迎合该地区人群的需求及解决现有环境，交通等问题。

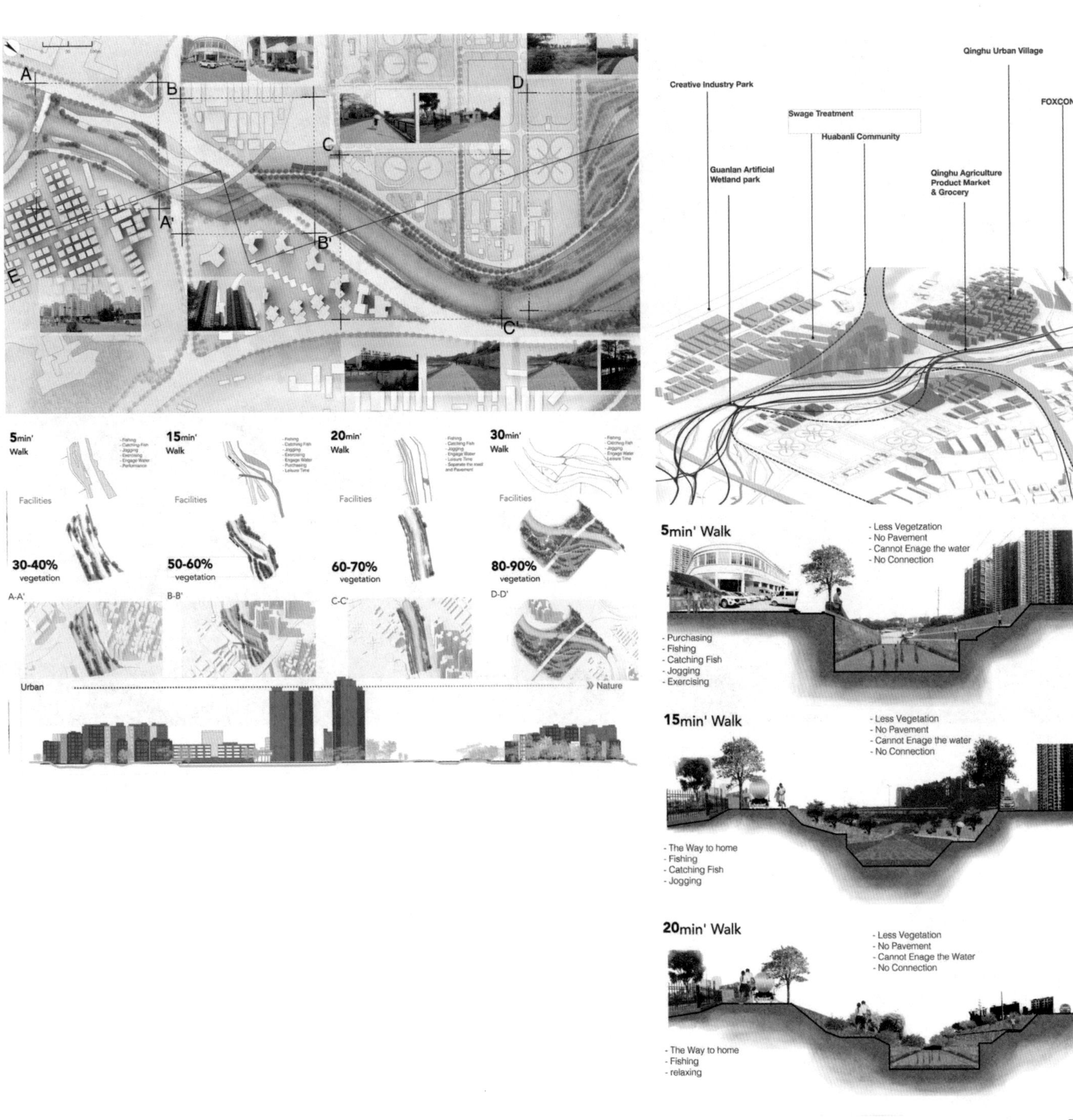

A
A'
B
B'
C
C'
D
E
5min' Walk
15min' Walk
20min' Walk
30min' Walk
Facilities
30-40% vegetation
50-60% vegetation
60-70% vegetation
80-90% vegetation
A-A'
B-B'
C-C'
D-D'
Urban
Nature
Creative Industry Park
Swage Treatment
Huabanli Community
Guanlan Artificial Wetland park
Qinghu Agriculture Product Market & Grocery
Qinghu Urban Village
FOXCONN
5min' Walk
- Less Vegetzation
- No Pavement
- Cannot Enage the water
- No Connection
- Purchasing
- Fishing
- Catching Fish
- Jogging
- Exercising
15min' Walk
- Less Vegetation
- No Pavement
- Cannot Enage the water
- No Connection
- The Way to home
- Fishing
- Catching Fish
- Jogging
20min' Walk
- Less Vegetation
- No Pavement
- Cannot Enage the Water
- No Connection
- The Way to home
- Fishing
- relaxing
30min' Walk
- The Way to home
- Fishing
- Catching Fish
- Jogging
- Wild Feature
- No Connection

作　　者：陈洁琳、李晓迪、陈霖辉、万邵然
作品名称：96 份记忆
所在院校：香港大学
指导教师：小野田泰明

设计说明：

项目场地位于日本石卷市沿海地区的一个渔村，在经历了2011年东日本大地震后，这里为夷为平地。当地政府为了警醒后人，纪念往昔，决定将此地建设为纪念公园。本项目作为公园设计的提案之一。本方案将整个场地视为海啸之前和之后的集体回忆和私人回忆的痕迹记录板。以隐喻的方式提醒着人们关于诺亚方舟这个古老的故事中的场景——在洪水退去之后，地表浮出水面。它是基于过去的，但也是对新生活的希望。它是回忆的海洋，也是希望的海洋。在设计方法上，该方案将从现有的城市景观结构产生的力量转化为复杂的形式，并作为触发器唤起多种参与程序。曾经的96个场内街区被转化为96份记忆形式，通过参数化算法，在对地形进行干扰的同时，平衡切割和填充的体积，然后在每个区块内进行细节的把控。

这一操作方法下所产生的结构是复杂的，没有单一的层次结构或组织原理。并旨在以平衡和温和的方式下，在“永恒”与“刹那”之间凝固记忆，并试图寻找生活与记忆之间的共存/并行条件。

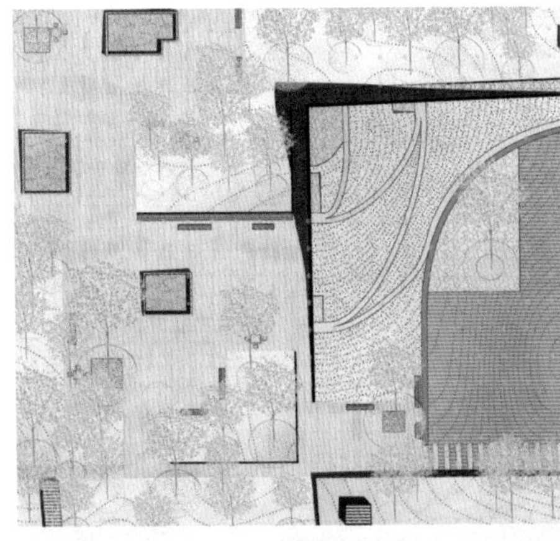
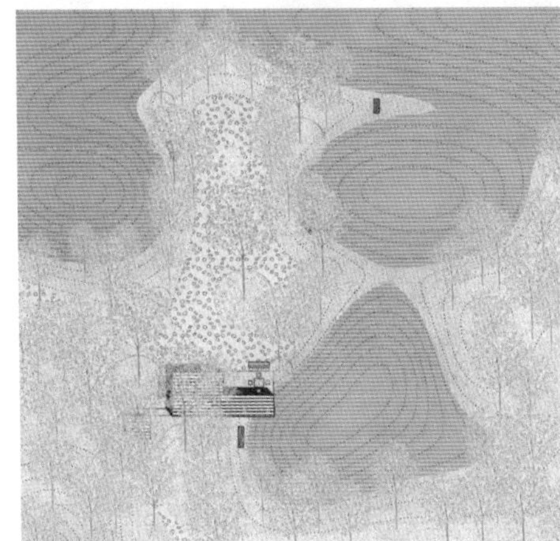
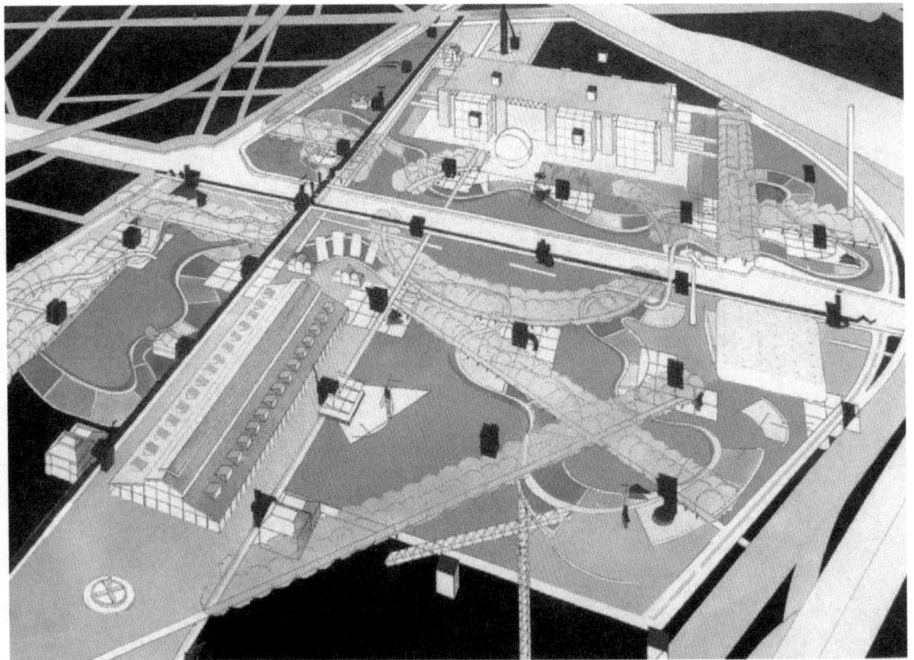

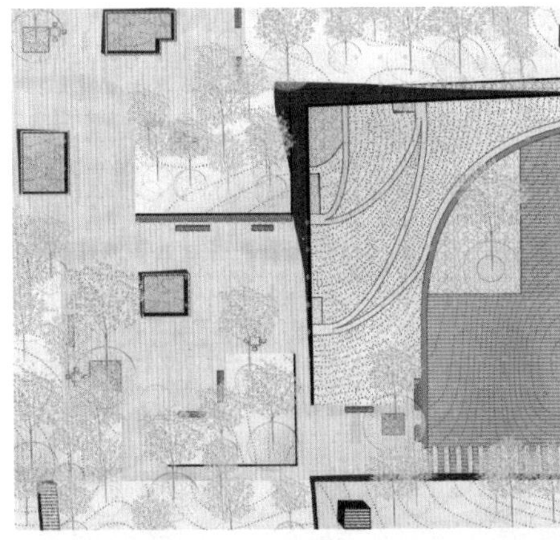

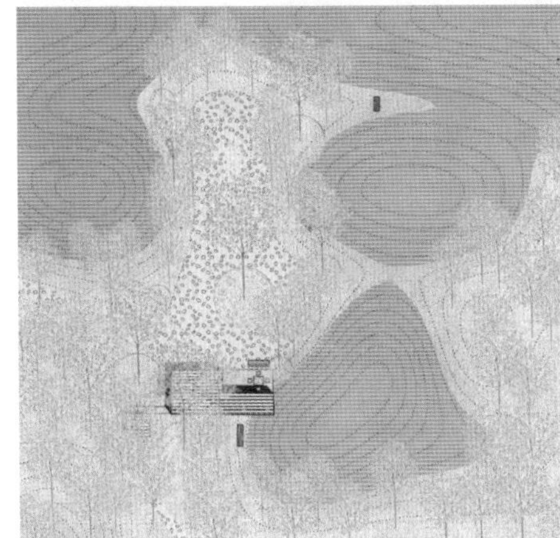

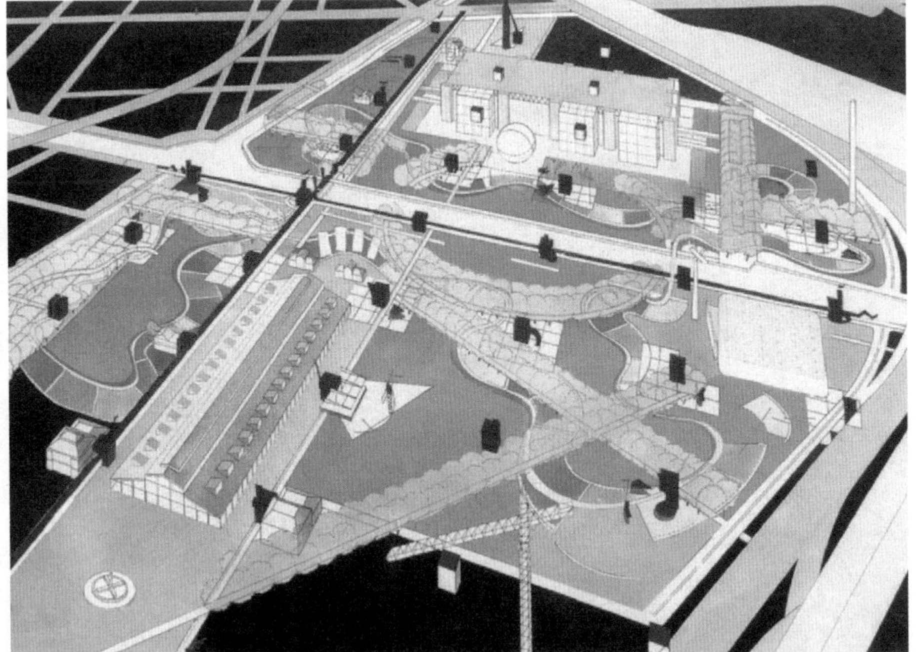

作　　者：苏珊珊
作品名称：10' 35' 和 90'——紧凑型制造业工厂里的多功能景观
所在院校：香港大学
指导教师：姜斌

设计说明：

著名的电子产品全球代加工企业（F）因跳楼事件而引起社会的极大关注。它的企业规模已经大到形成了一套属于自己的生态系统。而在这样的环境中，到底富士康工人的工作环境是如何？他们和自然环境之间会有什么样的联系？

我带着一连串的疑惑走进他们，去寻找答案，以及探索设计改造的潜力。

我采取的设计调研方法是和工人一对一的相处，并拜访她的同事及朋友，用此方法去了解他们的看法和感受，并直接进入工厂感受内部的自然环境和工人的活动状况。

通过我仔细的观察和研究，我发现在这个工厂这种接近极端又枯燥的工作环境中，普通工人仍有三段是属于自己的自由时间，它们分别是早上上班路上的时间——10分钟，午餐后可以休憩的时间——35分钟，下班后在工厂逗留的时间——90分钟。在这三段时间里，工人会在空间里做一些不同或者相同的互动，和空间产生交流。

我选取了一个最佳片区为样本，然后分析他们的活动分布，找出每个时间段的分布位置，同时不同时间段有时是可以互相重叠的，接下来我找出其中可以用来改造的区域进行针对性的设计，我希望我的设计可以让富士康的工人可以在特定的时间里通过自然环境来刺激自己麻木的神经，通过硬件设施来达到尽可能最佳的休息状态以及进行自己想要的活动。

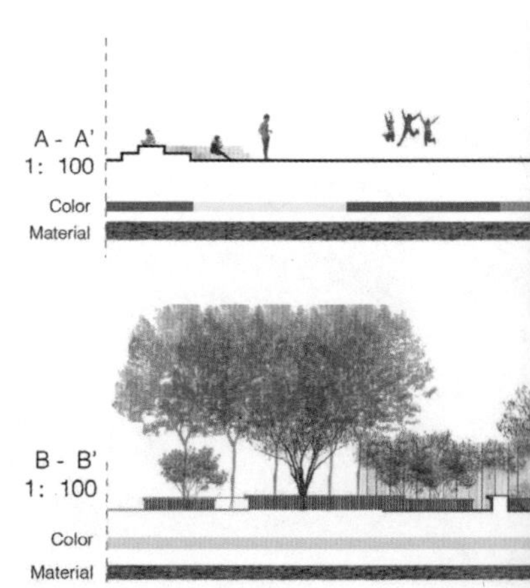

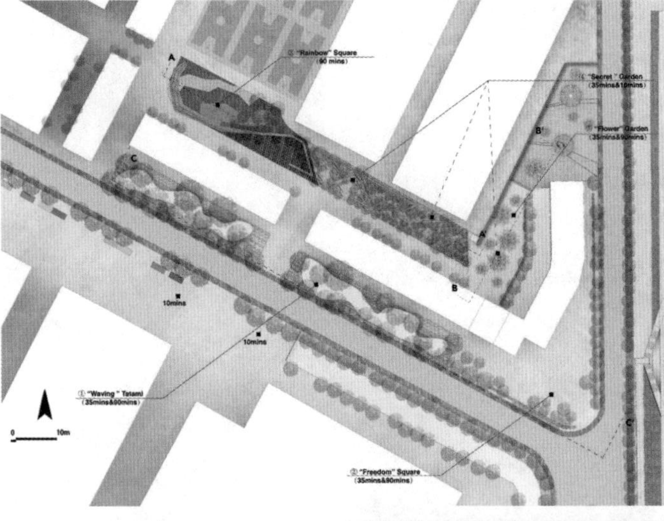
③ "Rainbow" Square
(90 mins)
④ "Secret" Garden
(35mins&10mins)
⑤ "Flower" Garden
(35mins&90mins)
A
A'
B
B'
C
C'
10mins
10mins
① "Waving" Tatami
(35mins&90mins)
② "Freedom" Square
(35mins&90mins)
0
10m

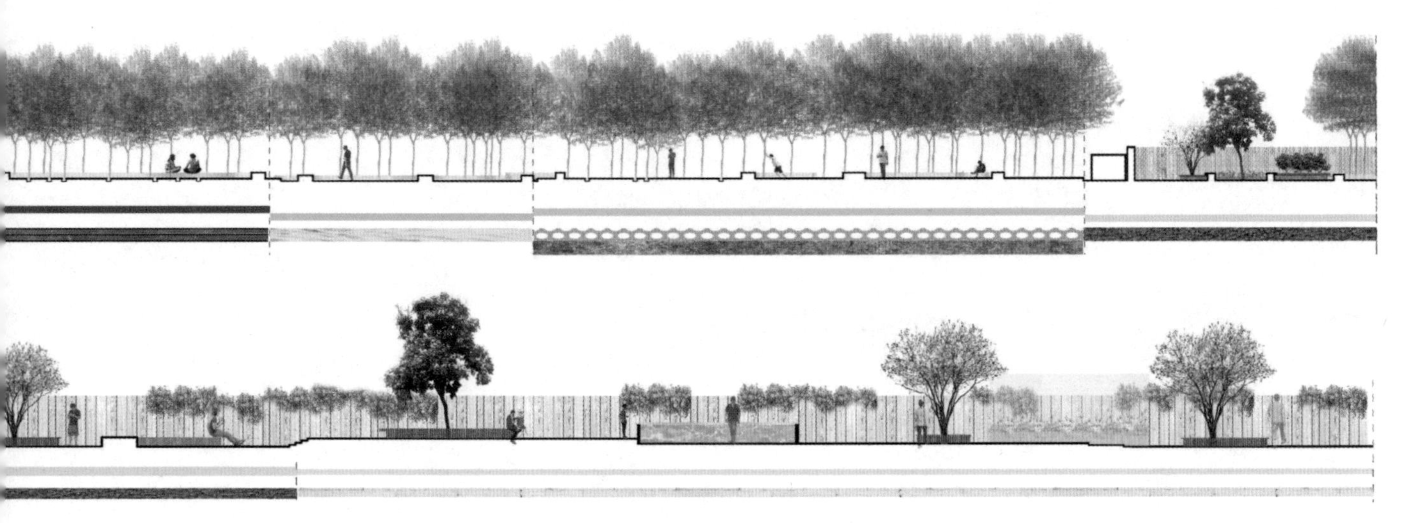

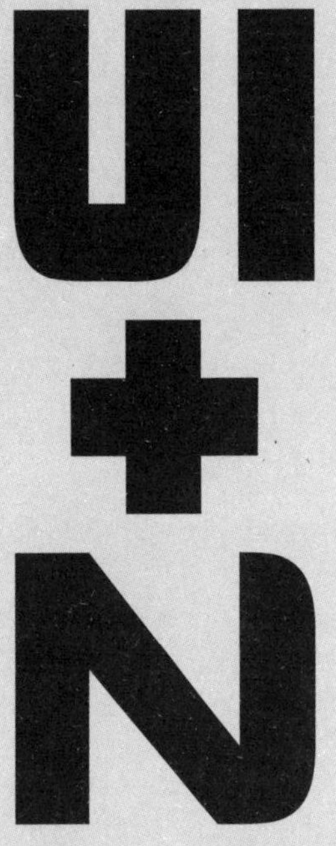

第三届中建杯西部5+2环境设计双年展成果集 | 学术研究

ACADEMIC RESEARCH

THE THIRD ZHONGJIAN CUP WESTERN CHINA 5+2 ENVIRONMENTAL DESIGN BIENNALE ACHIEVEMENT

西安美术学院建筑环境艺术系编

主编 / 周维娜

副主编 / 潘召南 张宇锋 王娟 李媛 胡月文 吴文超

参编人员 / 汪兴庆 孙鸣春 濮苏卫 海继平 华承军 丁向磊 张豪 乔怡青 翁萌 石丽 吴晓冬

中国建筑工业出版社
CHINA ARCHITECTURE & BUILDING PRESS

目录
CONTENTS

博物馆设计中光“情绪”的空间调动方法研究

周维娜 西安美术学院建筑环境艺术系 / 教授 / 硕导

摘　要：经研究发现博物馆空间设计中光艺术氛围的表现状态不佳，表现深度不够，有些甚至不具备展示视觉传达与心理审美传达互构的能力，迫切需要从设计源头了解、分析光元素的技术原理、表现性格、情绪变化，并通过指向性控制设计手段来满足博物馆特定空间展示需求。本文通过对光“情绪”的参数设置研究，掌握光的“情绪波动”以满足创意空间的设计表现，达到最佳展示效果为研究目的。在研究方法上，运用光源的物理形态原理，分析光与空间的互融关系值，探索光源与观者生理、心理的感受。经久的实践与实验结果表明，此系统不仅切实可行且具有较强的科学性与逻辑性，运用该理论形成的“博物馆光情绪空间”具有强烈而浓郁的艺术空间氛围与表现力，受到了观者一致的心理认同。

关键词：博物馆　光情绪　空间调动　方法

纵观博物馆展示环境、空间设计，我们发现有很多不尽人意之处，其中最为主要的是光的运用关系。展品的质量在很大程度上要依赖光对它的诠释，光的强弱、远近、高低、投射角度往往决定着展品的表现程度，同时，光在空间中的漫射程度，决定着所控制空间的“质量”、“情绪”、“性格”的表现，近年来，虽有不少设计师关注这一问题，但未能在现有条件下科学地掌握它并有针对性地研究出可依赖的设计体系，以此准确地把握光的多变“性格”。上述问题表明，从技术上讲，我们需要解决光源在特定空间条件下的综合需求平台问题，建立科学的技术参数框架，以先进的技术手段规范制约，精确其特殊光效的“表情”，从空间上讲，我们需要发现光的溢价意义，挖掘光在与人产生互动时的潜在意识价值，掌握和建立一套光效具有的“生命”情结的特殊语言，以此形成满足功能、技术、长效运营成本之后的光的“性格特征”运用模式。

1 光的技术价值

光的技术体现、环境运用、艺术空间表现氛围等是衡量博物馆总体水平的一个重要指标，既要满足基本照明功能的需要，还要满足长期运营的质量环境需要，有了这两个前提之后，核心问题是如何能够使观者感到艺术的享受，从中形成文化的总体印象，使观者难以忘怀。

（1）人工光源种类

博物馆从人工光源特性角度区别形式，可分为一般照明、间接照明、重点照明、展面照明、空间照明、泛光照明等形式，而每一种形式所涉及的技术条件也不相同，一般照明光源采用卤钨灯、高强度放电灯、荧光灯及 PAR 灯，功率为 20~500W 为宜，它易于更换，可调光，节能，可附设过滤装置；间接照明采用 T8、T5 荧光灯管、PAR 灯，它具有良好的光学系统，可目视调整光效；重点照明采用 20~500W PAR 灯、卤钨灯、T3、T4 灯管，其性能多样化，灵活多变，电气布线简单；展面照明一般采用 E12 灯座、4~25W、管形 7~9W 紧凑型荧光灯，它具有灵活可调的灯具间隔，可调的射入角；空间照明则需光纤照明灯、金属卤化物灯，其特点是灯源易于成型，可根据空间的不

同来调节尺寸分割；泛光照明采用150~250W齿钨灯、T5、T8灯管、高强度气体放电灯，它具有易于更换，过滤紫外辐射等性能；特效照明则采用调焦式投光灯、追光灯、激光灯、低压齿钨灯等，具有精确调节、旋转色轮、投射影像等性能。针对不同的空间、环境、展示形式，可综合采用两种以上的照明用法，通过对技术性能的控制，对光源进行技术分类，最大限度提高展品的视觉传达质量。

（2）光源性能分类

依照不同的展示内容和展示空间形态，大致可概括为均匀度、对比度、光色、显色性能、眩光立体、主线照度等主题特性。其中：均匀度为≥ 0.8；眩光：1 级；对比度：3.1~4.1；光色温：3300~6500K；视觉适应：矢／标量比 1：2~1：3；照度比 1：3~1：5；显色指数≥ 85 ≥ 92。

2 光与博物馆空间

人工光源的存在，使我们在不依赖自然光的条件下还能够感受另一种环境，它可以有特定的性格，也可以有各种不同的“情绪”，但无论光源怎样变化，却都要在一定的空间中流露时才会有真正的意义，也就是说，在观察者能够用心体会时，光才有“生命”的意义。

（1）功能分析

博物馆空间中，光运用意图总结为照明意图、引导意图、主次意图、氛围意图四个层面。基于这四种光具有的功能，我们研究发现只要这四种光元素与空间产生恰当的关系，比如尺度适宜，光照度合理，这时观者对空间则会产生好感，在接受空间的同时也会接受空间中展示的内容。假如其中有一个意图不够明确，例如引导意图光功能“表述不清”，观者在瞬间就会产生茫然，从而快速失去空间展示元素对观者的吸引力，使观者的注意力被分散，也同时使展示质量及效果大为降格。因此，经研究发现，光的四大意图成为功能层面中主要的表现体系，综合合理地运用这一原则，将会使展陈在这一基本的空间中与光效共同形成完美的第一感知空间。

（2）光与空间互动形成光效

光效是指以光为视觉感受主体，它用来营造空间的展示、展陈给观者带来具有情结的艺术空间元素。它除了具有一定严格的技术使用要求之外，很大程度上是设计师要根据不同的设计空间、不同的展示内容、不同的心理需求而分别运用。

光是我们通常的视觉认知途径，当光与空间对话或共融之后，它就不再是单一光的符号了，形成了我们称为光效的特殊气质形态，这一形态的结构，往往是以观者的情绪波动为衡量标准。以营造精细氛围场景为例，如果观者心理感受到压抑，则我们的光源照度就应调节，同时检查灯源是否合理，如果营造的场景不以文物为主体，而是利用视觉氛围来体现神秘的原场景，则不太考虑光源紫外线的含量控制问题，可以用卤钨灯（紫外线含量75UV）或可调式投光灯，加以低压卤钨灯、二极管特效光源配合，其照度可控制在20~50Lux范围内。如果大于此照度将会失去神秘的氛围，但小于此照度后，观者会感到视觉压力，即感受造型不清晰，只有适宜的光效，才能营造出适宜的空间情结和场景情结，另外，根据造型材料的感光程度也可以进行分类控制。

（3）光“情绪”的表现形态

光的技术价值在于满足人们舒适的功能条件之后，最大限度解决精神层面的情感需求问题，任何一种可见光源都会有其各自的诉说“氛围”场，当人的情绪沉浸在某一特定的场所中时，以下特质便会显现，即光的存在不仅表现为技术层面的照度问题，与此同时，人心理层面相应的特定需求亦会油然而生。如以火取暖般的温暖感觉，伴随着静谧的环境氛围，一种沧桑而浑厚的历史文脉感受，乃至在光影飘动中清晰或模糊可见的空间界限与变化等，这些感受会在人的内心形成强烈渴望，继而转化成对所处环境的心理需求，则反向拯救了空间意识氛围存在的价值。这一切变化过程中，对灯光深层次“生命体征”的了解与开发，就成为空间环境情感表露最为重要的核心元素。人们通常以拟人的手法来解释光所具有的“生命”迹象，例如心情如阳光般愉快、不见天日的心情、神秘的光影、鬼影重重、温暖的灯光等，都是在描述由光而引发的心理活动，因此足以看出光在空间中所起的作用，尤其在博物馆展陈中，它已经由过去的照明式视觉图解形式发展成具有“生命”表现力的主要沟通媒介。

从专业设计角度来讲，光的情绪表现可分为对话式、欲望式、神秘式、怀旧式、崇高式、兴趣式、沧桑式。1）对话式光情绪是利用光的基本特性使人与观察物之间形成沟通，主要目的是让观者在短时间内通过营造的空间氛围来理解展品本身的性质、内容，在相对客观、理性的空间氛围下进行，主要意图为明快、准确的指向传达，以期达到相互了解的状态，其属于博物馆展陈空间形态的基本表现形式。如在博物馆序厅及过渡展厅中经常能够发现光线明快的局部展示区域，展品照明采用可以提供柔和、连续、满意照度及良好对比度的荧光灯，观者与展品之间的最大观赏距离为1.6m，视线最佳位置应在距地1.5m处，此时，光源的位置、高度、亮度等值如公式：$X=Y\tan 30°$（其中X为

材料感光度分类照度值及年曝光量限制值　　表 1

材料分类	照度限制（lx）	曝光量限制（lx•h）/a
不感光	没有限制	没有限制
低感光度	200	600000
中感光度	50	150000
高感光度	50	15000

观赏距离、*Y* 为展品高度 ）[①]，所选照明光源色温值应确定在约 3000~4000K，照度应确定在 150~200lx 之间（局部），即可满足对话功能，也就是说在特定功能空间中要营造展品与观者之间的对话关系，需要以上量化光源才能得到正常对话关系的空间氛围，此时的光情绪以明快、柔和、直观为特性，以使观者用正常的心理感受来了解展品的内涵；2）欲望式光情绪在博物馆空间设计中时有发生，也可以称为关注式情绪的表达，利用光效充分展示展品特性，将展品的被关注欲充分展示出来，以使观者与展物之间的情绪在两个层面上均被激发出来，更好地释放与获取各自的价值。相比之下，欲望式光情绪的设计表达相对困难些，归纳来说其参数照度应在 50lx 与局部 250lx 的两层照度关系下完成，色温应在 2000~2800K，如此便会使展品与空间形成双层递进式空间语言，具有较强的被感召与被释放的空间氛围；3) 神秘式光情绪的营造在博物馆设计中具有很大的出现概率，往往在叙述历史内容的进程中会运用此手法且异常见效，其营造效果所具有的特定因素包括几个层次的共同作用，首先是心理层面的需求，"神秘"源于人对事物的好奇心未得到满足时所带来的心理波动状态，同时产生了神秘感的意识活动，其次是物质层面需用三级照度来实现递进光照效果和营造神秘的空间氛围，并使环境具有时空感，这三级照度分别是 10lx、30lx、100lx，时空的光效层次划分使设计在手段与途径上有了较好的参考方式，以利于判断哪些空间能够更为精确地予以表现并加大投入成本，哪些空间可以减少投入亦能达到满意效果，实现投入产出的平衡并使综合性价比更具优势；4）怀旧式光情绪的表现重在对展物的本质及形态进行有效传达，同时，对整体展示环境更有着全面的要求，怀旧式情结在物与人之间有很多的相互关联，人们的心理情绪会随着展物及空间环境进行波动。波动存在着两种可能性，一种是产生于视觉时空差异的波动，这一波动是由于意识的集中点位于展物本身而形成了历史差异、功能差异、新旧差异、造型差异等方面的视觉张力，一种是产生于心理层面文化差异的波动，此波动是经由视觉作用后转换为心理活动时的心理感受，主要集中于对文化差异性的感知方面。这时，能够使人感动的状态即是心理活动范围，因此，在实践过程中通过 50lx、80lx、150lx 为三级照度，分别营造三层氛围空间，同时加 100lx 的氛围光效来营造引入空间氛围，色温为 2000K、2700K、3500K 三个层级的作用；5）崇高式光情绪营造则为复合型光效的运用，首先是满足营造展区特有的崇高感氛围，当人们进入空间后还没有形成崇高感之前，大空间必须具有一定的引导性必要条件，否则会产生观察者的心理情感冲突，极大破坏观者心理活动的节奏。因此，在营造崇高氛围的区域时应先调整引导空间的氛围，宜用照度 50~80lx 为照度值过渡，再用 100lx 强调主体，而局部精确照度则应达到 500lx 以强调展品的崇高氛围，由于对整体空间存在着先期整体性考量，因此，光效最终能够以预想视觉状态呈现出来。当然，还有很多相对细腻的手段及手法与之组合以使光效情绪更为感人。如要赋予展品崇高、伟岸的空间表现，其光效处理将会对展品"性格"、"气质"有至关重要的支持和描述，此时光源将改变为调焦或投光灯、全数码激光灯、追光灯、低压卤玛灯等模式。通常展品体量较大，观赏距离在 3~5m 之间，设计空间的 *X*、*Y* 方向具有视觉延展，尤其在 Z 轴方向的高度应有上视 60° 观察角，光源的出现是以展品 2/3 以上为主视觉区，其他则以满足辨认造型角度即可，有细节的图或文字则以追光灯光束的形式局部提亮，但光语言不能亮过主题光效，同时，在主展品背景中以 20~50lx 泛光呵护主题的视觉延伸氛围，形成 360° 空间主体物。当观者出现在现场时，则必定会感受到由光效营造的有关于展品的崇高气质；6）兴趣式光情绪的表述是对观者最有吸引力的一种光效设计手法，无论人们正处在什么样的心理环境中，当目光触及兴趣点的一瞬间情绪便会被调动与点燃，此时，与之相配合的光效就显得尤为重要。经分析，观者被吸引的重要因素是由于视觉点被光效赋予了较为浓郁的情绪氛围，而非物件自身最本质的状态所产生的"气场"所吸引。有实验表明，视觉对兴趣点的捕捉受到其外在氛围场的影响。此外，序列关系亦会影响兴趣点的准确传达。首先，空间序列应有相应的节奏并产生环境的强烈波动感，其次，通过进行视觉序列的节奏把控以便呈现出相应的光效氛围，实现视觉点被连续地吸引，因此，照度亦存在几个层面的表述，设定 30lx、80lx、100lx、150lx、300lx 为一个序列等级进行相互穿插，经过层面的叠级应用，兴趣式光情绪即会有良好的空间效果；7）沧桑式光情绪具有极强的历史氛围特性但又不等同于历史，而是表述了一段时空下的现实存在价值，往往形成一个或几个相互交织，既相关亦各自独立的故事情节。由此可见，沧桑是一种状态和情感，以观者为原点的时空考量，考量观者心理与时空之间的情感交织系数，系数越大，其沧桑的情感状态越重。如在 *X*、*Y* 轴的坐标系中，当心理与时空的交织系数为 0.5 时，表明心理情感在

时空当中产生的很少，因此系数较小，情感中沧桑的状态也会很小，当心理波动与时空波动达到很大时，说明情感的互扰波动亦会很大，其值在 X、Y 轴上可达到 5~8 的系数，因此具有很强的沧桑感。对于光效情感、情绪的调节设计，重在解决上文所阐述的问题，运用光效参数值来设定及对应，即照度应有若干层面的描述，用 20lx、30lx、50lx、80lx、100lx 及 200lx 的主体系列光效照度来满足所需营造的沧桑情感氛围，与此同时，以 1500K、2000K、2500K、2700K、3000K 及 3500K 的色温为相对应的应用条件，如此便会产生人们情感中所向往的沧桑氛围。

从这七个方面我们可以看出，任何一种光情绪的表露，都是从光与空间展示内容的紧密融合而产生，各种不同的光情绪空间，都会给观者带来不同的心理感受。（图 1）

3 光效运用体系的建立

光具有潜在的生命意义，它象征流动的空气，有时像一阵清风拂面而过。有时像美妙的音乐飘入心田，我们以尺度的大小来衡量光的质量，使光成为可量化的审美元素，通过对光源、光空间、光效等方面的研究分析，可以将上述的光运用方法形式专项运用体系结合博物馆特有的环境要求进行长期的实践运用，不断提高光在空间中的运用质量。

（1）本源光运用选择体系

本源光是指灯具及发光光源所组成的主体光。其所具有的特性状态，由照明的类别、照明形式及技术表现组成，它具备最为本质的性态，选择的精确与否，会直接影响到设计的环境效果，同时，会对观者的心理造成一定的波动和影响。因此，我们通过针对空间环境的种类不同，产生光效的不同及相关资料研究，归纳出范例式的指导性表述方法，以期通过本表的归纳给设计者提供技术选择参考。（表 2）

（2）光效运用选择体系

光在空间中的表现状态，经观者的心理感知后，形成某种“性格”的体现，这一空间环境效果称为光效。在博物馆复杂细致的、层次多变的空间环境中，光效的存在，使光空间形成了旋律般的节奏，根据展示内容的不断变化，光效的“性格”也在不断地变化，这一光效的运用，可用以下表述来进行量化，在不同的尺度概念下，光效的效果、情结流露也有所不同，通过分析，我们总结出光效的运用量化框架体系。（表 3）

4 结语

光的运用，可以从很多方面去理解，比如仅在视觉上提供客观的照明帮助，那么光所具有的一切内涵则会消失，但如果以光为主体诉说媒介时，它则会有万千种情绪、情结可以挖掘表现，甚至升华为丰富的精神境界。在博物馆光运用的若干年里，人们在不断地利用光的特有性格来使文化得以再现，使历史得以传承，在这一过程中随着博物馆空间设计语言、手法的不断改进、发展，促使光效的表现状态日趋完美。

本文以光技术参数的成熟值为技术基础，以光效所产生的心理感受为规范对象，试图总结出一个在光效博物馆空间与光技术参数之间所产生的量化标准，以此标准为基础，分析出关于博物馆视觉效果与心理审美的相关运用体系，为博物馆光环境设计运用提供较为实用的设计参考。

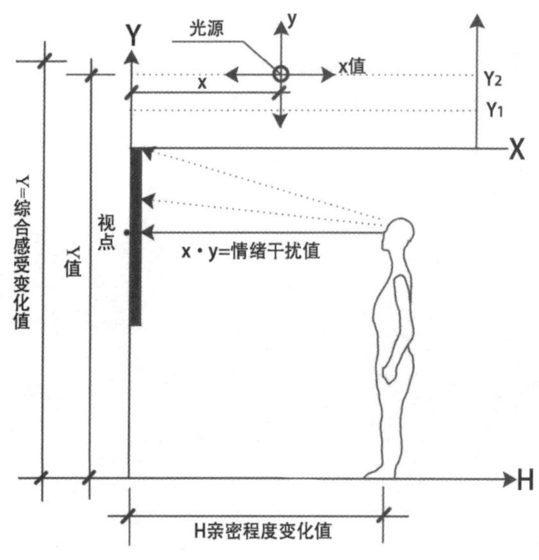

图 1 光情绪空间艺术氛围函数值　资料来源：作者自绘在光情绪的光源布置中，观者与展品之间存在着规律性变化的函数值，其将产生不同的艺术氛围效果

注释

①北京照明学会照明设计专业委员会编．照明设计手册 [M]. 第 2 版，北京：中国电力出版社，2006:418.

本源光运用体系表 **表 2**

照明类别	照明形式	光源选择	技术表现
一般照明	表达式、对话式、指向式、泛光式	白炽灯、荧光灯、齿钨灯	易换、照度良好、节能、可控
间接照明	灯带形式、内置灯形式、反射形式	T8、T4、T5 灯管	照度层次丰富、灯源质量提高
重点照明	投射式、主导式、针对式	20~500WPAR 灯、白炽灯、齿钨灯	易操作、易调节、易更换
枪极照明	下射式、可控式光线	白炽灯、7~9W 荧光灯	体积小、灵活可调
实物照明	调焦投射式、追光灯	低压齿乌灯、高强放电灯、激光灯	精确、可调
场景照明	调焦投射式、追光灯、可控光源	低压、齿钨灯、高强放电灯、激光灯	精确、可调、多功能兼容
引导照明	可调投光式、反射式照明	白炽灯、荧光灯、二极管	50~100lx 照度
背景照明	可调式、内置式、泛光式	低压、齿钨灯 7~9W 荧光灯、T4、T8 灯管	可控、次要表现、满足主体光效

光效运用选择体系表 **表 3**

光效类别	光源选择	技术参数值	运用形式	情景结果
对话	白炽灯 荧光灯	uy < 10μW/1m 100~200lx 2700~400K	下射灯具 嵌入式	视觉满意度高 图形识别清晰 心理环境稳定
欲望	可调下射灯 细束光灯	500~200lx 2700K uy < 10μW/1m	可调式 导轨式 追光式	空间氛围冲击 视觉感受新奇 心理暗示张力强
神秘	调焦投光灯 追光灯 激光灯	20~100lx 2700K	可调角度 导轨空间 主点营造	视觉被吸引 空间氛围另类有主题 心理意识波动力
怀旧	齿钨灯 7~9W 荧光灯 T3、T4 直管灯	7~9W 50~100lx uy < 10μW/1m	柔性轨道 紧贴主题 藏源泛光	视觉平稳深入 空间连续无隔离 主题无断码点 思绪线性延展
崇高	调焦投光灯 细束光灯 泛光灯 追光灯	50~1500lx 2700~4500K uy < 10μW/1m	突出主体 主体强光 主空间营造	视觉上移 空间有精神氛围 主次节奏清晰 心理意识有升华感
兴趣	激光灯 7~9W 荧光灯 细束光灯	50~100lx uy < 10μW/1m 2700~3500K	点光源 节奏光效 光展共脉	视觉轻松 空间节奏流畅 主次点掌上清晰 心理波动规律
沧桑	发光二极管 齿钨灯 细束光灯 泛光灯	200~100lx uy < 10μW/1m 2700K	单点光源 无节奏表现 有光空间度 光效分层	视觉表达有深度 心理产生距离感 时间元素为主体 空间与时间对话

参考文献

[1] 北京照明学会照明设计专业委员会．照明设计手册 [M]．第 2 版．北京：中国电力出版社，2006，12.

[2] 吕济民．中国博物馆史论 [M]. 北京：紫禁城出版社，2004，12.

[3] 高潮，甘华鸣．图解当代科技 [M]. 北京：红旗出版社，1999，8.

[4] 戴吾三，刘兵．科学与技术 [M]. 北京：清华大学出版社，2006，9.

浅谈灯光照明对书店环境的影响
——以新华书店和方所书店对比为例

龙国跃 四川美术学院环境艺术系主任 / 教授 / 硕导
方依利 四川美术学院环境艺术系 / 研究生

摘 要：本文浅析了灯光照明的概念，阐述了什么是照明，如何运用照明来营造氛围等一系列问题。并且明确指出，传统“老派”书店和现代“新派”书店通过运用灯光来调节氛围的概念，明确指出它们之间的不同点，以及在两派书店设计中，灯光产生的效果及影响。通过对比的方式，阐述在书店照明设计中易被忽视的问题及其解决的办法。

关键词：书店 灯光照明 问题 办法

1 前言

随着我国城市经济迅速发展，灯光照明在生活中得以大量应用，不论是照明的对象，照明手段、照明方法都丰富多样，在原来功能照明的基础上美观性与功能性又有大幅度的提高。以书店照明为例，以新华书店为代表的传统“老派”书店和以方所书店为代表的现代“新派”书店，由于时期不同、市场定位不同，造成它们在灯光照明效果上存在极大的差异，这种差异性也使得这两种书店给人的体验和自身发展上存在着明显差别。除此之外，在灯光的功能和外观上，近年书店中的照明体系，在不同程度上都出现了不合理的地方，如眩光等问题被设计师忽视，直接影响到前来看书的人群体验，降低了购书欲望。加上电子阅览方式的流行，导致近年来实体图书销售量越来越低。书店环境的打造是书店得以生存的根本，而书店照明对书店环境的影响起关键性作用，打造良好的灯光照明效果，已然成为书店力求生存的必然趋势。在人的需求和市场需求的双重刺激下，势必会产生一批优秀的灯光创造者。

2 照明的选择

光分为两种，一种是自然界发出的光，一种是人工制造产生的光。自然光在工具书中的解释是指晴天太阳的直射光和天空光，阴天、下雨天、下雪天的天空的漫散射光以及月光和星光。自然光的强度和方向是不能由人任意调节和控制的，只能选择和等待。自然光在学术文献中的解释是指方向性强的日光和天空漫射光的组合；另外自然光主要是指日光，也称为天光。而人工制造的光，在室内外设计中，我们一般把它称为灯光。这种光是可以受到人的控制和调节的，明亮的灯光效果可以使人产生振奋的效果，提高人的精神。而昏暗的灯光，有助于调节朦胧而富有情调的气氛，产生良好的视觉感受。

生活中，虽然无法去控制自然光，但是可以利用灯光照明的方式来调节空间氛围，达到我们想要的灯光照明效果。不同的场合要选择不同的灯光，谈正事时要选择较为明亮的灯光，让人在灯光的作用下，精力集中，精神焕发。在闲谈的环境下，可将灯光稍作调节，只留一个集中的光源，使四周环境变暗，在这样的氛围下，有助于人心态上的放松。总之，光线的调节直接影响到人的心境，

在一定程度上能改变人的心态和行为。在改变人的行为条件当中，重点照明就是通过射灯的灯光来凸显局部的常见做法。尤其是在商业买卖发达的地方，更是起到重要作用。重点照明下，最需要注意的就是两个方面。第一，投射角度问题。在同一物体，同一条件下，灯光照射的角度会直接影响物体所呈现出来的变化和效果，明暗可以增强空间感，所以物体的投射角度是十分重要的。（图1）第二，对比度问题，对比度是表现物体立体感的，相同光影中，高对比度和低对比度呈现出来的效果差异十分大。（图2）

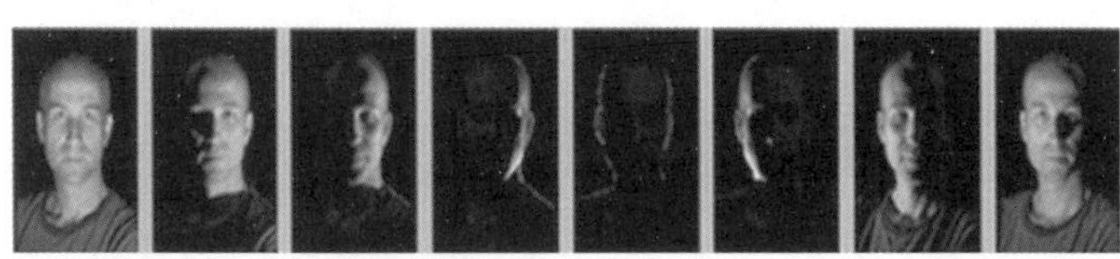

图1 投射角度问题（源自网络）

图2 对比度问题（源自网络）

3 新、老派书店对比

在互联网不发达，手机还只能发信息的时代，我们的阅读都是在书店里进行的。但是随着科技的发展，阅读变成了“只要有手机，就知天下事”。随时随地可以通过电子设备来看书，书店的人气也急剧下降。但是通信设备的冲击，并不是造成书店人流量少的唯一原因，还有书店功能划分单一，以及灯光照明不完善等因素。

（1）传统“老派”书店

堪称国字号的老派书店——新华书店，是中国国有图书发行企业，发行网点遍及全国城镇的书店。历史可追溯到1937年，是名副其实的老派书店代表。（图3）书店中主要陈列的物品就是图书及图书相关的周边产品，地方虽然比较宽敞，但是基本上书都是密集排列的，和它主打的“实用”功能相符合。

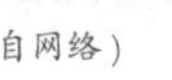

图3 新华书店（源自网络）　图4 新华书店灯光（源自网络）

1）结构单一

首先，灯具结构十分单一，新华书店的灯光可以用一个字概括，就是“亮”。随处可见的日光灯几乎承担了偌大书店的所有照明需求的责任，但是起到的效果并不是很理想。（图4）其次，从灯光护眼数据上来看，日光灯的色温虽然最接近自然灯光，保证了眼睛的舒适度，但是显色度与照度低，不利于读者阅读、辨别，尤其是对于某些以图画为主的图书。（图5）

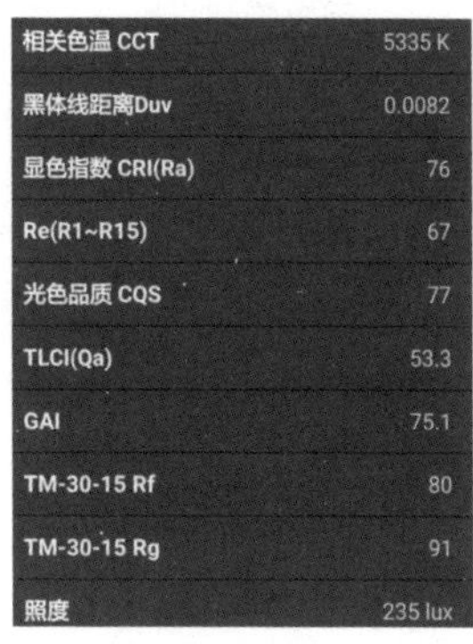

相关色温 CCT	5335 K
黑体线距离Duv	0.0082
显色指数 CRI(Ra)	76
Re(R1~R15)	67
光色品质 CQS	77
TLCI(Qa)	53.3
GAI	75.1
TM-30-15 Rf	80
TM-30-15 Rg	91
照度	235 lux

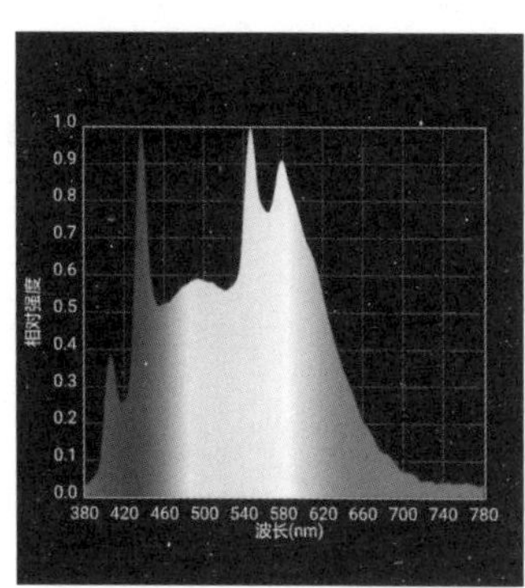

图5 护眼数据（数据图）　图6 光谱图源

2）缺少重点

在热销柜或推荐柜台上，依然使用日光灯，使得整体环境显得平淡无奇，因此在众多图书中并不突出，吸引力不足。（图7）

书店除了以上基础照明外，还需要具备辅助照明，使书店的书更加突出，空间感更加立体。以新华书店为例的老派实用性书店，在强调实用性的同时忽略了书店整体环境的美观，使得“书”不够突出。

通常，自然光是最好的基础照明，对人的眼睛也没有任何刺激，又可以让读者看到图书本色和面貌。在新华书店中，为了弥补灯具结构单一的问题，使用大面积的玻璃窗，借助自然光，营造出一个可清晰阅读的光环境。当白天径深很宽的时候，读者就可以坐到窗边阅读。

但现在人工光的控制，既可以使照明效果加强，也避免了自

图7 新华书店灯光（源自网络）

然光所存在的不可控问题。

（2）现代“新派”书店

为了避免新华书店的灯光过于朴素，同时考虑到人工用光控制得好同样可以达到良好的照明效果，并非书店一定要依赖自然光线及其无法避免的时间限制问题，新派书店应运而生。以2011年创办的方所书店为例，其功能上的丰富性较老派书店已有大的突破，同时注重营造氛围，强调读者的体验。（图8）

图8 方所书店（源自网络）

重点照明

方所书店在照明上与新华书店最大的不同，就是其有重点照明，增加了空间的层次感，突出书和摆件之间的联系。从护眼数据上可以分析得出，方所书店的色温偏暖，环境舒适性升高，显色性凸显书的画面色彩，便于读者选书。（图9、图10）

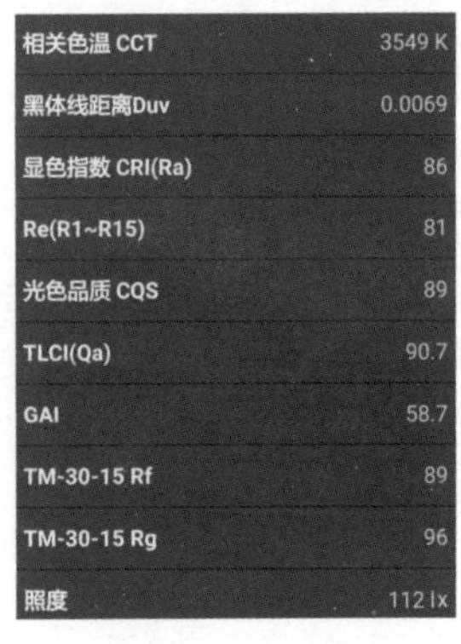

相关色温 CCT	3549 K
黑体线距离Duv	0.0069
显色指数 CRI(Ra)	86
Re(R1~R15)	81
光色品质 CQS	89
TLCI(Qa)	90.7
GAI	58.7
TM-30-15 Rf	89
TM-30-15 Rg	96
照度	112 lx

图9 护眼数据（数据图）

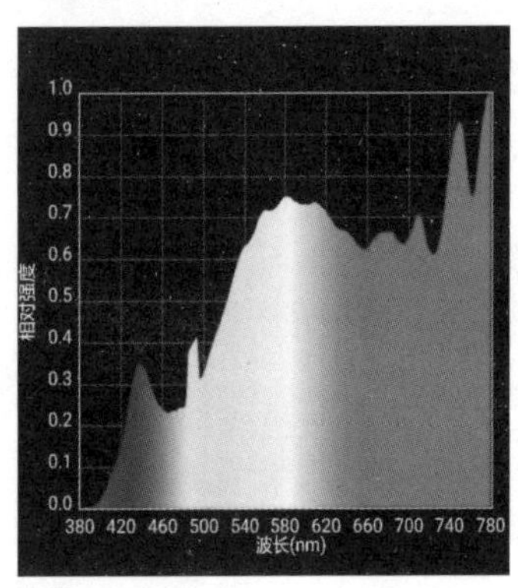

图10 光谱图

书架上不仅仅是各类书籍，还有装点的装饰品，用小射灯来突出杂志的画面，热销台上吊灯的运用，相对于方所书店中其他段远距离的灯光照明，面积小且距离短的照明，让畅销柜的书更加突出，氛围更加有变化。这两种方式都增强了图书对人的吸引力，增加人购书的欲望。（图11）

4 书店光照中常见问题及解决办法

（1）选好灯具减少眩光

图11 热销台吊灯（现场拍摄）

市场上有上百种灯具，根据空间尺度来选择合适的灯具是一个重要事情。书店在选用灯具时，应注意眩光问题，光照强度适当且不能产生眩光，眩光的产生会降低人的阅读能力，丧失阅读的兴趣，严重者还会导致视觉疲劳，产生头疼等身体不适的症状。所以在灯具选择上，必须要在层高空间的基础上选择合适的灯光。

（2）控制光亮维护书籍

明亮的灯光有提神的作用，但是会损害图书的使用寿命，因此要控制光线直接照射图书的时间。或者采取避开强光，借用漫反射的照射方式，漫反射越多，强光就越少，这样就可以减少光对图书的损害，将空间照亮，达到保护书籍的作用。当然，若能在图书馆的墙面上，能采用粗糙质感的涂料，又能进一步起到减少强光的作用，保护书籍。

5 总结

灯光设计不是随意的打灯光，需要专业的数据、专业的分析，它的系统性，不是我们单纯想象的照明效果，而是一种艺术的依托。合理的灯光照明设计不仅能带来舒适的视觉感受，还能大大减少人对于能源的消耗，起到减少成本、保护人视力、增加体验感的重要作用。

好的灯光能营造出好的氛围，好的氛围能促进现代人对阅读的渴望，增强国民素养的同时提高图书的销售量。总之，灯光照明设计就是一场人性化的设计。

参考文献

[1] 中国照明网．需要多少光线才能舒舒服服地看书，2016.08.13.

[2] 西顿照明网．"西"游记之书店照明应用调研，2016.09.26.

空间构架下 X、Y、Z 参数式设计语言探析及应用

孙鸣春 西安美术学院建筑环境艺术系 / 教授 / 硕导

摘 要：本文以研究使空间设计的美学因素通过 X、Y、Z 轴方向参数的控制成为可量化的表现形态为目的。利用 X、Y、Z 轴的数学参数值，通过空间尺度的参数考量，形成具有平面、空间的环境模拟，针对人生理、心理的尺度感受来进行研究，以期产生审美量化参数并指导设计。经研究发现，任何一种环境、空间都具有可量化的尺度，再深入分析后发现人的生理、心理感受通过量化的参数区可以有精准量化描述。运用 X、Y、Z 参数式设计原理，引导设计者更为准确地掌握人生理、心理的审美情结，更能清晰地描述视觉美感所产生的原因，以明确的设计手段探究设计思想的深度。

关键词：空间构架 X、Y、Z 参数设计 空间考量

在全球人类各学科进入综合发展的今天，环境设计学科也正在飞速地发展，自环境设计概念进入我国以来已有近 30 年的发展历史，回顾过去，我们感到今天的设计成果来之不易，环境质量的改观，导致了人们行为观念的改观，不再将室外环境、公共环境视为“身外之物”，而认为是与自身密切相关的、具有生命力的生活体系的一部分，这反过来又促进了设计学科向更高、更深层次的研究领域继续发展。

国外在此领域中的研究是从 20 世纪 50 年代开始，在 20 世纪 50~60 年代，西方的工业文明及社会的快速发展，导致若干国家的城市环境走向严重的破坏状态。人民生活的本质被曲解，健康的功能被剥夺、自由的空间被挤压，使居民的身心行为受到各种消极的影响。因此，环境与人的关系、人与自然的关系、人与能源的关系、自然与生态的关系等问题引起多学科研究者的深切关注，环境学、地理学、建筑学、人类学、社会学、城市规划学、环境心理学等学科悄然地开始挖掘审视自身的研究领域及深度。

探析科学与艺术的研究领域，我们发现，20 世纪 50 年代末，出自于既是科学家又是文学家和政府科技官员的英国学者斯诺（C.P.Snow）提出了科学文化和人文文化之间的分裂形态的重要论点，也就是说，科学技术的不断发展在不断地深入其领域的同时，将艺术的氛围或人文文化从科技空间里“挤压”了出来。同样在艺术的发展过程中，也将科技的作用和影响降至最低，几乎也被“挤”出了艺术的空间领域。但是，一方面，就在相互疏远和分离中，科学的探索和艺术的探索一直保持着千丝万缕的关系，李政道先生有一个形象的比喻，“事实上如一个硬币的两个面，科学和艺术源于人类活动最高尚的部分，都追求着深刻性、普遍性、永恒和富有意义。”这一比喻至今被广泛运用着。

1 X、Y、Z 轴的空间形态

我们假定有一个盒子，将盒子的内部示意为空间，可以看到，盒子的长、宽、高有三个尺度，

那么 X、Y、Z 轴分别代表着这三个尺度，我们设定 $X=1$，$Y=1$，$Z=1$ 时为一个空间单位，则 K（空间）=1，其三个尺度与 K 值之间则会有若干比值的关系。（见图 1~图 3）这时我们发现，X、Y、Z 轴的尺度变化直接导致空间艺术氛围的调整变化，导致了空间在艺术形态上的状态变化，即技术参数与空间的艺术氛围产生了"共振"。

（1）主体空间

主体空间即为相对独立存在的空间（图 4）。例如办公大楼大厅、接待厅、宴会厅、会议室等。它具有相对完整的 X、Y、Z 轴参数值，根据参数值，我们可推断其空间的尺度合理性，例如当 X 值大于 Y、Z 轴时，则空间的使用特性是以 X 轴方向延伸的动态空间。因此，设计师应根据其参数提示，在功能布局、造型、动静空间上满足 X 轴参数要求，如果在此轴线上设置静态功能布局，则会有动线上的空间冲突及相互排斥，就会造成受众体心里不安定的感受，致使整体空间的表现质量在下降。以此方法，我们可以找出在 X、Y、Z 轴数据变化的同时，以空间的格局设计变化来对话技术参数，当三个参数达到合理的比值时，主体空间的质量才会明确地提升。

（2）复合空间

在空间的存在中，很多空间是相互流动、连接、沟通的，我们称这一类空间为复合空间形态（图 5、6）。例如酒店大堂、商业餐饮环境、西餐厅、商务吧、商务办公环境等，是由若干个空间组合而成，但各自空间相对独立，有其各自参数值。这样，假定有三个空间，那么 X、Y、Z 轴则各有三个参数值，根据参数比值关系，此时的设计应是运用主、次空间概念、主要功能的关系、主要质量空间的客观要求，将 X、Y、Z 三个方向的数值进行调整，使其满足以上各种不同要求，如将 Z 轴方向值依次调整为 $Z_1=3$、$Z_2=2$、$Z_3=1$（Z 值大则空间高度高），显然 Z_1 表现的空间为主空间，具有明确的第一功能空间质量，运用的设计语言也会有所加强。

复合空间中的 X、Y、Z 参数值具有互构、互连、互动、互生的链构性质，依照各空间参数协调、对比，则会产生出千变万化的空间质量形态。因此，参数的调整，是依据我们功能需求的前提来进行调整和运用，如以功能为主因素时，则不必考虑 Z 轴参数值，以使成本可控；如以精神氛围为主题时，则要着重调整 Z 轴方向的空间氛围，使视觉因为 Z 轴的延伸所带来的崇高的精神空间氛围感。

（3）虚实空间

空间的虚实是指功能明确的空间为实体，而非功能，非主体，但在形式上却以视觉沟通方式存在的空间为虚空间（图 7）。虚、实空间都有自己的 X、Y、Z 参数值，其中最大的特点是实空间的参数值为次要参数值，而虚空间的参数值反而成为主要参数值，这是因为，实空间的性质为主要功能空间，它的满足点在于给受

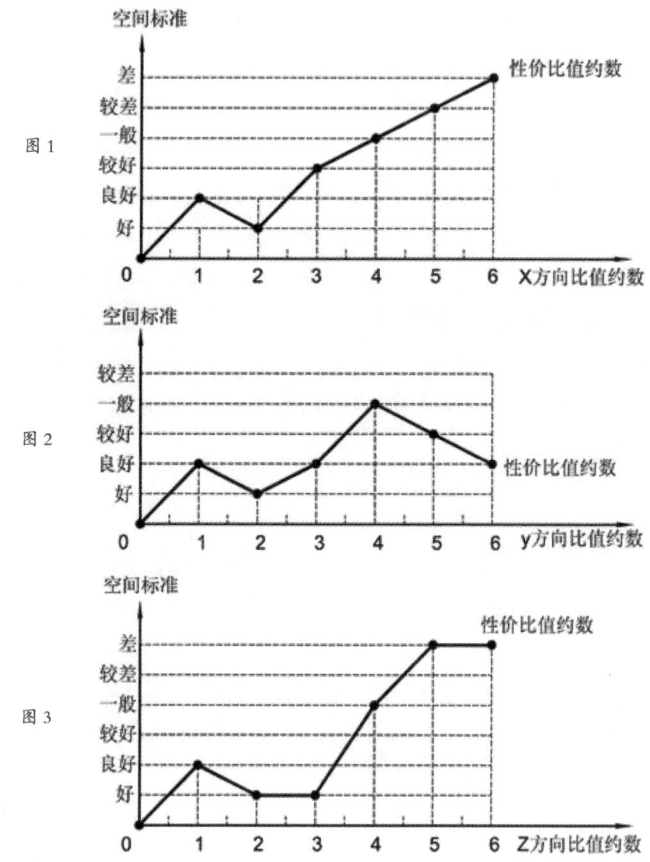

图1~图3 空间参数与艺术"共振"关系
X、Y、Z 轴的尺度变化直接导致空间艺术氛围的调整变化，导致了空间在术形态上的状态变化，即技术参数与空间的艺术氛围产生了"共振"

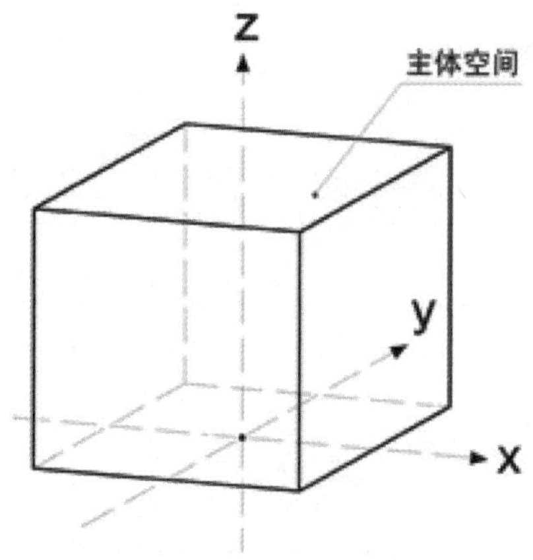

图 4 主体空间
X、Y、Z 轴的尺度变化与主体空间的关系

众体提供明确、直接的功能需求，而虚空间则承担了受众体在实空间里没有感受到的开放感、愉悦感、轻松感、精神氛围因素的内在传达作用。比如我们坐在客厅，厅虽不大，但窗外有一片绿绿的草地和洒满阳光的绿树环境。我们的心情很自然地被放松下来，心会随窗外的视觉氛围而波动，因此，虚空间在整个空间的互动时，其 X、Y、Z 轴有很大的调整影响力。当 X_1Y_1=0.5 时，X_2Y_2 则应是 2，即 X_2Y_2=2，此数据表明实空间很小时，它不会太影响受众体的功能使用极限，这时，虚空间的尺度 X_2Y_2=2。即是两个实空间大小时，我们坐在窄小的实空间里，视觉的 X_2，Y_2，Z_2 已经成为了精神愉悦的生态数据，其作用是打动受众内心的尺度参数。

（4）心理空间

心理空间是两个实体空间之间的虚空间，它的存在是以观者的心理状态而存在的，心理空间是对应于客体空间时的心理环境调节。当观者由功能空间进入到过渡环境（心理空间）时，由于人的脑体记忆依然停留在室内或功能空间的视痕之中，受到的 X、Y、Z 轴的限定感也同时存在，这时，观者的视觉感知突然发生了变化，空间的概念瞬间成为了环境的场所，最为重要的是 X、Y、Z 轴方向的视觉延展得以释放，这时，心理空间的尺度随之而产生了很大的节律波动。经分析我们发现，当 X_2=2.5~3 区间，Y_2=2~3 区间，Z_2=2.1~2.5 区间时（图 5~ 图 7），当环境空间质量为最高，我们反推断其空间的视觉大小，发现参数值恰好满足了心理空间所需要的尺度状态，因此，当运用参数值来衡量具有不定因素的心理空间时，同样能够满足这一量化的标准体系。

2 空间参数值运用体系的建立

我们人类的生活离不开各种各样性质的环境、空间，有时我们说不出此环境没有彼环境好的内在原因，但我们能够在身临其境时切身感受到这一差别，究其原因，正是这些参数的不协调、不合理、不科学的设计运用，使得心理常数和客体常数不对等，就像是饥饿时给了我们一大碗水，却没有给我们相应的主食一样，心理的需求张力依然存在，没有释放的需求张力则会扰乱审美参数值，而这一参数值没有被我们科学地认知，因此，则会形成审美的缺失，导致空间、环境质量下降。

运用参数值的变化能解决空间存在的质量问题，这一体系的建立，或许能为把握空间状态起到明确的控制作用。

（1）X 轴运用比值表

我们设定主进深轴线始终为 Y 轴线，那么 X 轴线即为左右延长线，空间也成为左右空间延展形式，我们从图 5 中可以观察

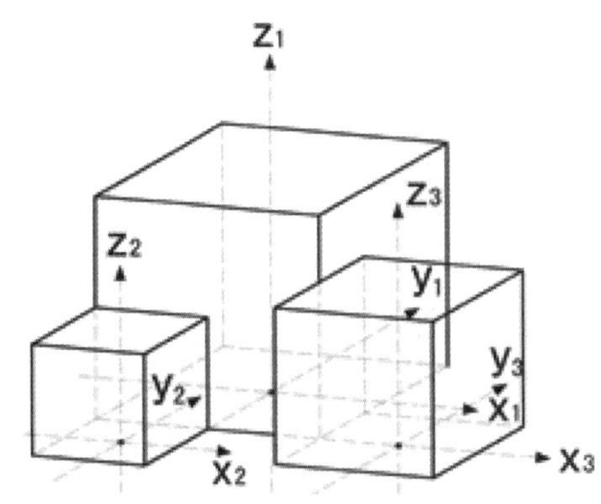

图 5 复合空间（平面）
X、Y、Z 轴的尺度变化与复合空间的关系

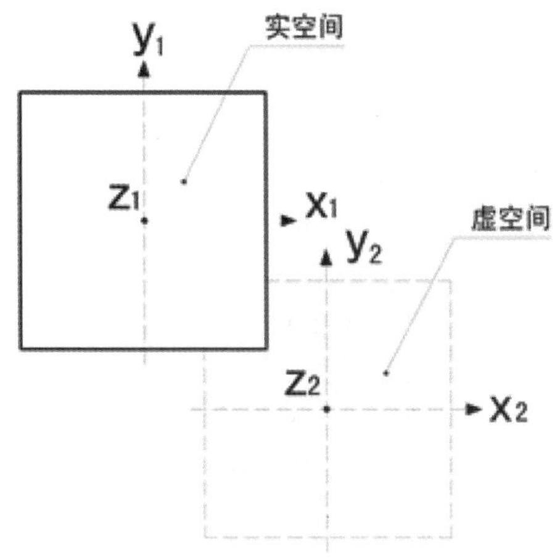

图 6 复合空间（透视）
X、Y、Z 轴的尺度变化与复合空间的关系

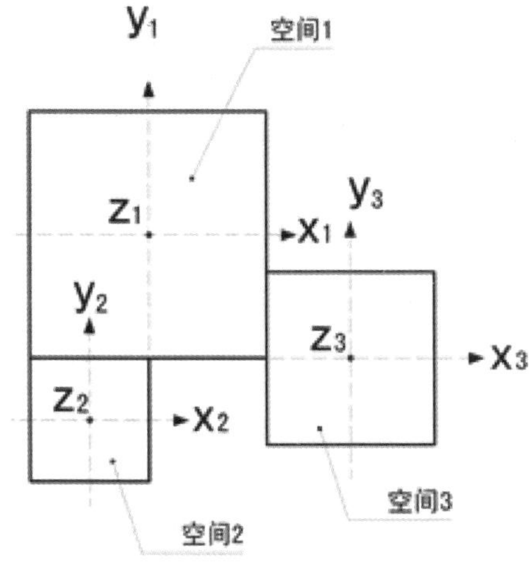

图 7 虚实空间（平面）
X、Y、Z 轴的尺度变化与虚实空间的关系

到，空间标准的质量变化是以 X 轴方向的空间单位变化为基准的，即参数的大小决定空间标准中左右空间质量的高低，通过调节 X 参数值形成标准空间的质量标准模式，总结出当 X 值在 2~3.6 区间时，空间的质量最好；在 3.7~4.6 区间时，空间质量一般；在 4.7~5.6 区间时，空间质量差。这一参数区间模式可以指导我们在设计过程中精准把握所设计环境的质量。

（2）Y 轴运用比值表

Y 轴方向即为主入口进深方向，它具有相应的主轴概念（图 6）。根据这一特点，我们看出当 Y 值超出有效区间后，即形成了主轴方向空间性质，具有动态空间的全部特性，因此我们分析，当 Y 值在 1~2.8 区间时，空间质量最好；在 2.9~4.5 区间时，空间质量一般；在 4.6~5.5 区间时，空间质量最差。但当 Y 值在 6~7 区间时，我们发现其质量回归最好的区间中，这是因为 Y 轴参数具有主轴概念，当数值超出静态空间区间概念时，它转化为主轴动态型空间状态，空间质量则也会向好的方向偏转，这是 Y 值与 Y 值不同的重要特点。

（3）Z 轴运用比值表

Z 轴在空间中代表着高度，它具有改变空间质量的重要功能（图 7），由于在设计过程中，Z 轴高度基本是固定的，受到建筑结构的限制，Z 轴数值很有限，但我们运用在 Z 轴方向的心理感受因素，通过设计语言改变 Z 轴方向的心理感受因素，通过设计语言改变 Z 轴参数的状态，例如局部打开天窗，顶部装拼水银镜等，在视觉上满足质量空间中 Z 轴参数值的要求，通过观察、分析、总结，我们认为当 Z 值在 1.5~2.5 区间时，空间质量为最佳；当 Z 值在 2.6~3.6 区间时，空间质量为一般；当 Z 值在 3.7~4.8 区间时空间质量最差。Z 值的变化在空间中并不是都可以获得的，由于受到局限，我们只需认识 Z 值的变化会导致空间质量的变化，从而利用这一参数原理在设计过程中通过各种手段来获得相应的视觉审美效果。

（4）空间与参数

从 X、Y、Z 参数值的区间性质我们可以总结出：任何一个具有 X、Y、Z 三轴空间性质的环境，我们均可以用此方法进行考量，在日常生活中我们的空间环境是由动线将彼此串联起来，同时空间有大、小、宽、窄、高、低，大空间套小空间，甚至是复杂的多形式空间组合模式，我们经研究总结出，任何一个区域都可以用方盒的概念来砌筑，如同积木的拼搭一样，只是每一个“方盒”代表一个空间环境（图 2）。

通过技术参数分析得知，空间质量的变化有一个明确的参数可以衡量。

经过 X 轴方向的参数值分析，得出以下结果（图 8）。

经过 Y 轴方向的参数值分析，得出以下结果（图 9）。

经过 Z 轴方向的参数值分析，得出以下结果（图 10）。

3 结语

环境、空间的有序、有机、有生命状态可以给受众体传达出很多的审美元素，如舒适的、轻松的、欢快的、稳定的、动感的等，这些感受最早是在我们内心形成综合的心理感知信息，因此环境、空间设计中最为重要的是对环境空间本身做一个详细地分析、理解、认知以及科学地掌握其内质，分析之后再进入真正的设计阶段，这样的设计语言从空间核心上解决了对空间的“修补”式片面设计这一问题。

运用 X、Y、Z 参数式设计体系及手法，可以从根本上提升环境空间的核心质量，从本质上解决环境设计、空间设计的诸多次生的问题，从审美情趣、内在心理上对艺术形态进行深入科学地阐释，同时也期望通过这一手法的不断完善，为将来人们在生活中的环境审美提供一个科学的参考体系。

X、Y、Z 轴方向参数值分析

X 区间值	空间结果
1～3．6	优秀
3．7～4．6	一般
4．7～5．6	较差

图 8

Y 区间值	空间结果
1～2．8	优秀
2．9～4．5	一般
4．6～5．5	较差

图 9

Z 区间值	空间结果
1．5～2．5	优秀
2．6～3．6	一般
3．7～4．8	较差

图 10

无痕设计视阈中非物质文化景观研究途径的初步认知

李媛 西安美术学院建筑环境艺术系 / 副教授 / 硕导

摘 要：时至今日，我国的环境设计领域在经历了单一指向性的高速膨胀之后，其发展已然步入了逐渐趋于理性的阶段，值此之际，无痕设计系统在经过了实践积累与理论凝练、升华之后，成为于当代能够指导环境设计学科迈向新常态的理论与方法系统之一。本文即是无痕设计理论系统的分支性研究，旨在探讨无痕设计的核心“资源释放”在景观设计中的有效途径，即作为城市原生的自下而上的非物质文化景观系统不仅是设计产生资源需求的健康而理性的生成途径，也是因为真正的需求而引发的日常设计，更在无痕设计中具有重要的作用和价值。同时，这些研究将建立在大量城市空间田野调查，mapping，photo-walk 和路上观察等研究方法的基础上，以期得到更为客观的实证性结论，那便是非物质文化景观是无痕设计系统中有关于城市设计的丰厚的基础。

关键词：无痕设计 非物质文化 景观 作用 价值

无痕设计是由西安美术学院建筑环境艺术系周维娜与孙鸣春教授在长期的实践研究与积累中逐渐积淀而成的理论系统，其旨在从设计的视阈出发，研究从根本上解决资源浪费的方法与途径，亦即通过对世界观与价值观的根本性调适来建立一个以解决远代共生为前提的设计观与方法系统。2015 年无痕设计获得了国家艺术基金艺术人才培养的项目资助，至此，其作为一个以实践为基础，较为完善、成熟的系统而倍受国家艺术基金和陕西省、市各部门、领导，乃至理论和业界的关注。作者作为项目主要参与者与导师将通过此文重点阐释对无痕设计自下而上的非物质文化景观研究途径的思考。

1 有痕与无痕

在无痕设计中，有痕与无痕的辩证关系是核心解析点，此二者正如老子对空间“有”与“无”的阐释，两者相互依托，共生共存，共同阐释了无痕设计的本质内涵并非是在于纯粹的“无”，并非是不前进、不发展的“无”，并非是在螺旋式上升中，简单地汇至最初的状态，而是指在拥有“有”之后的一个新的循环的开端，是指在拥有更高物质组构与意识状态之后的“无”。每一个循环，每一个开始皆有一个更为丰厚的意识与物质平台作为支撑，于是，有痕与无痕在相互并置交织的发展之中各自皆具有了深刻的意义与价值。具体来说，两者的辩证关系有以下几个方面：（1）在需求层面，以更为理性的诉求取代浮夸的虚荣心满足。无痕设计具有 6 个研究版块，这 6 个版块从人的心理、行为状态而引发的生活与设计需求作为调整的起始，以期通过对设计受众价值观的调适使设计源自于更为真实、必须和理性的生活诉求，而非与功能无关的偏执与浮夸的心理；（2）在长效机制上，以短期的设计有痕换来长久的设计无痕。设计有痕的界定源自于对外观、结构、交通、空间、技术、运营、材料及与环境的协调性等方面，然而，设计只是一个开始，设计之后人的生活与使用的介入才是设计真正价值地发挥与外溢，是否能在设计存在的全生命周期中达到最为经济的运行，

以最小的代价发挥最大的功效，以及在设计失去价值之后仍能变废为宝，成为新的资源循环的起点并实现价值循环将是有痕向无痕升华的最终体现；（3）在实现目标上，以远代共生为终极追求和理想。无痕设计作为一个动态、长效的观察系统与工作模式，其核心是指环境设计应该在更为本质与开阔的视野中来做出设计决断，而该决断则以可持续性发展为途径，以实现多代际的远代共生为目标，阶段性的以功能指向、技术支持、文化渗透而共同作用的结果则始终存在着背后恒在的隐性逻辑。因此，长效、循环的观念与诸多可持续性发展的技术方法，亦即永恒的精神与物质的统合是“小有痕”“大无痕”的根基；（4）在物质层面，无痕设计的根本要求在于节省资源、减少浪费。纵观设计发生、发展、运行、消亡的过程，无不以资源投入的多少而得以量化和体现，一切所有的可见与不可见的设计成果皆由资源为其存在的前提和基础，资源成为决定最终是否能实现设计无痕的最大基数，如果资源投入量大，后期运营及资源循环的投入量就大；（5）在视觉层面，以深邃的意识空间的视觉外化取代没有意识空间支持的视觉效果。人的视知觉是具有智慧的，其具有完形性、思考性、选择性、秩序性、意义性以及视知觉力等，因此，设计造型语言在符合视觉选择规律的前提下能够通过观看带给人们“是视觉信息，但又超越了视觉信息的情感与意识空间”，这种方式在极大的程度上使设计获得了溢价价值，而其资源的消耗却可以大大地降低，技术的支持亦非常少，仿佛一个支点便撬动了巨物，所以，视觉空间与意识空间同为一个形式系统，却是设计得以升华，有痕转向无痕的一个切实的技术手段和途径。综上这5个方面，有痕到无痕的实现途径可以从改变需求，调适长效机制，明确目标，节省资源，重视意识空间塑造这5个方面得以实现，当然，随着研究的不断深入必然还将获得更多的途径，因为有关于无痕设计的研究将不断扩展其边界。

如果以这5个方面作为标准来确定无痕设计在城市景观设计方面的研究途径，非物质文化景观将是具有较高契合度及价值、意义的系统。

2 非物质文化景观

非物质文化是指共同体在长期的生长与发展过程中所形成的成熟、完整、独立的精神系统，且其与物质文化、自然环境、社会环境相互作用，在精神与物质永恒的统合与交相辉映中，衍生出了丰富的视觉和感知世界。从横向与纵向两个维度来观察，非物质文化又显现出不同的属性与状态。首先在横维上，其表现为由日常的“衣、食、住、行、想”长期积淀而成的各种类型，包括与物质文化相结合而产生的实体性“器”与“具”；与自然环境相共振而抽象、凝结的宗教、科学、艺术；与社会环境相结合而产生的语言、文字、风俗、法律、道德等。但无论是何种形态，物质的表象之内恒常的包含着一个完整的隐性文化系统，其以物质外化为可见因素，这种可见的因素形成了一个表征系统，即景观，形成了内外共生、共存的存在；其次在纵维上，非物质文化已然成为一个具有自组织能力的生命体，在时间的磨砺中，不断于变迁时汲取着新鲜的营养，但于变化之中永远存在着不变的可传承的基因，那便是每一种非物质文化最优秀的内质，也是具有吸附力的原因之所在，亦是其称之为活体生命的原因。

景观，个人认为这一词汇的词眼在于“观”，从字面意思来解释即是用眼睛来观看美好的景致，在这样的阐释之中便存在着两个系统，其表述了人与外物之间的关系，主体与客体之间的感觉互动及情感共振，从而形成了精神与物质在完美统合中各自应有的状态。以此为延伸，从古至今，内部对外部世界的感知从来都不是仅仅存在着“观”，此作用的过程乃是一个系统，包含了五感在内的知觉系统，内在映射的心理系统及后台刺激沉淀的意识系统。此层面表明，个体或主体已然成为客体的组构元素，成为了共同作用的一部分，所以，今日的景观在视觉美感之上追求着更高层次的体验之美，即全感觉、全因素之美，这种超越了个体审美范畴的更为“广阔”和更具内涵之美便是无痕设计之美和远代共生之美。

非物质文化与景观两者必将紧密地合二为一，非物质文化作为一个活态的内质存在于内，景观系统作为一个连接了主体与客体的介质终将以客观的物质因素而成为一个存在于外的表述系统，当非物质文化与景观合二为一，便滋生了一个更为当代的表述系统，这个系统以源自“衣、食、住、行、想”且被共同体所认同的非物质文化为内质，以不断更新、体验的外部表述系统为外在，但它们同时又是局部完整的，各自在大系统中具有自我的定位，成为物质与精神永恒的统合后的生命共同体。

3 非物质文化景观的界定原则

作为一个多元交叉的概念，有必要对非物质文化景观的概念边界在学理层面作以界定，非物质文化景观是在几个范畴的交融与共生之中所诞生的，故而与其他概念既有共性又有区别：首先，非物质文化景观不同于一般的文化景观，它具有系统性的文化内核。文化是人们在日积月累的过程中被个体或共同体所认同而形成的习俗、观念，具有长期性、积淀性、系统性、弥新性的特点：

（1）它是在长期的时间演替中形成的，在偶然性与必然性不断交织的过程中，最终皆化为必然性而确定下来的结果；（2）它是一个长期积累和演变的过程，包含了每一个分秒，时间节点和阶段的叠加，故而，很难一蹴而就；（3）它是一个积累叠加后积

淀的过程，积淀效应让该消失的终究消失，该留下的精粹必然留下，所以，积淀的过程也是自然的筛选过程；（4）它是一个有机的系统，各组构部分已经在长效积淀中相互产生共生关系，在共融、协同中生长；（5）它是一个弥新的存在，因为具备了内在的有机性，具有了内在的活态基因，因此表现为不断生长的属性和趋势，最为重要的是在每一个时间段皆会吸纳新的养分，呈现出由不变与变化相交织的历久弥新之态。总之，非物质文化景观是一个活态的景观系统。

其次，非物质文化景观不同于非物质文化遗产，非物质文化遗产作为一种被共同体所认同的物质形态、空间形态或文化形态，具有特定的类型化的形态语言，这种形态语言会随着时代的变迁而更新，其最大的价值在于对个体的精神认同感与归属感，对共同体的符号性与标志性，对人类共同体文化多样性和文化生态的保护与传承。非物质文化景观是一个与非物质文化遗产相近而又相异的范畴，它们都肯定了非物质文化具有独立于物质文化的巨大价值与意义，正如老子关于“有”与“无”的辩证论断，有以无为魂，无以有为貌，而非物质文化景观则强调了景观的存在价值，强调了借由物质文化而显其貌的非物质文化所具有的完整和有机，最为重要的是被人所知觉与意识内化的客体景观系统。因此说，非物质文化遗产和非物质文化景观在不同领域、不同价值意义和不同角度，共同阐释着非物质文化的独立价值与意义。

最后，非物质文化景观是以无痕设计为实现原则和生态目标。文化归根结底是一种习惯、习俗，随着时间的推移，无痕设计必将因从根本的价值观的改变亦积淀为集合了共同体习惯、习俗、意志和道德趋向的文化及文化景观。与此同时，从本质而言，无痕设计对于资源浪费的遏制及资源的合理安排皆非被动、强迫，而是在建立的合理、有机、自然、顺势机制中，自然而然的产生了需求，并从自上而下的计划中，转化了自下而上的需求。因此，这种从需求的源头便进行了淘汰的机制，让无痕设计与非物质文化景观的内在学理相一致与契合。这是因为，非物质文化景观的形成必然是一个自然的文化生长、淘汰、演替的自发过程，与整体的宏观自发过程相比，阶段性的被动都将在自然的演进中被吸纳、积淀和碾压，所以时间前进的步伐不可阻挡。

4 非物质文化景观的作用与价值

（1）在人的维度，为无痕设计的源头提供真实的心理需求

非物质文化遗产是非物质文化景观的基础与最终形态，非物质文化景观不是存在于成为非物质文化遗产的结果便是存在于成为其的过程中，借由非物质文化遗产的世界共同认知的界定，亦作为一个恒在的参考系界定了非物质文化景观的时空经历必然是一个跨越个体与集体生命的漫长过程。时间是真相、真理显现的最佳利器，在漫长的时间进程中，在跨越了时间距离之后于某个节点，相对真实会被看清并显现出来。个人是集体的构成元素，尽管个人拥有着独立意志，但在强大的集体意志的包裹、影响与作用下，个人意志将最终被吞噬，尤其是在当今的景观社会中，此种现象从个体还未诞生便存在比比皆是。世界是物质与精神的统合，既是过程亦是结果，非物质文化景观便是这统合的最终表述状态，其以物质为可见因素，以精神为可感知因素，而这精神因素恰恰是包含了或深刻或浅存的集体需求的集体意志。

（2）在物质显现维度，为无痕设计的营建提供深刻的体验空间原型

物质使精神得以显现，精神为物质注入活力。物质显现具有不同的动机和结果，而最为深刻的力量是经由时间的长久流逝与积淀，过滤了所有不真实的需求之后的结果，其显现在生活的物质叠加中，便成为空间原型。该原型充满着人的内部与外部各个层面的因素交汇，于人而言，既是微观也是宏观，既是个体也是全部，既当下也是未来。此种经验亦将被无痕设计所吸纳，无痕设计的系统在阶段性的行进过程中必然也将以物质的形态加以显现，而非物质文化景观的原生性存在基质却为无痕设计的显现提供了超越视觉审美的体验性意识审美，最终这种基质与体验性意识审美的同构成为共同满足物质与精神双层面的空间原型，共同支持了无痕设计物质显现维度的深刻性、体验性、包裹性、原型性及时空无界性。

（3）在实践维度，为无痕设计提供一个各层面因素相统合的平台

在具有真实需求和深刻的体验性空间原型之后，无痕设计的实践被自然而然地推到了必然发生的位置。实践作用过程是一个多重层面、力量在无形与有形、可见与未见之中共同起到效能的连续阶段，非物质文化景观不仅为其决定了需求的深刻性、真实性、本质性和多元汇聚性，更为其提供了实践的深刻性、真实性、本质性和多元汇聚性，因为只有以多元重构为前提的无痕设计才是自然而然发生与健康的，是不被强迫之力所扭动的真实存在，唯有此才能长久而存、而立。存在是简单而复杂的，是微观又宏大的，是清晰又混沌的，非物质文化景观恰恰是物质与精神统合后为无痕设计所准备的最佳导引。

（4）在理论维度，为无痕设计形而上的升华提供一个更为精微的积淀通道

在形而上的理论认知层面，无痕设计令人仰视，从建立之初便呈现了一个充满了边界的穹宇，后续的所有力量应集中于对其

的实际应用、实践和深层解读之中。然而，存在是复杂的，世界的魅力正源自于其复杂、多变及不可控性，精微之处便可见天壤之别的差异，随着时间的推移，所有的存在必将得以变化，而无痕设计的发展则需要更为深刻、自然、原型的实践经验加以支持，非物质文化景观便是这样一种具有高度契合感的研究途径，在日常生活的推动中，于复杂的事物内部，为无痕设计形而上的理论升华提供一个更为精微的积淀通道。

（5）在时空维度，为无痕设计的循环观念提供切合实际的实现途径

无痕设计的根本观念在于生生不息的循环，非物质文化景观的经验支持正契合了这种本质的要求与长效的需求。在一个连续、循环的全维世界之中，每一个起点即是终点，不随个人的意志为转移，能量的转化与守恒，未知世界的热望与探究永恒的冲破着认知的边界。走出个体的认知疆域，从一个更为庞大、广阔的世界眺望与观想，渺小的个体最为真实的存在仍然是生活，而非物质文化景观究其根本源自于生活，是日常的生活让精神与物质得到了最佳、最长效的牢不可分，在生活的混沌之中，无痕设计可以寻觅到时空无界的往复循环。

（6）在终极目标维度，为无痕设计远代共生的目标提供最为经济的实现方法

远代共生在其诗意化的外表之内是最佳的经济原则的支撑，那便是以最少的成本投入换取最大的收益，能够实现如此宏愿的方法唯有人从自身来反省、观想，以精神的意志压缩与摈弃所有多余的欲望，将自身的物质索取降为最低，将精神需求养成至最大，从而获得真正的解放，对个体如此，对集体更是意义深刻。因此，从本质来看，无痕设计是一个源自于设计而又不止于设计的积极、健康、精进的价值观，而此亦是实现远代共生的根本途径。非物质文化景观却具备了支持其实现的天然基质，它来自于长久的生活，时间洗刷与磨砺掉了奢欲和妄念，积淀下了最真实的需求、原型，提供了最佳的途径与方法，在自然而然中逾越时空的边界。

以上几个部分是作者对无痕设计和非物质文化景观共生关系的初步认知，也是在经过长期的研究之后所形成的仍不十分成熟的思考，这个思考将是长效的，因为二者的结合，本身便诠释了生态与文化对于景观的重要性和本质意义，每一个系统成熟的发展都不可能是单一的，其必然需要在一个更为全面和多元的维度中得以生长，只有如此，才能更加茁壮和健康。

从设计教育的文化自觉到慎思笃行
——创基金 · 四校四导师 · 实验教学思考

王娟 西安美术学院 / 副教授 / 硕导

摘　要：设计教育是一个国家的基础圈层，如同地球的生态圈，也讲生态平衡。理想的状态，应如海洋世界中各生态物种一样，生存在各自的平行世界中，彼此相离又相依共享学术海洋中的教育资源。短期的交融互通是为了彼此拉开学术研究与教育发展方向上的距离，明确设计教育自身固有土壤与资源的优势。我们不求“多级分化”，但一定清楚地知道设计教育分类、分项的目标是培养能在社会中具备独立思想精神与专业技术能力的岗位人才。

关键词：设计教育　联合教学　文化自觉　和而不同

设计学科办成什么样子，是一个时代，一个民族主动选择的结果。有外部条件限制，但主观的努力与突围同样重要。今天的设计人才将来会对社会起到什么样的作用，我们作为教师仍然在不断地思考与探索，还有更多的方向与商量的余地。正因为没有完全的定式可循，存在着多种激变与交融的可能性，这才值得各个设计教育岗位上的诸位同仁去体贴、关心与介入。

1 联合教学的破壁与意义

环境艺术设计教育从 20 世纪 50 年代在我国开端，20 世纪 70 年代学科正式开设，彼时正逢国家的思想解放与转型，国内十几所院校均开设了相关专业，开始踏出一条新兴且朝气蓬勃的设计教育道路。伴随国家经济与城市建设快速增长的特殊时代，环境艺术专业培养与输送了大量的学子在国土各地的相关专业部门服务。岗位需求作为市场调控的有效动力，使得近十年间各综合院校纷纷投入大量人力与物力资源开设环境艺术设计专业，并积极地投入到设计教学与学科建设的研究体系中。随着更多教育者的加入，行业专业化和专门化的分科与专项研究趋势越来越明显，学科的壮大与细化也越来越要求科学性与体系性。时代的发展与市场的快速进步为该专业的发展提供了丰足的动力，同时，也带来了更多新的命题。例如专业教学在经过传统的沉淀与自媒体时代的冲击后，如何对接设计教育的当下与未来？如何求同存异、和而不同地走出适合自身教育特质的新道路，成为大时局、大教育环境体系中更健康、更有力的中流砥柱？

（1）环境设计教育中的“学问”与“精神”

环境设计教育需要“学问”，更需要“精神”。当我们谈论教授治学对于学科发展的重要性时，主要关注的是“学问”。可设计教育除了理论研究与实践项目日积月累而成的“学问”外，还需要某种只可意会难以言传的“精神”。在某种意义上，这些没能体现在考核表上的“精神”，更决定一个设计教育团队的品格与实质。这里的“精神”不是成为校训的精神性文字，是一群人愿意为之不断努力，不断修正，一直在发展，没有定型的，并不断打破固有壁垒，以任何可能的形式寻求设计大教育“精神风貌”的品格。

“四校四导师”实验教学课题，发端于八载之前，是将环境设计教育中可用的“学问”资源用更横向的“精神”进行搅拌、发酵，并激化其效用，利用设计专业教育更广的维度关系，打破院校

固有的教学模式，突破同类院校共处的毕业设计教学的"黑森林"法则，在信息时代的当下，用最质朴也是最奢侈的方式，搭建起今日拥有国内外十六所院校参与的，共同进步、共享成果、和而不同的联合教学平台。

（2）环境设计教育中的"精神"与"功用"

谈到环境艺术设计教育的"精神"与"功用"，要从蔡元培先生提出的"兼容并包，思想自由"原则出发。设计教育也许更注重思想的自由生长，设计的原发动力来源于个体思维的有序发散与回馈。设计教育注重思维的引导与启发，认同在同一原则不变的基础上，找到属于个人的设计特质与表达的独有方式。那么"兼容并包"与"思想自由"并置时，我们又该如何取舍。前者是更为积极的自由，脱离前者存在的后者则成了消极的自由。大学生是具有独立思考能力的未来设计从业者，"兼容并包"是一种教授治学的"精神"化引领，从更多义的层面提供给学生更为真实、更为本质的交流平台，便是将追求学科知识与精神生活的人聚集在一起，不只是师生之间共同如切如磋的"论道"，同学之间无时不在的精神交往。也是这个时代背景下，实现真正将高校资源统合，破壁交流、共同进步、抚育人才的设计教育目标所在。

"四校四导师"联合教学以一种清晰的教学态度，在不同地域，不同教育背景，不同专业趋向的十多所院校中，贯彻"兼容并包，思想自由"的教育原则。以一种最为质朴的方式，将所有的参与院校连接在一起。共同经历"选题""开题""中期、终期交流"以及最终的"答辩结题"的所有细节并共享其真实信息。在这个完全开放的信息平台中，大家审视自己、正面问题、思考新的突破方式，改进旧的教学观念。学理与学工补足艺术学科的严谨性，学美与学情，补足工科院校的艺术性。将实践教学课题突破到"学问"与"精神"的交流层面，而不是停留在简单的"应用研究"探索中。联合教学的过程是严谨又辛苦的，在延续了八年治学"精神"的倡导下，所有的教师与学生团队，在长达四个月的时间中，以一种超常的精力与体力展现出不同于传统院校教学的作品面貌与精神学养。正是"四校四导师"实验学堂将教育精神拉出标准院校体系激发其"功用"，尽化其效用，打破"近亲"血缘，十六所国内外高校共同"联手"走出的环境设计教育的破壁之路。

（3）环境设计教育中的"视野"与"情怀"

我们的设计教育正处于一个信息迅速膨胀的时代。当信息唾手可得，同类型的资源任我们随意置换时，我们得到的方式较之前更为便捷了，可是这个时代带来的更大问题是信息的真实性与可参照性变得越发失真与失形。从传统媒体的迅速萎缩到自媒体时代的全面到来，反观传统设计教育机构的未来发展。当专业知识的获取不再依靠记忆力与传统纸媒，高校教授的"学问"可以被迅速的传播，甚至不受控制的被变形扭曲时，传统的学堂模式面临转型与改变的问题。设计学科注重个人思想自由的主旨在这个时代被无限地放大，大学科与新思想的碰撞不但为设计教育的方法带来了更多可能，同时也为"复制"与"雷同"带来了乘法效应。从某种意义上来看，丰富与开放的信息反而抑制了设计作品的个性化与独特化，加速了设计发展的趋同性，然而这种趋同化的发展是违背事物良性发展规律的。

环境设计学科如何长线发展与短期融合，教师是"一方教化之重镇"的建设者与守护者。我们那些学有所长的学士、硕士、博士，还是必须融入并影响当代国人的文化理想与精神生活。设计教学单位的社会职责不应局限于三尺讲台，应发挥其对社会的反哺作用，更应该关注对未来设计行业风气的养成，设计从业者设计伦理的教诲，精神文化的创造等。国内高校的相关设计学科也有与"四校四导师"实验教学课题相近的教学活动，比如建筑学专业的"8+"联合教学；室内设计专业的"中国建筑学会室内设计分会（CIID）室内设计 6+1 校企联合毕业设计"；建筑学、城乡规划学、风景园林学专业方向的"四校三专业联合毕业设计"……各院校不同专业的一线执教者与设计领域的名家联手担当"设计实践导师"的形式，正是在这个大时代、大环境背景下，主动选择的一种大教育资源共享的学养"情怀"。这种形式的出现提供了一种与时代步调相异的教育发展模式，也为环境设计学科教育的发展提供了另一种程序与模式选择。

2 实践教学的乡土重建观

2016 年度"四校四导师"联合教学课题组选择"美丽乡村"课题作为联合教学主题，将高校教学与课题研究置入同一平台，关注乡村发展，培养实践型设计人才，以实验探索的角度对乡村发展进行实际演练操作，是对当下社会人文发展、经济主体形式转型与高校设计人才教育输出观念的思考与举措。通过自觉的教学实践活动，为乡村发展的可能性进行了一场研究与实践相结合的教学演练。

"美丽乡村"，即承载着传统，又面对着现在与未来。传统的形态及文化构成因素因特定地缘差异性及历史沉淀的稳定性形成自身的特色。这种特色既反映了乡村文化在特定地域历史地形成和生态地发展的规律性，同时也显示了人类文化在特定地域发挥现实作用的针对性。因此，传承传统的地域文化特色，根本地体现了一定文化形态与社会生活息息相关的利益关系，是文化价值的具体表现形式。而面对未来，关注新形势下乡村文化的延续与

发展，由于交通的便捷，受现代技术理性支配的建造活动，加速了城与城、村与村之间的标准化发展，无视于传统及地域文化多样性。另外，政策性、制度性加剧了村镇面貌的整齐划一及标准化，对乡村文化的整体性、系统性即将构成一种破坏，严重地影响了乡村文化生存及延续的状态。

3 乡土重建中的无痕设计观

“乡土重建”是费孝通先生于1948年出版的《乡土重建》一书中提出的概念。早在中国还没有迎来国家的早期建设时，费先生已经从一位教育者的角度观察到，文化基础与经济形式的改变会为我们带来更多上层建筑意识与国土风貌的巨大变化。乡村文化的基础在我国经济快速发展的近70年时间中，已经很难找寻以血脉、姻亲为主体的宗族文化的基础。这种无形的基础是农业社会经历数千年与土地惺惺相惜发展出来的关系着村落生存问题的民间文化。目前，我国正全力对接世界经济发展的高速列车，从农业社会进入工业社会后，经济中心迅速由乡村转入更多高知人士聚集的城市。人口以“农村包围城市”气势，从四面八方聚集而来，城市开始迅速膨胀，城市发展向摊大饼似的向四周扩张，乡村固有的田园式的山地肌理被快速抹平。当世界变得越来越小，技术与信息的发展使山川沟壑更容易跨越，当距离不再成为阻隔时，中国人的“桃花源”情结醒来了。“回到乡土中，回到山水之间”成为社会主体文化阶层的精神向往，乡土重建观更成为社会各界的通识与追求。

乡土建设需要用可持续发展的战略智慧去引领，需要敬畏自然、敬畏当下的研究态度去辅助，作为设计教育工作者，我们的学子未来会在乡土建设的历史中，秉持什么样的发展观，提出什么样的设计观，都是我们应该关心、思考与介入的。此次以“美丽乡村”实践教学课题为机遇，在毕业设计的教学中，我们团队以“无痕设计”理念进行课题的梳理与观念的导入，将多年的课题研究成果与乡土重建并置磨合，为学生们构筑出一个哲理观念与物化手段完整的乡村规划愿景体系。

“无痕设计”理念是强调在满足人类健康生活方式基础上，倡导遵循客观规律和生态循环、探索生命持续发展与共生的一种生态设计理念。其在哲学上暗合中华文化崇尚自然，“无为而无不为”的哲学思想。它是站在可持续发展的历史长河中，以不破坏未来子孙的生存环境为主体的设计介入方式，“无痕设计”从根本上树立起持续发展的意识，从源头上力求解放被人类几乎无限度滥用的地球资源。“无痕设计”首次在环境设计领域提出社会行为偏执问题的分析研究，从设计产生的源头来深度分析群体生存背景的社会问题，而非简单的审美提升问题，同时，还提出群体心理偏执和设计产生浪费的潜在因素这些具有系统性研究及设计改变需求的深度问题，“无痕设计”理念的提出，将从系统的研究中全面解决这些问题，这一理念将会使“设计”本体发生质的改变，而不再是用设计来主观、惯性地推动“设计”这一工具的流程进展，转而从“设计”内核寻求解决问题的方式方法。

基于乡土重建观与无痕设计体系的并置构建，解读课题选址村落的自然山水状态与人文基础现状，我们提出了“释景无痕”与“生长与长生”两个研究方向。“释景无痕”课题将“意”作为课题研究的核心，将意识与行为作为研究的重点，是结合社会学、心理学、空间设计学于一体的综合研究设计。通过“减法设计”来达到共生方式的提取，去除违背自然与乡村文化成长的设计手段，保留“无痕迹”设计的主体观念。“生长与长生”课题的设计思想，是从时间和空间的维度上来界定其发展模式。“生长”从生物学和发展学的角度来考虑，技术结果能够根植于地域的土壤，遵循自然法则;“长生”从经济学和生态学的角度来考虑，使村落的发展能够遵循可持续性发展战略，最终达到经济、生态长生的目的。

4 慎思 明辨 笃行

设计教育处于一个国家的基础圈层，如同地球的生态圈，也讲生态平衡。理想的状态，应如海洋世界中各生态物种一样，生存在各自的平行世界中，彼此相离又相依，共享学术海洋中的教育资源。短期的交融互通是为了彼此拉开学术研究与教育发展方向上的距离，明确设计教育自身固有土壤与资源的优势。我们不求“多级分化”，但一定清楚地知道设计教育分类、分项的目标是培养能在社会中具备独立思想精神与专业技术能力的岗位人才。在这个设计教育的大圈层中，“通识”的意识作为学科建设的基础，是所有教育同仁们共同搭建与维护的，需要上至教育政策的关怀与下至教育基层工作者们含辛茹苦的弥合。“破壁”的机会作为思考与行进过程中的灯塔，为我们提供长行中难得的聚集与沉淀。联手共教与资源共享的目的是建立设计教育文化自觉的一体化格局，共同把脉我们的设计教育生态圈；彼此学习、自我审视是为了在文化自觉的一体化格局中，找到多元发展的支撑与自觉。这样的文化自觉意识建立是我们设计教育生态圈的核心发展力，是长期“和而不同、周而不比”共进与共赢的有效保证。设计教育不是生产线，不可能标准化，必须服一方水土，才能有较大的发展空间。任何一所历史悠久的常青藤大学，之所以迷人，并不是因为它“办”在某一历史文化丰富的地域，而是因其“长”在当地，伴随时代同起同伏，浸染出无数历史的细节与风土的情怀。

环境设计领域先进混凝土材料应用研究

孙磊 重庆人文科技学院 / 副教授

摘要：该论文以研究先进混凝土材料在环境设计领域的应用为目的。通过研究分析先进混凝土材料在环境设计领域的应用，以材料科学和设计应用交叉领域为研究对象，对超高性能混凝土、自密实混凝土、复合水泥基材料的物理性能和设计应用进行分析。结合其艺术表现特性，着重介绍在建筑装饰、景观工程领域的设计应用价值。解释先进混凝土材料与环境设计的密切关系，突出材料与设计交叉融和的价值和优势，为推动混凝土材料在环境领域的更多设计应用提供参考。

关键词：先进混凝土材料 环境设计 材料性能 设计应用

环境设计涵盖了环境的艺术设计和环境的工程技术设计两大方面的内容。环境设计具有功能、艺术与技术相统一的特质 [1]。材料科学日新月异的快速发展推动着环境设计与材料特性和工艺更为紧密地联系。越来越多的新型混凝土材料被广泛应用在具有独特造型和审美情趣的环境设计领域，探讨先进混凝土材料与环境设计之间的关联性和时效性，是环境设计技术属性与美学属性的必然要求。

1 环境设计与材料技术

环境设计是以人的生存与安居为核心，研究自然、人工、社会三类环境关系的应用学科，并在不断地实践发展中改变人类生活方式和生存环境 [2] 。环境设计综合运用艺术方法与工程技术，研究对象涵盖建筑、城乡景观设施、风景园林、建筑室内等领域的设计门类 [3]。

混凝土材料是水泥在与水拌合过程中，加入改进水泥性能物质的混合物。相比其他材料，工性。混凝土材料自 19 世纪被发明以来，作为用量最大的人造胶凝材料，被广泛地应用于环境设计领域。随着新型混凝土材料的不断发展，将其作为环境设计的重要表现手段和载体得到人们进一步的重视和应用。认知分析先进混凝土材料在现代环境设计领域的应用，对于解释美学表现形式与材料配合比设计及性能的关系，突出材料和环境设计二者交叉领域的价值和优势，实现混凝土材料更大的设计应用价值具有积极的意义。

2 先进混凝土材料与环境设计应用

（1）超高性能混凝土设计应用

随着建筑领域的深刻变化，作为建筑美学表现重要内容的建筑外立面，被赋予越来越多的关注，也推动着基于物质载体材料在建筑外观设计领域的应用研究。[3]

法国马赛的欧洲与地中海文明博物馆是现代先进混凝土材料在建筑美学中最为典型的应用之一（图 1），这种宛如“蕾丝”的独特视觉冲击力完全颠覆了人们对水泥基材料的原始印象。该水泥基材料的配方设计是基于胶凝材料水化和颗粒紧密堆积计算而实现的，是由高标号水泥、超细矿物掺合料、高效外加剂和纤维材料制备而成的高性能纤维混凝土，即超高性能混凝土（Ultra High Performance Concrete, UHPC）。[4、5、6]。这种纤维混凝土的强度是普通混凝土的近十倍，耐久性不低于数百年，它

的性能是目前任何一种人造材料不可比拟的（表 1）。[7]

从表 1 的数据可看出这种配合比经过精心设计的高性能纤维混凝土具有极低的孔隙率和氢氧化钙含量，这反映了该材料体系中已水化和未水化颗粒之间的紧密堆积程度非常高。此外，氢氧化钙被矿物掺合料的火山灰反应消耗殆尽，这一方面消除了其晶粒尺寸大的负面影响，提高了其他高比表面积水化产物之间的范德华力 [8]；另一方面，也是最为重要的，氢氧化钙的殆尽也降低了碳化和溶出的风险，因此其耐久性显著提高 [9、10]。表 2 数据得出高性能纤维混凝土的密度同普通混凝土密度相比，无明显增大，但其力学性能显著提升，最为明显的体现在抗弯强度和杨氏模量，这使该类混凝土材料用于薄壳状和拱形建筑结构设计成为可能。典型代表为加拿大卡里加尔 Shawnessy 轻轨站和韩国首尔 The Peace footbridge 大桥（图 2）。

图 1 法国马赛欧洲与地中海文明博物馆外墙
（图片来源：筑龙网）

图 2 UHPC 典型结构应用 （图片来源：拉法基官网）

图 3 SCC 艺术和彩色混凝土外墙 （图片来源：拉法基官网）

（2）自密实混凝土与设计应用

自密实混凝土（Self-Compacting Concrete, SCC）是一种被广泛用于建筑美学的水泥基材料。施工过程中无须振动，仅靠其自身重力便能流动、密实，并能获得很好的均质性，是自密实混凝土最大的特点。[11]。近年来，SCC 不仅在传统的建筑结构中得到了广泛应用，并且越来越多的建筑装饰外墙选用 SCC 建造（图 3）。与其他众多外墙装饰材料相比，SCC 的优点尤为突出：1）整体浇筑施工，因此对人力消耗更少；2）脱模后不需要额外的美化，其装饰效果仅靠模板造型和混凝土本色呈现；3）无燃烧性，能有效避免因外界火源引起的助燃；4）不需要对墙体进行后期维护，进行整体清洗的频率极低。基于以上优点，将 SCC 应用于建筑装饰外墙具有较高的可持续发展性。SCC 能进入致密的钢筋和复杂的模板结构，并可完全复制模板造型和肌理，脱模后完全呈现最初的艺术设计。

超高性能混凝土（Ductal®）的物理性能　　表 1

Mechanical Performances	Ductal® with metallic fibers	Ductal® with polymer fibers
Density（kg/m³）	2500	2350
Compressive Strength（MPa）	150~200	100~140
Equivalent Flexural Strength（MPa）	20~40	10~20
Elastic Limit Tension（MPa）	9~10	5~7
Young's Modulus (MN/m²)	45~55	35~45
Shrinkage（mm/m）	0.6~0.8	0.8~1.0
Creep	0.2~0.4	1.0~1.2

（3）复合混凝土与设计应用

采用传统混凝土配合比设计方法制备的复合混凝土，以水泥和耐碱玻璃纤维或透明陶瓷为主要原料，辅以其他聚合物作为填充料，在极具装饰性的同时也有较高的力学稳定性，适合作为装饰透光幕墙，可在一定程度上降低建筑采光能耗。在建筑设计应用中已经得到广泛地推广应用（图 4）。

（4）混凝土灌浆料的设计应用

灌浆料常规应用主要是浇筑不规则死角、边角及混凝土空洞补灌修复等，它也是一种用于螺栓锚固、结构加固以及预应力孔道的水泥基材料 [12]。脱模后的灌浆料具有很高的强度，其 1d 强度最高可达 60 MPa 以上，远高于其他普通材料 [13]。作为基层和加固粘合材料，在工程的应用是比较普遍的。灌浆料制备的装饰构件具有很长的使用寿命，不易受到物理侵蚀和化学腐蚀。

至 20 世纪初奥姆斯特德确立了现代景观学科体系，人们对于环境体系中公共艺术的表达更加重视，先进混凝土材料也被广泛地应用于景观雕塑、环境小品等景观设计领域。尽管混凝土材料有其自重较大的特点，随着成型工艺的进步，灌浆料亦可铸造成空心结构，大幅度减少自重。灌浆料纹理致密，质感细腻，在景观工程设计中，通过精细的模板造型，可以实现景观设计各种意图和表达见图 5。

3 环境设计领域先进混凝土材料制备与工艺

先进混凝土材料可模仿任何纹理，并易于作色，几乎可以模拟任何材质肌理。依托材料施工工艺技术，其材料的优越性在现代环境设计领域有着极大的应用优势。在白色水泥中掺入其他矿物颜料，可使水泥基体的艺术表现能力更加丰富，配合适当的纹理设计和表面处理（表2），广泛应用于各类景观工程的露骨料混凝土和抛光混凝土材料。这些材料将骨料本身质感与水泥浆体肌理形成强烈对比，具有很好的装饰效果，极大地提升了水泥基材料作为设计语言的表现能力。

用于环境设计领域的混凝土材料制备工艺，现阶段普遍采用现场浇筑或预制化成型两种方式制备。无论采用哪种方式都要求其具有超高的流动性才能满足模板所预设的艺术造型需要。高效聚羧酸减水剂的使用可使新拌混凝土浆体具有较高的流动性，在使用高效减水剂的同时需配合促凝促硬剂，才能满足快速脱模的施工需要。[14] 随着当代工程设计领域多元化、个性化发展，作为设计师研究混凝土材料在物理特性与工艺表现等方面的内在联系，将赋予设计师和工程师更丰富的设计灵感和创造空间。

图 4：透光混凝土 （图片来源：混凝土杂志）

图 5 水泥灌浆料的设计应用 （图片来源：混凝土杂志）

4 结语

水泥是一种传统的工程材料，从某种意义上来说它的发明推动了人类现代文明的快速发展。随着公众审美情趣的变化，以及材料科学与艺术设计学科对话的深入，先进混凝土材料在环境设计领域的应用将得到更多关注，其诸多优质的特性和表现力也必将在环境设计领域发挥着更为重要的作用。

用于工程混凝土材料的常见表面处理方式　　表 2

Surface treatment	Characteristics
Aggregate exposed	Allows the aggregates to be visible on the surface of concrete, with more or less salience.
print	Creates surfaces with varied prints allowing to imitate traditional coatings' color and texture: paving stones, stepping stones, natural stone, wood, etc..
polish	Provides a smooth marble-like polished finish and can be used for interiors.
Color	Allows to obtain colored surfaces either smoothor with light textures. These products can be used outdoor or indoor.
Stone/Sand	Provides a finish similar to that of natural cut stone./Gives the rustic appearance of sand without the inconvenience of mud or dust.

参考文献

[1] 吕勤智．构建以工程技术为特色的环境设计专业 [J]. 浙江工业大学学报（社会科学版）2015，6：151-154.

[2] 郑曙旸．环境艺术设计［M］. 北京：中国建筑工业出版社 ,2007: 8-9.

[3] 窦金楠．从上海世博会看世界建筑的生态建筑美学 [D]. 天津大学 ,2012.

[4] 唐巍，张广泰，董海蛟等．纤维混凝土耐久性能研究综述 [J]. 材料导报，2014,28(11):123.

[5] Ultra high strength concrete, in Science and Technology of Concrete Admixtures [M].London: Woodhead Publishing, 2016:503

[6] Blaszczy ń ski T, Przybylska-Falek M. Steel Fibre Reinforced Concrete as a Structural Material[J]. Procedia Engineering,2015,122:282

[7] Ductal, http://www.ductal.com/wps/portal/ductal/6-Technology [DB/OL]

[8] Barbara L, Karen S, Hooton R D. Supplementary cementitious materials[J]. Cement and Concrete Research, 2011, 41(12):1244.

[9] 周宁，钱春香，何智海等．复合胶凝材料中水泥水化程度的实验研究 [J]. 南京工业大学学报：自然科学版，2015, 37(6):25.

[10] Hewlett P C, Lea F M. Lea's chemistry of cement and concrete. 4 ed [M]. Elsevier, 2004: 241.

[11] Shi C, Khayat K H. Workability of Self-Consolidating Concrete – Roles of Its Constituents and Measuring Techniques [M], Michigan: Farmington Hills, 2006:10.

[12] 张巨松，李宗阳，张娜等．水泥基灌浆料工作性的实验 [J]. 沈阳建筑大学学报：自然科学版，2013(6): 1072.

[13] 孙长征，张晓平，郭志刚．减水剂及保水剂对超早强灌浆料性能影响 [J]. 沈阳建筑大学学报：自然科学版，2015(2): 286.

[14] Ramachandran V S. Accelerating Admixtures, in Handbook of Thermal Analysis of Construction Materials [M]. Norwich: William Andrew Publishing, 2002: 189.

准格尔盆地南缘民居建筑雕刻纹样研究[1]

赵凯 新疆师范大学美术学院艺术设计系艺术设计专业 / 副教授

摘　要：本文以准格尔盆地南缘区域民居建筑雕刻纹样为研究对象，以古丝绸之路文化影响下历史遗存考证为基础，对民居建筑木构件及雕刻纹样的形制特点进行归类比对分析，从而探讨我国新疆地区民族建筑纹样艺术的时代特色，以及在我国当代建筑装饰艺术具有的引鉴价值。准格尔盆地南缘的民居建筑木雕纹样艺术是我国新疆地区民族传统文化的重要组成部分，也是西域木雕艺人长期劳动与智慧的结晶，体现了中原与西部、原著民族与迁徙民族在生存经验与技艺上的融合，在现代生活中有着不同形式的存在与传承。

关键词：丝绸之路　民居建筑　雕刻纹样

古代"丝绸之路"在历史上是一条横亘亚欧大陆的一条商业交通线。目前，学术界认为"古代和中世纪从黄河流域和长江流域，经印度、中亚、西亚连接北非和欧洲，以丝绸贸易为主要媒介的文化交流之路"[2]。因此，古代丝绸之路不单纯的是中国古代与西方交往的重要"经济通道"，也是古代中国与西方世界经济及多元文化的交流桥梁，并在波澜、延绵的历史长河中承载着不同的信仰和灿烂的民俗文化。

古代"丝绸之路"的南道（学术界认为"于阗道"），其向北深入新疆塔克拉玛干沙漠腹地，南部与昆仑山和喀喇昆仑山相连，这条通道是古代丝绸之路在西域段的民族主要聚居区域。从古至今，该地区以其特有的人文历史，成就了光辉灿烂的古代丝绸之路西域的建筑文明。其中，木质的建筑雕刻作为建筑体及建筑原件的组成部分，在特殊的自然环境及浓郁的人文背景下诞生，在传统意识熏陶下衍生发展，成为我国区域少数民族建筑装饰艺术中重要组成部分。

因此，本文以新疆准格尔盆地南缘地区民间建筑木雕为研究对象，以古代丝绸之路文化视域下的文化历史遗迹为支撑，对民族民间建筑木雕纹样的形制样态分类对比，深入讨论我国新疆区域民族建筑雕刻纹样艺术的装饰特性，以及对我国现代建筑装饰艺术的借鉴意义。

1 历史遗存与建筑木雕

根据历史遗存研究，新疆准格尔盆地南缘区域，曾经是古代丝绸之路上多民族聚居区，例如：古代三十六国中的精绝国尼雅遗址、楼兰古国遗址，吐蕃古堡米兰遗址等，这些历史遗存不仅证实了该区域历史建筑是以"架木为屋，土覆其上"[3]的建筑形态，以及由木柱、木梁、木门、木窗等丰富多彩的组合木质构件，它们向世人们揭示了古代丝绸之路时期西域先民的建造工艺与西域文明，更是承载着一个时代的历史风貌特征。

首先，笔者考证了尼雅遗址中出土的建筑木构件，存有大量的木质雕刻双托架、飞檐木雕托饰、木门楣等建筑木构件，虽然遭受风沙的长期侵蚀而刻面残缺，但是依旧可窥其精工鬼斧般的雕刻技艺与美妙绝伦的艺术造诣。著名考古学家，探险家斯坦因在 1906 年发掘编号为 N.XXVI.iii.1 的建筑木雕双托架，其纹样以花瓶为主体，中插 12 根长茎，内雕有宽叶脉纹和锯齿状的石榴形图案。

另一件编号为 N.xv.02 的椭圆形纹饰飞檐托梁，四周布以四方连续图案，并将四瓣四萼花置于四个三角形之中，重复于建筑檐口，其图形具有明显的犍陀罗艺术表现形式。

其次，楼兰遗址也出土了大量的建筑遗物。如：应为当时楼兰城统治衙门府所在地的"三间房"遗址。据考古人员发现散落在遗址南部空地上的大量柱体、房梁及门窗框文物中，雕刻有形似于卷草纹的精美装饰纹样。其中一根长达 4 米多的方形木梁，柱基底部雕刻着细腻的莲花纹样，并呈现出中原雕刻艺术与印度佛教文化相并存的文化内涵。再者，米兰古城作为古丝绸之路历史叠加的跨文化遗址群，其中东大寺与西大寺是遗址内罕见且保存较为完好的古佛寺建筑。由于受古西域丝绸之路早期佛教艺术的影响，建筑中残存的木构件及佛龛上多雕有线条优美的卷云与植物纹样装饰，成为了西域古建筑装饰艺术的瑰宝。

从审视众多西域古建筑遗址与木雕纹样艺术遗存来看，毋庸置疑准格尔盆地南缘地区的历史变迁的印记，凸显了该区域木质建筑及雕刻装饰艺术的辉煌，它不仅体现了西域木雕艺人精湛的技艺，也彰显了中原与西部、原著民族与迁徙民族中的文化融合，更成为我国古代建筑艺术不可分割的重要组成部分。

2 传统建筑构件木雕纹样之风韵

准格尔盆地南缘的民居建筑长期受我国传统建筑"木作"艺术的影响，它的纹样雕刻多分布于柱、梁、梁托、檩、门、窗等木构件中。这些木质雕刻根植于地域传统艺术，烘托着建筑局部与整体的对应关系，体现了当地居民特有的审美情趣。经笔者大量实地调研采样，对该区域民居建筑木雕中的几何纹与植物纹进行初步的研究分析。

（1）几何纹样

准格尔盆地南缘区域民居建筑木雕装饰的几何纹样由来已久。如早期的编织物纹样、鱼网纹、菱形纹、延续型组合纹等等，是古代草原游牧文化传承而来的独特艺术造型，在视觉上它不求写实感受，也不求再现自然界原貌，它突破了时空观念的限定和约束，单纯地反映了视觉秩序与规律性，给人们以更加丰富的幻想空间。

1）单体几何纹

经调研，准格尔盆地南缘区域民居建筑木构件存有大量的单体雕刻纹，这又被泛指为"团纹"。由于受硬木材料及原始手工工艺的限制，几何团纹的样式往往造型简洁、概括，是建筑木构件雕刻中最常用的传统装饰形式之一，图形主要表现为网格形、菱形、星形与发散形纹等。

网格纹又称渔网纹或方格纹，是准格尔盆地南缘区域民居建筑木雕装饰中最早诞生的辅助图形。从早期陶器纹样中发展至民居建筑的门、窗及梁柱上，具体可分为四方形、等边三角形两大类，这类图形具有视觉定位和烘托其他植物纹协调的作用。笔者在考察位于洛浦县杭桂乡的清代古宅伊山阿吉庄园时，便发现了大量应用于建筑梁柱之上的网格形团纹的木构件，当地人将其称之为"卡西帕扑"或"阳皮巧克"。在皮山县吐尔地阿吉旧宅及和田县巴格其镇的大量民居建筑中，同样也发现了大量的菱形纹、圆形纹、星形纹及发散形纹。大多雕刻在建筑的门框、门楣、柱头以及 1/3 的柱身部位。据《乌古斯传》记载，该类几何纹应源于早期图腾崇拜的原始宗教形式，是维吾尔族原始社会观念和习俗的遗存。

2）组合几何纹

组合几何纹借助木材细棂条间相互榫合、接连的特点，是拼凑而成的组合形纹样，常以并列、错位、颠倒、重叠等形式呈现向左右或上下反复延展的带状或块状纹饰，通过研究将其归纳为二方连续和四方连续的几何纹样。

在位于洛浦杭桂乡的伊山阿吉庄园及周边民居中，笔者共收集考证了散点式、波浪曲线式、折线运动式、几何连缀式、连环式等四十多种二方连续纹样。而每种形式至少有四种排列方式，且多分布于建筑密梁、建筑檐口、门板、窗扇、藻井和柱等主要建筑构件部位。在和田县朗如乡的民居建筑中，考证了大量利用平面空间分割规律而形成的四方连续纹样，多出现于门板及窗扇上，如象征大地经纬线的十字形窗棂连续、象征财富的斜棂交织菱格连续、呈现出吉祥寓意的交缀的方形连续等。

（2）植物纹样

在伊斯兰教中不可以将具象化的生命体用作崇拜对象，同样的在装饰艺术中也不可以对具象的人物、动物等进行描绘。因此，准格尔盆地南缘区域民居建筑木质雕刻装饰中大量取材于适地适生的乡土植物原型，再通过雕刻艺术创造的手法，赋予普通植物以博大精深的艺术可能性。

1）植物原形纹样

植物纹样的原型多取自各民族生活中常见的花卉、果木及枝叶等植物，如：葡萄藤、石榴花、巴旦木果、玫瑰花等，维吾尔语中将其统称为"奥依蔓花"，意为优雅与美丽，通过结合民间传统手工木雕工艺，将其应用于建筑木构件的装饰艺术之中。以葡萄花和葡萄藤为例，是东汉时途径古丝路传入新疆境内。《后汉书·西域传》曾记载为："伊吾（新疆哈密）地宜五谷，桑麻，

葡萄。”[④]在 19 世纪初，斯坦因通过考察就发现了早期西域葡萄纹样的存在，雕刻纹样出现在公元 2~3 世纪的罗布倬尔遗址的木质门楣上。葡萄枝叶蔓延，果实累累，极贴近人们祈盼家庭兴旺的愿望，因此，在新疆民间建筑传统纹样使用中也极为普遍。除葡萄纹样外，向日葵、石榴花等同样也象征着民族繁衍后代、多子多孙、生生不息的生活意境，以及宽大灵活卷曲的叶片，都是和田民间建筑木雕纹样喜闻乐见的装饰题材。

2）植物抽象纹样

准格尔盆地南缘区域民居建筑木雕装饰，常见大量象征自然崇拜及具有原始宗教痕迹的植物抽象纹样，主要源于人类本身审美意识的转换。如：叶中藏花、花中生叶、果上攀枝、花上挂果和枝上缠花等，多是在原形基础上通过变形、象征和提取的艺术手法，浮现于意向化的卷草纹、缠枝纹等。

据《古代和田—新疆考古发现》记载，尼雅遗址现编号为 N.Vii.4、N.xx.03 的木雕柱头上，发现了和田早期的四瓣四萼花、四瓣花及植物叶片的抽象纹样，虽然在装饰后的木雕植物花纹中很难寻找到其花卉或叶片的原型，但已经被赋予了更加神圣、吉祥的寓意。植物抽象纹样在装饰过程中多结合几何纹样的二方连续处理手法，依据植物花和叶的生长结构、形态、动态，减少或增加、放大或缩小、适当移动或抽取基元体，并逐渐形成了具有对称、反复、经纬交织和规律、无限延展的植物纹样体系。准格尔盆地南缘区域民居建筑木雕装饰除几何纹样、植物纹样之外，也有少量的文字纹及代表山川河流、日月星辰的水波纹和新月纹等，如：源于山脉的三角形纹和“M”字形纹饰、象征河流的 漩涡纹、浪纹等，在多重文化和复杂历史的演变中，纹样融合了多地区及多民族的文化元素以及本土的雕刻技艺，从而构成了极具特色的和田建筑雕刻艺术体系。

3 建筑木雕纹样艺术的再思考

通过研究，我们可以明确地看到，在新疆准格尔盆地南缘地区的民居建筑中的木雕纹样，有希腊、有犍陀罗以及中原文化，还包括袄教、伊斯兰教等多元文化的组成因子，并呈现出历史叠加的艺术特色，诸如该区域建筑木雕的植物纹样有着与西欧忍冬纹、莨菪棕榈叶纹的交织与渗透，包括建筑体中各种柱式受到古希腊的“爱奥尼”柱式纹、“穆克纳斯”柱式的影响。从而也见证了该区域建筑装饰纹样的产生与源流是以不同民族、不同国域对自然界的认知与悟读。在丝绸之路上，这种不同民族、不同国域的文化交融，使得和田民居建筑木雕艺术在选择、吸收的发展过程中，形成独具地域性、民族性、时代性的新疆少数民族建筑装饰艺术风格。

郝曙光在《当代中国建筑思潮研究》中提到：“民居由于它天生的多样性和丰富的艺术手法，可为我们提供许多创作的灵感和启示，当代许多好的建筑装饰手法，都可以从我国民居中找到先例”[⑤]。沧海桑田，新疆准格尔盆地南缘地区民族民间建筑中丰富多样的木雕纹样，成为当地民族传统文化的重要组成部分。以及人文历史的传播符号，不仅有助于提升人们对新疆地区民居传统木雕装饰的手工艺认知，也是对新疆地区传统木雕装饰艺术的保护、利用与全新的解读，同时，对我国当代建筑装饰艺术具有引鉴价值，并潜移默化地渗透于现当代少数民族建筑的现代化进程之中。

注释

①基金项目支持来源：2015 年自治区普通高等学校人文社会科学重点研究基地项目，批准号：XJEDU040815B05。

②张田．继承人类古代文明遗产，谱写中西文化交流篇章——《丝绸之路研究丛书》(第二版）出版简述 [J]，西域研究，2010.01:130.

③闫飞．新疆维吾尔族传统聚落地域性人文价值研究 [J]. 甘肃社会科学 2013（03）: 230-233.

④余太山．《后汉书·西域传》要注 [J]，欧亚学刊．2004（06）: 23.

⑤周鸣浩 .20 世纪 80 年代中国建筑观念中“环境”概念的兴起 [J]. 2014（06）:18

参考文献

[1] 常任侠．丝绸之路西域文化艺术 [M]. 上海：上海文艺出版社，1981.

[2][德] 克林凯特．丝路古道上的文化 [M]. 新疆：新疆美术摄影出版社，1994.

[3] 王小东．伊斯兰建筑史图典 [M]. 北京：中国建筑工业出版社，2006.

中小城市绿色公交站点设计研究与应用

李博涵 西安美术学院建筑环境艺术系 / 研究生

摘 要：城市交通组织对城市规划有重要意义，主要表现在其对城市用地布局、地块开发强度、建设规模有很大程度的影响，其中城市公共交通又是城市内交通体系的重要组成部分，是建设绿色城市、高效城市的有效途径。城市公共交通包含的内容也非常多，有公交线网布局、站点的设立、甚至运营模式等内容。论文通过对西安市公共汽车站点现状的详细调查，采用归纳、分析的方法对其现存问题进行分类研究。论文将现状问题分为两大部分——西安城市公共汽车站点自身问题及城市绿色公交站点设计的思考，其中主要包含 5 个小问题分别是：布局问题、首末站问题、线路站点重复问题、服务问题、设计问题。本文调研了西安市大多数公共汽车站点，重点以西安市南郊省肿瘤医院站点附近交通环境为例。对部分市民进行访问调查、搜集调查结果并得出问题所在原因，针对性地进行问题分析。最后参考和借鉴国内外城市交通发展的历史经验，根据西安市城市总体规划、城市交通现状和未来发展方向，提出绿色公交站点设计发展理念。

关键词：可持续性 功能性设计 新型能源 绿色公交设计

1 西安城市公共交通概况

近几年来，西安市公交发展很快。目前，西安共有 226 条公交线路，8 个运营公司，覆盖了 415 平方公里的西安城区，南到郭杜，北到泾河开发区，东到临潼，西到三桥，均开通了公交线路。公交车辆 7475 部，是 30 年前的 13 倍还多，日客运量最高达到 410 万，虽然在公交数量和质量上有了提高，但公交出行分担率仍相对偏低，目前西安公交分担率仅为 30%，而发达国家的公共交通分担率都在 60% 左右。

（1）西安市公共交通路网特性

西安市公交线路主要集中在明城墙区、文艺路地区、太乙路区、东关地区、南关地区、太白路、劳动南路、红庙坡、北关地区、胡家庙和小寨等 11 个区，而其他地区公交网密度相对较小，尤其是北二环以北情况更突出。即使在这 11 个地区内线路布局也不是很合理，主要体现在线路重复系数大，线路相对集中等方面。按照要求：在市中心公交线网密度应达到 3~4 千米 ，在城市边缘区域公交线网密度应达到 2~2.6 千米，与之相比，西安城市公交线网密度整体偏低。

（2）快速轨道网建设情况

根据西安市总体规划，西安地铁共由 7 条市区地铁线和 2 条市域地铁线组成，总里程 440 公里，共设地铁站 225 座，本方案满足远景年（2030~2040 年）整个西安共 1200 万人口城市规模，设计日运送旅客 800 万人次。届时，轨道交通将承担 55% 以上公共交通客流。该方案设计了 A、B 两条成十字交叉形的市域地铁线。其中 A 线是一条走向和陇海铁路基本重合的城市铁路，以地面线为主，起东西横向干线，快速连接咸阳、临潼和西安主城区的作用。B 线在城区主要以地下线为主，服务于卫星城户县，泾河和主城的快速联系，同时 B 线还直接衔接了咸阳机场，西安北站和西安站 3 大

交通枢纽，还起到了相当一部分快速连接主城西南部和主城北部的作用。其中 7 条市区地铁线共 263 千米，共设 183 站。最高速度推荐 80~90 千米 / 小时，平均速度 35~40 千米 / 小时；2 条市域地铁线共 177 千米,共设 42 站。最高速度推荐 120 千米 / 小时，平均速度 60~65 千米 / 小时。西安路网建设正在逐步完善，虽然地铁建设引起了短时间的交通拥堵，相信线路施工结束后，西安城市交通会有极大地改善。

2 西安市公交站点调研

（1）调研概述

调查研究是从实践中发现问题，通过调查研究所得到的结果是进一步进行分析、研究问题的基础。本文调研了西安市大多数公共汽车站点，重点分析西安市南郊省肿瘤医院站点附近交通环境，并通过对所得资料进行统计对西安市公共汽车站点现状问题进行分析。

（2）调研内容

本次调查的重点在于西安市公共汽车站点现状问题，可分为两大部分。第一部分是西安市公共汽车站点自身问题，分为布局问题、首末站问题、线路站点重复问题、服务问题、设计问题五大主要问题；第二部分是西安城市绿色公交站点设计的思考，本次调研本着建设绿色交通，以人为本的原则，从乘客的角度出发来分析这些问题。本次调研以实地观察为主，并一一进行拍照记录，同时结合查阅相关资料，走访相关部门。

（3）西安市公交站点调查访问

为了解市民对公交站点现状的评价和意见，对部分市民访问调查：

1）提到公交车站，您首先想到：拥挤、不安全、晚点、不方便还受天气等其他因素的影响。

2）公交站设计特点：不醒目，不人性化。

3）公交站广告位置对空间的影响：严重影响，广告宣传占了大多数面积，而乘车信息太少，不全面。

4）公交车每时刻状况显示与报告；有必要，应该要有车辆到达时间、车辆所在位置、到达目的地车站的时间、运行速度和公交车拥挤程度等。

5）公交站设计心理蓝图：有实时公交运行信息发布，有详细的换乘指示和必要的公益宣传等。

（4）西安市公交站点调查结果

根据现有资料统计，西安市公共汽车站点大多设置不合理，通过对西安市南郊省肿瘤医院站点附近的调查并结合道路两旁交通环境，得知公交站点问题主要表现为：

1）公交站点十分拥挤，尺寸布局不合理。解决方式只是让站台不断加长，因此宽度偏窄，乘客查看公交信息时难以移动，视觉空间有限，查询拥挤低效。尺寸比例不合理，没有从使用者角度考虑。

2）城市公交站点破旧。一些站牌“年事已高”，缺少维护，设施陈旧，无法看清路线。公交站点应合理选择材质，提高使用寿命。

3）公交站点的顶棚形同虚设。没有提供一个有效地遮风挡雨的功能。（图 1）

图 1 公交站点无法避雨

4）候车座椅或者座椅设计不合理。对弱势群体不够关注，没有考虑到老人或者行动不便的人群。

5）首末站设置不合理。36 路车其走向是辛家庙枢纽站——省肿瘤医院，这两站为首末站点。而省肿瘤医院站点设置在含光路丁字路口，路口设置有红绿灯，是交通要道。丁字路口不仅有医院、居民区还有学校，人流量和车流量密集。不仅市民们要在此处通行乘车，公交车还要掉头，给交通带来了诸多不便（图 2、图 3）。

6）公交线路及站点重合率高。每个公交站点平均停靠线路 5 条以上。当三辆公交车同时停靠时，站点秩序极为混乱给乘客上下车造成不便。

目前，西安市部分主干道沿线公交站点过度集中，部分道路公交线路高达 30 多条，一个公交站 20 多条公交线路停靠，严重限制了道路的通行能力，交通高峰时段的公交站成为阻碍交通畅通的一个个结点。据统计，主干道路长安路沿线公交线路高达

30 多条，钟楼站有 20 多条公交线路停靠，交通高峰时段，大部分公交车无法进站，严重时等候进站的公交车会形成百米长龙，尤其是近期地铁建设和旧城区改造更是加剧了此站点的交通堵塞状况。另外，有很多公交车线路相互重叠，部分公交线路重合率高达 70%。4~15 路目前运营路线全长 26.30 千米，与 406 路重复的线路达到 18.14 千米，即站点重复率达 70%。建议 4~15 路恢复到 2002 年刚开通时的路线三府湾汽车站——杨家沟，方便浐河东岸 1.8 万长安百姓的乘车。

7）公交站点形式不合理。由于站点停靠线路多，管理不到位，街道在不同程度上被占用，不得不设置多个乘车点。由此导致公交车运行缓慢，不能准时到达，造成交通拥挤的现象（图 2、图 3）。西安市的公交站点大部分均直接沿着隔离带或非机动车道采用非港湾式等距布局，机动车的数量较少时，这种布局的缺点并不明显，但随着社会经济的发展，机动车的数量迅速增加，在高峰时段，这种直线型的布局公交站点就成为了阻碍交通运行的节点，在非公交专用路上，公交车无法进站致使后面的机动车必须排队等候，增加了出行的时间成本。

8）智能公共交通体系不完善。随着科技的发展，智能交通慢慢地走进了公交体系，在一些大城市，电子站牌、智能刷卡、GPS 卫星监控和无线电调度等一系列智能服务正在逐步成熟，但西安的公交基本还是沿用了传统的服务体系，公共交通的科技含量相比其他城市较低。

图 2 36 路车省肿瘤医院终点站

图 3 含光路丁字路口拥挤的交通

9）整体服务质量有待提高。西安公交的硬件水平在稳步提升，软件却跟不上。一是有些公交车的车厢环境和秩序不够完善，车厢内扶手等公共设施在消毒卫生方面做的也不够好。二是公交司机和售票员的业务素质和道德服务水平有待提高。如今全社会都在强调科学发展、以人为本，城市公交的职能就是为大众提供交通服务，所以更需要坚持以人为本，而不是把它仅仅当作一种普通的工作来应付。

3 西安市公交站点问题分析

（1）忽略功能性设计

大多数城市公交站点主要是通过招标形式决定建造的企业，而这些竞标企业也只是主要考虑报价和施工等因素。因此，那些中标企业为了降低成本，会在公交引导设计中扩充建设达到宣传和盈利的目的，从而导致公交站点广告栏占领大部分面积，而为候车乘客提供路线信息服务的主要功能并未体现。公交站点的站牌信息不足，站牌仅显示了线路名称、站点名称、首末站车时间、运行方向四项基本内容。由于缺乏直观的图示，并且站名管理不规范，乘客坐错车现象时有发生。

（2）缺乏可持续性设计

1）供电设计。由于设计初期并未进行系统性的评估与研究，因此城市公交站点在供电问题上缺乏可持续性设计，导致一些公交站台缺少夜间照明，看不清站牌。而有些公交站点虽然增设了电子站牌，但是存在供电不足，电子站牌并未有效使用。

2）可拆卸设计。公交站点缺少可拆卸性设计，不便于部件材料维修和回收及再利用。

3）材料选择。一些公交站点为达到美观、耐用、防腐等目的，选择在金属材质上增加涂镀，给废弃产品回收带来困难，并造成环境污染。

4 绿色公交站点设计思考

（1）功能可持续性设计

由于城市公交站点的客运量较小、路线固定、间断性运输等特点，因此要求其基本功能是提供便捷小面积的候车场所，交通组织流线通畅，空间简单明确。并且提供车辆运行信息查阅的电子设备等。从绿色公交站点的角度出发，公交站点设计应具有可持续性（图 4）。

1）设计应易于拆卸和组装，以便根据不同的功能需求进行重组，及时更换受损构件，延长站点使用寿命。例如：罗利公交车站。这个公交车站项目是由两个相互对比的元素组成的结构，

一个是厚重的混凝土墙壁，它是主要结构，形成一个凳子，还有一个钢铁的盖顶系统，两个结构是在工厂生产的，然后再拉到现场进行组装，从立面和剖面上讲，墙壁与盖顶相互交织，形成两个“L”形的组合，盖顶表皮是由压层的聚碳酸酯组成，它表达了盖顶的轻盈性和半透明性，同时易于拆卸和组装。

图 4 国外优秀的公交站点设计
（资料来源：全景网 http://www.quanjing.com/imginfo/14072-90-1.html）

2）根据地况的不同，合理布局站点尺寸大小。

3）合理的应用信息技术，提供车辆运行信息查阅的电子设备、应急设施，提供临时手机充电、热水供应、小型自动售卖机等设备。多增加一些人性关怀的设施，例如：美国麻省理工学院设计未来的公交车站，利用科技和信息技术，提供了各种信息设备，实现自动化管理。

（2）材料的选择

材料的选择是公共设施考虑的重点，它直接影响了设施的形态和功能。

1）考虑选用强度高、耐腐蚀、易清洁、易维修的材料，从而在保证功能的前提下，延长公交站点的使用寿命，降低维修成本，减少资源浪费（图 5、图 6）。

2）选择可再生、可降解的绿色材料，减少环境破坏。

3）使用二次回收材料，利用工艺和技术手段对回收材料进行再利用，例如：雕塑家克里斯托弗·芬内尔 (Christopher Fennell) 创作的这个黄色的公共汽车候车亭（图 7）。位于希腊雅典的乔吉亚的这个候车亭由三块黄色的报废校巴车厢片组成，为了建造这个候车亭，克里斯从报废校巴车上精心选择了些车厢片材和座椅，焊接在一起。原本要进入“坟墓”的报废车厢重新焕发容颜，随时准备欢迎乘客，等待下一趟车。

4）就地取材，减少运输成本。

5）考虑与城市景观的结合，使等车成为一种享受。

（3）能源供应

绿色公交站点就是需要我们建设时，利用新能源，如风能、太阳能、生物能等可再生能源，既能节约资源，又不会对环境造成污染。公交站台供电设计方面，可在站台顶棚安装太阳能电池板提供电能；也可使用 LED 技术进行照明，合理设置照明时间等方式达到节能目的。

（4）首末站布局优化

公共汽车首末站选址必须要充分依据公共汽车交通现状、城市近期规划及城市公共交通远景规划，以节省投资并完善城市居民的出行需求，做到新旧兼容、远近结合、易于实施，并正确处理好现状与远景的关系。

新建公共汽车首末站选址应做到：

1）需要和可能相结合的原则

公共汽车首末站规划过程中，用地可能和需要之间会出现矛盾，尤其是城市中心区。在规划时，必须根据用地的允许条件，因地制宜地制定可行的场站规划方案。

2）刚性和弹性相结合的原则

城市不同区域、不同功能的公共汽车首末站，其布局方法也应有所区别。在公共汽车首末站规划布局时，必须采用不同的规划模式，体现规划的控制性和可操作性的协调结合。

3）定性和定量相结合的原则

对公共汽车首末站的规模进行定量的预测，并对其发展趋势、用地的布局进行定性的分析，可以保证场站的规划合理可信。首末站交通组织最好将停车场与候车站台分开设立进行人车分流。可考虑设置公交首末站出站专用车道，如无条件也应将候车站台与停车场分设道路两侧，尽量避免人流与车流混杂，互相影响，以保证车辆运行顺畅。公共汽车停车场的布置建议采取按出车先后顺序停放的方式。

（5）站点容量问题优化

科学地布设公共汽车中途站，合理设置站距，并以此为基础优化站点容量是减少乘客步行距离、保证良好站车秩序的关键。为同时满足乘客的乘车需求和实现公共汽车营运的最大效率，站台规划设想是：合理确定站台间距，既不降低车辆运行速度，又缩短市民步行距离。中途站站点容量优化布局设计如下：

1）当少数线路的公共汽车（《城市道路交通规划设计规范》规定按行车频率设站，同一站址不超过 80 次 / 小时）集中在同一站址时，宜设置同一站台。

2）当多条线路的公共汽车（《城市道路交通规划设计规范》规定按行车频率设站，同一站址超过 80 次 / 小时）集中在同一中途站时，应考虑分别设站，但两站台间距离应小于 50 米。

图 5 王澍设计的公交车站

图 6 藤本壮介设计的公交车站

3）停靠多条线路需分设站点的中途站，应秉持在前方路线重复的线路设在一起，并平均分设站点的线路数，尽量避免线路分配不平均，造成一个站点大量线路集中，另一站点则只有单条线路，或两三条线路的现象，且乘客多地站在前，乘客少地站在后。路线重复的线路在同一路段上应同时设站，避免站距不均现象。

4）当分设站台仍不能满足容量需求时，应考虑扩大站点容量。当道路较宽且为港湾式停靠站时，可在公交专用道与其他车行道间设隔离绿带，并在公交专用道与隔离带垂直分设站点。当道路宽度不足但人行道较宽时，可 2 ~ 3 条线路设一站棚，站棚垂直于马路设置，站棚间距为可同时停靠 2 辆公共汽车。当道路宽度不足且人行道宽度不足时，则只能纵向增加分设站点数目，直至满足客容量要求。

5）新建的城市干道应设港湾式公共汽车停靠站。

5 结束语

随着城市经济的高速发展，城市机动化的逐渐提高，完善城市道路系统和搞好城市交通规划成为了城市发展的关键。绿色公交车站点设计，就是本着绿色环保节能和可持续发展的原则，对城市公交站点的设计策略进行初步思考，给出了城市公交站点的绿色设计策略，从而避免资源浪费、设计浪费、财力浪费等问题的产生。既实现了节能环保，也对资源进行了合理利用。希望以此推动城市公交站点的绿色设计，设计出更加安全、舒适、美观和环保的绿色公交站点。

参考文献

[1] 王亚飞 . 关于优先发展我国城市公共交通的研究 [D]. 长安大学，2001：6-7.

[2] 李茜 . 国外大城市解决交通问题的措施 [J]；综合运输 . 海外视窗，2004-12.

[3] 张志荣 . 都市捷运：发展与应用 [M]. 天津：天津大学出版社，2002.

[4] 迈耶·米勒 . 城市交通规划有关决策的方法 [M]. 北京：中国建筑 . 1999

[5][法] 皮埃尔·梅兰 . 城市交通 [M]. 北京：商务印书馆 ,1996.

[6] 郑祖武等 . 现代城市交通 [M]. 北京：人民交通出版社 ,1998.

[7] 宋守许. 绿色产品设计的材料选择 [J]. 机械科学与技术，1996 (1)：41-42.

[8] 刘志峰，刘光复. 绿色产品设计与可持续发展 [J]. 机械设计，1997 (12):1—3，9.

[9] 胡迪青，胡军军，胡于进 . 支持面向装配和面向拆卸设计的 CAD 系统 [J]. 中国机械工程，2000，11(9)：1001—1006.

图 7 报废校巴车候车亭
（图片来源：巧设计网 http://www.qiaosheji.com/supesite/html/37/n-337.html）

室内空间中地域文化的应用方法研究
——以酒店室内设计为例

梁轩 重庆工商大学艺术学院 / 教师

摘要：针对当下国内西方文化的宣传覆盖使得各地域特性正在弱化、“千城一面”的情况已经出现，笔者提出在室内空间设计中采用具体挖掘和应用方法将本地域文化融入至实体的空间中，用以满足人民对文化多样性的需求。为阐述研究对象，笔者以自身全程参与且完工后项目运行情况优秀的度假酒店室内空间设计为例，带着问题及所思所得，阐述地域文化室内空间应用中的具体挖掘及应用方法。酒店室内设计中地域特色文化的融入，可带给人们心理上的文化认同感，从感官和心理两方面给受众带来对异域风情的新鲜感，由点及面，循序渐进，可达到减缓文化同质、满足人民对文化多样性需求的目的。

关键词：应用 傣族文化 度假酒店 室内设计

设计因解决问题而存在，具体到设计良性与否的评判标准则纷繁复杂。但有一条举足轻重：人气。因人而在，与人方便的各项设计手法归根到底都会落脚到“人”，从这一点出发我们就很容易能分辨出设计成果的好坏。2014 年 12 月 31 日云南西双版纳喜来登度假酒店试营业至今，酒店始终保持着百分之七十二以上的入住率，远高于国内星级酒店平均百分之五十五的入住率。且短短两年时间的不到，就被几档收视率爆棚的综艺节目选为拍摄场地，网上的入住体验评论热度不减，赞赏有加。由公众的参与性即人气这一点出发，无不都在彰显此酒店设计的良性成功。

摘要已提：国家的跨越发展将文化推到了当下人民的需求面前。星级酒店面对的是社会相对高端的客户群体，而上层人士对于文化的态度要更为精致、更为准确。这给星级酒店室内设计提供方向的同时也带来了挑战。

笼统而视：作为历史现象沉淀物的文化，是时间维度上未消失的存在。历史在被记叙的那一刹那就已经是过去，并夹杂着情绪。文化片段应如何表达应用于室内空间中？这给设计提出了难点，也是本文所要阐明之处。针对上层人士的文化需求体验，地域性不失为一个最好的选择：因为异域风俗片段的截取其本身就自带浓厚的文化属性，更是在特性上有一目了然的直观效果。本文所要阐明的另一个问题顺应而来：如何提取、挖掘地域文化？下列文字是本人带着以上的两个疑问投入到中国云南省西双版纳度假酒店的室内设计工作之中，项目设计完工之后，所思所得。

1 地域文化应用于酒店室内设计过程中的挖掘方法

（1）正视图腾图案，发散借鉴点

不同地区和国家的人有不同的图腾崇拜，某种界定而言这就框架了所借鉴的图腾衍化具有唯一性且需要紧扣着主题。地域文化有明显的区位特性，如北亚俄罗斯相当部分国土面积地处北极圈，常年冰雪封冻，独特的地域气候特性使得欧罗巴人种的俄国人崇拜坚韧凶悍的北极熊，如生活在广

衷草原的古匈奴人，尊崇团队凌厉的狼，空间设计中对于区域文化的挖掘提取始终都脱离不开当地民族图腾的主题导向作用。西双版纳古时于中原而言地处带有贬义性质的夷越地区，文明未开化之地，偏僻的地理位置给这片土地带来了福音：自古少受战乱外敌侵扰，人民与自然互爱共生。由此一窥，生活在这片土地的傣族人民崇尚象征自由、幸福、和平的孔雀实属族人所望，当然，关于傣族人与孔雀的种种神话传说另当别论，在此不做叙述。

图 1 是项目酒店设计元素之一：孔雀羽毛图案的提炼演化。置身西双版纳，观者随处可见由图腾孔雀形态演化而来的傣族建筑屋顶四角装饰元素（如图 1）。傣族建筑屋顶重檐的叠加及神似孔雀柔性线条的运用，此建造方法与中原皇权宫殿式屋顶为摆脱因体量大而枯显沉重的四角起翘有异曲同工之妙。综合图腾孔雀、屋檐构件，设计团队提炼制作出孔雀羽毛图案，并将其运用于酒店地毯及正视线节点装饰面，让孔雀飘动的线条结合实用型地毯穿梭于酒店的各功能空间，六面围合的固定空间液态化流动，正面视点的孔雀装饰面提醒着游客所处的地域特性。

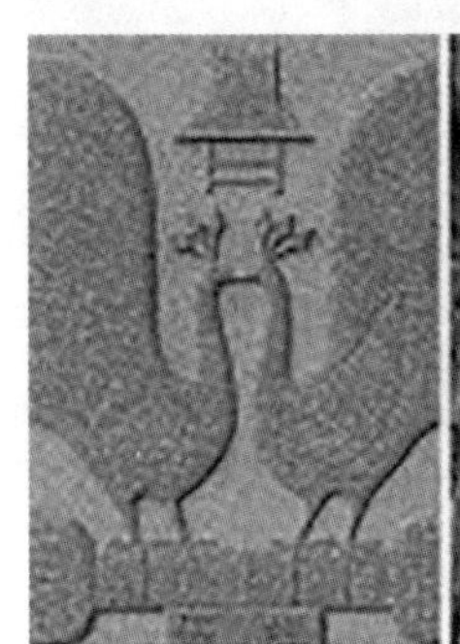

图 1 傣族图腾演化

（2）深析历史文脉，寻求切入点

上文有提：文化是时间维度上尚未消失的存在。当地地域的历史文化是本区域人民在历史长河求生过程中的积淀产物，它有着一条纵线贯穿的时间轴。年代沉淀下的存在必然要求使用者对其进行精致、细腻的梳理分析，并在此过程中思考着合适的切入方式方法，最后用于空间的实际表达。与此同时，时间维度上的文化挖掘须有时间段及实物性质的大概界定：时间跨度过大导致含义模糊的文化表达需谨慎使用或作为备用资料，以防错误的发生。实际器物的呈现需对其有全面深入的解读，以防器物与空间性格的对立导致常识性的失误。

星级酒店室内设计，设计团队面对的不仅仅是项目甲方和管理公司，最主要的直接使用对象大部分为中上层人士，其中不乏高级知识分子，设计的直接结果会接受市场、同行及使用者的多方面检验，这就要求设计团队对于地域文化的传输有着更为精致地处理。材质、颜色、软质、硬质、陈设等，都应有恰当的文化营养输出。

如图 2 为我公司设计团队提炼出的傣族文脉元素：民众风貌、民族服装、代表节日、民族舞蹈，基于国内人民生活水准的快速提高，工业产品迅速取代老旧器物，民众之中产生了一股古朴热度，大家对居室质量不再局限只是为己提供便捷舒适的宜人环境，提供迅速流畅的信息，更为重要的是为己提供精神层面的享受与满足。由此出发，我们将空间器物呈现的主要方向转向民众日常的实用器物，不失星级格调的同时由此整体提升酒店的空间文化品位。

（3）核心理念技术，创造突破点

设计的创造性思维有着很大的偶然迸发性，这种偶然似乎无法捕捉且无序可循。设计流程可能提供一些线索：时间纵线上资料文脉收集，时间横向上某一点的平行发生资料采集。将横纵线两者工作完成，已是资料云集，这时穿插核心斜线：设计思考。最终衍化出设计成果。突破点由此而来，加之技术、材料已于时代洪流之中蹦到最前沿，摆在每位设计师面前。纵观普利策奖项的获奖大师们，有两点要求至关重要：1）在自己作品中对于材质、技术的革新运用，或者创造一种新的材质。例如安藤忠雄专属的 11 号清水混凝土，版茂的纸建筑。2）将一种形式符号形成自己独有的鲜明个性，每件作品带有明显的自身印迹，远别于同类。如英国诺曼福斯特的建筑结构高技术应运，扎哈的极端扭曲建筑。当下，创造力驱动着国力前行。于地域文化的挖掘提取而言，找到且理顺文脉源头，结合当下高科技环境下日新月异的各种理念技术，创造出根植于地域文化里的突破口，更能符合时下的审美及众人追求。

2 地域文化应用于酒店室内设计中的相关方法

叙事性表现方法

图 2 西双版纳地域文化　Figure 1-2 Xishuangnanna regional culture

叙事性：顾名思义，是在历史文脉中挑选一条主线进行语言表达，贯穿于项目的各功能空间中叙事性手法里应用到的元素和范畴很广，本身都是彼此独立而完整的直接形象。我们在一个中国传统的文化空间中，为营造中式氛围，常常使用中国书画、灯笼、陶瓷、木具等素材，因为所使用的器物本身就具有明显的特性指向，可以直接向人们表达出某种相应的寓意和情节。并且通过多个单元的组合可以使叙述的情节跌宕起伏、多元化。所以在设计里使用叙事性表现手法可以比较直观地体现主题情节。

我们在叙事过程中始终牢记着这种手法的使用应该遵循本地域文脉的主线，以求相互呼应、共融互助。

隐喻性表现方法

日常用语中“感觉”在口头上出现的频率很高，将此词汇用于设计，基本可概括出隐喻性表现方法的意思：恰当地舒服。并且这种舒服是不可言表的体验，是非物质的能动满足，也是设计的高级表现方式，直达心灵，创造出舒适宜人的空间环境。通常隐喻性表达方法为设计师以自身学识经验为基础对设计对象进行图像视觉的转化表达。而真实的设计周期中，对于契约甲方的要求占据着相当部分的决定因素，设计为决定方服务，由此在大方向确定的情况下，能否引导受众从不同角度来解读空间，能否让受众在设计师创建的空间中体验到某些自身过往的曾经，成为设计所要面对的难题，不论设计处理对象是来源特定地域的、历史传承的、还是结合当下背景的。

隐喻性表现方法大部分通过符号图案的隐性传达，是对思维过滤后的符号语言进行整理、提炼，从而带给受众视觉及精神层面上的青睐。

3 地域文化在酒店室内设计应用中的实例研究——以西双版纳喜来登度假酒店室内设计为例

（1）项目概况

设计基地位于西双版纳嘎洒温泉度假区，距当地市区一刻钟的行程，从基地开车到西双版纳机场所花时间是 10 分钟。酒店

图3 酒店区位

图4 酒店出入大门造型

配备了326间客套房，为照顾旅客中商务人士的实际需求，酒店相应会议空间达到2000平米以上，此外与之相关的还有一个1000平米的宴会厅，可因开会人数规模大小而按实际情况调整的9个空间大小不同的多功能会议室，酒店户外拥有宴会举办场所及标配相应的室内外恒温游泳池。（图3~图5）

（2）佛佑孔雀

综合上述对于地域文化的挖掘及应用方法，我们在项目设计之初对于西双版纳本地域的文化横纵线做了一次梳理，最终定位于当地的地域特色傣族文化：全民行佛、孔雀图腾、热带水傣。从图3-2可清晰觉察建筑外貌叙事性的故事主线：切合当地佛塔造型打造出的建筑外观结合黑白线条，佛教厚重的文化氛围应运而生。尤其在边缘起翘之处点缀着犹如孔雀羽毛般的摇曳，让受众在远观之时即可感受到浓浓的热带地域人文。

步入酒店室内，顺着故事主线往下走着。大堂空间呼应着外部屋檐造型，各功能空间用隐喻性表现手法对民族图腾孔雀羽毛作符号化处理，并贯穿到酒店室内各空间细部。酒店特色餐厅设计，见图5，不再复制之前的孔雀羽毛图案化地毯处理，而是再次抽象隐喻，仅提取孔雀羽毛中最具代表名的颜色作面料表皮。空间中无任何具象的实质存在，却能让人很自然地联想到当地各种符号，设计的隐喻性表达即是如此。

（3）热带水傣

上文提到傣族人民以七彩孔雀作为本民族的象征图腾，信仰自由、幸福以及人民与自然的互敬共生。这些特性最直观地反映就是傣族对于“水”的独特态度，该民族自认像水，因为水能够控制自己，它能涓涓细流，也能聚成汪洋；它还能如七彩孔雀般反映自己的颜色，天空蓝，它便是蓝色，天空红，它便是红色，然而它便是它，它纯净而无色、高贵自由。

如图6，基于水傣之名，在室内场景细部中，我们能动地对于“水”进行抽象处理，赋予转折衔接的空间之中，使其与水傣的隐喻：变换、柔和相称。西双版纳独特的地理热带属性我们通过专属的亚热带植物表现可以看出，它向人们呈现了一个完整的场所寓意，丰富着空间的深度，一系列的连贯图案提高着室内空间的趣味性。这种杂糅着叙事性和隐喻性的两种表达方式，直观与隐喻，片面与深刻，面子及里子，都无不为围合的冰冷空间传达着丰富的地域文化内涵，异域风情就应有异域所饱含的浓郁情调，这在一定条件下还可以增加旅客对于空间感情的认同感和归属感。

图5 酒店各功能空间

图6 酒店室内细部

4 结语

地域文化的酒店室内设计应用方法不论是在叙事性表现还是在隐喻性表现上都是基于良性的设计流程之上：先有文脉的梳理、资料汇集，后注入能动的设计思考形成设计成果。都是顺应着最初的概念提出：地域文脉主线而行。而地域文化挖掘方法也同属流程之内，共性异性并存且矛盾着，图腾为先驱，文脉是主线，科技理念结合是当下时代主流。文字理论都有时间局限，笔者力拙，提出一些对于此项目方案的思考，观者共勉，如有偏颇，还望指正，海涵。

参考文献

[1] 吴之清．贝叶上的傣族文明——云南西双版纳南传上座部佛教社会研究 [M]. 人民出版社，2008.

[2] 王进．中国西南少数民族图腾研究 [M]. 上海：上海三联书店，2016.

[3] 刘军，雷磊，冯秋菊．傣族文身图谱研究 [M]. 北京：民族出版社，2013.

[4] Thomas Lockwood，Design Thinking: Integrating Innovation, Customer Experience, and Brand Value[M]，New York：Allworth Press，2009.

[5]（英）约翰·沃克，设计史与设计的历史 [M]. 南京：江苏美术出版社，2011.

[6] 诸葛铠．设计艺术学十讲 [M]. 济南：山东美术出版社，2009.

[7](English)FredLawson,Hotels&Resorts:Plannin,Design and Refurbishment [M],Kidlington: Elsevier Science Ltd,1995.

[8] 艾罕炳．西双版纳傣族赕文化 [M]. 昆明：云南人民出版社，2010.

地域资源约束下的新疆绿洲型历史文化村镇空间特征、类型及成因机制研究

孟福利 华中科技大学建筑与规划学院 / 石河子大学文学艺术学院 / 讲师
郭志静 新疆师范大学美术学院 / 研究生

摘 要：绿洲型历史文化村镇是新疆地域资源与多元融合的古丝路文化的时空层叠、多民族聚居文化的集体记忆的场所，快速城镇化进程的“时空压缩”背景下，历史文化村镇的“存量”不断减少，探索优秀“存量样本”是开展研究的重点。文章选取典型绿洲型历史文化村镇，借鉴地理空间信息研究方法，分析其空间格局、特征、成因机制。研究表明：(1) 新疆绿洲型历史文化村镇空间分布整体不均衡，空间形态与绿洲分布呈“共轭”特点：“环天山两麓、沿山前及平原水区、顺河道”；(2) 依据其形成地域资源禀赋提出 3 大聚落类型，10 特色小类型；(3) 提出其成因的两大主要驱动机制：“适度交换机制”、“时空门槛机制”，4 类核心影响因子，为后续相关研究奠定基础工作。

关键词：绿洲型历史文化村镇 空间特征 类型 资源约束 成因机制

地域辽阔、地形地貌类型丰富、多元文化交融，多民族聚居融合，造就新疆地区具有地域特色和多元文化特征历史文化村镇，它是古代丝绸之路文化遗产的重要组成部分。绿洲型历史文化村镇是“相对贫乏的物质资源条件下发挥地域资源禀赋建设高度发展的文明”的突出样本，研究新疆地区历史文化村镇是践行“一带一路”关于“丝路文化资源”保护和利用的重要任务之一。在当下绿洲历史文化村镇的保护与发展过程中，资源过度开发与生态环境保护、现代生活需求与优秀传统文化传承等存在严重矛盾。因此，基于上述任务与需求，新疆地区绿洲型历史文化村镇研究的必要性和紧迫性日益凸显。

1 绿洲、绿洲型历史文化村镇的概念界定

(1) 绿洲的定义及内涵。2009 版《辞海》注解绿洲是“荒漠中水源充足、农牧业发达的地方……”；景观生态学的视角解读：具有地缘性、依水性、直观性、脆变性等特征的生物生存环境即绿洲，此绿洲一般为原始绿洲；人文地理学的视角解读：绿洲首先是个地理文化单元的概念，具有突出的地域性，依赖于周边地域资源（土地、水、风能等），具有相对独立的地域生活空间和领域。绿洲是具有一定规模人口、劳动力、居民点和必要的生产、生活条件、可以作为人类长期聚落开发的场所，对干旱区、半干旱区进行广度、深度开发的根据地。(2) 绿洲型历史文化村镇。以绿洲为产生、发展的基础，具有绿洲的一般特性，以绿洲为载体的历史文化村镇是人与绿洲在社会、经济、文化等作用下的深刻外在反映。同时兼具新疆地区绿洲资源约束下的特殊人居环境的聚落内涵与特征，概括为绿洲型历史文化村镇，其内涵为：地域生态环境极其脆弱、承载弱、生活与生产“唯水性”特征突出、多民族文化特色突出、文化的宗教特色突出、多元文化交汇等特点突出 [1]；空间地域尺度相对独立和完整的封闭式的传统生产与生活、社会交往、具有公共信仰的空间环境，并且解决绿洲特殊矛盾（人地、气候、资源、文化）仍然发挥着作用的突出样本。

2 新疆地区绿洲型历史文化村镇空间格局及特征

（1）数据获取及评价标准

数据来源与研究方法：1）绿洲型历史文化村镇数字化获取。以星球地图出版社2016年版《新疆维吾尔自治区地图册（1:20万）》为工作底图，采用ArcGIS10.2版本的地理信息数据处理平台将地图数字化处理，利用地形地貌图、水资源分布图、植被状况图、各类文化遗产分布图等，侧重分析绿洲型历史文化村镇的空间格局与特征同地域资源的因果关系、成因机制。2）相关文献的检索与整理。新疆地区历史文化村镇的资料通过查找新疆维吾尔自治区、市、县旅游局官方网站公布的历史文化村镇（景区）情况和查阅相关地方县志及其他相关书籍来收集。在公开出版的正式资料集标注或旅游局官方网站公布的景区点纳入数据收集范围，其中选择《2015年中国旅游统计年鉴》、《中国历史文化名村镇》、《2015年新疆自治区统计年鉴——旅游篇》为参考等。3）研究样本的选取标准及结果。样本定性评价：现场分区的田野调查方法（居民深度访谈、问卷调查）、专家定性评价反馈；样本定量与定性结合的为评估标准：除国家、新疆维吾尔自治区等相关部门公布的历史文化村镇数据外，依据《中国历史文化名镇（名村）评价指标体系》为评估上限，对新疆地区"五区三地州"传统村镇在文化价值、历史文化风貌保护相对完整、文化资源厚重、人地关系的普遍价值等方面定性和定量评估。

累计拟选取绿洲古村落109座，其中中国历史文化名村镇7座、国家级传统文化村镇11座①、"无身份"（官方未定级）特色历史文化村镇91座。研究通过采用ArcGIS10.2记录选取样点的空间位置信息、土地属性信息、人口规模信息、地域资源禀赋等，精确定位绿洲村落点，分析样本与地域资源的关系。

（2）地理空间分布格局、形态特征

新疆地区绿洲多分布于阿尔泰山、昆仑山、天山等山前具有丰富冰川、雪水、泉水等水资源供给的河谷地带、山前扇缘低地、河流三角洲及湖泊湿地、或沿水系深入、分布在荒漠深处的河流尾闾地带，及重要交通沿线及辐射区等。新疆地区绿洲的总体分布格局决定其传统绿洲村镇空间分布的基本格局，呈现出"低密度、高离散"、"小聚集、大分散"的形态特征[2]。

1）绿洲型历史文化村镇空间格局特征

绿洲是新疆地区传统村镇的依托，历史文化村镇与绿洲呈现"共轭分布"特征，在空间分布上二者具有一致性、均质性。按绿洲型历史文化村镇所属区域绿洲群分析，其空间布局以3个集中区为中心单向扩散，环状延伸为相对集中区和过渡扩散区（图1）。集中区：昌吉州，吐哈盆地区、南疆喀什—和田区、伊犁河谷平原区；相对集中区：阿克苏—巴州、塔城—阿勒泰区；过渡扩散区：焉耆、于田及民丰绿洲区。通过对109座样本数据分析：昌吉州、吐哈盆地绿洲群分布24座，占样本总数22%，国家级历史文化名村镇占4座、国家级传统文化村镇7座；北疆天山北麓伊犁河谷绿洲群分布15座，占样本总数13%，因面积较其他区域小，历史文化村镇最为集中，国家级历史文化名村镇2座；北疆额敏河及布尔津河绿洲群分布11座，占样本总数10%，所占区域较大，分布相对松散，国家级历史文化名村镇1座、国家级传统文化村镇2座；南疆喀什噶尔绿洲群与叶尔羌河绿洲群所分布22座，占样本总数20%，国家级传统文化村镇1座；和田河绿洲群所分布24座，占样本总数22%，国家级传统文化村镇1座；焉耆冲积洪积扇平原绿洲等其他区域占11%。

2）新疆地区绿洲型历史文化村镇空间形态特征

通过地理信息处理系统分析如图1所示，绿洲型历史文化村镇在地理空间单元上整体呈现4个特点：①空间分布上"大分散、小集聚、低密度"；②区域位置："环天山两麓、沿山前及平原水区"呈点状、斑块或片状分布；"沿河流、顺川道"呈串珠状、群带状分布；③绿洲型传统村镇与水的空间分布规律："逐水草而居、随渠井而扩散"形态；④规模特征："多分散而规模小，趋集中而增大"。

从历史文化村镇分布格局和数量现状分析得出：新疆地区各区域的各级历史文化村镇的研究工作基础薄弱、历史文化村镇申报积极性整体较弱且不平衡，经济发展程度高地区，申报积极性高，数量多；而在经济水平相对滞后的南疆等地区相反，但特色历史文化村镇总量最多，国家级立项少；基于以上分析，新疆地区历史文化村镇的申报、定级、研究及保护等工作开展的广度和深度与以下因素有着直接关系：所处区域的绿洲资源禀赋优劣、依托所属地区经济发展水平、申报主体政策导向积极性、各级评定标准的局限等。

3）地域资源约束下绿洲型历史文化村镇类型研究

新疆地区地貌呈"三山夹两盆"的整体格局，其中"山地——绿洲——荒漠"三大地貌特征，决定了居民所可能存在的生产方式、生活行为活动的物质基础；地处欧亚中心，历史丝绸之路上开放的政治、文化、商业交流等提供了文化基底，特殊的地貌环境和独特的文化资源构成绿洲传统聚落系统。绿洲"配置资源"和多元的"权威性资源"禀赋②优劣程度决定绿洲传统聚落的特征，根据聚落形成的约束要素提出3大类型，10小类型绿洲历史文化村镇的特色类型。

3 区域地貌条件约束与支持下的类型

新疆山区水源比较丰富，天山、阿尔泰山、昆仑山被称为新疆地区的三座“湿岛”，形成了诸多流域，发育特征各异的绿洲。依据区域“配置资源”的优劣程度，绿洲空间呈垂直分布[3]：高山草甸区、山前溢水口两侧区、冲积洪扇缘下游区、河流下游的冲积平原、河流两岸层级阶地、山间谷地（盆地）扩散、荒漠腹地区等，绿洲型历史文化村镇的选址依据绿洲分布呈现对应规律。根据选址条件将绿洲型历史文化村镇分为以下 4 种类型，凸显区域地貌条件对绿洲型历史文化村的约束性和支持性。

1)环山前溢水型(图 2):聚落选址在两山之间的水系溢水口区、地势局部相对平坦，但当地貌条件以山坡台塬为主时，绿洲村镇的居住用地主要集中在近水或临水的台塬地带。农业用地分布在较为利于耕作的平坦地带，农耕地是农耕聚落之本，在土地利用安排上具有优先选择权，通常土地与村镇垂直形态特征表现为“宅高田低，上居下耕”的特点[4]。此类代表性的绿洲历史文化村镇为鄯善县迪坎儿村、阿克陶县克孜勒陶乡艾杰克村、民丰县萨勒吾则克乡喀帕克阿斯干村、新和县塔木托格拉克乡英牙村等。

2）荒漠腹地镶嵌型：该类型的绿洲文化村镇发育于深入沙漠腹地的高山融水而形成的河流两岸一级阶地、河流尾闾区冲积三角洲的绿洲上。经济生产方式以荒漠—绿洲农牧结合为主，文化类型相对单一；水系形成的绿洲呈狭长走向，零散小绿洲聚落彼此相对分散，但方向性明确，各聚落空间沿水系呈带状、梳状特征（图 3）。

3）河谷平原绿洲型：“山川形势，甲于诸部……人民殷庶，物产饶裕，西陲一大都会也[5]”。在昌吉州、伊犁地区受高山区的中等河流影响，在山前形成洪积扇，河流进入平原后，形成广阔的河谷冲积平原，河谷平原分为多级阶地，通常土层深厚，土壤肥沃，是发展农牧较为理想之地，也是聚落集聚较高的区域[6]，选取样本多分布在河谷绿洲平原的一级和二级的阶地处。

4）山区草原绿洲型：该类型分布山地区，中山区为春夏草场最佳区，中山区一般海拔在 2000~3000 米，雨量充沛，水系特别发育，土层深厚，适宜草场生产，是天然的游牧场。跨季节性、跨区域的草场资源现状，为山地游牧民的生活生产方式的形成，提供了天然物质基础，同时特殊的生活与生产模式也是游牧民对自然条件下，聚落内部社会结构形成与适应的反映：①高度的流动性（随草场、季节“转场”生产、生活）；②分散性（适应游牧生产需要的长跨度村域边界）；③稳定性（游牧民家族互助式社会组织单元：“阿吾勒”，保证一定组团居住的生产、生活的相互协作单位）。

（2）水资源约束下的绿洲历史文化村镇类型

水资源作为绿洲聚落发展和维系的重要资源决定着绿洲聚落的发展规模。绿洲型历史文化村镇具有“唯水性”特征，水资源的数量和质量决定了绿洲的状况[7]。在新疆地区生态极其脆弱的条件下，水资源对绿洲传统聚落的约束极为明显，当水资源补给类型相对单一（以高山冰雪融水为主）的条件下，对绿洲传统聚落约束程度上表现刚性需求；同时水资源的供给量和使用便捷性、可达性也成为绿洲传统聚落的人口、村域规模、尺度的约束因素。从水资源约束维度上考虑，水资源空间分布的差异性（图 4）决定了绿洲传统聚落的选址、生产方式及生活习俗等的差异，为便于提炼样本与水资源的关系，定量设置以核心居民居住地为圆心，

图 1 新疆绿洲型历史文化村镇空间分析图

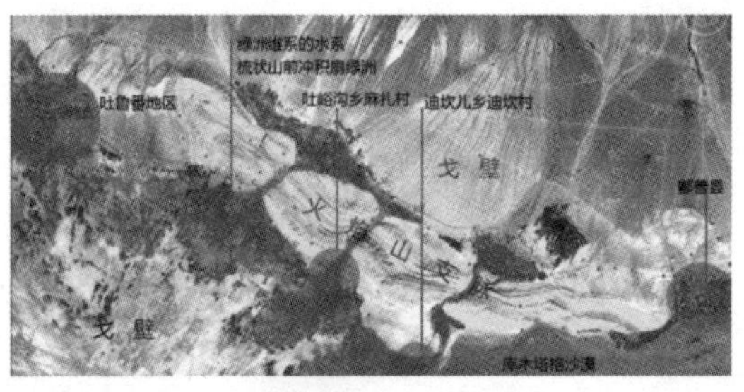

图 2 山前溢水型：火焰山南缘村落平面、剖面示意

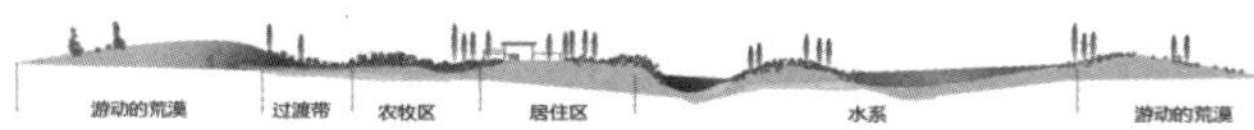

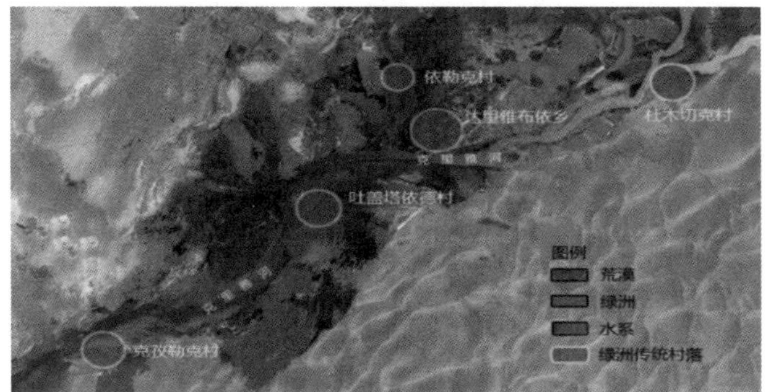

图 3 荒漠腹地型——克里雅河近端平面、剖面示意 Fig.3 Desert

图 4 新疆绿洲型历史文化村镇与水资源关系图

到达水源地的时间门槛值和里程门槛值为评价指标探讨③：1）以农耕方式为主的村落可达性指标为 40 分钟或 2.5 千米半径，牧业为主的村落可达性为 1 小时或 3.5 千米半径，满足该指标的为邻水型、沿水型绿洲型；2）低于该指标值的两种类型：贯穿绿洲型；水源尽端绿洲型。从水资源对绿洲传统聚落的聚落选址和生产生活方面的制约及支持视角看，突出水资源在绿洲历史文化村镇中的"唯水性"特征。

①邻水型、沿水型绿洲型。此类聚落人口规模在 800~1100 人左右，聚落范围相对较小，以集聚形态布局，凸显水资源对聚落人口承载力的强约束力。

②贯穿绿洲型。水源从聚落中间或者一侧贯穿而过，聚落规模受水资源供给程度和获取难易而受约束，通常院落和人口规模的密度随水系两侧或单侧而逐级递减，农牧用地尺度也是如此受限（图 5）。以鄯善县麻扎村为例，麻扎村古村落发育于苏贝希河形成的山前冲积扇绿洲，居住区沿水系两岸分布在冲积扇绿洲的扇中部，耕田分布在扇根、扇尾部，调研中发现此河无具体的名称，年径流量约为 800 万 ~900 万立方米，人口为 1200 人，麻扎村人均年用水量和人均日用水量低于全国平均水平④，而农田灌溉亩均用水量是全国平均值的 3.5 倍，因此水资源与生活、生产的方式存在很大矛盾。特克斯县的山地草原绿洲型的琼库什台村，由阔克苏河与库尔代河共同发育的地表河流——琼库什台河沿山间台地顺流而下，水系发育良好，为牧业生活生产提供了充足的水源保证；该山区台地地势缓急有度，适宜密林与草场发育，因此该区域成为哈萨克牧民理想的世居之地，依靠中山区天然雨水和冰川融水浇灌，水资源利用禀赋优越。

③水源尽端绿洲型。该类型聚落地处河流的尾闾区，一般分

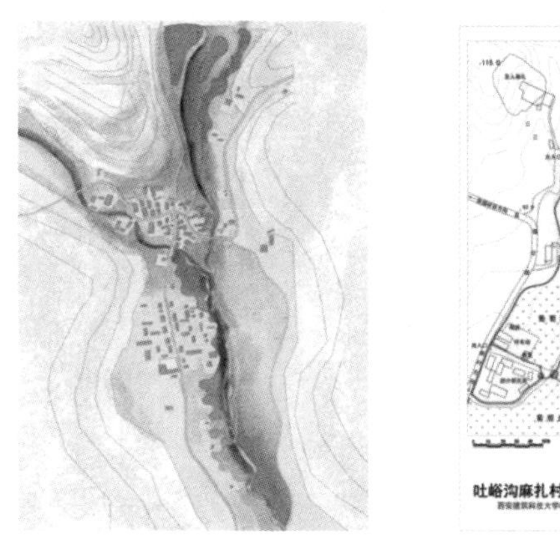

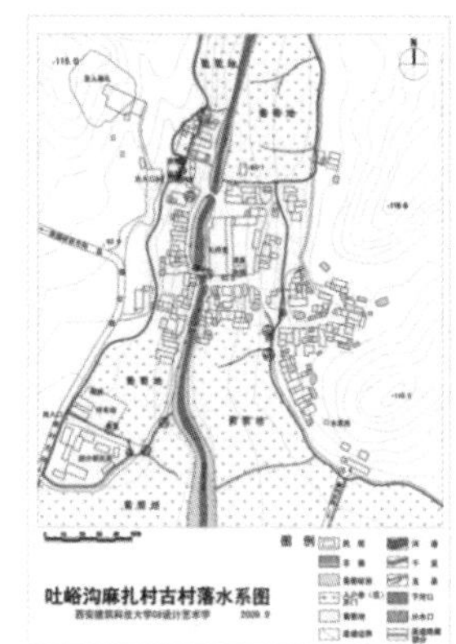

图 5 贯穿绿洲型村落案例（麻扎村和琼库什台村）

布在戈壁与荒漠腹地深处，绿洲与绿洲之间相对孤立、交通可达性差、地貌生态环境脆弱、聚落生产结构相对单一，主要以农耕为主畜牧为辅的经济生产方式。该类型聚落整体经济条件发展缓慢，但从文化原生态"保纯"上来讲，相对独立的绿洲聚落保证该区域文化延续的"单一性、原真性"。

（3）文化资源约束下绿洲历史文化村镇类型

通过对 109 个样本在 ArcGIS10.2 的空间信息分析，如图 6 所示绿洲型历史文化村镇多数沿古代丝绸之路沿线的经济文化中心、交通关隘、宗教文化盛行地或周边辐射区域而建设。结合其所在绿洲地理文化空间单元、生产方式、核心文化特征，凝练 3 大核心绿洲文化集聚区：1）东天山吐哈盆地农耕文化区；2）天山南麓环塔里木盆地农耕文化区；3）天山北麓山地、平原农牧

文化及交错区等，各类具有独特文化特征的绿洲村镇在此产生。根据地理文化单元内的文化资源类型对绿洲型历史文化村镇提炼为以下 3 类聚落类型：民族文艺与竞技型、特色民族手工技艺型、民族建筑与宗教艺术型。它们具有共同的特征：圈层分级结构文化特征；沿新疆古代丝绸之路沿线聚集、扩散，空间上呈串珠状、集聚型梳状的分布；而文化空间上呈多区并存、类型多样、相互交织的特征。

4 新疆地区绿洲型历史文化村镇的成因机制

地域资源在绿洲型历史文化村镇形成和演变过程中产生制约与支持两方面的作用。绿洲传统聚落建设中在绿洲相对独立条件下，只能依靠地域内部的建设资源，但文化资源对聚落建设相对物资资源约束则表现出柔性约束。传统聚落的形成、发展、后期等过程可概括为“物质资源”和“文化资源”交换的过程，也是“物质空间”和“精神空间”演变的过程。绿洲的形成和壮大无时无刻不在进行着自然界之间的物质、能量、信息等交换，以达到互相补偿的目的，维持其存在和发展 [8]。根据对典型样本的聚落选址、资源利用与开发、文化类型等核心要素之间内在关联性分析，提出绿洲传统聚落“全生命周期”中两大核心驱动机制：“适度交换机制”、“时间门槛机制”⑤。通过两大核心驱动机制对绿洲型历史文化村产生相互制约和支持的深度、广度进行分析，提

图 6 新疆绿洲型历史文化村镇与文化资源关系

取 4 种关键制约因子，为下一步绿洲传统聚落评价及保护提供理论支撑。

（1）物质交换和精神交换双重维度下“适度交换机制”的影响因子

绿洲型历史文化村镇是容纳能量交换、信息交换和积淀、历史事件产生的场所；是物资生产、生活、精神信仰等综合空间功能的叠加；交换过程除包括人与绿洲物质交换外，人与社会、人与神的交换等精神交换在历史文化村镇形成和发展过程中更为突出、多变。交换是指由资源（物质、精神、文化与信息）付出到获取的方式和过程，在绿洲历史文化村镇形成、成熟的过程中，物质交换维度、精神交换维度是考察适度交换机制的核心内容，其中包括交换约束的空间规模、交换方式、交换媒介、交换时间等。

1）区域自然资源影响因子

人以自身的活动调控人与绿洲之间的物质、能量、信息交换过程，在其过程中人可以针对区域资源状况优先选择交换的类型、方式、规模。

①绿洲资源决定绿洲历史文化村镇物质交换的基础。绿洲作为生产与生活的必要条件，有山前盆地边缘绿洲、戈壁荒漠腹地平原绿洲、山地草原绿洲等三种绿洲类型，为绿洲型历史文化村镇的异质性发展提供可能。因地域自然资源因子不同，决定绿洲聚落形成和发展的轨迹差异。由于受到沙漠、戈壁、山脉的分割，绿洲资源分布呈现出各自独立而且距离相对遥远的分散特征，绿洲传统村镇在绿洲范围内完成物质、能量和信息的交换，聚落与聚落相对分散，内部交换距离相等集中。

②水资源开发利用方式的适度交换机制。水资源在绿洲历史文化村镇中的分布决定物质和精神交换的空间结构、职能、规模、水利用方式、可持续发展程度。水资源是绿洲聚落发展动力，也维护人与绿洲物质交换和精神交换共同依赖的基础，同时也为绿洲农牧业文明及其他文明类型的形成奠定了配置资源基础。例如东天山吐哈盆地区水资源稀缺，绿洲型历史文化村镇沿水分布，通过农耕为主的生产方式实现人与水资源的物质、能量等交换，适宜采用低耗水的生态农业模式如种植棉花、葡萄等，以求集约利用；而北天山伊犁山地草原型历史文化村镇有着充沛水量，依靠天然优质草原适宜发展畜牧业。

水资源的能量交换方式也体现地域景观特色。地处吐哈盆地边缘的绿洲历史文化村镇除依靠天山融雪和山前泉水维系绿洲内的生活生产外，适宜的地势条件能够开凿坎儿井水利工程，坎儿井根据水流量的大小来决定灌溉的地亩数量，不但成为水源利用的主要来源，也是独有的水利工程文化景观遗产，成为区别其他历史文化村镇的文化特征；“新疆随处可见水磨之设施，也有利用水力榨油、碾米、压棉者，……，和靖县水磨每日可出面粉三千斤，可见水力利用已渐成规模 [9]”，水源丰泽，促使水利应用方式的可选择性。水资源在绿洲历史文化村镇的物质和文化交换维度下有两种结果：一种是正向可持续的；另一种是负向的，如古代尼雅聚落消失就是一个负向发展的典型案例。

2）区域交通因子

区域交通因子。古代丝绸之路作为主宰人类文明进程的重要贸易之道、文化之道，是沿线及辐射周边的绿洲传统聚落获取物质和精神交换的核心场所，绿洲型历史文化村镇是西域文明当下时空中的投射。通过不同时空中的交通网络叠合比对，得出大部分绿洲历史文化名村距离当下主要交通干线较远，不够便利，但是在历史上多是交通枢纽和咽喉部位，只是随着社会经济发展，交通要道逐渐偏移，大多已经被其他交通方式所替代[10]。在古代交通向好的条件下，贸易发达，绿洲传统村落发展为手工技艺型、商贸型等历史文化村镇。在交通可达性差的区域，形成文化遗产类型相对单一，纯度高，受经济因素影响表现出惰性状态的传统村落，典型案例为戈壁沙漠腹地型的于田县达里雅布依村，深处荒漠腹地，受交通条件极其落后的影响，聚落形态以自组织发展。

3）社会经济发展程度因子

社会经济发展程度在历史文化村镇“全生命周期”内物质与精神交换过程中经历2个过程：①“原型期”。历史文化村镇的形成、成熟阶段是历史文化资源积淀的过程，高速社会经济发展为历史文化资源形成的提供保障。②“破碎与重构期 ”。生活水平不断提高、生活价值观导向、物质和精神需求的类型和层次提升，导致历史文化村镇出现3种生命轨迹的可能：因自身“经济价值”不突出，导致历史文化特质逐步“破碎”，绿洲型历史文化村镇“解体”；以经济利益驱动为导向，绿洲型历史文化村镇的过度开发导致“完整性、原真性”文化遗产变相地消失，被取代的是“涂脂抹粉的表皮工程”；社会经济条件为绿洲型历史文化村镇提供科学保护和合理开发建设基础，促进其健康永续发展。以上3种发展境况也正是当下新疆历史文化村镇等级评估制度下的真实反映。

（2）物质交换和精神交换双重维度下“时间门槛机制”的时空延迟影响因子

绿洲型历史文化村镇是一个动态的系统，在这个系统中包含驱动或者限定发展的多个子系统也可以称作因子。绿洲型历史文化村镇的动态系统发展是非线性的，受其构成因子的驱动和限定。“时间门槛机制”是绿洲型历史文化村镇核心驱动机制之一，探讨其在系统中的驱动机制作用，从“时空延迟因子”对交换空间的形成、成熟、后期等维度上进行研究。“时间延迟因子”[11]指绿洲传统村落系统对要素变化做出反应的速度，历史文化村镇由聚集、发展、能量交流、时间积淀等方面都存在相应“延迟效应”。下面从绿洲聚落系统的时空轴下讨论时空延迟因子对交换空间演变的作用。

1）从聚落外部的物质、能量、精神等要素的交换空间，在系统的时间控制轴初期发生部位，属交换结果的输入侧，交换的规模、难易程度、产生效应受外界因子影响；

2）聚落内部之间的人与绿洲、人与人、人与神等物质和精神的交换空间。在系统的时间控制轴的核心部位，属交换结果的输出侧，具体反映在各类特色空间上（物质空间、精神空间、文化空间）。以农耕为基础的麻扎村和畜牧为基础的琼库什台村为例，生产时间门槛约束的时空间特征：“上居下耕”空间布局、居住点与水源的三种关系、资源限制下的游牧民族的“冬牧场、夏牧场”转场式生产方式；生活空间的时间门槛约束下时空特征：穆斯林一天中“五功”是时空序列、信仰空间“围寺而居”的便捷性交往、吐鲁番地区“冬夏居所”季向性时空选择、一年中的民俗节日的时空序列安排、多元宗教文化更迭与融合的时空遗存等。

3）聚落与社会之间的物质与文化交换空间。绿洲历史文化村镇经历在当下社会的价值决定了其后期发展的轨迹（上述在社会经济因子部分已讨论，不再赘述）。当下人们对历史文化村镇价值的判断往往取决于人们自身的需求：绿洲聚落内部人的高品质物质和精神的空间需求；外部不同利益主体的需求；政府地域名片打造、开发商经济利益为主的“特色村落文化工程”等。面对此类外部干涉因素对系统的反馈作用，时空延迟因子反映是刚性交换反馈，经过长期时空积淀形成的历史文化村镇，会在以利用为导向的“时空压缩”时做出剧烈反映，表现出生态环境严重恶化、历史文化的物质空间和精神空间载体破坏，被“新价值观”的物质和精神空间所取代。

5 结语与讨论

深度保护与发展地域文化资源、发挥特色文化资源的区域优势、创建特色文化旅游集群，发展丝绸之路特色小城镇建设等成为西北地区构建“一带一路”国家战略任务的重要内容之一。绿洲型历史文化村镇作为新疆古代丝绸之路的“态活”文化资源重要集中地，探索其本体特征和成因机制，对于建立该区域的村镇文化遗产评价体系、申报各级历史文化村镇及保护、挖掘历史文化遗产的时代作用具有重要的价值。通过以上研究凝练绿洲型历史文化村镇的空间格局：（1）国家级历史文化村镇数量远低于其他省份，但特色传统文化村镇分布数量较高；（2）提炼空间分布特征及规律：中心单向扩散，环状延伸为相对集中区和过渡扩散区；（3）根据地域资源（区域地貌特征、水资源、文化资源）总结3大绿洲聚落类型，10类特色类型。

根据绿洲型历史文化村镇的区域绿洲、文化的圈层性、形成

与发展适应性、自组织性等特点，提出绿洲型历史文化村镇系统的 2 大动力驱动机制。在聚落“全生命周期”时空轴下，从物质交换和精神交换维度探讨 4 大核心因子对绿洲型历史文化村镇作用，有利于针对性地加强或减弱其中某项因子在系统中的正态反馈作用，为绿洲型历史文化村镇的价值评价和可持续的发展提供一定的参考价值。

注释

① 数据来源：参考国家住房和城乡建设国家历史文化名城镇、国家旅游局联合公布的新疆地区的全国特色景观旅游名镇（村）数据、新疆维吾尔自治区住房和城乡建设厅 2015 年特色历史文化村镇普查统计结果，因不同时期、不同单位对同一村镇公布的数据有部分重合，以级别最高评价为准，特做说明。

② 研究社会人类学的学者王铭铭认为：所谓“配置性资源”(Allocative resources) 专指物质资源，当其用在聚落研究时，“配置资源”包含聚落坐落的区域内土地、山地、草场、水、交通等资源，为聚落提供了物质基础；和“配置资源”并存的是“权威性资源”(Authoritative resources)，指的是行政力量、社会制度、乡约、宗教文化等等，两种资源构成了传统聚落的文化特征的基底。王铭铭．社会人类学与中国研究 [M]. 南宁：广西师范大学出版社，2005:68.

③ 美国学者多纳·C 罗珀认为传统聚落的选址、开发规模与绿洲、水资源呈现圈层模式，不同的生产方式对水源要求强度有一定的差异。本研究根据不同生产性质如农业和牧业设定不同评价指标，主要考虑到干旱区、半干旱区的农耕与牧业的生活和生产用水的便捷度和可达性特征差异，因此限定主要水系与居住点位置关系。多纳·C 罗珀．论遗址区域分析的方法与理论 [M]. 西安：三秦出版社，1991:239-257.

④ 根据 2016 年新疆吐鲁番水资源统计年鉴数据推算，数据截止至 2015 年 6 月。

⑤ 关于绿洲传统聚落的 2 大驱动机制，贯穿绿洲传统聚落“全生命周期”中，具体体现在历史文化村镇形成、成熟、后期的过程中，影响其形态特征、产业形成与发展、文化遗产类型的正向作用与反馈，依据赵万民教授研究还可理解为聚落内部的内生因子和外生因子。赵万民．山地人居环境七论 [M]. 北京：中国建筑工业出版社，2015:155-157.

参考文献

[1] -[2] 岳邦瑞．绿洲建筑论：地域资源约束下的新疆绿洲聚落营造模式 [M]. 上海：同济大学出社 ,2012:33-35.

[3] 刘甲全，黄俊等．绿洲经济论 [M]. 乌鲁木齐：新疆人民出版社 ,1995:45.

[4] 岳邦瑞，王庆庆，侯全华．人地关系视角下的吐鲁番麻扎村绿洲聚落形态研究 [J]. 经济地理 .2011,(8):1345-1350.

[5] 钟兴麒，王豪，韩慧校注．西域图志校注 [M]. 乌鲁木齐：新疆人民出版社，2002:209.

[6] 中国科学院新疆综合考察队编著．新疆地貌 [M]. 北京：科学出版社 ,1978:56-59.

[7] 李玥宏，岳邦瑞等．浅谈水资源对干旱区聚落乡土景观形成的影响——以吐鲁番麻扎村为例 [J]. 长沙：经济地理 ,2011(13):36.

[8] 李胜光，郑美玲．论交换概念的哲学意义 [J]. 社会科学辑刊 ,1992(01):21.

[9] 倪超．新疆之水利 [M], 北京：商务印书馆 ,1946.(08):42.

[10] 李亚娟，陈田，王婧，等．中国历史文化名村的时空分布特征及成因 [J]. 地理研究 .2013,(8):1477-1485. [11] 美 德内拉·梅多斯著，邱昭良译．系统美学 [M]. 杭州：浙江人民出版社 ,2012（8）:144-146.

[11] 刘览弘．历史文化名城保护和开发中的景观资源评价研究——以山西灵石静升古镇为例 [D]. 上海：华东师范大学 ,2013(6).

注：文中图均除图 5 左图为李玥宏绘制外，其余均由作者绘制。

南宁市那考河滨水乡土景观设计研究

陈静 广西艺术学校 / 研究生
陈建国 广西艺术学校 / 副教授

摘 要：由于城市扩张和经济的高速发展，导致城市河流环境污染问题越来越严重。许多河流作为地方母亲河所蕴含的地域文化特色和传统价值观却逐渐没落，取而代之的是硬化的河道和千篇一律的景观。滨水景观建设缺少对乡土文化和场所精神的尊重和认可，逐渐失去了场地本身的特色与个性。在南宁市那考河滨水景观设计中应用乡土景观的理念，加深人们对那考河沿岸地域文化特色的认识和理解，把曾经质朴的田野融入城市，让人们在繁忙的都市生活中能享受到大自然的馈赠，笔者关注场地历史、乡土文化、生态环境、防洪排汛，从而设计出能体现地方价值和乡土特色的城市滨水廊道景观，这对于提高城市整体形象，增强城市滨水景观的归属感和亲切感有重大的意义。

关键词：滨水 乡土景观 景观元素 地域特色

南宁市随着各项环境综合整治工程的火热进行，整体形象及全市范围的人居环境也得到提高和改善。这就使得尚未得到治理的内河河段之环境问题凸现出来，水体污染、洪涝灾害与生态恶化使两岸居民深受其苦，各方要求尽快治理的呼声日渐高涨。

1 乡土景观的概念

乡土，“Vernacular”一词来源于拉丁语“verna”，意思是在领地的某一房子中出生的奴隶。[1]关于“Vernacular”，在国内的翻译有“乡土”“方言”两种，其中翻译成“乡土”占大多数。现在国外的乡土研究大部分把“The vernacular”看为普通居民在平常生活中所做的事。寻常景观注重平常百姓和比较实用的景观形式，包括农村景观和城市景观，在城市里很多平常景观都是因为满足居民日常需求形成的，而非刻意设计而成。

2 本文对乡土景观的认识

所谓乡土景观是指当地人为了生活而采取的对自然过程和土地及土地上的空间及格局的适应方式。[2]当地人是指长期生活在一个地方，对周边的景观产生影响，与景观形态息息相关的人群。例如藏区的寺院形态。西藏是一个藏族宗教因素很浓厚的地区，当地人里有藏族群众还有喇嘛。故而藏族文化对寺院建设和形成起着主导作用。寺院的建筑形态是藏族民众由于自身信仰需求而形成的一种建筑形态，当地人有着使用价值。再例如根据山体的等高线变化开垦的梯田或是农田，根据农民的耕作量用田埂划分出大小合适的耕地面积，都是当地人与周围环境相互调和、相互适应的过程，是当地人生产与生活中对现有场地景观进行完善和修正，这些使用行为多半是自发形成的，不受外在因素的约束，不刻意讨好非使用者，只满足当地人的意愿，反映了一种人与自然和谐共处的关系。

3 乡土景观元素类型

乡土景观元素是源自特定地域生产、生活过程中，构成乡土景观的各种自然的、社会的以及文

化的元素与符号。[3] 乡土景观元素取决于特定环境之中，是景观设计的一种素材，可以分为自然景观元素和人文景观元素。

4 实践探索——南宁市那考河滨水乡土景观设计

（1）场地概况

项目地位于广西壮族自治区首府南宁南宁市的兴宁区的那考河，距离南宁市中心 8.6 千米，红线范围 71.21 平方米。那考河目前担负着排洪、净化、景观等功能，是南宁市“中国水城”建设的重要组成部分。

（2）乡土自然资源分析

1）自然条件

南宁市属于南亚热带季风气候，阳光和雨量非常充足，为植物的生长提供了优越的条件，所以南宁市满城绿树环绕，四季常青，并且享有“绿城”的称号。

2）植被分析

南宁市以热带亚热带科属植物占优势。其中还有很多丰富的珍稀特有植物，例如：金花茶、树蕨观光木等。粮食作物有稻谷、玉米、红薯、花生、大豆等。

3）交通分析

那考河两岸每一段都有依托着城市的主干道和次干道，在大道周围设有公交停靠点。城市至公园交通方便。但是内部交通零散不成系统，基地道路南北的连续性和安全性较差。

4）河道概况

本段（那考河）流域范围内河道污染严重，沿河分布有兴宁区多个社区和三塘镇多个村庄、南宁市路东养猪场、广西畜牧研究所等村镇、企业，污水的排放使得河流水质为劣五类。

5）乡土人文资源分析

①场地背景

通过走访调查得知，1960 年广西畜牧研究所成立后这里成为了畜牧所放牧区和种植区。后“文化大革命”时期又同时成为人民公社统一放牛的地方，牛棚也设置在此地。现今政府征收了田地，把那考河区域变成城市内河排洪区。但是由于垃圾及施工弃土堆放、挤占河道等原因，造成上游内涝，当地村民苦不堪言，大家都非常怀念那考河曾经的美景。

②壮族文化

南宁是广西壮族自治区的首府，是一个现代化城市，人口以农耕民族壮族为主，民族文化风情浓郁，历史悠久，是当地的特色文化。

5 设计理念、定位及乡土景观元素的运用

（1）设计理念

南宁市那考河滨水乡土景观设计的主题为“寻回那一湾绿水”。那考河中的“那”字壮语中译为田，“考”字则可译为弯、弯弯，同时又和当地口音“告”字相似，“告”意思是靠近农田的河流拐弯处。所以那考可以理解为靠近河流拐弯处的农田。提起那考河的过去村民们记忆最深刻的就是那些放牧的日子。清清的河边草，绵绵不绝，牛羊无忧无虑吃着草，而他们就在田边附近的草棚子里纳凉看牛。主题“寻回那一湾绿水”表达这种美丽的河湾之畔牛羊肥美绿草如茵，村民们其乐融融休憩的美好景象。

（2）设计定位

安全的滨水廊道、生态的滨水廊道、乡土的滨水廊道、活力的滨水廊道。

6 乡土元素具体运用

（1）乡土自然元素的运用

1）地形地貌

设计在最小干预原有地形地貌的基础上将河道断面划分为三大梯度，第一梯度形式为树林，靠近城市各条道路，主要作用是道路污水河雨水冲刷缓冲带及绿地与城市的隔离带同时作为园内一级园路的慢行系统贯穿树林。第二梯度主要形式为梯田式缓坡种植台，位于河道 50 年与 5 年一遇洪水位线之间，在每级台阶修筑挡土墙，可分别在不同水位时淹没，梯田式的缓坡不但增加了行洪断面，缓解水流速度，还提高了公园的亲水性。第三梯度主要形式为水岸线以上的草地缓坡，位于河道 5 年一遇洪水位线上，种植成本低、易成活的乡土草皮和芦苇丛，打造清清河边草的乡土意境。

2）植被

乡土植物经过当地自然的选择，生长得更加茂盛，为鸟类、昆虫等动物提供了良好的栖息地。那考河滨水景观设计中根据三大梯度进行不同的种植与配置。第一梯度为密林区，是城市道路污水和雨水缓冲带，种植高大乔木来固土滤水，利用一些本地灌木与地被植物进行群落化栽植，营造了一个乡土气息浓郁的林下空间。第二梯度为梯田式种植带，同时也是污水净化带和河道排洪预备层，在汛期时可被淹没排洪。此梯度广植适应于季节性洪涝和成本低，维护少且景观效果好的禾本科植物营造一种田野景

观效果。第三梯度为水岸线上的草地，种植狗牙根等地被，水岸线种植芦苇、美人蕉、紫芋、鸢尾、水葱、菖蒲等净水植物，随着季节的更替，水面随之产生丰富的变化。

3）红石材料

选择原场地赤红壤中的红色石块进行运用，营造步行休闲系统、营造防洪堤、创造生态界面。南宁市土壤多类，其中赤红壤是地带性土壤，而那考河域土壤中赤红壤占很大的比重。在设计中，通过对红色石块的设计与运用，让设计对乡土文化充分尊重。根据红色石块的大小可分为石笼护坡、生态石驳岸、砾石小道等表现形式。

（2）乡土人文元素的运用

1）主题概念的提取

按当地方言介绍那考河的字面意思可以理解为靠近河流拐弯处的农田，再联系那考河过去作为牧场和田地背景文化，营造一个美丽富饶的河湾之畔，牛羊肥美，绿草如茵，当地人其乐融融的美好景象。

2）壮族文化和那文化的元素提取

在游船码头设计中，选取壮族的铜鼓、青蛙以及那文化这些元素作为游船码头的设计概念。通过对地形地貌的研究，将码头的整体形态设计为一个即将出土的半埋铜鼓造型，寓意壮族人民走向新社会朝气蓬勃、蒸蒸日上的美好生活。提取青蛙的抽象造型运用到景观廊架和岸边系船桩上，使壮族文化元素在功能上得到体现。在地形的设计上运用大片的草地象征绿色的稻田，还有各类乔灌木分布其中，纳荫乘凉的同时还可削弱地形的高差来塑造铜鼓造型。

3）日常生活的元素提取

通过对放牛、草垛、水车、牛犁田、牛棚、牧牛工具、生产工具、林边避雨棚、洗衣池、洗澡塘、木桥、田间石板路、竹篱笆等乡土元素的提取，并进行艺术化的表达，增加设计的趣味性。这些乡土生活小品最直接的表达那考河畔历史记忆，是当地历史发展和人们生活经验的真实写照，传达了浓浓的乡土风情，能唤起人们对回归自然和重温历史的渴望。

4）生产生活元素的提取

那考河曾经是畜牧所放牧和人民公社放牛和关牛的地方，也是村民耕种的地方。那些放牛和耕作的日子在当地老一辈村民的心中有着举足轻重的位置。通过对牛栏构造的研究，提取木围挡、稻草屋顶这两个元素作为游客中心的建筑元素，唤起村民对过去的回忆和回归自然的渴望。

7 结语

在城市化进程快速发展背景下的今天，滨水景观作为体现城市形象的一张“名片”，扮演着不可或缺的角色，在满足基本功能的同时还应体现场地的地域特色，追溯乡土情怀。乡土景观在滨水景观中的应用对维护生态环境，传承地域文化、走可持续发展道路有着积极的作用。希望通过本研究使得更多人认识并尊重乡土景观，使人类居住环境更和谐，乡土文化得以传承。

参考文献

[1]Jackson,J.B.Discovering the Vernacular landscape[M].Yale University Press,New Haven,MA,1984.

[2] 俞孔坚 . 景观的含义 [J]. 时代建筑 ,2002（1）.

[3] 孙新旺，王浩 . 基于乡土景观元素的湿地公园景观营造——以浙江安吉西港湿地公园为例 [J]. 南京林业大学学报，2011,11:93-96.

[4] 邹德侬 . 中国地域性建筑的成就、局限和前瞻 [J]. 建筑学报，2002（5）.

[5] 杨博 . 乡土景观元素在城市公园中的运用研究 [M].2013.

[6]Relph,E.Place and Placeless[M],London,England Pion Limited,1976.

[7] 彭一刚 . 传统村镇聚落景观分析 [M]. 北京：中国建筑工业出版社 ,1992.

新疆砖饰几何纹样中的四边形纹样艺术特征研究

昌晶晶 新疆师范大学 / 研究生

摘 要：新疆传统建筑砖饰艺术是伊斯兰建筑中最具代表性的地域特色文化，而几何纹样是反映砖饰艺术最重要的表现形式。尽管几何纹样具有秩序性和对称性，利用无缝拼接的几何排列方式展现出新疆本土民族文化特色，但其构成的图案种类繁多，尤其以四边形为主要元素的图案缺乏具体的分类与构成特征以及排列方式的归纳和总结。因此，本文通过绘制四边形纹样并剖析其构成结构，归纳和总结出四边形纹样主要包括规则形和不规则形的纹样种类，并且具有旋转对称的构成特征，以及矩阵式、对称式和特殊式的排列方式。通过对四边形纹样特征的研究，使几何纹样的艺术特征和文化内涵得到进一步地探讨和分析，力求在解读几何纹样上有所创新和发现，也为砖饰纹样中其他种类图形的研究提供参考。

关键词：砖饰 几何纹样 四边形 构成

1 引言

新疆伊斯兰建筑装饰艺术的特征是以多种多样的装饰技巧和独特的审美要求而展现出建筑装饰艺术的纹饰美。[1] 其中，新疆砖饰纹样则是伊斯兰建筑语言中不可或缺的艺术符号。[2] 伊斯兰砖饰艺术是伊斯兰建筑中的一个重要组成部分。它是在建筑设计中通过改变色彩、材质、结构等艺术手段来丰富建筑的外观，以此来达到人们对建筑的审美要求。新疆传统建筑砖饰艺术传承了伊斯兰建筑中的地域文化特色，其中以几何纹样最具有代表性，利用重复、放射、对称等构成方式来展现出砖饰纹样的节奏性、韵律性和对称性。近年来，几何纹样的深入研究与应用已不断地丰富了新疆传统地域建筑文化。

在砖饰纹样中，四边形纹样是砖饰艺术中最具普遍性和代表性的几何纹样，其种类繁多，表现形式广泛，亟需对其构成特征进一步的分析和探讨。本文通过绘制四边形几何纹样并分解其构成图形，反复进行比较分析，归纳和总结出新疆砖饰纹样中四边形纹样的构成种类、构成特征、排列方式等艺术特征。

2 四边形纹样的构成种类

砖饰纹样中几何纹样包含众多的基本几何图形，这些几何图形通过分割，旋转等方式交织产生精美的图案。其中四边形是几何纹样中最常见的几何图形，根据四边形纹样的形状可以将其分为规则形和不规则形两大类。

（1）规则形

1）菱形

在四边形的几何纹样中，以菱形为基本元素构成的纹样居多，这些纹样通过将菱形进行各种转换，形成视觉效果不一的砖饰纹样（图1）。有的菱形纹样的造型细长尖锐，主要特点是菱形的四个角中构成最小角的角度一般为30度和45度，并且构成这个角的两条边大于这两条边终点的连线。这种菱形多采用平面的形式，与其他立体图形相结合，用来突出砖饰纹样中的立体效果。

另一种菱形纹样的造型比较扁宽，主要特点是菱形中构成最小的角度为60度，并且构成这个角的两条边大于这两条边终点的连线。这种菱形采用平面和立体两种组合形式，主要运用于主体纹样的拼接，使两个纹样间紧密联系，烘托和装饰出整个砖饰纹样。

2）正方形

正方形是人们生活中最长见到的四边形，在几何纹样中，正方形同样普遍存在，但它并不是以单一的正方形的图案形式存在，而是与大小不同的正方形组合，形成镶嵌式、分割式以及镶嵌和分割式并存的正方形砖饰纹样。

“镶嵌”，顾名思义就是将一个较小的物体嵌入到另一个较大的物体中。镶嵌式的正方形的纹样则是将较小的正方形嵌入到较大的正方形中，使其形成一个相互关联的整体（图2）。通过大正方形的对角线来连接两个大小不同的正方形，又通过小正方形对角线方向的不同来区分左右两组图形，从而在规则的图形中产生细微的变化，增加纹样的趣味性。

分割式的正方形几何纹样，主要是指对正方形进行平均等分，形成若干个大小相同的正方形，对这些被分割的小的正方形加以修饰，融合成精美的砖饰几何纹样（图2）。它是以一个正方形为基本形，将其平均分成4份，形成上下左右相等的四个子正方形，将这四个正方形按照一定的设计美感打磨成立体的造型，形成凹凸有致的图案。

镶嵌式和分割式并存的正方形纹样，则是在正方形中既有镶嵌又有分割（图2）。首先在大正方形中等比例缩小，产生一个小正方形，将小正方形镶嵌于大正方形的中心处。其次，再将这个小正方形沿着中间的两条对称轴平均分成4份，在每份小正方形中再增加设计，由此形成了外部镶嵌和内部分割并存的正方形几何图案。

3）梯形

呈梯形状的四边形砖饰几何纹样虽然没有菱形和正方形普遍，但其具有独特的表现方式，主要分为两边相等型和三边相等型。两边相等型则是构成梯形图案的两条边长相等，以两个正方

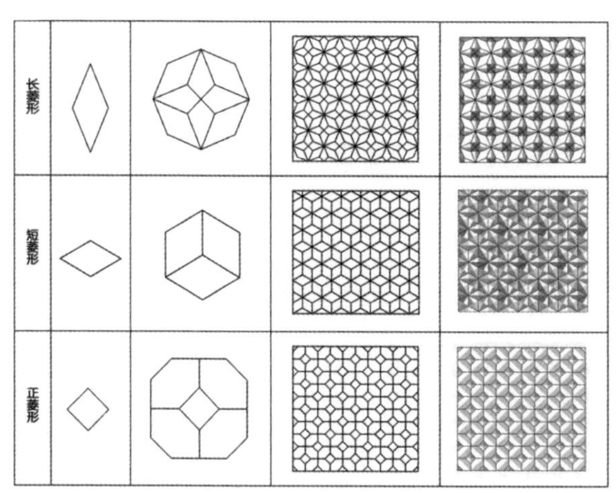

图1 菱形几何纹样

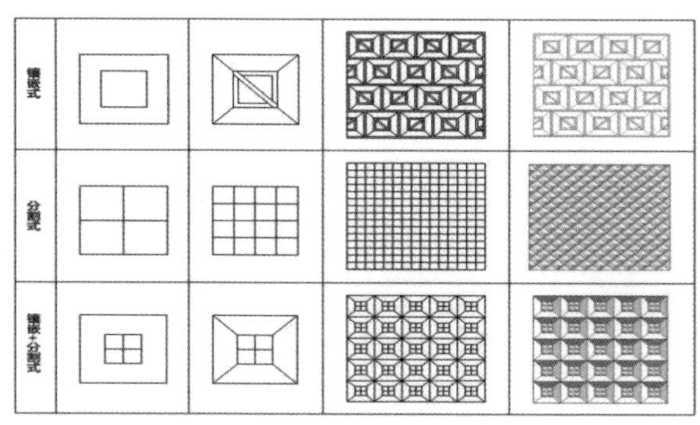

图2 正方形几何纹样

形的顶角连线与正方形的边长构成了两条腰相等的等腰梯形，这种等腰梯形的纹样主要以平面的形式存在，为其他图形之间的联系起到桥梁的作用（图3上）。

三边相等型的梯形几何纹样除了梯形的底边最长以外，其他三条边长都相等。将一个正六边形沿着对称轴分为相等的两部分，这两部分即为三条边长都相等的梯形。这类梯形纹样主要以立体的形式展现，用来强调砖饰纹样的空间立体感（图3下）。

（2）不规则形

1）直线形

四边形纹样中不规则的直线形图案主要是由直线构成且四条边的长度不完全相等。不规则直线形四边形组成的立体图案，每个四边形中只有两个相对较小角度的两条相邻的边是相等的以外，其他两个各不相等（图4）。这种不规则的四边形主要用于构成砖饰几何纹样的基本图形内的中心图案，将这些不规则的四边形赋予空间的变换，使其产生不一样的装饰效果，以此给人带来视觉上的艺术冲击。

2）曲线形

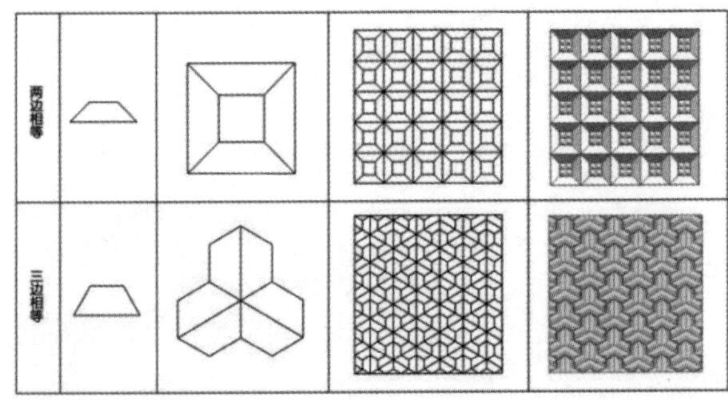

图 3 梯形几何纹样

不规则的四边形纹样中曲线型的图形则是由不同弯曲度的曲线构成，这些曲线构成的四边形有的规律性十分明确，有的则需要仔细探究，但并不是毫无规律性可循。规律性的曲线型四边形通常由四条弧度和长度上都大小相等的弧线组成，这类弧度相等的曲线常以平面的形式存在，以此来展现曲线的秩序感（图 5 上）。另一种的曲线形四边形则四条边的边长和弧线的弧度都不相等，但是仔细研究可以发现这个曲线型纹样的奥妙。首先，先确定一条弧线，将这条弧线沿其一个端点旋转 180 度，以此反复，形成一条凹凸弧度相等的长弧线，将这条弧线按照相等的距离进行复制，再将复制得到的弧线旋转 90 度，即可得到相互交叉的四边形图案。这些四边形的大小形状各不相同，也不符合旋转对称的构成特征，其规律性蕴含在图案本身的内部，只有透过内在的构成，才能感受其微妙的秩序感。（图 5 下）。

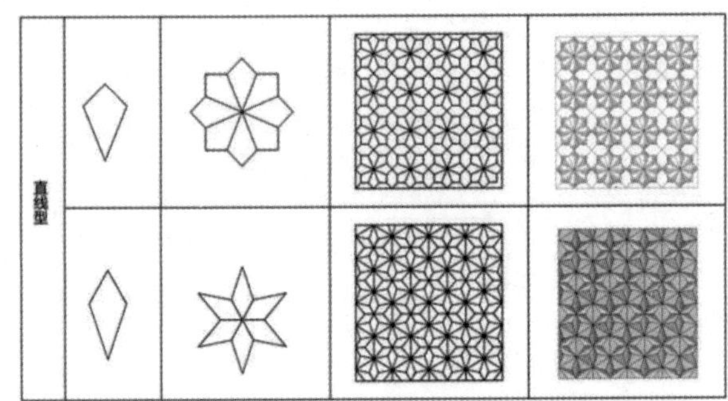

图 4 不规则四边形几何纹样

3 四边形纹样的构成特征

在砖饰纹样中，四边形是构成几何纹样最基本的组成元素，它可以通过旋转、镜像、分割等转换方式构成新的几何形图案。但不管怎样转换都遵循一个主要构成特征，那就是旋转对称，也就是将四边形以一个中心点旋转一定的角度，按照适合的旋转次数，使其最终相加等于 360 度，以此来构成一组新的几何图案。

（1）旋转 45 度

将四边形沿着较长边的顶点为中心，以顺时针的方向依次旋转 45 度，旋转 8 次得到的新的几何图形即为旋转角为 45 度对称图案（图 6）。这个几何图形首先需要确定一个正方形，并以这个正方形的中心画一个外置正方形，用来辅助图案的绘制以及衡量四边形中短边的长度，再将内置的正方形的边长平均分成三份，将内置正方形边长的分割点分别连接外置大正方形边长的中点和其内部的中心点，即可以得到一个四边形的基本形，再将这个基本形沿着顺时针或者逆时针的方向依次旋转 45 度，删去多余的辅助线即可以得到新的砖饰纹样。

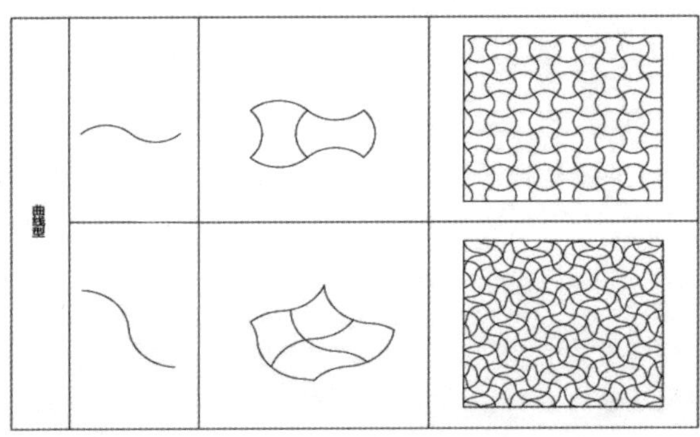

图 5 曲线形几何纹样

（2）旋转 60 度

旋转角度为 60 度的对称图形是由一个四边形沿着其中心点以顺时针或逆时针的方向依次旋转 60 度，旋转 6 次得到的几何图案（图 7）。首先确定一个正六边形，以此正六边形的中心点再画一个小的正六边形，将小六边形的顶点与中心点和大正六边形的顶点相连接，得到所需四边形的一个基本形，将这个基本形沿一个方向依次旋转 60 度，删掉内部辅助的小正六边形即可得到 6 个形态相同的四边形。

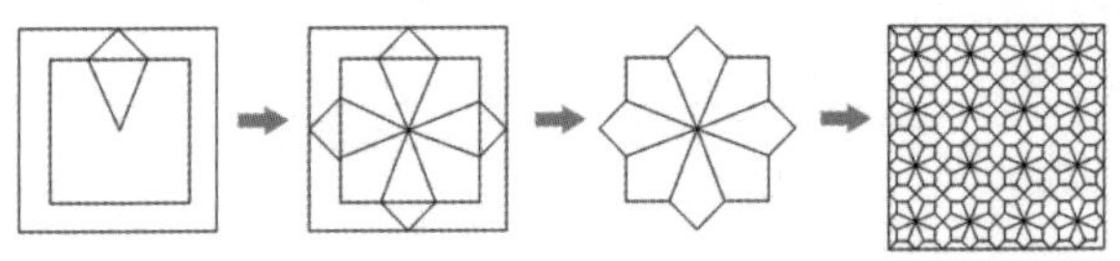

图 6 旋转角为 45 度砖饰纹样

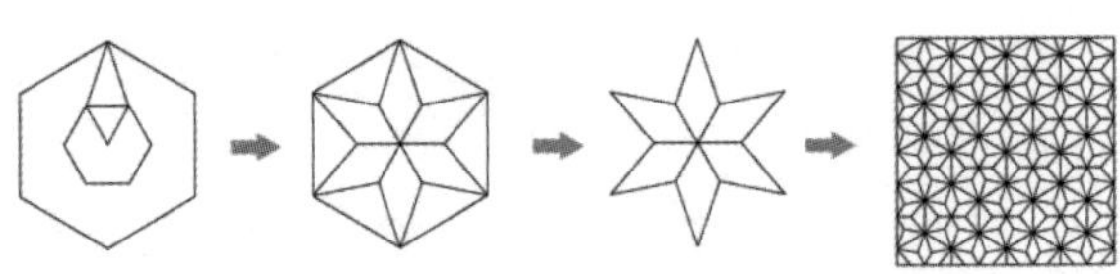

图 7 旋转角为 60 度砖饰纹样

（3）旋转 90 度

以 90 度为旋转角度的对称图案比较常见，将四边形按照较短边的顶点为中心，以顺时针或逆时针的方向旋转 90 度，旋转 4

次构成的几何图案（图8上）。首先确定一个正八边形，将正八边形的一条边长中按照其相邻的两个端点镜像，得到一条与八边形边长相等的边，将这条边的端点与八边形内的中心点相连接，此时将产生的两条边按照其两个端点的连线的方向进行镜像，即得到了一个四边形，以这个四边形为基本形，沿着一个方向依次旋转90度，即可以得到新的组合图案。

旋转角度为90度的对称图形除了直线型的还有曲线形，以水平直线上某一点为圆心画一圆，将这个圆平均分成4份，将左右两侧的圆弧按照等分点的连线镜像，则形成了四个弧线相等的

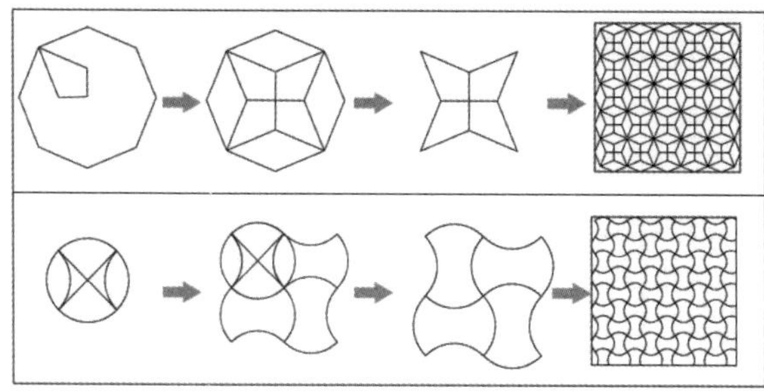

图8 旋转角为90度砖饰纹样

四边形。将此四边形按照中心点，以顺时针或逆时针的方向旋转90度即可得到一组基本的几何图案（图8下）。

（4）旋转120度

以平面内的某一点为中心画一正六边形，将这个六边形的中心点与其顶点连线，使其形成三个相等的菱形。以六边形的中心点为旋转点，按照顺时针的方向依次旋转120度，旋转3次构成的几何图案（图9）。

4 四边形纹样的排列方式

四边形的几何纹样在排列方式上依然暗含着细微的韵律性。这里所阐述的四边形砖饰纹样的排列形式是指由四边形构成砖饰图案中一组基本图形单元之间的排列方式，大致分为矩阵式排列、对称式排列、特殊式排列。

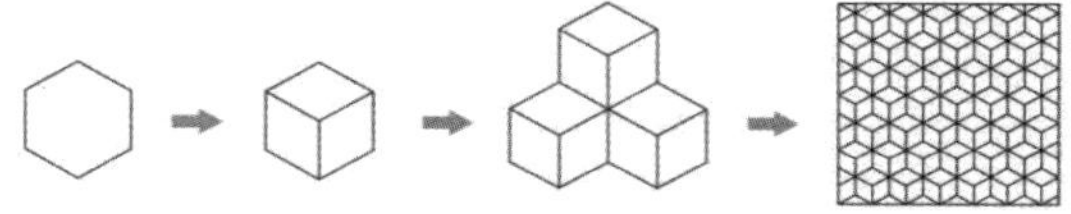

图9 旋转角为120度砖饰纹样

（1）矩阵式排列

"矩阵"，在数学中是一个按照长方阵列排列的复数或实数集合[9]。在几何纹样中，矩阵式排列主要是指构成图案的一组基本图形单元沿着上下左右的方向进行平移重复排列，形成一个矩形的阵列。诸如由四边形组合成的八角星（图10左）和正方形（图10右）

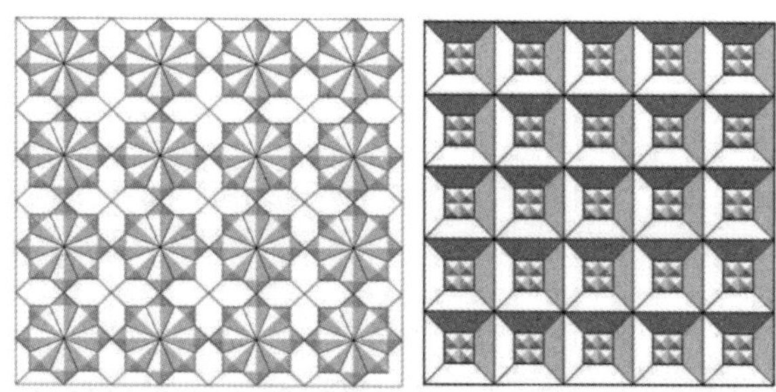

图10 矩阵式排列砖饰纹样

向各个方向平移复制，如此循环形成矩阵式的排列方式，给人带来无限的延伸感。

（2）四次旋转对称排列

将一组四边形单元构成的几何纹样通过旋转4次重复排列组合形成的图案即满足四次旋转对称排列。由四条相等的弧线构成的四边形其上下左右的图案都不一样，这种图案需要旋转4次才可以得到一组基本形，并以此重复排列（图12）。

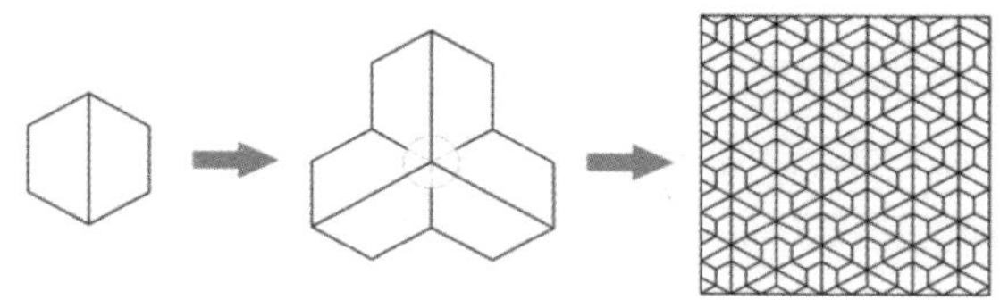

图11 三次旋转对称式排列砖饰纹样

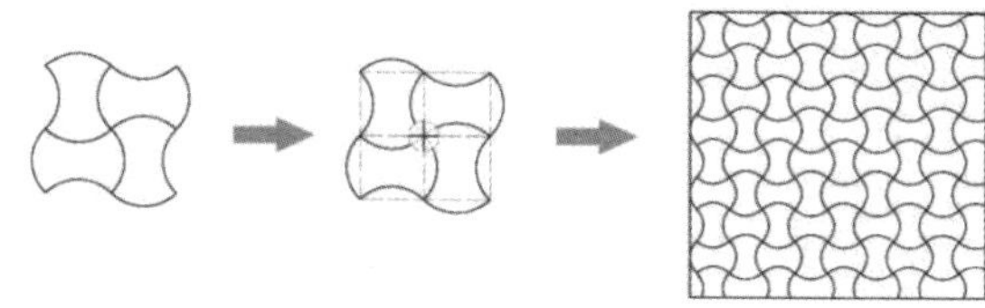

图12 四次旋转对称式排列纹样

（3）特殊式排列

四边形几何纹样中并不是所有的纹样排列都是遵循明显规律排列的，有些几何纹样的排列方式并无明显的规律性，但其并不是毫无规律可循（图13）。虽然其在排列方式上既不满足矩阵式排列又不符合对称式排列，但可以看出此图案是由两条方向垂直的弧线平行交错形成的四边形纹样，是一种特殊的排列方式。

5 结语

新疆的砖饰几何纹样是由基本的几何形组成的图案，具有新疆的地域性、历史继承性和发展性等综合特性。本文以"四边形"这种最常见的几何纹样为研究对象通过对图案分解剖析的方式对其组成类型、构成特征及其排列方式进行深入的研究，结果表明

图 13 特殊式排列砖饰纹样

构成四边形的类型主要分为规则形和不规则形两类。规则形主要以菱形、正方形与梯形为主要元素；而不规则形主要表现为直线形和曲线形两类。大多数的四边形都具有旋转对称性，而极个别特殊纹样展现出了独特的非旋转对称性，在排列方式上，主要包括矩阵式、对称式以及特殊式排列。

通过对四边形构成特征的分析，在一定程度上丰富了新疆传统建筑装饰艺术的研究成果。然而，砖饰纹样所蕴含的艺术种类与特征包罗万象，就四边形纹样而言其组成类型、构成特征与排列方式等依然需要更进一步的研究。目前，本文的研究仍然停留在对四边形几何砖饰纹样的初步分析中，欲借此抛砖引玉，让更多的学者去研究砖饰纹样中隐藏的艺术价值。

参考文献

[1] 衣霄 . 新疆拼花砖艺术特征及其形成背景 [J]. 装饰 ,2014(12):133-134.

[2] 左力光 . 新疆伊斯兰教建筑装饰艺术的特征 [J]. 兵团教育学院学报 , 2003, 13(3): 23-27.

[3]C.E. 博斯沃思 , M.S. 阿西莫夫 . 中亚文明史 [M]. 北京 : 中国对外翻译出版公司 , 2010.

[4] Papadopoulo A, Wolf R.E.Islam and Muslim Art [M].NewYork:H. N.Abrams,1979.

[5] 左立光 . 新疆民间美术丛书——民间建筑 [M]. 乌鲁木齐 : 新疆美术摄影出版社 , 2006.

[6] 范庭刚 . 新疆伊犁伊斯兰建筑文化研究 [D]. 重庆大学 , 2004.

[7] 衣霄 . 刍议新疆伊斯兰砖饰艺术的特征及应用 [J]. 装饰 , 2010(12): 120-121.

[8] 衣霄 . 新疆伊斯兰建筑砖饰的艺术表现形式 [J]. 美术界 , 2010(12): 83-83.

[9] 张贤达 . 矩阵分析与应用 [M]. 北京 : 清华大学出版社, 2014.

窑洞风貌保护与再生策略研究
——以延安宝塔山相关项目为例

郭贝贝 西安美术学院建筑环境艺术系 / 讲师

摘 要：延安是黄土文化孕育的摇篮，也是中国红色政权的发源地，而窑洞见证着红色革命文化的衍生与发展历史，对中国革命有着非同寻常的意义。本文通过对延安宝塔山城市风貌保护规划设计的阐述，探讨陕北地区生土窑洞民居建筑目前普遍存在的问题，并制定出保护性规划的实施方案以及措施，从整体规划、改良提升、结合现代科学技术三个方面论述，进而提出针对陕北地区生土民居的保护性规划原则，是对生土民居建筑保护和开发的一次有益探索。

关键词：生土民居建筑 窑洞 保护性规划

陕北地区，位于陕西省北部，地貌以丘陵沟壑、高原山脉为主，是构成陕西省三大地形区的地理单元之一。延安市位于陕北高原延河中游，市区依山而建、依水而居，周边沟壑纵横，由于延安市的地质、地貌、气候等特征，生土窑洞自古就是该地区民居建筑的最主要形式。

延安是中国红色革命圣地，在中国人的心中，有着非比寻常的历史意义，它为中华民族带来了希望和象征。延安孕育了中国第一代革命者，是无数革命先辈的“心灵圣地”。而窑洞见证着红色革命文化的衍生与发展，与中国革命相扶相依，有着举足轻重的存在价值。窑洞是黄土高原上最传统的居住形态，也是延安城市风貌的重要表现，它映射出人民对黄土高原的独特情怀。

在信息全球化的今天，飞速的城市化进程与经济建设，使悠久的文化遗产遭到严重破坏，传统人居环境受到了巨大的冲击。在延安，城市建筑特色逐渐陷入趋同化、单一化的格局。宝塔山是延安的城市背景，是延安城市面向世界的窗口，如何以宝塔山窑洞形象为依托辐射周边，形成延安城市特有的城市建筑风貌，是延安城市有待解决的重要课题。

延安城市窑洞依山势而建，因地制宜，完美融入自然环境之中，是就地取材、节能节地的低碳建筑典范，当地人称赞窑洞“冬暖夏天凉，胜过盖大房，千年不换瓦，万年不换梁”，可见人们对窑洞有着浓郁深厚的情感。然而自 20 世纪 90 年代初开始，旧式的窑洞因日益破损、设施落后已无法满足当今人们的需求，为了追求更高的生活品质，窑洞居民开始无休止地对其进行加建和改造，使得原本融汇于山体的窑洞群体被新式的砖混平房所替代。颜色、造型各异的房子犹如膏药一般被贴在了原本苍劲浑厚的宝塔山脉，山体形象遭到恶劣的损毁，也失去了以往和谐质朴的整体面貌。（图 1）在此社会背景下，整治宝塔山、整治窑洞变得尤为重要，如何拯救宝塔山、拯救窑洞，使地域化建筑得以生存和发展，是当下面临的重要问题，也是当今社会的重要挑战。

2014 年经过国务院批准，由延安市政府牵头针对宝塔山风貌进行整体复原性保护，并将随意加建的砖混平房及设施进行拆除，保护原初的山体窑洞景观，修复残缺破损的道路系统及完善山体基础设施，恢复宝塔山的本原面貌，恢复延安城市一个纯净的山体背景。（图 2）

1 延安市生土窑洞的发展瓶颈与制约

根据2007年住房和城乡建设部“北方寒冷地区农房节能技术研究”课题调研统计，在北方多个地区发现传统民居正在被千篇一律的“新式住宅”所替代，这种新的建筑模式大都相互模仿，几乎没有留存各地传统民居建筑的痕迹。同样在延安市内，这样的问题也比比皆是，生土窑洞民居在当今经济文化高速发展的浪潮下，逐渐退化乃至消失。

以项目所在地延安市宝塔山区为例，当地市民的生活观念及消费观念近些年来发生巨大变化，新技术新材料不断介入使得生土窑洞成为了贫穷落后的代名词，据延安市政府的相关调查报告表明，大部分居民希望住在宽敞明亮的楼房中，尤其已经富裕起来的小康群体，在市区购买高档商品房需求迫切而强烈，并且以年轻人居多。与此同时，没有经济实力购置楼房的居民开始对老窑洞改建或加盖，造成大量做工粗糙、质量低劣的砖混结构房屋随处可见，然而此类住宅却成了“先进模范建筑”被大量有经济能力的居民争相效仿（图3，图4）。

图1

尽管窑洞有极高的存在价值和鲜明的特点，但是人们对自身生存条件的要求不断提高，生土窑洞作为一种居住形态，确有它的不足之处，通过实地调研笔者总结主要有以下问题亟需改进。

（1）窑洞的安全性问题

生土窑洞靠山修凿，以黄土、砖石构成，正常情况下是依山势走向成排而建，是受力传递到拱形和侧墙的单体受力模式，所以连排形式窑洞是一组相对静态的有机体，然而近年来由于环境恶化，陕北高原多发地质灾害，一旦发生山体滑坡、泥石流等自然灾害，黄土和砖石所建造的窑洞就没有钢筋混凝土那样的抗拉性强，在较强的震动情况下抵抗力较弱，其中一口或几口窑地基下沉，就会导致因横向拉伸性差而连带旁边窑洞一起变形甚至坍塌，因此抗震不强就成为生土窑洞的一大缺陷；另外，窑洞坐落位置和排列形态与所依山体的走向有直接关系，高低落差、深浅不一的排位让排水没有稳定的走向，土层的吸水量是有一定限度的，当降水量较大时，不仅给日常生活带来困扰，严重时会导致土层土质松软，引发窑洞坍塌。

图2

（2）窑洞室内空气循环与采光问题

延安地区窑洞群落大部分向阳修凿在天然土崖上，削平崖面，然后横向往里挖洞，将门窗开设在南侧，窑洞室内平面呈长方形，且窑洞内空间尺度一般视挖窑的土质来决定一般窑洞的深度可达6米至10米，宽3米至3.5米，高度约3.3米。由于四周土质厚，所有窑洞一般保温良好，洞内冬暖夏凉，给人以安全舒适感，极为适合陕北地区气候特征，但是这种模式却因为门窗小而采光不足，洞尾无法开窗，使外界空气无法对流，加之土层本身有潮气，导致室内空气不流通，潮气过重，通风不畅等一系列问题。

图3

2 陕北延安生土窑洞保护常见措施

（1）利用现代科技解决难题，合理规划窑洞院落分布，应用新技术、新材料改良窑洞群落，将现代化的高科技手段与生土窑洞结合。以方案为例，建立有机的拱形混凝土窑洞框架体系，外拱面上做整体防水处理，在地势满足区域联排窑洞的搭建条件下，这种连体框架结构可使得单口窑洞发生地基下沉时保持整体联排的安全稳定性，解决由于山体滑坡及土层塌陷而导致的窑洞横向拉伸性差和主体架构不牢固等安全性问题。

图4

（2）窑洞内部由于自身结构导致的通风不畅及采光差的问题，应建立配套设施，有效利用陕北地区太阳辐射充足的优势，安装阳光折射板、太阳能热水器等光伏产品，改善室内光线及温度。再如室内安装新风系统，来解决换气问题。（图5）

（3）针对窑洞的渗水漏水问题，以片区为单位建立排水沟网，依据山体结构与居住分区建立主次排水沟体系，采取暗沟的排水法，用混凝土结构布置钢筋框架，极大增强了主体的韧性，从而避免局部受力不均而导致其他部位开裂，破坏顶部的防水系统。在混凝土的强大支撑力下，模板保持了强而有效的稳定性，可使顶部防水层保持相应的稳定性。该模式需依据窑洞院落的自然布置进行片区式汇集，建立每家每户的排水管道使每家每户排水汇集于支管，再流向总管沟，所以必须因地制宜，方才有效。

3 生土窑洞环境保护与再生原则——以延安宝塔山城市风貌保护规划项目为例

宝塔山作为延安城市的重要象征与标志，是延安形象的重要写照，也是延安城市窑洞群落的主要汇集处，其自身的城市符号特征鲜明突出，形成延安城市特有的城市建筑风貌。目前宝塔山主体区域是以宝塔山为核心向南直线延伸 1.5 千米处，自然山体形成五个向内凹陷处，蜿蜒起伏，道路体系错综复杂，从宝塔山至山体最南端沿山路约 4.5 千米，宝塔山底部向南 0.3 千米处之间山体坡度较缓，便于修建窑洞，因此该区域是窑洞群落集中分布区，外部都建有面积可观的院落，院落高低错落，有些底层窑洞的屋顶恰恰是上部窑院的院落，少数院落之间可以相互连通，融自然景观与人文景观为一体。

近些年人们对住房面积有了更高的要求，在现有窑院基础上随意加建，使宝塔山周边的居住环境遭到空前破坏，宝塔山这一美丽的城市背景也逐渐失去了以往的魅力。2014 年，经国务院批准，在陕西省政府的高度重视下，由延安市政府牵头开始对宝塔山的整体形象进行保护性复原规划。项目以宝塔山为核心，逐步向南延伸，该地区每户窑院的窑洞少则 3 孔，多则 5 孔。窑脸多以当地开采的黄砂岩及绿沙岩而制成的石料砌筑而成，石块长约 600 毫米，宽 20 毫米，厚 20 毫米，院落形态呈不规则状，面积以 20 至 40 平方米居多。现结合该项目的再生与保护情况，提出以下发展策略：

（1）整体性环境复原

整体复原工作是保护性再生的第一原则，也是最重要的一项策略。要整体把控各种影响因素，针对新建及修复的窑洞应严格服从于整体窑洞的脉络，主要是对山体内有价值的窑洞院落及其植被进行合理保护，拆除违规建筑，对现存有高低落差的环境进行整合，让现有院落得到最大化的保护和利用。具体实施内容有：

首先，拆除山体内违章建筑，保护及修复原有窑洞。拆除违建及不规范的设施，还原宝塔山真实原貌。加固原有窑院，运用现代技术，保留本土面貌，修旧如旧，恢复其原真性是本次城市风貌保护项目的重中之重。

其次，整合与梳理窑院的空间层次。一方面对于距离较近的窑洞院群落实行院与院相互串联；另一方面对有落差的院落进行搭建台阶，利用高低层次增强空间变化。使后宝塔山以南 0.4 千米范围内的窑院空间布局错落有致，这不仅方便了生活中人与人之间的互动，也使山体立面增加了层次感。

最后，保护及完善山体植被体系。主要是从宏观上的调整，结合实地考察，提出相应的整治办法。对于不具备施工条件的“疤痕”可以种植攀爬类的植被，通过专业的搭架引导，可以较快速覆盖创伤面；针对少量有安全隐患的“创面”可以采取砂岩块修建护墙进行保护与加固；在窑院内部种植树木进行遮挡，尤其以当地树种为主，例如杏树、梨树、枣树等果树最为适宜；山坡上可点种紫叶李、沙棘来增添立面效果，确保山体远观的整体美与层次美。（图 6）

（2）建立城市地域性建筑保护意识

积极宣扬对城市建筑遗产的保护意识，从百姓中出发，才能在根源上提升该地对历史遗产的保护力度，同时积极发展与红色革命相关的旅游项目，大力发展相关区域的配套服务设施，采取鼓动当地民众发扬全民性参与保护的模式，使居民认识到延安窑洞的民族性、历史性与唯一性，真正站在具有世界性的高度上认识自己的家乡，热爱家乡。在政府的相应调控下能使窑洞居民得到延安旅游文化所带来的相应经济效应，从窑洞中得到实惠，居民能够感受到居住在窑洞中不比新式楼房差，甚至更优越，更有特色，从而坚定民众对于窑洞环境保护的态度。

（3）合理利用现代科技

在大力宣扬保护意识的同时，也要同步实施科技的应用，通过对旧窑改良提升居民的生活质量。项目规划运用科学方法综合分析，结合多学科专业团队共同合作，利用现代施工手段完善山体基础配套设施。

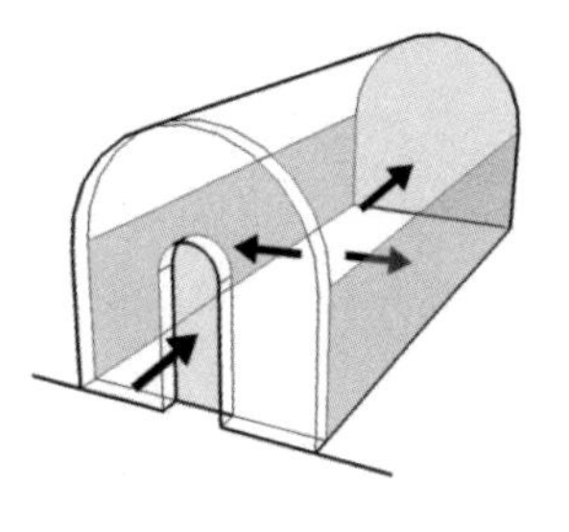

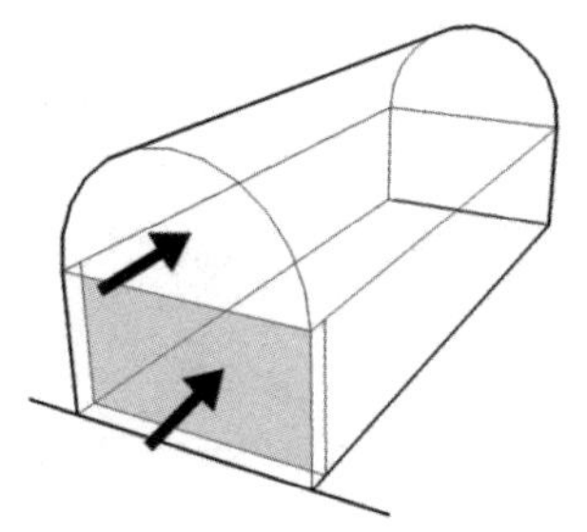

图 5

首先，对现存问题最大的道路系统进行全面整体的改良，为确保游客及居民的人身安全，加强路面开发，铺设护栏，路面宽阔的区域可适量设置休息座椅及垃圾箱等公共设施，并在人流聚集区域配合背景音乐，可适当修建公共休息及服务性场所，满足人群聚集休闲和观光考察的基本需求。

其次，完善照明体系。宝塔山依照山体走势应在适当区域有针对性地点缀照明灯具，满足夜间安全出行的需求，尤其对于道路、院落及围墙、窑脸、公共休闲区等区域应重点规划，既能保证夜间出行的安全性，又美化山体全貌轮廓，更好地烘托出山体

图 6

图 7

的层次，使延安城市的夜景更加的绚丽多彩，成为延安市的城市风貌代表。（图 7）

4 结语

本文以延安宝塔山城市风貌建设项目为例，对延安市生土窑洞建筑的共性展开描述，并得到其中存在的普遍问题及发展趋势，结合项目，对该地区生土窑洞建筑群落的保护与再生提出具体的可实施性策略。即在原有的建筑体量和尺度基础上，探求窑洞建筑在山体环境下内在的存在方式。使窑洞建筑融汇于山体之中，依附于山体，顺应环境的承受力，不能一味地主观化、效果化，导致不可逆转的破坏。只有在复原的基础上再生，才能保留和延续原有的空间秩序，既有效利用土地资源，又不破坏整体环境，最大限度地与环境之间形成了融合关系，形成特有的黄土高原村貌与地貌，并达到一村一品、一镇一品的环境要求。

参考文献

[1] 吴昊．陕北窑洞民居 [M]. 北京：中国建筑工业出版社，2008.

[2] 全景延安编委会．全景延安 [M]. 北京：北京朝华出版社，2008.

[3] 田军．陕西民间艺术——陕北窑洞的艺术传承与保护吴勘 [J]. 大众科技，2012,2(5):235-236.

[4] 王徽．窑洞地坑院营造技艺 [M]. 安徽：安徽科技出版社，2013.

[5] 王文权．窑洞文化研究——陕北窗格子 [J]. 山花杂志 ,2009,1(2):162-163.

[6] 黄嘉浩．陕北窑洞文化大观 [J]. 研究园地 ,2013, 3(4):152-164.

[7] 白凯，吴成基，苏慧敏．陕北黄土高原窑洞文化与旅游开发探讨 [J]. 河南：地域研究与开发 , 2006,25(6)：76-79.

[8] 陈慧，石艳芹，李喜刚．浅谈陕北窑洞文化 [J]. 青年科学（教师版）,2014,35(5):48-51.

[9] 左满常，白宪臣．河南民居 [M]. 北京：中国建筑工业出版社 , 2007.

[10] 曹琦．河南传统民居空间形态探析 [J]. 河南：郑州轻工业学院学报（社会科学版）,2011,19（6）:48-52.

[11] 郭庆洛．三门峡天井窑院的空间特色保护与更新研究 [D]. 上海：

同济大学建筑与城市规划学院 ,2008.

[12] 龙庆忠．穴居杂考 [M]. 北京：中国建筑工业出版社 , 1989.

[13] 渠滔，程云杉．解读康百万庄园的建筑空间 [D]. 郑州：华中建筑 ,2007,26（4）:79-80.

[14] 童丽萍，韩翠萍．黄土材料和黄土窑洞构造 [J]. 北京：施工技术出版社，2008. 37(2):107-108.

[15] 夏云，夏葵，施燕等．生态与可持续建筑 [M.]. 北京：中国建筑工业出版社，2001.

“和而不同·违而不犯”的本土设计与传统

胡月文 西安美术学院建筑环境艺术系 / 讲师 / 西安建筑科技大学 / 在站博士后

摘　要：本文是基于文化反思意味的乡土文化回归的思考。探讨本土设计与传统的设计意匠之源，解析乡土文化与文化保护之间的脉络关系，梳理怀旧与保护宏观与微观的感知度，明确本土设计生发的土壤和本土设计文化传承的依据。

关键词：本土设计与传统　乡土文化　怀旧与保护

从现代设计史的角度看，在经过1851年世界博览会开展之后的工艺美术运动后，以及鉴于早期工业生产粗制滥造所引发的“新艺术”运动，产生了向自然学习的风潮，卷草纹、不规则异形等大量出现在建筑和室内装饰中，同时钢、玻璃和铁艺装饰等工业新型材料在设计界也得到大量应用与推广，随后经历了现代主义、后现代主义、结构主义和新现代主义。而我国当下推行的当代设计观念是中国20世纪二三十年代“新文化运动”以后，经“西学东渐”的双刃剑，一方面引入了现代设计文化潮流，另一方面致使中国古典文化逐渐走向衰败没落。随着现代设计的发展，以及社会文化的反思和批判性地域主义文化的出现，中国本土设计出现了文化反思意味的乡土文化的回归。

1 本土设计与传统的关系

“乡土、乡味、乡愁”——乡土文化实属为中国文化的灵魂和根基，它的概念范畴不仅仅是当下界定的“乡村文化”，是中国历经两千多年封建社会农耕文化的精髓，“进可仕，退可耕”的科举制度成为乡土文化层面文人情怀的基石。尤其历代重农抑商的引导，及儒家“万般皆下品，唯有读书高”的思想影响，形成了中国儒家文化特有的耕读文化。纵是有着隐逸和避世之心，如自上古伯夷、叔齐至魏晋竹林七贤被文人推崇到至高的文人修养境界，也依然追寻崇尚自然、超脱的田园生活。因此传统的耕读文化更是成为当下本土设计与传统之间的文化纽带。中国古代传统文人皆以半耕半读为最佳的生活方式，以“学而优则仕”为社会基准，以世代耕读为价值取向。其中文人雅士阶层对地域建筑的建造与推广促成了地域民居建筑以及民居装饰艺术形成，中国传统文化精神内核之下便是光宗耀祖，广置田产、彰显门第。因此经商与为官的最终之道为衣锦还乡修宅建院，该阶层在自觉不自觉中传承和延续着地方文化，并将外来文化也融合掺杂其间，为文化的交融互动起着桥梁作用。

农耕文化是中国传统文化的根基，中国农耕文化的意识形态领域强调大一统的理念，追求人与自然关系的和谐和人与人关系的和睦，追求小家与大国的社会价值观，是在农耕文化的堆叠中形成的民风民俗。农耕文化集合了儒家文化及各类宗教文化为一体，形成了自己独特的文化内容和特征，以语言，风俗，戏剧，民歌及各类祭祀为活动主体作为中国传统伦理和道德规范。这种伦理观又以建筑语汇的形式表现在建筑的规制中，从院落的功用、布局到建筑装饰元素的定夺和室内生活家具、陈设的细节，无不将农耕文化和宗教文化的点点滴滴反映出来，决定着地域民居建筑文化形成和发

展的方向。同时，农耕和谐理念从某种程度上塑造了先民农耕宗法社会的价值取向、行为规范，维系了社会的相对稳定，地域民居建筑本身与生活行为方式紧密相连，如影相随。因此，基于中国农耕传统文化的“乡土设计”只能称之为回归，是根植于血脉之间文化传承的表现，而不属于某种主义的热潮，是当下乡土观重建的文化载体。

以传统文化为载体的地域设计“水岸山居”是建筑师王澍先生在荣获普利兹克建筑奖后的又一新作。一方面，该方案设计构思所受启发来源是明朝文人画家谢时臣所做的一幅山书画《仿黄鹤山樵水图》（图1），从建筑师的角度将中国传统的文人山水画还原为立体的三维空间，画面解读为小桥、房子、亭子、山水，它的特殊性在于构图的精巧和所有元素的繁复空间的组合，一树、一草、一石亲近山水自然空间的密集状态，都传递出自六朝时期宗炳所言的“圣人含道映物”、“山水以形媚道”的文人气息，文人的文化素质修养成为中国传统绘画、诗词、书法等国之精粹的传承者，而这种观念始终作为社会的中坚力量或隐或显地存在着。另一方面，该设计也是传统建筑技术与文人山水画的意识形态的碰撞，用建筑的方式演绎中国山水画和空间的进入式结构。俗语“千年的土、百年的砖”——生土夯土墙的建筑肌理是该建筑思考生态建筑的另一角度，生土的文化特性也是中国传统文化传承的细节呈现。2013 年由北京设计院李兴钢设计建成的“绩溪博物馆”（图2），建筑内部通过多个庭院、天井和周围街巷，营造出舒适宜人的室内外空间环境，是徽派建筑与聚落的空间布局的重释，尤其保留一株 700 年树龄的古槐与现有建筑结合，白墙灰瓦，绿树成荫，凸现了历史的沧桑古韵。

建筑的特性在深挖传统的角度进入了思考的界面，不仅仅停留于表面的建筑构件或文化符号的概念，国内的现代建筑曾被犀利的评论家批评为自我阉割的“不育现代性”，是很尖锐地就一些奇奇怪怪建筑现象给予的评价，而从本土与传统的理解看，本土设计既不能脱离“现代”这一入世的既视感，也不能仅仅以“遗产”被温情以待。

2“保护”的社会背景因素

传统文化的保护是在自觉与不自觉间地前行。从宏观角度，一方面，是战争、武装冲突下早期法律文书形成的保护。1944 年二战时期，意大利卡西诺山本笃会修道院被美军炸为废墟，美国战后进行了援助重建，从而签订了 1949 年的《日内瓦公约》和 1977 年的《附加议定书》。在某种意义上起到文化遗址保护促进作用。事实上破坏并没有被公约所约束。众所周知，2001 年阿富汗巴米扬大佛和2015年巴尔夏神庙都再遭塔利班和叙利亚轰袭。另一方面，现代主义建筑文化的高歌猛进使城市呈现视觉疲劳的面貌，使原本凸显特色的地域建筑在中国的大地上数年间消失殆尽，被业界寓言如今“千城一面”未来将是“千村一面”的局面。如今只能在较为偏远的地方一窥究竟，如陕北米脂县的刘家峁村的姜氏庄园、陕西韩城的党家村、安徽西递宏村、湖北婺源上饶、

图 1 水岸山居与《仿黄鹤山樵水图》

贵州的苗寨，以及岭南建筑等，而这现存的一切都已成为传统文化的稀缺资源，同时正是这种现象刺激引导了建筑和设计行业的风向，也在某种层面上促进了建筑文化的保护意识。从微观角度讲，社会基层文化归属感的丧失是更为致命的文化因素，与人生活行为息息相关的生活场景包含了一切传统的设计内容，经年累月的使用和包浆使这些人类所依存的建筑空间、家具陈设和装饰纹样都具有了文化的象征和意味，当这些实体不复存在，便使人失去了社会存在的载体，成为赤裸裸的个体。一个民族的文化自觉和自醒是依靠社会记忆的认同产生共鸣，从而产生导向，引导事物的发展方向（图3）。

3“怀旧”与“保护”

图 2 地域性“绩溪博物馆”

怀旧与保护存在质的区别。美国斯维特兰娜·博伊姆所著的《怀旧的未来》一书，将怀旧定义为“修复型怀旧”和“反思型怀旧”，重建失去的家园；反思型怀旧则关注人类怀念和归属的模糊含义，不避讳现代性的种种矛盾，个人理解前者为保护的手段与方式，而后者更为强调当下与事物之间的联系，在意识形态领域并不强调二者的对位关系。从该角度个人更为推崇反思型怀旧与本土设计的关系。

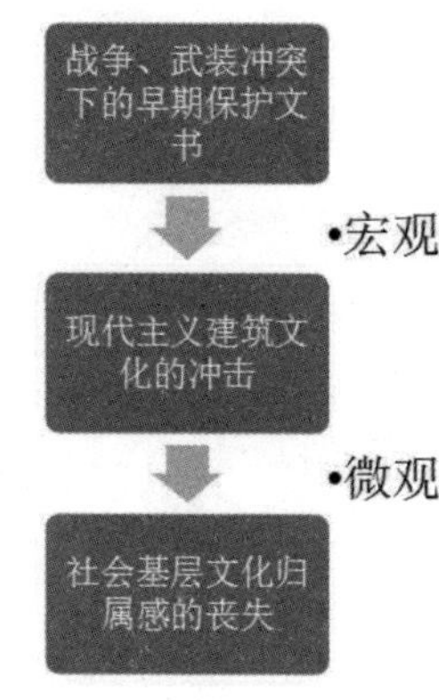

图3 保护与怀旧的所属关系

反思型怀旧中包含了城市记忆、反思记忆和思考记忆。其中城市记忆按金字塔形由上至下分为社会记忆、公众记忆和个人记忆等三个层次。第一，社会记忆恰恰是社会公共基层文化归属的共同记忆，这种记忆可以理解为年代和时代形而上的文化领域，如被逐年逐代传承的政治、经济、宗教、民俗等，也包括前文所及的文人绘画思想。第二，公众记忆是历史大事件的缩影，更多为重要事件的发生，而个人记忆则成为组成社会记忆金字塔底端的那一部分，如果通过时间轴将其联系起来便形成了金字塔式整体的、立体的城市记忆。既然城市是有记忆可寻，便有了血脉传承和根植于骨髓的文化相传。在追寻记忆的过程中，不同文化领域对记忆的反思有所不同，评论家、社会学者、作家、哲学家、学者眼中的反思记忆与建筑师和设计师完全不同，大多数的前者停留于对事物的分析和批判，指导人的生活行为方式属于隐形状态，而后者正是本土设计生发的土壤，有了潜在的社会记忆的导向将会推进设计界未来发展的自然回归状态，属于显性状态，是更为直接性的社会化语言。因此本土设计就像电波一样，有高点和低点但始终离不开中国传统文化的主脉络。第三，思考记忆是本土设计最佳的设计契合点。历史上，中国传统文人造园来源于早期山水画的影响，自魏晋山水画的萌芽到唐代独立山水画种，文人园与山水画互为彼此相互发展，最终形成后世中国文人造园乃至私家园林的盛行。将自然的大山大水浓缩为咫尺之间，“虽由人作，宛自天成”。万变不离其宗，正是传统文人画“如画观法”的写照，历代依然遵循吸收传统文化精髓的鉴古开今之道。近代，外美史早期“风格派”作为艺术运动影响到了建筑、家具、装饰艺术和印刷业。最为熟知的蒙德里安的《红、兰、黄构图》是沿着立体派和未来派的单纯化构造而来，在艺术运动的不断发展中，后期产生里特维德著名的具有时代性的“红蓝椅”。当代，德国摄影师 Andreas Gefeller 通过影像对旧事物的空间或建筑外体进行语言的整体、提炼和剥离，从而获取新的视觉设计语言。他曾拍摄了一组杜塞尔多夫艺术学院某一楼层的整体房间，通过离地面 2 米的平移拍照方式获得整个图面的复杂性和趣味性为一体。从以上由古到今的分析，我们都能发现对“记忆”文化的再现和生发，因此该“记忆”非彼“记忆”，此处的记忆更多的是“传承和借古”所包含对记忆的社会性思考。

出自孙过庭《书谱》中所说的“和而不同，违而不犯”原本是解决书法结构问题，反映出宏观世界对立中求统一，统一中求变化的辩证关系，也是形式美对立统一的法则。以此来强调传统与本土文化与大一统的关系，推动以民族文化为“正”的本意。在解读本土设计与传统的过程中同样也认识到日本设计师隈研吾所提到的“负建筑”之说，“负”与密斯“少就是多”有异曲同工之妙，但出发点角度不尽相同，“负”是“俯伏”于地面之上而相溶于空间的建筑模式，表达消失建筑的意味。与自然融合的余韵之意正是本土设计在立于传统文脉基础上所要遵循的首则。等同于现世知识分子的历代文人都是社会的中坚力量，而今世人的士族文化情怀似乎也被一脉相承。社会精英阶层同样也需要通过大自然的山山水水以达“澄怀味象”之心。如今农村的“空心村”未来有可能是与城市置换而出现“空心城”，资源稀缺的“乡村文化”具有潜在发展需求，这种需求来自中国几千年士族文化中文人隐士带领的风尚，未来以田园风光发展为先导不是空穴来风，其更接近于传统文化的意味，实为洗心宅地之选，因此本土设计是中国传统文化的回归，绝非当代设计的文化浪潮。

测绘实践传统建筑学习本原民族文化

海继平 西安美术学院建筑环境艺术系 / 副教授 / 硕导
刘姝瑶 西安美术学院建筑环境艺术系 / 研究生
王菲菲 西安美术学院建筑环境艺术系 / 研究生

摘 要：传统建筑具有深厚的文化内涵与本原民族文化基础，通过现场的测量与调查研究，能够收集大量的数据资料。近几年来作者对西北传统建筑进行测绘研究，实地考察，从中挖掘大量传统建筑本原民族文化信息，分析古建测绘在当今居住环境设计中的影响及作用，对当代失去民族特色的建筑及环境设计予以启示。

关键词：测绘实践 传统建筑 本原文化 设计

关于对古建测绘的研究与测绘整理，最具影响力的是由朱启钤先生创办于 1930 年的中国营造学社，由梁思成和刘敦桢主持，分头研究古建筑形制和史料，并开展了大规模的中国古建筑的田野调查工作。学社成员以现代建筑学科学严谨的态度对当时中国大地上的古建筑进行了大量的勘探和调查，搜集到了大量珍贵数据，其中很多数据至今仍然有着极高的学术价值，同时也培养了一大批优秀的建筑专业人才。共撰写和出版了有关我国古建筑专著 30 多种，包括清李斗著《工段营造录》、梁思成编订《营造算例》、明计成著《园冶》、梁思成著《清式营造则例》等珍贵资料。

近几年，由天津大学编著王其亨主编的《古建筑测绘》为最系统最全面，林源编著《古建筑测绘学》则主要侧重于测绘实践的指导，更适合于教学实践。

目前中国许多地方的强拆强建成为一种不可逆转的现实，大部分传统建筑在强拆中渐渐消失。测绘古建筑，是因为古建筑遗产在当今历史发展阶段具有重要意义，它是占比很大的传统物质文化遗产。它是现代建筑设计最直接最有价值的借鉴素材，准确翔实的测绘数据资料和严谨科学的记录档案，是建筑设计实践中最直接的尺寸依据及准确科学的理论依据。古建筑测绘是学习本原民族文化的重要手段。本课题通过对古建筑的研究，能够从本原民族文化中汲取古人优秀成果，从实践中培养具有本土文化自主性与民族性的设计人才。

1 以测绘实践学习建筑本原文化

我国古建筑的多元包容、丰富多样的建筑艺术形式，充分体现其功能、构造和艺术的完美统一，其具有丰富的借鉴价值。独特的形态体系、显著地域特色，更值得去深入挖掘、研究和弘扬。它是先民们长久的生活哲学。（图 1、图 2）

（1）认知传统建筑文化途径

对传统建筑的测绘实践活动，是解决如何保护、继承和发扬优秀民族文化的必要手段，也是传承传统文化、探索既符合时代要求又有中国特色建筑文化的重要课题，因为它蕴含了古人优秀的思想智慧，通过最直接接触、全身心的体验，运用专业的手段测绘整理，可获得深刻的认识。例如，传统建筑的营造结构及形式，是了解传统建筑形态与空间的现实教材。通过实践，近距离把握建筑

的尺度及形式，可增强对古建筑信息综合的把控能力，对空间形式的整体认知能力。

（2）认识本原民族文化价值

测绘实践，是对于专业人才人文素质的培养，在获取民族文化养分的同时熏陶自己，提高自己对传统的认知能力。尤其在当今传统建筑逐渐消减的状况下，通过对现有信息的收集与整理更全面更深入地了解传统建筑文化的价值，以及系统学习本原民族文化的精髓。

图 1 陕北民居正窑

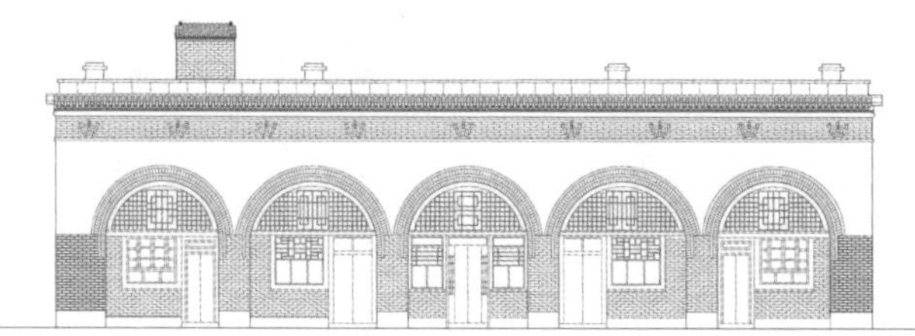

图 2 陕北民居正窑立面

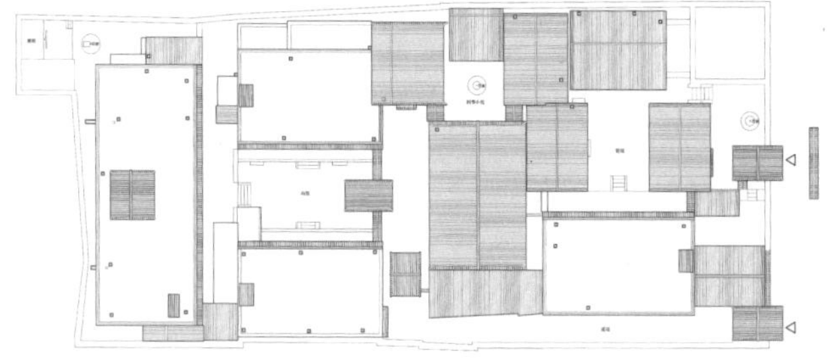

图 3 陕北米脂高家大院院落总平面图

图 4 陕北米脂老城东大街鸟瞰

在当今建筑特色逐渐衰减的单一化格局中，借鉴传统，要立足自身，变得尤为重要，测绘实践对于掌握民族文化的信息，了解本原建筑思想体系，是沟通的重要管道。（图 3、图 4）

2 以测绘实践了解传统建筑文化

以我国古民居为例，其体现着质朴而自然的美，是先辈们在生存中创造出来的优秀文化成果及智慧的结晶，它有着典型的本原民族文化特色，反映着独特的文化格局及结构形制。中国传统的封建礼制与社会家庭体制观念在民居中充分体现。在民居院落中，房舍的布局错落有致，长幼有序、兄弟和睦、内外有别的传统宗法礼制和伦理观念是内在的体系反映。房间的空间格局、等级秩序、高矮控制是非常讲究的，往往正房是院落之中级别最高的，矗立在院落的中轴线上，垂直高度最高。其次是厢房，厢房在正房前的左右两侧，为子女居住，再次是倒坐及其他房屋。院落秩序井然、布局巧妙，本原民族文化特色在此彰显着传统的精美。

然而，由于在使用过程中的自然损耗，风雨的侵蚀，自然灾害的影响，如火灾、地震等因素，加上战乱、人为的破坏因素，绝大多数古建筑残破不堪，加上现代生活方式的干扰，新型建筑材料的出现，传统建筑的消亡十分迅速。通过测绘与管理手段进行数据采集，可以从信息数据中使得大量的传统建筑以图形信息的形式利用档案管理的手段保存起来，达到对建筑信息的储存与保护。（图 5~ 图 7）

具体的实施办法为：

（1）进行现场勘察、测量与整理，研究其建造格局、营造特点；

（2）对院落空间形态、建筑形制、建筑装饰以及风格特征进行系统性的分析与研究；

（3）了解传统建筑结构，研究构造做法与施工工艺，统计建筑材料，进行分类整理；

（4）现场调研地理位置、地理条件、地貌、地形特点、水文特征等自然环境要素；

（5）进行现场踏勘与采访，查阅文献资料，搜集详尽、完整的相关背景资料；

（6）研究历史文化背景、自然生态环境、社会文化环境、行

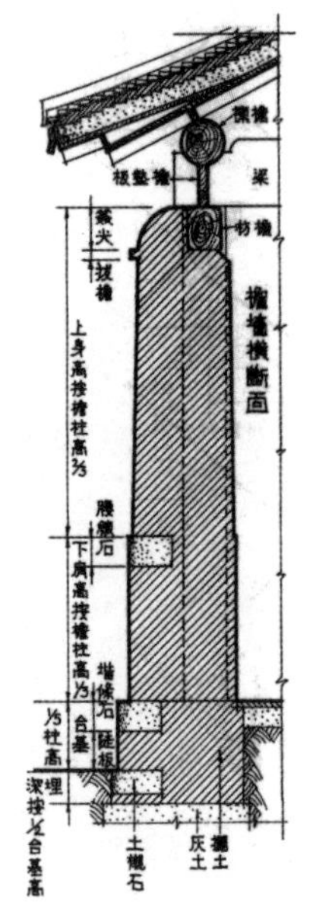

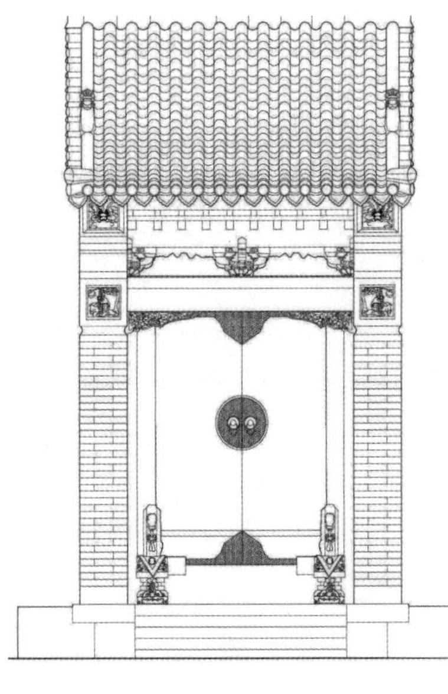

图 5 民居构造（资料：《清式营造则例》）　图 6 陕北民居宅门正立面

图 7 陕北杨家沟冯家大院

政区域划分、商业经济发展，完整地了解并概括出地域特色、人居环境的分布特点、聚落居住的选址和聚落形态特征。

在具体的实践当中，以报告的形式考察古建筑院落的居住特点、生活方式与习惯、聚落地域风情及民族习俗以文字内容进行描述，归纳及总结当地人的民俗民情、生活状态、观念形态、处世哲学和审美情趣等全方位相关信息的采集及整理储存。

3 以测绘实践塑造自主性设计人才

中国传统建筑无论是从形制、结构、部件构造、色彩上都默默体现着独特的风格魅力，有着其他域外建筑无与伦比的民族形式与地域风格。它尊重自然、结合气候、因地制宜的聚落形态洒落在不同地域特色的自然生态环境里。

在信息快速传播的社会背景下，民族遗产及民族传统显得尤为重要，是我们生活环境中必不可少的因素。由于长期失去文化自信，盲目追随欧美时髦建筑形式的态势下，以致轻视、排斥对传统建筑文化遗产的继承与弘扬。目前的建筑设计，疯狂而盲目的抄袭，缺乏对本原民族文化根源系统地研究，而测绘古建筑是学习传统文化最直接的途径，通过实践体验，对传统建筑身临其境的接触与感受，细细领悟民族文化的精髓。

（1）了解传统建筑之美学特征

传统建筑在艺术处理上是功能与结构有机组成，每个建筑构件、建筑空间并非多余，整个建筑浑然于一体，其紧凑有力、张弛有序，突出体现的是美与功能的完美结合，很少用表面的粉饰与包装。即使是彩绘或者雕刻，也是附着于结构之上的，色彩也是出奇的大胆，但放在一起又是如此的和谐与完整。材料毫无浪费，经济节约，于今天的建筑设计大相径庭，这方面是值得研究与借鉴的。

林徽因先生在《论中国建筑之几个特征》中这样描述中国建筑：屋顶本是建筑上最实际必须的部分，中国则自古不殚繁难的，使之尽善尽美。使切合于实际需求之外，有独具一种美术风格。屋顶最初即不止为屋之顶，因雨水和日光的切要实题，早就扩张出檐的部分。使檐突出并非难事，但是檐深则低，低则阻碍光线，且雨水顺势急流，檐下溅水问题因之发生。为解决这个问题，我们发明飞檐，用双层瓦檐，使檐沿稍翻上去，微成曲线。又因美观关系，使屋角之檐加甚其仰翻曲度。这种前边成曲线，四角翘起的“飞檐”，在结构上有极自然又合理的布置，几乎可以说它便是结构法所促成的。……这个曲线在结构上几乎不可信的简单，和自然，而同时在美观方面不知增加多少神韵。（《林徽因文存》论中国建筑之几个特征 6 页 28 行，陈学勇）（图 8、图 9）

（2）研究传统建筑之结构特点

中国古建筑木结构框架体系是中国传统建筑文化的精髓，是建筑营造技术智慧的结晶，柱、梁、枋、檩、椽起承重作用，结构灵巧多变，柔韧性、稳固性极强，抗震效果极佳，其作为独立的构架体系，结构与风格特征浑然一体，无论从功能本身还是外部造型都紧密结合，构成完整的组成系统。榫卯的作法、斗拱的受力技巧、力传递方式，其用法在屋构程序中自然而巧妙，俨然把木作发挥到了极致。柱子支撑着斗拱，斗拱延伸了受力面积，最终支撑着挑出的屋檐。这是其他域外建筑所不能相提并论的，现代西方建筑的钢筋混凝土图框架结构也无非这般，单论技巧、论技术未必能与其相媲美。中国自古有句通行的谚语，“房倒屋不塌”，正是这结构原则的一种表征。

4 以测绘实践获取真实专业资料

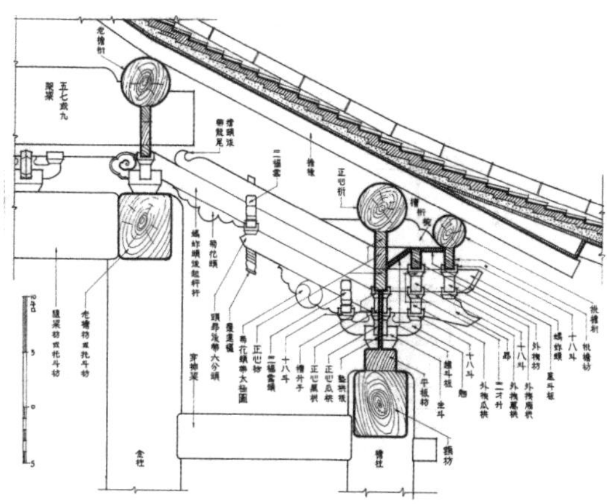

图 8 檐口作法：（资料：《清式营造则例》）

图 9 陕北米脂李自成行宫

信息时代快速发展的今天，大量图片信息纷繁呈现，网络资料获取非常的容易而便捷，与此同时通过网络渠道获取的素材随处可见，缺乏可靠性依据，并缺少一定的本真性，通过此种渠道获得的素材缺乏应有的特色。其根源是对传统建筑文化缺乏系统地研究与分析，对传统文化了解不够深入。

测绘古建筑，能够深入研究及挖掘传统建筑所呈现的文化渊源及重要历史信息，不同历史文化背景所呈现的风格特征大相径庭，例如古建筑中的雕刻（石雕、木雕、砖雕）、壁画、碑刻等，其工艺特征、材料选择、题材与内容，反映着一定历史时期的文化缩影，包括使用者的身份地位、个人喜好等情况。这些信息依附在建筑之中，成为建筑有机组成部分，素材真实而可靠。这些信息为古建筑增添了不少风采，是考证建筑物历史存在意义的珍贵资料。这些素材经过测绘加以整理，进行系统地数据信息的统计、绘制图稿、编写报告，最终成果进行展示。

（1）图纸总汇；

（2）统编数据信息；

（3）综合报告；

（4）模型成果展示；

（5）理论成果；

（6）建立档案资料库。

整理编制档案资料，这些资料与信息将成为最真实的第一手资料。通过科学而严谨地记录及整理，所获得信息真实而可靠，规范而系统，是一套既全面又完整的珍贵的现实档案资料。

测量不只是在现场单纯而机械地工作，在测绘中需要综合运用建筑设计基础、中国建筑史、画法几何、测量学、CAD 等课程的知识与技能，加深对古建筑优秀遗产的认识，提高测绘技能和建筑审美、研究能力，形成合理的智能结构，培养良好的工作作风和职业道德。真个测绘程序完成之后，必须上升到对传统建筑本原文化精神层面的提升，对所有附着在古建筑中的信息进行有效的判断和价值取舍。所以，仅仅掌握测量技术是无法完整地了解与学习建筑本原文化的。只有抱着尊重的态度了解传统，学习建筑本原文化的精髓，实践中不断提高自身的专业技能和综合修养，将理论与实际应用相结合，改变单纯依靠计算机、依靠网络间接资料库获取资源的学习习惯，最终在建筑创作设计中取得丰硕的成果。

5 结语

如何保护、继承和发扬优秀的传统建筑的本原文化，探索既符合时代要求又有中国特色的民族文化，是现代人居环境所面临的主要问题，也是从事相关专业研究人员的责任，继承与学习传统建筑文化，加强基本技能和实际操作能力。通过对传统建筑的测绘与研究，学习传统建筑聚落与环境的结合的实例典范，研究其在功能、构造和艺术的完美统一及独特的形态体系等，创造出富有民族本土文化色彩的建筑创作作品与宜居环境。同时在实践中，提高专业素质，重基础，重研究，从测绘实践中培养具有创新能力的有可持续发展思维的设计人才是长期思考的问题。

探索具有中国特色的现代建筑创作之路，就必须善于学习、继承和弘扬祖国优秀民族文化传统。

参考文献

[1] 刘敦桢．中国住宅概说 [M]. 天津：百花文艺出版社 ,2004.

[2] 侯继尧 王军．窑洞民居 [M]. 郑州：河南科学技术出版社 ,1999,9.

[3] 刘致平．中国居住建筑简史 [M]. 北京：中国建筑工业出版社 ,2000 .

[4] 陆鼎元．中国传统民居与文化 [M]. 北京：中国建筑工业出版社 , 1997,1.

[5] 王其亨．古建筑测绘 [M]. 北京：中国建筑工业出版社 ,2006,11.

[6] 林源．古建筑测绘学 [M]. 北京：中国建筑工业出版社 ,2003,1.

[7] 陈学勇．林徽因文存 [M]. 成都：四川出版集团 四川文艺出版社 ,2005,10.

喀什噶尔古城聚居空间的场所精神解读

姜丹 新疆师范大学美术学院艺术设计系景观设计专业 / 副教授

摘　要：喀什噶尔古城作为在原始的少数民族社会群体基础上诞生的“生存性空间”，自选址伊始就与场地建立了密不可分的场所逻辑关系，展现了高度凝聚的少数民族文明。本文借助建筑现象学的“场所精神”理论，分别从地域圈层、宗族空间、建筑格局剖析古城聚落的场所特征，探索如何在时代更新的过程中抵御场所精神的流失以及聚居格局的去精神化，为场所精神的多元性及复杂性构建当代语境，进一步拓展少数民族人居遗产空间的科学研究范式。

关键词：喀什噶尔古城 聚居空间 场所精神 场所逻辑

1 从“场所”到“场所精神”的认知

从亚里士多德的“虚空”观念到海德格尔关于“建造与定居”的哲学思考，从爱德华·拉尔夫的“场所性与无场所性”诠释，再到段义孚的“地方、空间与生存”思想的研究，“场所”一词作为“特定的人或事物所占有的活动处所”，其概念从未停止地在哲学、心理学、地理学等学科框架下延展。

20 世纪 70 年代，挪威城市建筑学家克里斯蒂安·诺伯格·舒尔兹在后现代主义思潮的背景下，第一次有意识地将胡塞尔、海德格尔等人的现象学思维引入建筑学领域，构架了建筑现象学体系，从而提出了“场所精神”的核心概念，进一步弥补了现代主义建筑设计、城市设计等侧重功能以及自然科学方法的偏颇。场所精神的提出赋予了场地特殊的内容性，以及非物理意义上的、超越时空界限及精神立场的关系概念，是人的意识与行为存在于场地之中所获得的空间感和归属感，也是承载人类历史、经验、情感的认知体系。

2 聚居空间与场所精神的哲学渊源

聚落作为场所空间中相对开放的复杂系统，不仅是人类聚居与生活的地理学现象，同时也是地表上重要的人文景观，具《史记·五帝本纪》记载：“一年而居成聚，二年成邑，三年成都”，古城亦是聚落最基本、最原始的存在形式之一。喀什噶尔古城亦称“回城”，最早可追溯至两千余年前关于张骞出使西域的记载，是古丝绸之路上“使者相望于道”、“贝贩往来不绝”的经济文化腹地，同时也是草原游牧政权与中央集权的势力交织地带。自明代中期始建，直至清代晚期才逐渐形成今日之规模，在清代的《回疆志》中，古城格局“不圆不方，周围三里七分余，东西二门，西南两面各一门，城内房屋稠密，街纵横”，如今已发展成为驰名中外的典型少数民族历史风貌聚居区。①

喀什噶尔古城作为在原始的少数民族社会群体基础上诞生的“生存性空间”，其空间的生产并非偶然。追溯历史演进的轨迹可以发现，古城自选址伊始就在空间上与生态结构、宗教信仰保持着高度的“耦合”，并与外界的自然环境建立了物质循环、能量交换、信息传递的场所逻辑关系。建筑作为聚落内部褒扬人类空间行为的容器，展现了高度凝聚的少数民族文明。宗族血缘成为了时间、

历史叠痕、事件流的链状维系，并基于地缘特征反映出了场所与人伦秩序的同构。由此可见，建筑现象学的哲学观点进一步挖掘了喀什噶尔古城以及场所精神的意义，势必对深入梳理少数民族传统聚落形态、建筑格局、文化存续有所裨益。

3 聚居空间的场所精神特征

（1）地域圈层的场所存在

自然场所引导人们逐渐具备了明确自身与场地关系的能力，形成了客观存在的人地关系，即人类与生存环境所建立的地域地缘关系，包含了在一定的社会生产力水平下，气候、水土、地形地貌等场所因素对人类生活的影响，以及人类对场所现象的把握与认知。地缘环境作为聚落的物质依托，造就了聚落生成的特点，并在历史演进与人居集结的过程中，通过与场地进行能量交换和信息传递，构建了相对稳定的场所逻辑。

历史上的喀什噶尔古城以环绕吐曼河以北的地块而形成，后因战事迁徙至吐曼河以南的今址，而后又继续向西推移，据考古资料可推断，其原因主要为河流改道而导致的沙进人退、人进城移。气候方面，喀什噶尔古城地处温带大陆性干旱气候带，光照时长、降水量小，常遇浮尘、沙暴天气，使得古城的民居建筑多呈外封内敞式，屋檐低、门矮，且普遍采用“全生土”和“半生土”结构替代大木作开展传统营建，夯筑土墙的厚度可达 50~90 厘米，“外观之，方窗二三，围壁共涂泥”，以此应对夏季灼热的热辐射以及暴雪与风沙的侵袭。此外，人们利用特殊的地形地貌条件，选择生土台地营造聚落体系，并在有限的场地内构建集群式的住屋群体，作为嵌入自然结构中的人工系统，在营建过程中积累了大量顺应自然、趋吉避凶的生存经验。

可见，在生产力不发达的历史阶段，地缘环境的自然演变成为了制约人地关系发展的重要因素，对聚落兴衰具有刚性的约束作用。而人类在规避地域缺陷的基础上，自觉或不自觉的受制并反作用于场地系统，使得附着于古城住居形态的场地精神成为了人们体验、尊崇地缘秩序最直接的表现。

（2）宗族空间的场所认同

民族聚落的形成，与民族群体中的人伦血缘有着密切的关系，正如费孝通先生所说：“地域上的靠近可以说是血缘上亲疏的反映”，由血缘空间而衍生出的宗族聚居关系，成为了构建场所认同感和归属感的精神载体，深刻地影响着民族聚落的形态特征。

1）族别空间

喀什噶尔古城自古便是众多种族和部落繁衍生息、纵横捭阖的古丝路要地，目前，在古城内仍可寻迹到大量民族共融的足迹，其中以 9 世纪中叶西迁的游牧部族回鹘人（维吾尔族）为主支，在古城内部分布极广。此外还包括自喀拉汗王朝时期以经商和传教为业的古乌孜别克人，多分布于吾斯塘博依街道的安江热斯特巷。再者是自察合台汗国时期的蒙古人，后逐渐被当地伊斯兰民族同化，古城内的奥然喀依巷即为当时蒙古族人的主要居住地。

2）血亲空间

除了以族别划分居住领域外，古城内部也多以直系亲属血脉为聚居纽带建构居住群，或以旁系亲属组建犬牙交错状的院落群，最终形成以巷道为单位分布的、颇具人口规模的宗族聚居版块，不仅影响着聚落建筑格局的营建模式，更渗透于人们的生活习俗、家庭组织、制度意识等方面。

可见喀什噶尔古城不仅是由宗族血脉为纽带而派生出的物理意义上的场地，而对亲缘属性的认同，成就了寄托少数民族心理状态与生活方式的精神空间。在血缘人伦的生命肌理制约中，古城始终保持着乡土淳朴的人居生态观和价值观，遵循着居住文化形态的一律性，从而形成了以社会集体为主系，以血缘关系为支系的族群社会形态，其所承载的复杂社会关系构成了古城独特的历史风貌特征。

（3）建筑格局的场所导向

喀什噶尔古城建筑空间格局是在以绿洲为基本生存场所的演进过程中所形成的物质空间，也是反映少数民族人居状况和伦理关系的文化载体，至今仍彰显着“房屋稠密、街衢纵横、市场林立、犹如省垣”的营建规模，并呈现出多元复合的场所导向特征。

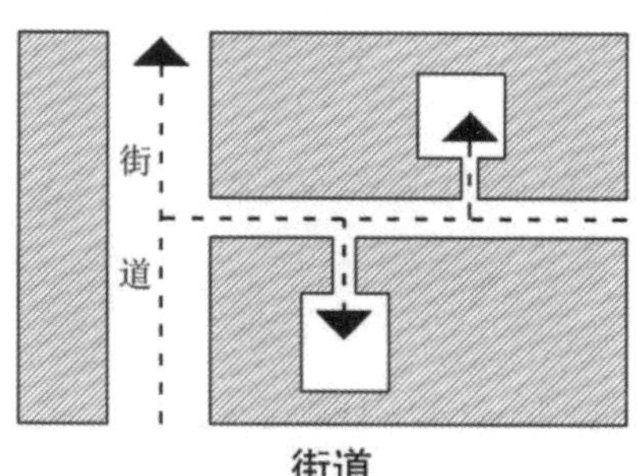

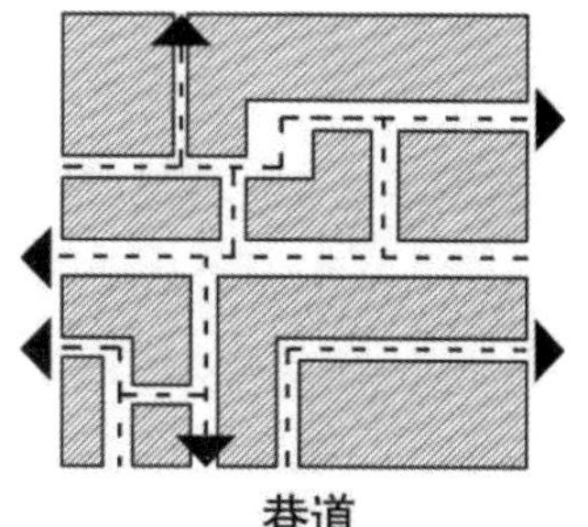

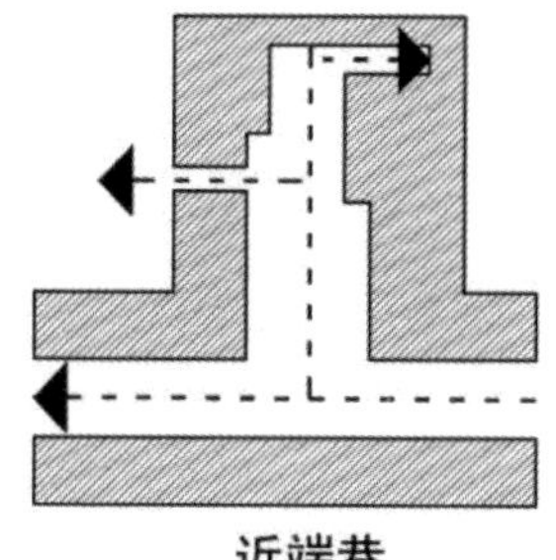

图 1 喀什噶尔古城内部道路系统分类

1）以街巷为方向

喀什噶尔古城的内部道路系统主要分为街道、巷道、尽端巷三类（图 1），街道是构建建筑空间格局的线形控制体系，作为最重要的交通主干道，通常兼具“巴扎”的功能。建筑的垂直界面与街巷构成了狭窄、深幽的半封闭空间，形成了鳞次栉比的网状巷道，承载了极高的步行可能性。随着道路的等级逐级降低，邻里间的私密性渐强，内部空间的公共秩序渐弱，尽端巷主导了建筑空间的末端部分。由此可见，古城街巷不仅是维系邻里界限、社会交往、交通运输、集市交易的重要肌理，更进一步构建了古城格局具有方向性的社会秩序。

2）以清真寺为中心

清真寺是寄托并弘扬伊斯兰精神堡垒的神圣之地，清真寺建筑作为宗教建筑的形制之一，是穆斯林社会物质环境的可识性符号，也是认知场所精神最为基本的知觉图式。在喀什噶尔古城建筑格局中，通常呈现出“围寺而居”、“以街坊成群（片）而设寺”的向心形态。小型清真寺常处于主巷道的节点处，清真寺前的有限空地成为了周边居民短暂社交的公共场所，大型清真寺具有更为丰富、特殊的社会功能，将教义的抽象概念凝聚成庄严、肃穆的场所精神，辐射从属的宗教单位及民居群，引导古城格局呈“十字轴”或“内环放射”状的空间形态特征（图 2）。

3）以民居群为领域

喀什噶尔古城中包含了三个主体民居群，分别为：恰萨——亚瓦格片区、艾提尕尔片区以及高台民居片区。长期以来受地形地势、方位、社会功能等因素的影响，人们通过对场所的体验，逐渐反馈对场所的认同与定位，使得三个民居群组团均形成了各自独特的领域特征以及明显的内向围合关系，把控着古城聚落各个重要环节，并不可避免地相互干预、投影、重塑着聚落空间结构，承载着复杂的人居格局。

4 场所精神的保护与延续

21 世纪以来大规模的传统聚落有机更新项目逐年增加，项目任务也更趋多目标及综合化发展，但不难发现，在一些已竣工的项目案例背后存在着大量有悖于古聚落有机发展的现象，在时代精神的张力下，以标榜场所精神的抽象意义去制衡复杂的社会力量，盲目地以场所精神作为抵御时代多样性的反思，有的似乎背负着沉重的文化包袱，挣扎着寻求传统性的时代生长点或时代性的传统立足点，甚者以“民族”、“地域”为借口去迎合利益趣味，这些不仅是对场所的迷失，更是对时代精神的否定。

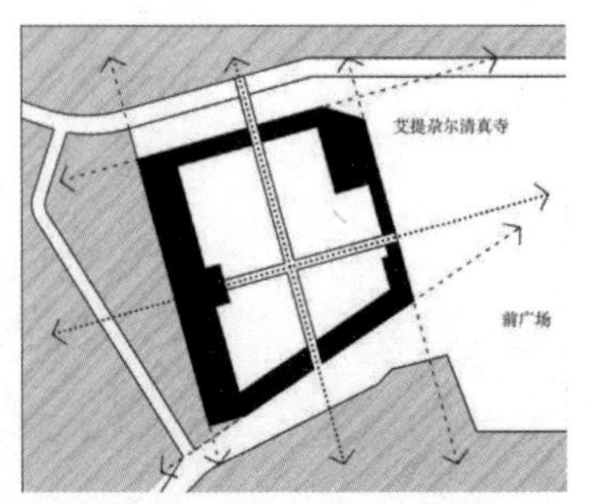

图 2 艾提尕尔清真寺平面“天心十字”形态

喀什噶尔古城作为新疆少数民族地区人居文化遗产空间的重要代表，近年来在老城区旅游产业规划、历史风貌改造等方面取得了引人瞩目的成绩，目前已成为新疆地区第一个国家 5A 级历史人文景区。不可否认随着全球化发展以及我国现代化事业的不断推进，在商业资本驱使下实施的民族地区历史风貌区转型，势必会冲击原住民的场所结构，甚至动摇地域文化根基。然而人类社会的发展是一个与时空演进完全同步的、不可避免的复杂现象，如今的人居领域早已不再止于“生存”的边界，因此如何在纷繁的更新过程中审慎地进行理性创新，抵御去精神化及场所精神的流失，为喀什噶尔古城场所精神的多元性及复杂性构建当代的设计语境，是迫切面临的问题。

正如埃德加·莫兰所说：“复杂特征不是一个解释一切的起主导作用的词，而是一个起警醒作用的词，促使我们去探索一切。”②因此对于设计师而言，探索人居文化遗产空间的开放性，并在新时代下以适时的语言方式表达场所的意义，以更开阔的态度和视角扬弃并发展场所精神，使得“融合”变成当代发展的趋势，不仅是对喀什噶尔古城渐进式、自发性的可持续保护措施之一，也是延续古城聚落场所精神的重要途径。

注释

①李群，探析喀什噶尔古城聚居空间的耦合性［J］，南京艺术学院学报（美术与设计版）.2014(4):104-108

②周坤，颜珂，王进．场所精神重解：兼论建筑遗产的保护与再利用［J］．四川师范大学学报（社会科学版）.2015(3): 67-72.

参考文献

[1] 诺伯格·舒匀茨，场所精神——迈向建筑现象学 [M]. 湖北：华中科技大学出版社 ,2010.

[2] 乔治娅·布蒂娜·沃森，伊恩·本特利．设计与场所认同 [M]. 北京：中国建筑工业出版社，2010.

[3] 章宇贲，行为背景：当代语境下场所精神的解读与表达 [D], 北京：清华大学，2012. 滚滚长江东逝水，浪花淘尽英雄。滚滚长江东逝水，浪花淘尽英雄。白发渔樵江渚上，惯看秋月春风。

一壶浊酒喜相逢，古今多少事，都付笑谈中。是非成败转头空，青山依旧在

再塑乡愁——以云南佤族翁丁村保护发展研究为例

李卫兵 云南艺术学院建筑系 / 副教授
王睿 云南艺术学院建筑系 / 讲师

摘 要：翁丁村是中国最后一个原始村落，有着独特的文化魅力。但在市场经济的冲击下，翁丁村空心化的现象比较严重，急需要保护并发展起来。文章从传统村落保护与发展的研究现状出发，对翁丁佤族原始村落保护与发展进行了思考，最终提出传统村落的保护应该是“活的生态博物馆”式的再塑乡愁的动态过程。

关键词：再塑乡愁 翁丁村 传统村落 保护与发展

翁丁村是佤族的聚落，历史悠久，是“中国最后一个原始部落”。早在2012年，翁丁村被评为中国“十佳文化乡村”和“云南30佳最具魅力村寨”，并列入“中国传统村落名录”。所谓传统村落，“是指拥有物质形态和非物质形态文化遗产，具有较高的历史、文化、科学、艺术、社会、经济价值的村落。”[1] 传统村落深深地烙上了中华文明的烙印，是展示中国传统文化活的博物馆。有着深厚民族文化底蕴的翁丁村，对佤族原始村落的研究有着十分重要的意义。同时，研究传统村落是历史文化遗产的重要组成部分，其理论研究对我国历史文化遗产保护具有重要意义。随着社会的发展，翁丁村空心化现象越来越严重，因此在保护特色的同时发展生产，将村民融入村落保护事业之中，又具有十分重要的实践意义。

1 传统村落保护与发展的研究现状

（1）国外的研究现状

国外对传统村落建筑保护研究开始于19世纪后期，主要有三种观点：其一，“修旧如旧”，是著名法国建筑理论家维欧莱·勒·杜克（Viollet·Le·DuG，1814–1879）提出来的。他认为建筑的修复是风格的修复，必须保持风格的原真性。他主要强调了修复古建筑的表现主义。其二，维持传统建筑原貌，是英国人威廉·莫里斯（William Morris，1834–1896）和约翰·落斯金（John Ruskin，1819–1900）提出来的，而且强调原本地保护传统建筑的现状，要针对性地保护，保护古建筑就是要保护它的历史痕迹，坚决反对使用任何现代技术去修复建筑使之恢复原貌，这一理念与法国人明显不同。其三，以意大利人乔万尼（G·Giovannoni ，1873–1949）为代表，他在吸收了英国人和法国人观点的基础上，认为保护传统建筑的目的是保护建筑与环境之间的历史文脉，修复古建时须尊重历史建筑的真实性，强调可以使用现代技术和材料，但必须加以区别，不能以假乱真。这一观点至今仍被广泛地采用。

（2）国内的研究现状

国内对传统村落建筑的研究开始于20世纪80年代。何红雨在《徽州民居形态发展研究》一文

中对徽州民居形态作了细致深入的调查研究，并提出建筑师应与居民一起“参与设计”。在《徽州古宅室内更新与保护》一文中，殷永达认为随着社会的不断发展，要善加利用古建筑，使之满足现实的生活需求。20世界90年代初，陈志华教授在《请读乡土建筑这本书》中提出了村落建筑和乡土文化的重要性，并经过长期的乡土调查撰写了《楠溪江中游古村落》一书，是我国第一部研究古村落建筑的著作。朱亚光教授在关于《古老村落的保护与发展研究》中，初步探讨了古村落保护与发展的模式。此外，以阮仪三教授为代表的同济大学团队以实际行动保护了众多的传统小镇。彭一刚教授为代表的天津大学团队从理论上对传统村镇进行了分析。清华大学两院院士吴良镛（1994）以北京菊儿满同的改造为实例，诠释了有机更新的内容和意义。王澍对浙江民居的研究，提出了一种传统建筑现代化的改造手法。

（3）云南本土的研究现状

就地处西南边境的云南而言，建筑界老一辈的学者梁思成、刘敦桢、刘致平20世纪30年代就实地调研滇中、滇西等地的传统民居，并进行了相关研究。开创了云南少数民族聚落与建筑研究的先河。20世纪60年代，原云南省建筑工程厅组织了一大批学者如王翠兰、赵琴、陈谋德、饶维纯、顾奇伟、石孝测等人对云南的传统民居进行了艰苦卓绝地调查研究，并出版了两部学术论著《云南民居》和《云南民居——续篇》。20世纪80年代以来，昆明理工大学的老一辈学者朱良文、蒋高辰及中青年教师杨大禹为代表继续对云南传统建筑深入研究。为系统完整地研究某一的民族建筑奠定了坚实的基础。但这些研究对滇缅边境佤族的原始村落研究比较少。

2 对翁丁佤族原始村落保护与发展的思考

翁丁村位于全国仅有的两个佤族自治县之一的沧源，是我国最大的佤族聚居地。它记录着历史源远流长的佤族文化，描绘着丰富多彩的佤族风情，是佤族文化的活态博物馆。同时翁丁村被誉为“中国最后一个原始部落”（图1），对其进行保护与开发的意义则更加重大与深远。

（1）保护与发展并重

由于佤族是云南特有的民族，又处于偏远落后地区，其旅游资源还没有完全开发，因此具有较大的发展空间与研究价值。而翁丁佤族村被称为中国最后一个原始部落，作为云南旅游地之一刚开始建设，翁丁佤族村寨旅游业还处于起步阶段，未来的发展前景不可限量，据此，我们以翁丁原始村落这一典型案例为对象，提出在保护原有文化生态的前提下，同时传承佤文化并与当地的社会、经济和环境协调发展的新思想。所以，对翁丁村的再生设计应在“保护为主，兼顾旅游；改造为辅，适应生活”的前提下进行。

既然翁丁村是中国最后一个原始部落，我们就要保护它“原始”这一特性。然而随着旅游的发展，翁丁村原有的村舍已经不能承载由旅游带来的负荷。必须开发一片新的区域解决适应旅游发展的功能问题。这样既保护了翁丁村典型的传统佤族原始村落文化，同时又通过旅游开发改善现有的空心村的局面，增强村民对本村传统文化的自豪感，让更多的村民自觉地投入村落的建设之中，让翁丁村在发展中不断复兴（图2）。

（2）重塑乡愁的保护策略

一次偶然，网络上的一篇文章《遇见王澍，从他的乡愁“全世界”路过》深深地吸引了我。文章开头的一首诗这样写道，“怀一地思念，寻一处乡音。最是那蘸着每一滴江水，都能写出无数诗意的富春江。傍江古村，遇一场及时雨后，她以幸福的名义，写下树影婆娑，乡愁袅袅。”④她诠释了乡愁的一种境界，是一种人为情怀的一种抒发。

1）保护村落的生态大环境——宏观层面

“翁丁，‘翁’为水，‘丁’为接，意为连接之水；同时也有云雾缭绕之地的意思。”⑤翁丁对外人来讲是一座村落的名字，但

图1 翁丁村原貌

图2 规划总图

对当地的佤族人来说是一种记忆，更是一种乡愁。因此，在规划之初，我们把主题定为“释天性、享文化、归自然、养身心”。释天性：追寻佤族人民神秘动人的故事，在这个平静的村子里感受“神”的存在，体验佤族人民的民族信仰，挣脱俗世的羁绊，释放自己。享文化：在充满佤族人文情怀的古朴村寨中，体验古老悠久的佤族人民的灿烂而独特的民族文化，丰富自己的文化素养。归自然：“结庐在人境，而无车马喧”。在这里感受自然的纯净与祥和，宠辱偕忘，物我合一，脱离社会的樊笼，回归自然。养身心：良田阡陌纵横，群山郁郁葱葱，树木欣欣向荣，人民其乐融融，可谓人杰地灵，闲赋斯地，心里尘埃荡尽，身心俱静。因此，我们提取“田”、“园”、“塬”、“林”的意向作为翁丁村四大特色要素，体现出“阡陌纵横、田园共融、塬林相连”的景象（图3）。具体表现为：山野森林景观层，翁丁村四周被保存完好的原始森林围绕，巍峨的榕树、清净的竹林与村寨内零散的观赏性树木共同组成了翁丁山野森林景观；田园梯田景观层，翁丁村外围散布着错落有致的梯田和蜿蜒的河流，它们相互映衬和依赖，共同构成了翁丁村独树一帜的田园梯田景观层；原始村落景观层，在漫长的社会演进过程中，翁丁村甚少与外界接触，致使其保留

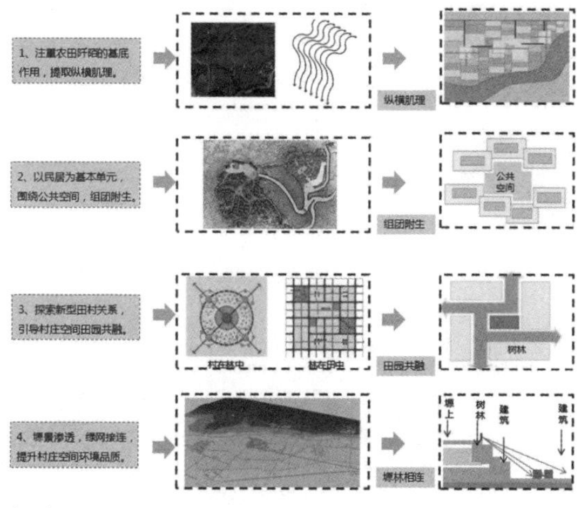

图3 规划理念

了较传统的佤族文化。传统的干栏式茅草房、寨桩、神林、木鼓、民族风俗、生产生活等被完整保存，浓厚的原始村落氛围，构成了活化石般的原始村落景观（图4）。形成“一次‘田’、‘园’、‘林’的完美邂逅”。

2）传统建筑的保护与更新——中观层面

翁丁村传统的佤族民居有两种形态：干栏式和四壁落地式。特色非常鲜明，但同样存在问题，主要表现三个方面：1 不当修葺，导致出现建筑风貌不统一的现象；2 部分建筑破损严重，未得到有效保护和修缮；3 部分建筑内部缺乏设计，致使居住条件差。通过现场调研，我们把翁丁村民居建筑损毁等级分为三个等级：一级：屋面损毁严重，建筑构架大面积裸露生活居住存在多方面问题；二级：屋面损毁较轻，建筑构架部分裸露，屋顶破损，屋身出现倾斜等现象；三级：屋面及屋身几乎没有损毁，但内部空

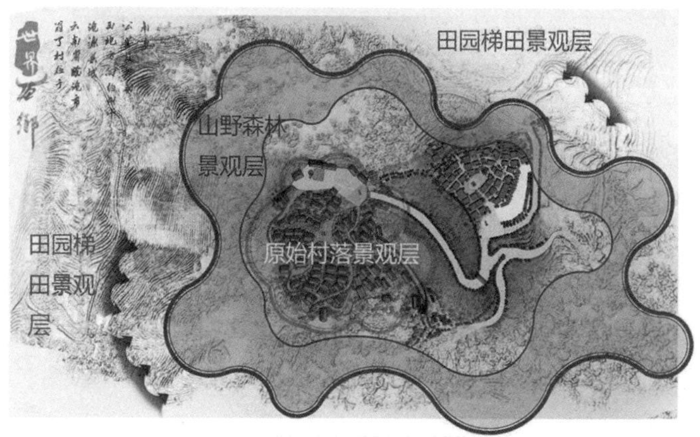

图4 环境景观分析

间条件简陋破败，居住条件差。为有效地进行建筑的修缮、改造和原始面貌的保护，以寨心为中心划定45米范围内的建筑为保护建筑，其维持原貌。其余建筑按实际情况进行修缮或改造。针对上述情况，在针对民居改造的时候，首先，从结构上，充分尊重翁丁村民居骨架结构，保持翁丁村佤族民居的独有特色；其次，从材料上，依旧以竹、木、草为主要材料，保证建筑风貌的统一性和完整性；其三，从功能上，在保持必要的民族元素不变的情况下，尽可能融入适居宜人的功能空间，以改变建筑内部居住条件差的现状（图5）。

3）小环境的营造——微观层面

小环境是精神家园的一种表现，它时刻体现着乡愁。小环境营造的好坏关系到当地佤族人民是否具有认同感和归属感。比如，从翁丁村的寨门到寨心三百多米的道路两侧只有零星的牛头桩，其一，这条道路的景观略显单调。其二，游客对牛头桩不甚理解。针对这种现象，设计上，这条道路两侧可以适当地增加一些由当地的木材和茅草建成的宣传栏，用于介绍当地佤族的历史、民族文化和风俗，使游客可以更加全面直观地理解佤寨文化（图6）。

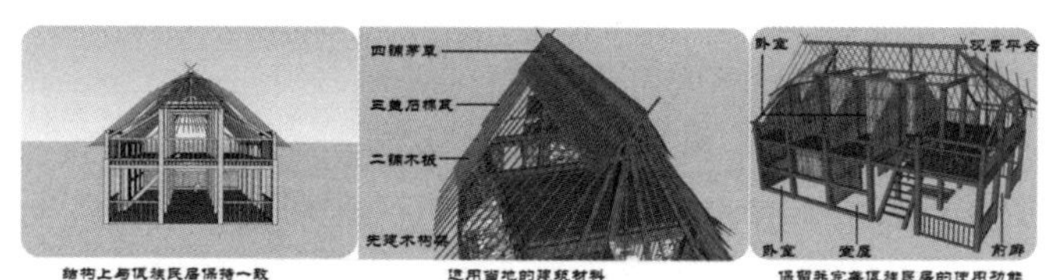
图5 民居改造示意图

不仅强化游客对佤族民俗的认识，还通过具有佤族特色元素建筑小品和导视标志丰富了部落内部景观。同时增强了当地佤族的认同感和归属感（图7）。

（3）设计无痕，与环境共生的发展策略

随着当地旅游的发展，原有的翁丁原始村落已经不能满足旅游带来的需求。为了更好地解决这一矛盾，在远离原有的村落的地方另寻一块用地新建建筑，来满足旅游带来的“吃、住、行”等功能需求。既然是新建建筑，自然是不能照搬原有的村落，但又不能完全与原有的村落割裂开来。因此，在新区规划的时候，首先在村落肌理的布局上与老村是一脉相承。其次，与周边的环境相协调。新区的周边都是一些稻田，因此在新区的道路规划时采用自然的弧线，以顺应周边稻田的地形肌理，做到与环境共生（图 8）。其三，在寨心广场设计时既要满足大量游客聚散的需求，同时体现寨心精神领地的作用。最后，新建建筑形态上采用了当地佤族“叉叉房”的形态，并对当地的建筑材料竹子加以利用，进行了一定的创新。这样既保持了当地的特色，融入整体的建筑环境中，同时与时俱进增加了现实的需要（图 9）。

图 6 道路景观改造示意图

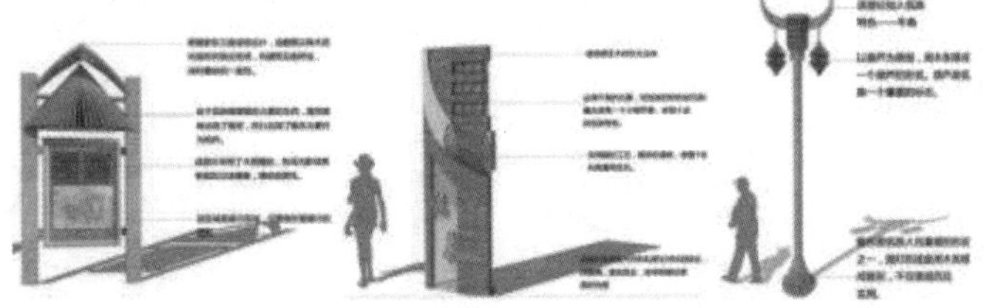

图 7 具有佤族特色的标识系统设计

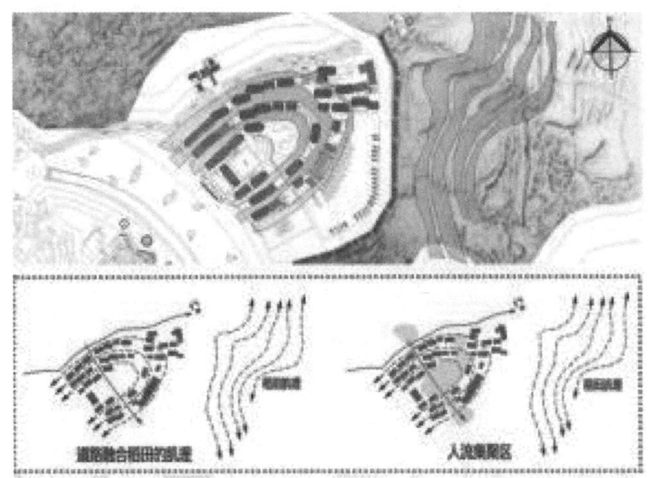

图 8 新区规划分析图

图 9 具有佤族特色的新区建筑设计

3 总结

传统村落不是陈列室，是村民世世代代生活生产的聚居地，是一种鲜活的文化遗产。因此，传统村落的保护应该是“活的生态博物馆”式地保护，既保护物质形态遗产，同时再现非物质的生活文化，留住乡愁。对于传统村落的保护，不能割裂文化的保护与经济的发展，两者要相得益彰。对翁丁村而言，从它质朴原始的村寨文化进行旅游开发，实现传统佤文化的保护与经济发展相协调。一方面通过旅游开发改善村落的基础设施和环境卫生，使古村落风貌更加整洁、和谐、美观；另一方面，通过旅游开发改善现有的空心村的局面，增强村民对本村传统文化的自豪感，让更多的村民自觉地投入村落的建设之中，留住乡愁。

参考文献

[1] 中华人民共和国住房和城乡建设部，中华人民共和国文化部，中华人民共和国财政部．关于加强传统村落保护发展工作的指导意见 [EB/OL]. (2017-01-04) [2012-12-12]http://www.mohurd.gov.cn/zcfg/jsbwj_0/jsbwjczghyjs/201212/t20121219_212337.html

[2] 数据来源于中国传统村落网 .http://ctv.wodtech.com.

[3] 赵勇．中国历史文化名镇名村保护理论与方法 [M]. 北京：中国建筑工业出版社 ,2008.

[4] 遇见王澍，从他的乡愁“全世界”路过 .http://mp.weixin.qq.com/s?__biz=MzA3Nzk1OTc4Mw==&mid=2652898941&idx=1&sn=7f727b000fab18762f8766c664d85bc2&mpshare=1&scene=1&srcid=0928Uy86eDBT0VXRGJzZKzzD#rd.

[5] 印象翁丁——中国最原始的部落．中国国家地理．http://www.dili360.com/article/p54865570e081b13.htm.

图片来源：所有图片均由在地建筑工作室提供。

历史文化名城文化环境营造与非物质文化遗产保护研究①

李慧敏 西安建筑科技大学 / 博士

摘 要：本文以历史文化名城介休为例，研究和分析其古城历史格局和文化环境营造方法，针对其文化空间特征和历史文化街区保护更新提出创造多元化文化空间的新思路，并且通过进一步明确介休非物质文化遗产资源及其价值定位，从城市发展和古城保护规划角度进行了非物质文化遗产保护与开发策略研究，结合市域文化景观的建设提出非物质文化遗产在新的历史时期传承与发展的适宜方法。

关键词：介休 历史文化名城 文化环境 非物质文化遗产 历史文化街区 保护与更新

历史文化名城文化环境营造是古城保护中非常重要的环节，关系到物质与非物质文化空间的存续和发展，需深入挖掘城市历史信息，明确其价值定位和保护方式。作为根植于其历史环境和文化环境中的物质与非物质文化遗产，具有十分强烈的历史特征和独特的传承方式。在面临经济快速发展的历史洪流中如何保护历史文化资源的整体性与原真性，发掘其新的时代价值和生存环境是解决好历史文化名城发展和前进的重要问题。本文以历史文化名城介休为例，剖析其古城整体风貌和文化环境营造方法，结合介休地区丰富的历史文化遗产资源，对非物质文化遗产保护与开发策略作出相关研究。

1 介休古城整体风貌保护和文化环境营造

在古城风貌整体保护中，首先确定功能结构，将城市定位为一个中心、三条轴线和多个片区。中心：即古城发展中心，为现关帝庙及庙前广场，结合琉璃艺术街、琉璃艺术博物馆、段家巷历史街区、传统宅院，将其规划为古城文化与发展中心，带动城市主要轴线的发展，让现代文明与古城文化交相辉映。轴线：传统特色商业用地主要沿横向的顺城关大街、东大街，纵向的琉璃艺术街、段家巷布置，呈“干”字形结构。在横纵交接处设立琉璃艺术街入口广场，融三贤文化、琉璃文化、寒食文化于一体，彰显介休文化名邦的古城价值特色。多个片区：分为 5 个传统街区展示，主要有顺城关历史文化街区、段家巷历史文化街区、琉璃艺术街展示区、后土庙历史街区及城西南的温家巷、堡上巷历史片区，分片区展示介休古城不同的历史文化特色与人文景观。

其次确定古城及历史文化街区等的保护范围：在参考总体规划和后土庙保护规划的基础上，调整古城保护界限，依据《历史文化名城保护规范》，划定历史文化街区保护范围、建设控制地带范围、环境协调区范围三个层次，通过控制历史环境地区的建设行为，更全面更有效地保护古城历史文化环境。同时基于对现状历史资源的调研与分析，确定顺城关历史文化街区与段家巷历史街区。并对现状各文物古迹保护范围作出一定的调整，使文物古迹的保护工作更便于操作与管理。

介休古城现有文化历史资源内容丰富，形式多样，整体建筑风貌保存良好，古城文物古迹、历史遗存属散点分片的分布形态，因此在文化环境营造中可通过分区分类、相互协调的组织联系方式，形成系统的保护与发展模式，可实施性较强。

（1）发掘城市历史文化价值，创造特色“文化空间”

如何保护介休丰富的历史文化遗产，创造特色“文化空间”是历史城市发展面临的问题之一。“文化空间”在2003年10月联合国教科文组织通过的《保护非物质文化遗产公约》中被提出，“文化空间或文化场所，是联合国教科文组织在保护非物质文化遗产时使用的一个专有名词，用来指人类口头和非物质遗产代表作的形态和样式。”[1]，中国学界对于文化空间的定义还有我国于2011年颁布的《中华人民共和国非物质文化遗产法》中规定“本法所称非物质文化遗产，是指各族人民世代相传并视为其文化遗产组成部分的各种传统文化表现形式，以及与传统文化表现形式相关的实物和场所。”随着介休地区经济发展，商业文明的不断繁荣，人们价值观、思维方式、行为习惯、审美取向有了很大改变，传统的民间民俗文化空间与现代性文化之间冲突日显，传统文化空间在逐渐缩小，渐渐退出历史舞台。因此亟待唤醒人们的保护意识，发掘城市历史文化资源。

介休古城拥有精湛冠国的琉璃技艺，是中国清明寒食文化的发源地。在城市营建中，融山水环境、文化理想和宗教信仰于一体，在整个大的区域层面创造了灿烂的人居文化，形成独具一格的文化遗产体系，城市历史文化格局保存较好，文化资源独特丰富。介休人崇文尚贤，先后产生了“介休三贤”，在中国文化史上影响深远，在今天仍具有十分重要的文化意义。因此《介休市历史文化名城保护规划》将介休历史文化名城整体价值定位为：琉璃之城，寒食之乡，三贤故里，文化名邦。从城市文化历史价值的角度定义了介休古城，发掘了弘扬和传承民族文化精神的独特载体，进而创造具有地域特征的“文化空间”。

（2）完善历史文化街区功能，尝试多元化保护更新模式

2005年10月在西安举行的国际古迹遗址理事会(ICOMOS)第15届大会通过的《西安宣言》中阐明“古建筑、古遗址和历史区域的周边环境指的是紧靠古建筑、古遗址和历史区域的和延伸的、影响其重要性和独特性或是其重要性和独特性组成部分的周围环境。所有过去和现在的人类社会和精神实践、习俗、传统的认知或活动、创造并形成了周边环境空间中的其他形式的非物质文化遗产，以及当前活跃发展的文化、社会、经济氛围。”[2]因此，保护物质与非物质文化遗产赖以生存的环境和空间，建立多重分级保护机制有利于一个历史区域的文化环境建设。介休古城的历史文化价值更多是通过历史文化街区的空间形态和环境营造表达出来，而非物质文化遗产作为存续其间的活态产物，依托物质和时空载体能够保持旺盛的生命力，进而影响和决定着生存空间的历史形态和文化信息。因此保护和完善历史文化街区的功能，注重历史文化核心区域与周边环境协同发展的体系化建设。介休市以历史文化街区作为历史文化资源的传承载体，保护和重构介休古城文化秩序，重振古城文化精神，促进古城文化复兴。坚持“积极保护、整体创造”策略，遵循“有机更新”的原则，指导“有序更新”的进行，并尝试多元化保护更新模式是介休古城文化环境营造和非物质文化遗产保护与利用的重要环节。

2 介休市非物质文化遗产资源及其价值定位

联合国教科文组织2003年10月17日在巴黎通过的《保护非物质文化遗产公约》中第2条“定义”对“非物质文化遗产”作了如下界定：“‘非物质文化遗产’指被各群体、团体、有时为个人视为其文化遗产的各种实践、表演、表现形式、知识和技能及其有关的工具、实物、工艺品和文化场所。各个群体和团体随着其所处环境、与自然界的相互关系和历史条件的变化使这种代代相传的非物质遗产得到创新，同时使他们自己具有一种认同感和历史感，从而促进了文化多样性和人类的创造力。”

介休的历史文化遗产十分丰富，以非物质形态存在的传统表演艺术、民俗活动、口头传说、礼仪节庆和手工技艺等传统文化交相辉映，其种类繁多、形式多样、内容丰富、特色鲜明、弥足珍贵，为世人所瞩目，做好保护工作具有十分重要的意义。介休历史文化名城非物质文化遗产主要包括历史名人、传统工艺、传统民俗、民间曲艺、介休饮食等多方面，都蕴含着浓厚的地域特色和乡土情怀，具有极高的文化价值、艺术价值、历史价值和研究价值。其中代表性的介休非物质文化遗产有以下四类：

（1）民俗——寒食节，在夏历冬至后一百零五日，清明节前一二日。是日初为节时，禁烟火，只吃冷食。并在后世的发展中逐渐增加了祭扫、踏青、秋千、蹴鞠、牵勾、斗卵等风俗，寒食节前后绵延两千余年，曾被称为民间第一大祭日。“之推言避世，山火遂焚身。四海同寒食，千古为一人。深冤何用道，峻迹古无邻。魂魄山河气，风雷御宇神。光烟榆柳火，怨曲龙蛇新。可叹文公霸，平生负此臣。”唐代诗人卢象这首《寒食》诗，所言即是寒食节的来历“之推绵山焚身”的故事。相传此俗源于纪念春秋时晋国介子推。当时介子推与晋文公重耳流亡列国，割股肉供文公充饥。文公复国后，子推不求利禄，与母归隐绵山。文公焚山以求之，子推坚决不出山，抱树而死。文公葬其尸于绵山，修祠立庙，并下令于子推焚死之日禁火寒食，以寄哀思，后相沿成俗（图1）。

介休是中国清明寒食文化的发源地，影响了整个中华民族，延续至今，在中国乃至世界文化史上具有十分重要的地位。由一个城市所孕育的文化成为全民族的信仰，实为不多，而介休寒食文化则深深地影响了整个民族。

（2）传统手工技艺——琉璃烧制技术，介休古城的琉璃艺术可谓精湛冠国，是我国历史文化名城中唯一一处具有完整琉璃烧制遗址、琉璃艺术人物、琉璃艺术文化遗产、琉璃技艺延续的城市。可谓中国琉璃看山西，山西琉璃看介休。在中国建筑史上具有十分重要的地位。

琉璃即低温铅釉陶，通常用于建筑装饰。琉璃建筑也成为富有民族特色和传统文化内涵的建筑形式。介休是山西烧造琉璃较早的地区，唐代寺庙建筑就已使用琉璃，在明代达到极盛，遗留下不少优秀作品。现存介休琉璃的代表作品有：祆神楼、后土庙等。如今，随着传统建筑形式的式微，琉璃的需求逐渐减小，又因琉璃在生产过程中排放烟尘存在环保问题，导致产业萎缩、人员流失和制作技艺的荒废。但在现阶段，琉璃作为一种民间传统

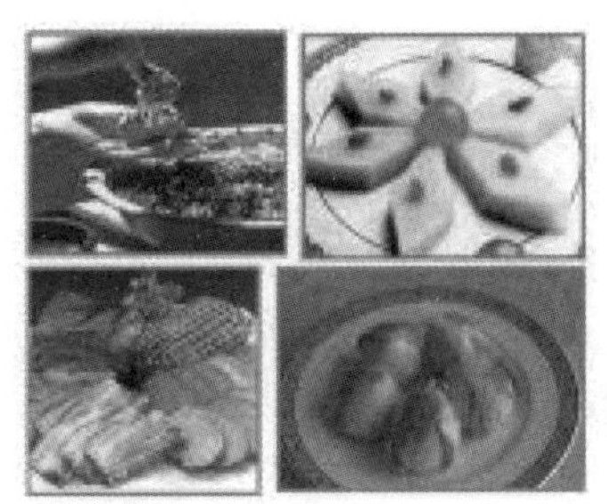

图 1 寒食节饮食与寒食节活动

图 2 介休琉璃雕饰艺术

工艺，其自身的生存机能难于实现有效的自我调整，因此急需保护（图 2）。

（3）民间文学——三贤文化，介休三贤分别为春秋时期割股奉君的介子推、东汉时期博通典籍的郭林宗、北宋时期出将入相五十载的文彦博，介公以德忠流芳，郭公以化育润世，文公则以廉治扬名，三贤之德传扬世人，炳耀于华夏贤人之列。后人以此三贤为境之盛誉，赞许钦佩，多建祠庙以奠，警后世代，恭且习之。今三贤胜迹广布绵山、城东、城内，如若亲临，尤感三公圣人风节，心与共鸣，因而介休被誉为“三贤故里”。

介子推隐居的绵山成为中华民族忠、孝精神的发源地；成为继承和弘扬这种精神的载体，随历史的变迁继承和传扬了“四海同寒食,千秋为一人”的民俗风情。介休三贤“志于道”“学而思”、“忠社稷”“功不禄”的高尚情操受到了历代有识之士的仰慕和尊崇。他们的世界观和道德观成为后来一些立志报国、至诚至孝的知识分子的楷模。介休人崇文尚贤，在中国文化史上影响深远，在今天仍具有十分重要的文化意义和教育意义（图 3）。

（4）曲艺——介休干调秧歌，是介休土生土长的地方剧种，因演唱时没有音乐伴奏，只凭演员的自身嗓音演唱，故称其为干调秧歌。干调秧歌有街头演出和舞台演出。街头演出也称“踩街秧歌”或是“地毯秧歌”。清朝乾嘉年间介休农民出现了自乐班社，开始在舞台上表演，演出前，演员们仍需敲着锣鼓，到街巷招徕观众，然后上台演正本。张壁百姓喜欢听秧歌、唱秧歌，至今仍有不少能登台演出者。可罕庙戏台就是专为表演干调秧歌而修建的。干调秧歌一般词多、道白少，服装道具也很简单。唱词一般以剧中角色确定板式。干调秧歌豪放粗犷，做戏表演又十分细腻，是戏剧中绝无仅有的特殊剧种（图 4）。

随着时代的发展和城市化进程的加快，这种产生于乡野，发展于民间，成熟和兴盛于民间，历经时代沧桑，蕴集民间智慧的艺术形式面临传承人青黄不接、缺少演出场地、缺乏群众基础等极大的生存危机，亟待拯救和保护。

3 介休古城非物质文化遗产保护与开发策略研究

（1）构建古城特色文化展示街区，创造市域独特文化景观

介休古城现存历史街区有顺城关、庙底街、胡家园、段家巷、草市巷、云楼巷、温家巷、堡上巷等，基本保留其传统格局和历史信息。其中不乏大量蕴含非物质文化遗产的生存土壤和传承特征。整体风貌和文化信息保存比较完好的有两处：顺城关历史文化街区和段家巷历史文化街区。顺城关历史文化街区：顺城关西接后土庙、东连林宗书院至祆神楼，原祆神楼东西两侧分别为介子祠与文公祠，该地段集中展示了介休城“琉璃之城、寒食之乡，三贤故里文化名邦”的城市特色，是城市文化复兴的最佳起点。段家巷历史文化街区：由城南向段家巷远眺关帝庙，其精彩的建筑文化艺术、宏伟大气的城市形象，展现了古城的地方精神与人文信仰，是展示城市风貌的最佳视轴。经过分析和研究，如何通过历史文化街区利用和展示介休古城丰富而多样的历史文化资源特别是非物质文化遗产，有以下几点具体措施：

介休三贤

图 3 介休三贤

图 4 张壁干调秧歌

第一，原址展示为主，适当集中展示。历史环境是体现、理解和研究历史文化遗产价值的重要载体，遗产展示中尽量以原址展示为主，完整展示历史信息。祆神楼是目前国内仅存的祆教建筑遗迹，现存为清早期建筑风格。形制奇特，结构精巧，融三结义庙山门、乐楼及顺城关大街过街楼三位一体，在建筑艺术上达到了极高的成就，与晋南万荣的飞云楼、秋风楼并称为三晋三大名楼。在此处规划了“祆教”文化展示区，主要功能是以祆神楼为主的宗教文化展示和“祆教”博物馆展示陈列为主，前广场设计以祆教宗教文化主题为主，配合右侧与“三贤”文化休闲体验区衔接的可拆卸舞台，赋予历史文化街区的节点空间以具体使用功能，在市民参与的同时保护和宣扬了“介休干调秧歌”“三贤文化”等非物质文化遗产，有利于民俗文化的传承，发挥其育人作用。这种公众参与设计，可以对出现的不同问题有针对性地实施不同的保护方式，使得历史街区既要保护又要发展的目标能够得以实现，共同营造开合有度的空间环境[3]。

第二，物质与非物质遗产展示相结合。介休地区物质遗产和非物质遗产联系紧密，展示中应当相互结合，实现物质与非物质的整体展示，达到抢救、保护、传承、利用的目的。在古城东入口祆神楼两侧恢复介子祠和文公祠，并修建三贤祠和三贤广场，重点以弘扬三贤文化、寒食文化及精湛的琉璃艺术品作为非物质文化遗产展示，运用现场展示的形式再现介休传统琉璃手工艺人的绝活高招。广场南侧琉璃影壁展示区将空间景观特色与传统手工技艺巧妙地联系起来，达到了物质与非物质文化遗产整体展示的效果。

第三，建立文化网络步行体系，建立古城完整的步行空间，以联系古城新旧城市节点，串联各城市文化要素。尊重文化的整体性[4]，使古城支离破碎的历史街区形成有机的文化整体，有利于创造完整复合型城市文化景观。主要步行空间为：城市南广场经段家巷、琉璃艺术街至顺城关；城市东广场经顺城关到新华南街；环城健康步行带。

（2）复兴原有历史精神，创造特色非遗品牌

历史文化资源需要抢救与保护，对传统文化、民间艺术、民俗礼仪等方面进行积极保护、继承与发展，包括对意识形态人文精神的延续，其中介休古城以琉璃艺术、寒食文化、三贤文化最为重要。在保护和传承的基础上创造与复兴。

第一，原有历史精神的复兴，介休旧城原有历史地区文化精神的恢复是十分重要的，也是旧城发展的关键一步。因此需要部分的修复，重新提振旧城原有的文化精神。把旧城固有的精气神予以彰显。重要的祭祀、节庆要予以恢复。

第二，特色品牌的形成，通过开发琉璃艺术品、林宗巾、寒食产品等旅游产品，促进古城那个特色文化品牌形成。

①琉璃之城——旧有琉璃艺术遗产的保护与新的琉璃艺术的开发。琉璃艺术街、中国琉璃艺术馆、琉璃饰品旅游纪念品的开发。

②寒食之乡——创作大型歌舞剧《清明》；在全国率先倡议恢复“寒食”，推出介休寒食产品。相关祭祀活动。

③三贤故里、文化名邦——介公祠、文公祠、郭有道墓等文物古迹的修复，林宗巾可开发为新的旅游纪念品。

（3）构建古城“活态”博物馆，突显非遗文化精神

文化遗产是一种文化传统，既具有历史性，又具有现实性。所谓历史性是指这部分文化是经过长时间形成并传承下来的；所谓现实性，是指这部分文化在现实生活中被继承，仍具有生命力，是一种活的文化。遗产产生之初，在历史的语境中有其适应时代需求和使用功能的原型，其创作与今日对于遗产的定义和目的不尽相同，“传统的使用价值”意义消解，显现出新的符号价值和艺术价值。[5] 非物质文化遗产绝不会一成不变，在应对外界环境

的适应过程中既有传承，又有重构，还有创新，在新陈代谢中不断发展。[6] 因此要确保非物质文化遗产的生命力，实现存续活态传承的可能。要求我们做到既要保护其原真性，又要复兴和创造其生命活力。保护不应是静止的凝固的保护，而是为了发展的保护。

结合介休历史文化名城保护的契机，将城市原有碎片式的历史遗存统一起来，找准其准确的历史定位，将古城的三条轴线，东西轴线为后土庙经顺城关至祆神楼；纵轴由段家巷经关帝庙连接琉璃艺术街至顺城关；东西副轴线为今城市东西大街所共同形成的“干”字形城市骨架，串联期城市的主要历史文化街区，地段内采用标识展示、原址展示、多媒体展示、现场表演展示、场景展示等多元化的技术与方式，并在城市关键部位设置节点空间，形成以“活态”博物馆，在保护历史环境的前提下，充分认识历史街区作为城市空间所承载的公共性 [7]。将静态文化空间与动态文化活动紧密联系起来，坚持动态活动展示和静态实物展示相结合，充分展示和发挥非物质文化遗产的时代精神，例如：介休境内现存的琉璃作品有 23 处，在介休城内较为集中的有后土庙、祆神楼、文庙、五岳庙、城隍庙、关帝庙等建筑群，因此在城市中心节点关帝庙后设置琉璃艺术街以及琉璃艺术博物馆和琉璃艺术街广场，结合现代商业及文化体验旅游集中展示琉璃烧制的 12 道技艺及其作品；深入发掘名人文化，例如：在后土庙周边地区的文化环境规划汇中建设文化名人张颔博物馆等一系列文化博览建筑，结合古城东南西三个入口及两个历史文化街区，将原有的静态历史遗存转变为活态展示博物馆群，为传承和发扬物质与非物质文化遗产的历史精神和现代意义提供了积极可行之路。

4 结语

非物质文化遗产的核心内涵是一种精神实践，经验的积累、技巧的改良和艺术的展现，是一种智慧的成果 [8]。因此在保护与创造介休古城文化环境的同时要将非物质文化遗产作为其动态而富有生机的重要元素，完善和丰富历史文化街区的空间特征，恢复和创造多重可持续发展的城市“活态”博物馆，进而构建古城特色文化展示街区，创造市域独特文化景观。在新的历史时期下，用“积极保护”的原则来实现文化空间的重构和新生，使非物质文化遗产随着城市功能结构的更新而自然演变，为非物质文化遗产的传承与保护创造有利的土壤，在提升城市文化魅力的同时使其发挥更大的历史价值和社会价值。

注释

①国家自然科学基金 (51178370) 资助 .

参考文献

[1] 向云驹. 论“文化空间”[J]. 中央民族大学学报，2008(3)：35.

[2] 胡颖. 论历史街区的非物质文化遗产保护 [D]. 广州：华南师范大学，2006:10.

[3] 郑利军，杨昌鸣. 历史街区动态保护中的公众参与 [J]. 城市规划，2005(7)：64.

[4] 张博. 非物质文化遗产的文化空间保护 [J]. 青海社会科学，2007（1）：36.

[5] 祁庆富. 存续“活态传承”是衡量非物质文化遗产保护方式合理性的基本准则 [J]. 中南民族大学学报（人文社会科学版），2009(3)：2.

[6] 麻国庆. 非物质文化遗产：文化的表达与文化的文法法 [J]. 学术研究，2011(5)：40.

[7] 汪芳. 用“活态博物馆”解读历史街区——以无锡古运河历史文化街区为例 [J]. 建筑学报，2007(12):85.

[8] 李宗辉. 非物质文化遗产的法律保护——以知识产权法为中心的思考 [J]. 知识产权，2005(6)：1.

“现代主义”之后的中国环境设计艺术人才培养体系——以“无痕设计”为例

陆丹丹 苏州科技大学传媒与视觉艺术学院 / 副教授

摘 要：我国的设计正处于转型期，对于设计教育的改革迫在眉睫，国家艺术基金特别设立艺术人才培养资助，为研究前沿的艺术人才培养体系提供资金保障。“无痕设计——环境设计艺术人才培养体系”在2015年获得了国家艺术基金的资助，一直致力于以“无痕设计”理念为先导的环境设计艺术人才培养体系的研究。本文系统的梳理了我国和西方环境艺术设计教育的发展和演变。在此基础上，阐述了“无痕设计——环境设计艺术人才培养体系”的教学特征，提出在中国的设计教育经过“布扎——摩登”体系之后，出现“以设计教育为研究、以设计本体价值为主导、以中国传统哲学逻辑构建概念”的高层次设计人才培养体系是非常值得业内关注的。

关键词：无痕设计 环境设计 艺术人才培养

1 我国环境艺术设计教育发展与演变

和英国、法国等西方国家相比，我国的环境艺术设计的高等专业教育起步较晚，新中国成立后十大建筑的修建促进了室内装饰设计的发展。直到1957年，中央工艺美术学院成立了室内装饰系，侧重于以室内装饰陈列为特色的室内设计方向。改革开放后，随着社会文化和经济的发展，我国的建筑环境设计领域也得到了进一步发展，由于专业领域和业务需求的不断扩大，在1988年，中央工艺美术学院将其“室内装饰系”更名为“环境艺术设计系”，同年，同济大学等高校的建筑系设立室内设计方向。20世纪90年代之后，无论是专业院校还是综合大学，百余所高校设立环境艺术设计专业。

我国的环境艺术设计教育在建立之初受装饰主义影响较大，但随着时代的发展和多学科的相互渗透，环境艺术设计的概念及其涵盖的内容越来越大，从最初侧重室内装饰陈列转向室内空间、展示、景观、规划等设计方向。

环境艺术设计概念的扩大促使环境艺术设计教育也有了显著的变化。从20世纪50年代开始，我国的环境艺术设计教育同建筑设计教育一样，受西方“布扎（Beaux-art）”教学体系的影响较大。根据顾大庆在《图房、工作坊和设计实验室》一文中的描述，“布扎”体系也就是俗称的“学院派”，其设计训练模式被称为“图房”式的训练模式，首先训练学生的绘画造型能力，然后通过在图房里师徒制的“言传身教”来传授“只可意会不可言传”的知识，“它主要取决于教师和学生之间通过解释和示范来沟通交流，其特点是在动态情境中的即时反应。”“布扎”的设计方法“存在于它组织设计教学的一系列安排之中。一门通常两个月的设计课程包含快图和设计渲染两个阶段。学生的设计想法在一天（12小时）中就基本确定，而后在余下的两个月中将基本的想法发展成具体的方案并以渲染的方式进行精致地表现。”

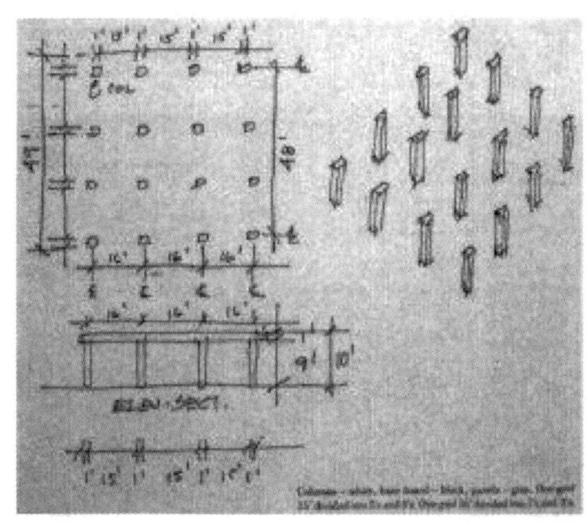

图1

这样的设计教育方式虽然有些地方一直沿用至今，但随着20世纪60年代起，西方建筑、设计运动的风起云涌，设计教育也开始从古典主义的“布扎”模式转向现代主义设计教育。在顾大庆的另一篇文章《“布扎—摩登”中国建筑教育现代转型之基本特征》中指出，中国建筑教育的发展并非“布扎”单一线索，“现代主义建筑的影响也几乎是在相同的时间引入到中国建筑教育中，并始终与‘布扎’在交织纠缠中演进”。这样的交织和纠缠事实上一直到今天都在很多专业院校和综合大学的环境艺术设计教育中能看到。但在20世纪50年代之后的三十年间，这样的交织纠缠似乎被政治原因而中断，一直到80年代，由于改革开放，迅速打开了与西方国家交流的渠道，一些走在前面的院校在建筑环境设计领域引入了包豪斯基础课程训练模式，即从日本引进的针对艺术设计学科的专业基础训练——“形式构成”课程。此后，我国的建筑、环境设计教学快速走上现代主义的转型之路。90年代之后，我们又看到一些专业或综合院校的环境艺术设计专业开始从基础课程到设计方法进行全面的向现代设计的转向。

2 西方环境艺术设计教育的发展与启示

虽然环境艺术设计是舶来物，我国的环境艺术设计教育也深受西方的影响，但西方的环境艺术设计教育发展却与我国有所不同。早在19世纪中后期，英国、法国等国家已经开始环境艺术设计的高等专业教育，比如法国国立布尔高等实用艺术学校的前身“布尔室内装饰学校”在1884年就已经设立。通常来说，环境艺术设计教育的发展不能与现代建筑设计教育的发展割裂。欧美的现代建筑设计教育大致经历了三个阶段：第一阶段在20世纪10年代之前，以法国巴黎美术学院“布扎”教育体系相匹配的设计教育体系。第二阶段在20世纪20~50年代，受包豪斯设计教育思想影响转向现代主义建筑和设计基础教育体系。第三个阶段是非常重要的转折期，那就是建立和传授现代主义建筑设计方法阶段，时间在20世纪50年代末至60年代。

这里，我们重点来谈一谈第三个阶段，以50年代中后期在美国德州大学建筑系进行的一次被称为“史无前例的建筑教育改革实验”作为此阶段的谈论对象。在1951~1958年间，美国的德克萨斯大学建筑系（The University of Texas School of Architecture at Austin）在其系主任哈维尔．哈里斯（Harwell Harris）的领导下，一批当时还默默无闻的年轻教师，如本哈德．赫斯里（B. Hoesli）、科林·罗（C. Rowe）、约翰·海杜克（J. Hejduk）、沃纳·赛立葛曼（W. Seligman）等，针对当时的建筑教育状况提出了自己的看法：一方面质疑和批判包豪斯教育理念和现代建筑法则，认为，建筑设计应该有其自身的设计特点和规律；另一方面则表现为对当时已经过时的“布扎”教学方式的鄙视。他们希望能建立一个能与“布扎”教育相匹敌的教学体系，这就是著名的“德州骑警”（图1）。

“德州骑警”认为建筑的本质是空间，提出以空间组织为主线的现代建筑设计教学体系，以设计产生过程为中心的建筑设计教学法。将建筑的空间设计还原到最基本的几何逻辑上，成了一个对于建筑学本质问题的抽象思考，使建筑学的基本问题得到了抽象化的还原，具有普遍性意义，而不仅仅只是对建筑个体的风格再现。

约翰．海杜克与斯拉斯基共同发明的一套建筑空间与形式的训练方法，称为“九宫格练习”。“九宫格练习”成了战后最流行的当代建筑设计入门的一个经典练习，它为建筑学提供了一套可以用于训练的“语言”，用以讨论建筑的结构与空间的本质逻辑问题，处理建筑学中各种“关系”和“元素”的基本问题。在海杜克看来，九宫格问题所涉及的是对于建筑基本要素的理解问题，其中一系列“成对”的要素，已不仅仅局限于“结构—空间”的问题，而是“在抽象形式和具体构件之间的各个层面上展开了更普遍的对话关系”。遗憾的是，这群年轻教师的教学改革最终在重重阻力下宣告破产，但留下的设计教学方法却使60年代欧美建筑教育的现代转型得以完成。

从这个角度来看，“德州骑警”的探索和研究对于欧美现代建筑设计教育的贡献是至关重要的。当然，这样的教学方法前些年也被引入了我国，比如东南大学建筑学院、香港中文大学建筑学院等。但是，显然，我国的现代建筑教育、现代设计教育抑或环境艺术设计教育，都没有经历类似“德州骑警”这样的现代主义设计教育探索，即使有些学者认为冯纪忠在20世纪60年代在同济大学所做的教学大纲《空间原理》里所提出“建筑的本质是空间，建筑设计教学应该以空间组织作为核心”的观点与“德州

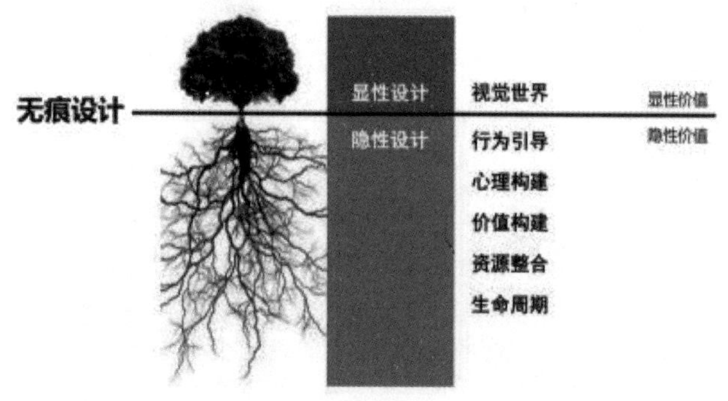

图2

骑警”不谋而合，但由于历史原因冯先生的观点并未能得到发展。

改革开放之后，很多院校通过国际交流、学习等方式引进西方先进的建筑教学方法。然而，随着时代的变迁，社会文化的发展，现代主义设计教育的方法是否还适用于今天的时代？在“德州骑警”探索建筑教学体系半个多世纪后的今天，我们又该如何去思考今天的设计教学体系？是否能够寻求到一种建立在设计的一般规律之上的设计教育方法？设计教学除了传授设计的基本原理、知识、技法之外，其最主要的核心价值又是什么？

3 “无痕设计”环境设计艺术人才培养体系的特征

带着对这些问题的思考，“无痕设计”——环境设计艺术人才培养体系的研究应运而生。因此，它具有以下几个方面的显著特征（图2）：

（1）将设计教学作为研究

将设计教学作为学术研究的行为并不太多见，其主要原因在于在传统的大学固有观念中，教学和学术研究是两根分离的平行线，是现代大学所具备的两大功能，研究和教学有本质的区别：

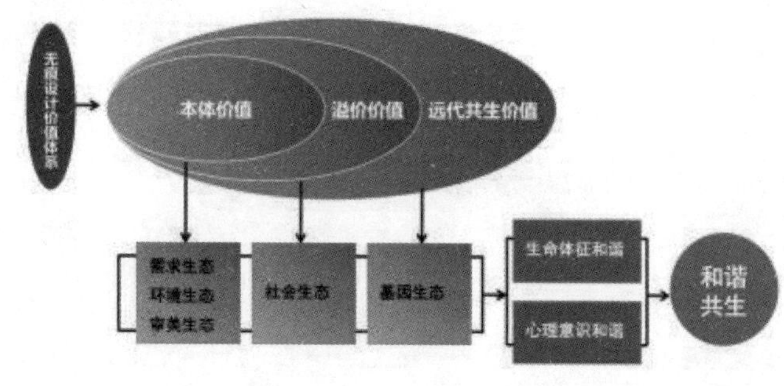

图3

研究重在发展知识，而教学则重在传授知识。然而，设计教学知识的传播过程是一个设计的过程，它并不仅仅是知识的传播，更多的是对于设计对象的研究、对设计的新想法或新形式进行实验、对实施到实际运用中的设计产品进行分析和论证的过程。因此，研究性的设计教学其目的是通过教学的手段来发展知识和方法，教学即是研究的手段，也是研究的目的。

“无痕设计”——环境设计艺术人才培养体系借助国家艺术基金的科研平台，将设计教学作为学术研究的手段和目的。从整体共生体系的角度，进行系统化的管理设计、流程设计和环境设计研究，对设计思想及意识的多元化、设计功能的深度完善、文化元素的重新解读、技术与艺术的相互协调、造型审美与心理因素等方面的内容进行了大量的前期研究。并在已取得的研究成果基础上，对于设计的隐性价值进行深入研究，涉及行为引导、心理构建、价值构建、资源整合、生命周期等内容。它是在环境设计教学中提出新问题、创造新形式、发展新方法的一种设计实践活动，是具有探索性和实验性的学术研究行为。

（2）以“有人文关怀责任”的设计价值观为理念先导的设计教学体系

“无痕设计”——环境设计艺术人才培养体系的核心理念为“无痕设计价值体系”（图3），具体体现为三个主要的价值次体系。其一为本体价值，包括设计需求生态、环境空间生态、审美观念生态三个方面，意在寻求环境设计专业本体的设计价值体系，并通过设计的基本方法、设计生产过程来探讨建筑、环境空间设计的本体价值。其二为溢价价值，表现为通过建筑、环境设计的设计方法、生产过程和设计产品所引发的社会价值的思考。其三为远代共生价值，是指在全球化不断推进的过程中，人类生命基因和文化基因的差异化渐渐消失，如何使人与自然、社会的各种不同的基因存在于其各自的体系中，尊重基因的差异化，在自然的体系中共生共融，这是“无痕设计”价值体系最高的追求。

“无痕设计”——环境设计艺术人才培养体系不同于“德州骑警”突破现代主义大师们作品的束缚来讨论建筑的结构与空间的本质逻辑问题。它是建立在环境设计本体价值上，试图探索一种体现设计本体价值的设计方法。以设计价值观作为设计理念先导，再回归具体的设计问题，探索基本的设计方法，表现于抽象的视觉形式。

（3）“无痕”概念的构建具有中国文化所特有的辩证逻辑，突出形式空间和知觉空间

“无痕设计”价值体系具有中国文化所特有的文化辩证逻辑，其主要的哲学观点来自于中国传统道家哲学“无为”论的辩证逻辑，意在追求“埏埴以为器，当其无，有器之用。凿户牖以为室，当其无，有室之用。故有之以为利，无之以为用”（《道德经·无

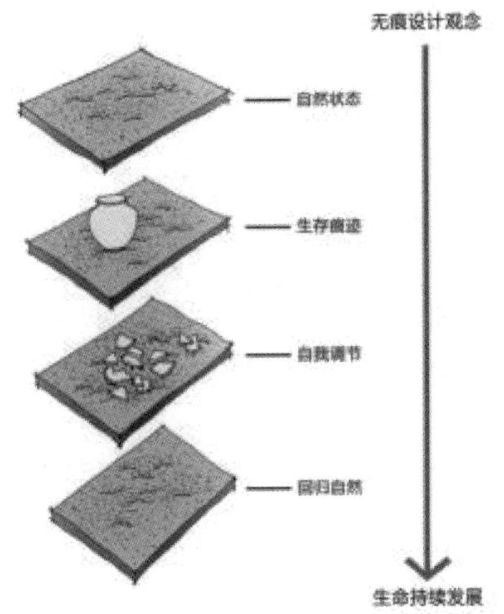

图4

之为用》）的自然生态演变的设计之道。

根据《"无痕"设计之探索》(2014）一文中的阐述，"无痕设计是一种注重人文设计理念、遵循客体环境规律、倡导生态循环、倡导民俗文化内涵、生命持续发展共生的设计方式。"主要分为三个方面的内容：首先表现在设计师对于"生命"的敬畏；其次，无痕设计的目的在于消化设计的痕迹，达到另一种设计境界，谓之"大无痕"；最后，"无痕设计"是一种对空间有积极意义的创造性设计思维，它的创造性在于"小无痕"而"大有痕"。

"无痕设计"的设计理念同样认为建筑、环境设计的本质是空间，其教育应该以空间的组织作为核心问题，即从单一的、单个的空间到复合的、多元的空间；从单一维度的空间到多维度的空间。因此，"无痕设计"对于空间的认识，并不只存在功能空间层面，它注重创造性的形式空间和能够被感知的知觉空间，注重多维度、多元空间中产生的不同价值表现（图4）。

（4）构建于"布扎——摩登"教学体系之上的高层次教学

"无痕设计"——环境设计艺术人才培养体系是构建于中国式"布扎—摩登"设计教学体系之上的高层次教学体系，其教学人员和学员都有接受过美术学院"布扎"教学体系或建筑大学专业建筑系"布扎—摩登"设计教学体系的训练，对于"布扎—摩登"设计教学体系非常了解。然而，身处其中的这些设计人员并不认同或满意这样的教育体系，随着国际交流的进一步深入和设计认知水平的不断提升，这些教学人员和学员们怀着和"德州骑警"一样的野心，试图探索出一种与"布扎—摩登"体系可以媲美的设计教学体系。一方面，他们深刻地认识到"布扎—摩登"体系在中国建筑、环境设计教育发展初期贡献巨大，但历经半个多世纪的时代变迁，这样的设计教学体系已经过时，对设计教育需要有新的思考，一种适合当代性的设计方式。另一方面，现代主义建筑的全球化泛滥，对于设计伦理和设计价值方面的思考使他们不得不考虑建筑、环境设计除了空间和建构之外，是否还有更重要的本体价值值得思考。

环境艺术设计教育从20世纪50年代在我国正式开设以来，一直以单纯的"输入"西方模式为主，无论是"布扎"体系还是现代主义建筑和设计体系，依靠留学人员、国际交流和外国人指教等方式，嫁接艺术设计和建筑设计的教学体系，混杂式的"输入"西方设计教学体系，因地制宜地以民族形式，使"布扎—摩登"体系与意识形态相符，从而获得"正统"的合法地位。但对于"布扎"体系或是西方现代主义建筑设计教学体系进行独立思考的教学和科研人员并不多，"无痕设计"——环境设计艺术人才培养体系在全球化推进迅猛的后工业时期，在还未经过现代主义式设计风暴洗礼过的中国环境艺术设计领域被正式提出，不得不说将是一个值得被关注的事情。

参考文献

[1]20世纪50年代的北京十大建筑是：人民大会堂、中国历史博物馆与中国革命博物馆（两馆属同一建筑内，即今中国国家博物馆）、中国人民革命军事博物馆、民族文化宫、民族饭店、钓鱼台国宾馆、华侨大厦（已被拆除，现已重建）、北京火车站、全国农业展览馆、北京工人体育场。

[2] 顾大庆．图房、工作坊和设计实验室：设计工作室制度以及设计教学法的沿革 [J]. 建筑师 .2001,(98)：20-36.

[3] 顾大庆．建筑教育的核心价值 个人探索与时代特征 [J]. 时代建筑 .2012,(4)：16-23.

[4] 顾大庆．"布扎—摩登"中国建筑教育现代转型之基本特征 [J]. 时代建筑 .2015,(5)：48-55.

[5]Hoesli, B. Architektur Lehren, ETH-Zurich, Institut fuer Geschite und Theorie der Architektur GTA.1989，9.

[6]"德州骑警"是学生用当时当地正在上映的电影中的主人公，美国开发西部地区早期的一个松散的军事组织——德州骑警，来称呼当时参加设计教学改革的年轻教师们。德州骑警的成员个个善骑马，有好眼力和好枪法，这些特点和这群年轻教师个个善于设计，有敏锐的空间感和形式感的特征形成呼应。

[7] 徐大路：从得克萨斯住宅到墙宅—海杜克的形式逻辑与诗意 [D]. 杭州：中国美术学院，2010.

[8] 冯纪忠．空间原理(建筑空间组合原理)述要 [J]. 同济大学学报．1978,(2): 1-9.

[9] 顾大庆．"布扎—摩登"中国建筑教育现代转型之基本特征 [J]. 时代建筑 .2015,(5)：48-55.

[10] 周维娜，孙鸣春．"无痕"设计之探索 [J]. 美术观察 .2014,(2)：98-101.

生命周期下的会展展示设计研究

鲁潇 西安美术学院建筑环境艺术系 / 研究生

摘 要：现代会展展示活动已成为人们生活中必不可少的一部分，对于会展展示设计的艺术与技术要求日益增高。生命周期这一概念自 20 世纪 60 年代被提出后一直受到人们的密切关注，在各个领域的应用十分广泛。生命周期设计谋求在整个生命时间期限内，对物质资源和能源的优化使用，最大限度地降低能源与材料的消耗，减少所产生的废物量和环境排放量。当下在会展展示设计领域的生命周期研究还是很少的，并且对于会展展示设计的生命周期研究，仅从物化的方面进行研究是不够的，会展展示活动是一个受众参与度极高的设计，除其活动本身的物化生命周期，参与者在观展交流的过程中也具有生命周期，展示活动也有它的生命周期。本文以生命周期为基础，对会展展示设计信息能量传播的整个周期进行研究。论文从生命周期的视角去研究会展展示设计，将其看做是一个有机整体，根据其系统的构成，对各要素进行整理与优化，形成物质流、能量流与信息流三方面内容，以可持续发展的角度，探讨会展展示设计整个生命周期的价值。

关键词：会展展示设计 生命周期 物质流 能量流 信息流 信息传播

在数字化时代，“信息”是社会发展和进步的重要组成因素，人们对信息在质量和数量上的需求越来越高，使得以信息交流传递为主的展示活动在经济和数量上迅速增长。现代的展示活动不再是简单的信息传递，而是对信息进行解读，以此来传播信息，形成信息传递的差异，不仅让人知晓信息，更重要的是能够为受众解读信息，使受众深刻“感知”信息，通过对信息的分类与整合、强化与解读，来放大信息的差异，从而达到吸引的目的。 但是，在今天这个“信息时代”下，会展展示活动在对社会信息进行整合和有效传播的同时，也带来了大量的废弃物和低效能的展示活动，不论是会展展示废弃物，还是信息传达率低的会展展示活动，都是对生态环境和能源资源造成的浪费，各种展示活动以生态可持续为名，却没有在根本上解决会展展示设计与环境、受众之间的关系。

近年来的会展展示活动数量激增，据《2016 中国展览行业发展报告》调查统计数据显示，2015 年全国共 160 个城市举办展览活动，共计 9283 场，相比 2014 年的 8009 场增长达 15.9%，展览面积为 11798 万平方米，相比 2014 年面积增长 14.8%。会展活动庞大的数量需要绿色生态的理念来作以设计的基准，来支持会展展示行业的绿色可持续发展道路。在大数据时代下，绿色会展所呈现出即时性和准确性的同时，其生命周期也是我们关注和研究的重点。会展展示设计投入大量的人力物力，庞大的展览队伍中不乏有一些低水平的展览活动重复举办，对资源的消耗巨大。

1 生命周期和会展展示设计概念

生命周期（life cycle）概念源自于生物学，指具有生命特征的有机体从出生到死亡的全过程。生物的生命周期共有三个特征：首先是有限的时间过程；其次是存在阶段性，经历完整生命周期的各个阶段；最后是整个生命过程中，进行外界环境的物质能量交换。也有将“生命周期”的概念进行广义和狭义之分，狭义是指其最初含义是生命科学术语，即“摇篮到坟墓”的整个过程，这类生命周期一般是稳定且规律的；广义的概念是生命周期最初含义的发展和延伸，指自然界和人类社会

中客观事物的阶段性变化和内在规律。生命周期理论的应用相当广泛，在政治、经济、技术等领域应用，更延伸出以生命周期思想为基础的理论和研究方法。

展示活动是一种社会性活动，以信息传播为目的的整合设计，借助一定的媒介进行多种艺术表达形式的创造。运用时空转换的手段，以最佳方式将内容和信息进行展示和传播，让公众在时空中感知信息，获得更深刻的感知与参与。会展展示设计的对象不是展示自身，而是有意识、有目的地传播信息，对展示空间环境规划、展馆展区分布、灯光和照明设置、色彩和平面等进行合理设计，都是为了观众更好地接受信息，加强受众对信息的感知，以此来吸引观众参与的热情，达到对观者心理、行为和思想产生影响，实现产品或理念的有效传达，从而进行有目的、有计划的会展活动展示设计行为。

2 会展展示设计的生命周期概念

《礼记·中庸》:"凡事预则立，不预则废。言前定则不跲，事前定则不困，行前定则不疚，道前定则不穷。"预者预也，指一种前置性的组织与谋划；预，既是一种思想的谋虑，也是对行为所致后续结果的预设。任何一类设计都有其自身发展的生命周期，会展展示设计周期短、设计资源投入大、耗费人力物力资源多等客观因素，需要在其进行设计时，将生命周期理论作为一个基础的考虑环节，在进行可持续设计的过程中考虑其生命周期的要求，其价值意义就在于"豫"与"立"的权衡与博弈，是对设计效能的协调。即所谓"道前定则不穷"。

众所周知，生态系统中进行着物质循环、能量流动和信息传递，形成物质流、能量流、信息流，所谓"流"，中文释义为:"物质在库与库之间的转移运行称之为流"，而在大系统论里，"流"指构成一定功能、目标和结构的，并具有流动和传递特性的客体。会展展示设计是信息的传播与交流活动，建立在一定物质基础上，通过有效传播形式达到物质信息向感知能量转化，再进行信息接收的过程，其生命周期也可分为物质流、能量流和信息流三阶段。如图 1 所示，会展展示设计的生命周期是从物质流、能量流和信息流三部分解析。本文中的会展展示设计的生命周期不是单纯物质层面产生到消亡的过程，而是指展览自身活动前提下的可持续理念的生命周期，包括生态可持续材料、参展流线、参与者对展示信息的接受和认知心理的接纳等。在这里，物质、能量和信息的流动和循环是并行的，从设计概念的形成、材料的选择、施工及展示销售环节，再到最后展示时效结束等环节，进行经济和环境的整体效益考量，最大限度地发挥会展展示设计的价值。

3 会展展示设计的生命周期解析

（1）生命周期的物质流

"物质流是态系统中的物质运动和转化的动态过程"[7]，是

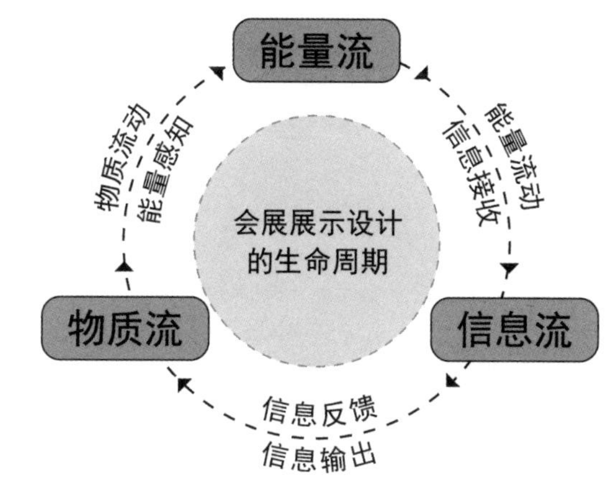

图 1 会展展示设计的生命周期　笔者制作

构成生物体的各种物质实体从供应到需求的物理运动过程，创造空间和时间价值的活动。会展展示设计生命周期中的物质流指展示载体的物质表现与转化，包括会展展示空间、展示载体形态、展示材料、色彩与照明、文字图像及声音效果等一系列设计制作所呈现信息的物质载体。而其物质"流"指物质载体经过物理运动，呈现的能量信息流动转化。通常对物质流的分析体现在降低物质投入总量、增加资源利用率、提高物质循环量、减轻最终废弃物排放量四方面，是物质从自然状态进入到社会经济体系中，通过不同形式的经济活动，最终再归入自然状态的过程。

（2）生命周期的能量流

能量流指物质流在时间和空间路径上的信息整合，是物质循环过程中产生的能量转换，是人们对物质载体呈现出的信息进行客观地获取和处理，以此形成物质向信息转化的动态运动。物质信息是可被接收和感知的，由此产生出物质能量和精神能量，但是，由此产生的能量是不加入人主观意识的重塑，以客观的行为过程反应在信息传播的能量中。会展展示的信息传达通道就是由展示的物质载体转化为能量，能量转变成信息的过程，因此研究能量的转化才能更深入的研究，会展展示设计给参与者所带来的知觉感受由何而来。能量既不会随意产生也不会随意消失，通过某种形式由一个物体传递给另一个物体，能量的形态也可以相互转化，这就是"能量守恒定律"。会展展示设计中的物质能量指光能、热能、声能等客观存在的能量；精神能量指物质载体产生的艺术效应对观者心理产生的反映。物质能量需要转化为精神能量来被人所感知才能使传播的功能成立。在展示活动中信息的物质载体产生物质能量和精神能量无法具体量化，也无法完成一对一的完整传播，但物质载体所释放的能量，不论从艺术的表象还

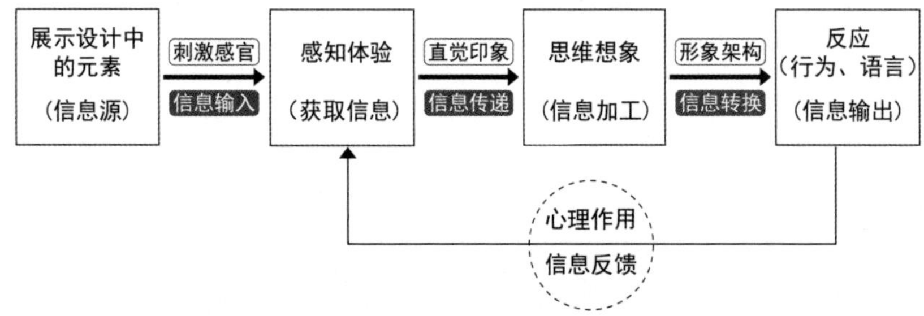

图 2 展示活动能量转化的过程

是从人的直观心理反应，都是物质能量向精神能量转化的结果。在会展展示活动中，各种信息透过不同载体与人感官的接触，从而接收到人的大脑记忆神经单元中，形成不同程度不同效应的感觉，而这些感觉会在无形之中影响人的行为。比如：声音的强弱、音调的变动、节奏的控制等听觉因素；文字内容、动态画面的组织等视觉因素，都是满足受众感知过程中必不可少的考虑环节。如图 2 所示，展示设计与受众的关系就是刺激与适应的关系，通过人的感知、思维和心理活动，进行信息输入、加工和信息输出，以此达到信息能量的完整传达。

（3）生命周期的信息流

信息流概念分为广义和狭义。广义指信息在时间和空间中朝同一方向运动的过程，指由一个信息源向另一个组织传递信息的集合；狭义指信息的传递运动，按一定要求通过一定渠道进行。在大系统中，信息是物质循环中通过能量流动产生的，是物质循环和能量流动的最终结果。信息是系统传输和处理的对象，凡是含有次序的符号都承载着信息，包括文字、数据、声音等，几乎所有动物都具有对信息处理的能力，但人能使信息抽象化成为语言符号，并把语言符号存储下来。在会展展示设计生命周期中，物质载体就是传播媒介，是信息流通的渠道。符号作为信息最直接的载体，包括语言符号和非语言符号（指视觉、听觉、触觉等），展示传播媒介传递出的物流信息通过人脑主动接收，受到心理意识和心理感受的影响，所产生认识和感知的过程转化成语言符号，使受众明确和接收信息，这种信息传播的过程就是其生命周期的信息流。视

4 物质流、能量流、信息流之间的协同关系

展示的本质是媒介，以信息沟通作为设计的主要目标之一，是大众诉求和资讯之间的媒介和传播载体，是信息采集到接收的动态过程。在会展展示设计传播信息的过程中，其生命周期的物质流、能量流、信息流是相互影响、相互制约的关系，三者共同产生，共同消亡。物质流是循环运动的，经过展示物质载体能量的转化，传达出展示信息，这是展示信息传播的必要经过，缺一不可。

物质流是物质运动和转化的动态过程，其流动呈循环的状态；能量流是单向的，展示物质载体可以转化能量传达信息，信息却无法逆向转化，所以说能量只能单向传导；信息流是双向的，参与者接受信息方式是主动进行有选择性地接收展示活动传达的信息，展示空间是展品与参与者的对话空间，并对其兴趣点所关注的展示内容进行深入观察和信息反馈。

会展展示设计信息的完整传播，是物质流、能量流和信息流共同作用下的成果，是不间断地动态运动关系，由此维持会展展示设计的信息传达的稳定和平衡。客观物质载体和主观观众的心理知觉感受，促进了会展展示设计生命周期系统的优化，形成展示信息的输入和输出，伴随着其物质、能量和信息的顺利转化和流动，构成具有设计调节功能的会展展示设计的生命周期。在信息传播的过程中，展示活动不是静态的、链条式的布局，它是一个循环的动态结构，受众的思维也不是单向的，它在接收信息的同时也在不断过滤信息和反馈信息，所以展示活动是在信息传播者和受众之间形成一个完整的循环，使得信息的传播更加紧密和完整。

5 结语

现代的会展展示设计已经开始从对“物”的设计转为对“策略”的设计，设计的重点不仅以空间、材料、色彩、功能等传统的物质设计为对象，还探讨着人与展示环境及价值观的构建。会展展示设计逐渐从对创意和技术手段解决展示功能、空间、展示效果等问题，朝着受众的感受体验、设计的管理、信息的沟通等设计方向扩展。设计是带有预测性的实验，最终的成果在预期内按其设计周期所完成。以生命周期角度分析会展展示设计的效用，为其提供一个系统的框架，以一种有序的方式帮助识别、评价会展展示信息传播的功能和服务对环境的影响，在会展展示生命周期中对原材料和其他设计资源起主导作用的阶段识别，在各项节能环保技术的支持下，降低展示成本，对这些绿色资源加以系统化的管理，以最优化的组合方式进行，以达到可持续设计发展的

目的。

可持续设计已经开启了设计行业的潮流，在现代会展展示设计中把握可持续设计的原则，将有助于会展展示作品的表达。未来的会展展示设计应该是更开放、更多元的设计，更加注重物资资源的循环利用，以及更加注重人类需求与信息传递的设计，这是会展展示设计健康发展的必由之路。

参考文献

[1] 任仲泉．展示设计理念与应用 [M]. 北京：中国水利水电出版社，2008.

[2] 许平，潘琳．绿色设计 [M]. 南京：江苏美术出版社，2001.

[3] 黄建成．空间展示设计 [M]. 北京：北京大学出版社，2009.

[4]（美）内森·谢卓夫（Nathan Shedroff）. 设计反思：可持续设计策略与实践 [M]. 刘新章，京燕译．北京：清华大学出版社，2011.

[5]（英）弗朗西斯·克里克．惊人的假说 [M]. 汪云九译．长沙：湖南科学技术出版社，2002：P64.

[6] 朱晓风．生命周期方法论 [J]. 科学研究，2004，22(6):566-571.

拓扑空间形态下的情感价值探究

刘璐 西安美术学院建筑环境艺术系 / 研究生

摘 要：在当下社会，随着时代的进步、物质生活相对充裕，越来越多的人开始关注空间设计。空间作为满足人的行为活动和心理需求的基本场所，对其的研究已经十分的广泛。本文主要通过分析拓扑形态下的行为空间对人情感价值的影响，使其能够更好地满足现在人们日益增长的物质需求与精神需求。与此同时，通过理论联系实际的方法进行探究，合理的运用拓扑学概念，突破传统空间固有的模式，在满足人的行为活动和心理需求的同时更好地体现其情感价值。拓扑学作为现代几何学的分支，在一定程度上丰富了现代几何学理论，增强了解决实际问题的能力，并通过计算机的辅助建造出复杂多变的空间形态，其理论思想对艺术、工业、建筑等各个领域都有极其重要的作用。利用拓扑学的原理，将某种图形经过连续变化后成为另外一种形体，物体在形变的过程中，自身不发生切割和撕裂，仍保持原有的性质，这便是拓扑形变。拓扑形变虽改变了原有的形式，但并未改变其性质，并将物体看作是可以无限变化并改变其形态的可塑体。本文以“拓扑形态”与“人的行为”之间的相关性影响为线索，以拓扑形态为着力点，探究人在拓扑空间语境下有别于传统空间中的行为模式，并探讨其深层次的情感价值。

关键词：行为空间 拓扑空间 情感价值 参数化设计

1 背景及研究对象

随着几何学的不断发展，一直以欧氏几何为主要思想的空间观逐渐被取代，非欧氏几何开始在空间中得到广泛的运用。与此同时信息化、数字化的出现为当今的建筑领域带来了一场变革，涌现出了大量带有流线型、韵律感的建筑作品。在这些新型建筑的背后，是人类一直追寻和试图阐明的“原理”——本文所提到的拓扑学就是其中的一条。

拓扑学作为几何学理论的分支之一，逐渐被人们所熟悉，但是单纯的数学公式和原型并不能直接应用在空间设计中，这就需要借助某个工具将抽象概念向实体空间转化，最后生成物理空间。在转化的过程中涉及美学、建筑学、心理学、设计学等理论的感知与判断，并使其与人的行为模式联系起来，赋予空间一定的人性化。

行为空间作为与人们日常生活息息相关的活动场所，从某一方面来说，代表着人类物质水平和精神水平的发展。但在科技飞速发展的现阶段，虽能够解决物质上的问题，但精神层面匮乏。拓扑形态下的行为空间具有复杂多变的空间结构，能够满足不同的行为模式，且不同的空间结构及行为模式构成了不同的情感价值，成为提升空间质量的重要因素。

本文便围绕着拓扑空间与情感价值这一主题，从拓扑形态出发，着重分析拓扑形态下的空间和人的行为关系的情感价值。一方面从人的行为与行为空间的界限进行分析；另一方面对行为空间产生的情感价值进行分析，以视觉、心理、感知为媒介与使用者进行情感交流，传递拓扑形态下行为空间的情感价值。

2 拓扑形态与行为空间关系分析

拓扑几何学作为新兴的空间形态分析理论，是成型于 19 世纪的数学分支之一，并由庞加莱成立发展，是研究图形各点之间的连续性、连通性的几何理论，可以将其定义为研究图形拓扑性质的学科。

随着科学的发展，拓扑学已作为一门基础学科渗透到各个领域当中。在拓扑学中，不涉及物体的量值，不讨论图形的全等，而只讨论图形在弹性运动中保持不变的性质，即拓扑等价。当某个物体受到外界的挤压、拉伸、弯曲等变形后，其物体上的点与点之间的位置仍相对不变，但物体大小的改变与拓扑性质并没有任何关系。相对于欧氏几何来说，拓扑学不仅包括了一维、二维、三维的曲面，而且含有欧氏几何学中所没有的多维度曲面，所以拓扑学又被称为“弹性几何”。

在拓扑学中，物体可以扭转、拉伸、弯曲等，但是不能断裂。例如日常生活中，叠被子、穿裤子、城市规划等都属于拓扑现象，而切菜就不属于拓扑学的范畴。拓扑学将这些现象规律化、公式化的同时也促进了自身的发展。这几年，随着拓扑学的发展与应用，为设计领域提供了一定的理论依据，并由此推动了数字化技术的产生。数字化技术作为数学与科学技术结合的产物，它的出现对设计的影响极其深远。

拓扑学的出现为复杂的形态和连续的空间节奏提供了一定的理论基础，使空间形态的流动性、开放性、界面模糊性成为空间形态的主要特征，同时催化了设计者的空间想象力，不仅对设计者的思想提供了指导意义，更成了认知空间和研究空间的有力工具。

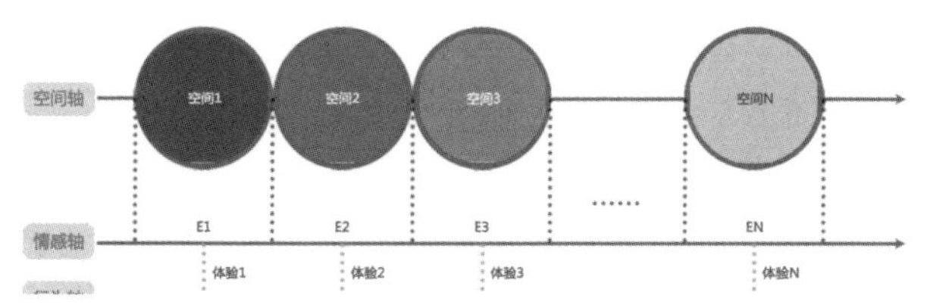

图 1 空间、情感、行为体验元素的关系

拓扑学最基本的性质则为拓扑等价，通常情况下不会直接说明两个几何体相似，而是利用拓扑等价的概念进行说明。当几何图形被任意扭转、弯曲成另外一个图形，且在形变过程中图形仍保持完整、不发生断开或破裂，这个过程称为“拓扑形变”。当两个图形通过拓扑形变成为相似形时，则这两个图形为“拓扑等价”，这也是所谓的“拓扑同构”。举例而言，如果在一个球体曲面上任意选择几个点，再将这些点用不相交的曲线连接起来，把球体表面分成若干个区域，经过拓扑性变后点、线、面的个数仍保持不变。

在拓扑学中，重点研究的是低维几何空间，例如，零维、一维、二维、三维、四维的低维空间拓扑学，但其研究的低维空间又与传统的欧氏几何空间有所不同。拓扑下的空间具有轻刚性、重弹性的性质，而反观传统几何学，往往研究的是图形也就是刚体在刚性运动中通过平移、旋转，保持不变的性质。

拓扑学还有一个重要的性质，着重研究的是空间中的整体而非单个的元素，即研究的是单个元素之间的关联性而非度量性。从整体上把握空间结构，以整体元素的连续性、封闭性等组织关系来阐明内部的结构特征。

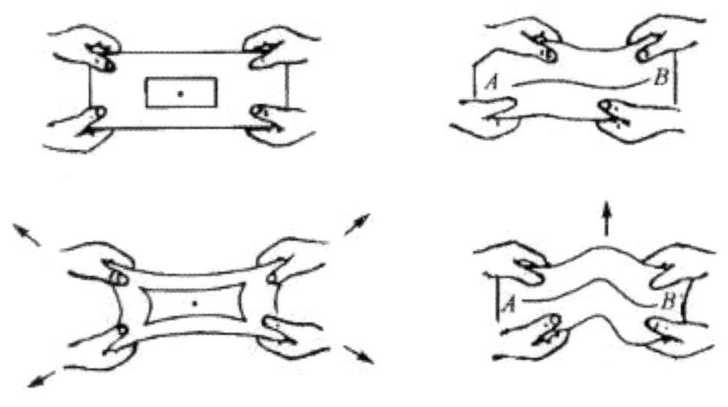

图 2 弹性运动示例

行为空间作为人类活动的基本单元，特定的行为空间有着固定的行为模式存在。由此情况，德国心理学家库尔特・勒温提出了拓扑心理学，引入了“个体”这个变量，提出了人类行为公式：

$$B = f(P, E)$$

认为行为 (*B*) 等于人 (*P*) 和环境 (*E*) 的函数，即行为是随着人和环境的变化而变化的。不同的个体对于同一环境可以产生不同的行为，甚至同一个体在不同情况下，对于同一环境也可以产生不同的行为。该公式表明，人的行为是为了满足一定的需求，达到一定的目标，是自身需求对空间作出反应的结果，当外界环境满足了自身需求时，便又开始形成新的环境，又会对人产生新的刺激，推动其下一步发展。

空间的外显形态直接影响了空间内部的情感价值，由于人的价值观、行为模式、生活方式等都产生于不同的背景之中，所以就需要一个特定的空间为不同的人、不同的行为活动提供需求。随着社会的发展进一步加快，空间功能的发展也在与时俱进，现阶段人们越来越强调以人为本、为人而筑的精神需求。拓扑形态下的行为空间从更深层次的情感出发，对空间进行了人性化的处理，不同于传统几何空间的严谨、规律、对称，具有连续、开放、流畅等特征，易于人们通过感知而产生心理上的变化，从而满足

自身的精神需求。当人置身于其中，能够迅速找到立足点，获得认同感与归属感，从而体现出行为空间的情感价值。

3 拓扑形态下行为空间的情感价值

随着社会的发展，人已经学会如何满足自己的物质需求，与此同时人们开始思考怎样能够满足自己的精神需要。这时空间就作为承载精神层面的载体，将人的情感通过空间表现出来，在满足心理需求的同时从精神上肯定自己。当人因为某种需要与外界保持一定的联系时，行为空间便产生了。例如在炎热的夏天里，人们会选择在亭子里或有遮挡作用的空间里遮阴纳凉，这时亭子下的空间便成了一个具有特殊意义的空间。这个空间与周围的环境相融合，呈开放性，空间界面模糊，在水平和垂直方向上没有层级的观念，但它却有着特定的行为用途，这就体现了该空间的拓扑性。

图 3 行为产生过程

图 4 拓扑空间行为心理关系

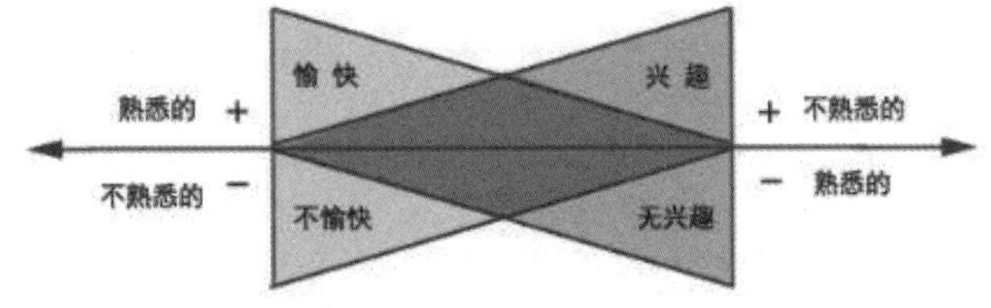

图 5 不同环境下的心理需求与行为变化

拓扑形态下的空间在本质上具有一定的优势，通过研究行为空间的形态来表达或影响人们的情感，以流线感的形体、跳动的空间感，强烈的视觉冲击给人的心理带来冲击。且拓扑本身具有一定的逻辑性和抽象性，在研究行为空间时，应将抽象思维形式化、视觉化，并将其直观地展现出来。

人类的情感一方面通过外界对感官的刺激，在直觉表面产生情感；另一方面是在自身行为活动中，通过对外界的认知，将意识、经验、理解等作用于人的心理而产生的情感。拓扑形态下研究的行为空间，并不是通过直觉表面产生的情感体现出来的，而是从情感的角度出发，通过人在认知过程中产生较深层次的情感来研究其价值。人与空间是相互影响、相互作用的，人们可以根据自己的心理来选择不同的空间，从而迎合自我需求，并通过对空间的认知，来实现其价值。由此可见，空间与行为心理之间是密不可分的。行为空间作为我们日常活动的场所，它对我们的心理能够产生一定的影响。换句话说，如果行为空间能够满足人的心理需求、认知心理，并符合大众的审美情感，那就说明该空间具有存在的价值。

（1）拓扑形态下的行为空间的心理特征

格式塔心理学中提到：较复杂、不完美和无组织的图形，具有更大的刺激性和吸引力，它可以唤起更大的好奇心。当人们注视由于省略造成的残缺或通过扭曲造成偏离思维规则形式时，就会导致心理特有的紧张，注意力高度集中，潜力得到充分发挥，从而产生一系列创造性的知觉活动。

由 $B=f(P,E)$ 公式可以看出，行为（B）是随着人（P）和环境（E）的变化而变化的，且相互作用、相互依赖。在实际生活中，行为空间为我们的日常行为提供了活动场地，且它的空间结构又对人的行为、心理产生着一定的影响。在空间设计中，不仅要考虑到人的行为与空间之间的关系，而且还要考虑到空间对人心理的作用。

从空间尺度来看，当空间尺度符合人的心理需求时，那么人置身于空间中就会产生舒适、亲近的感觉，起到了积极的作用；反之，当空间尺度超出正常的范围，过大或者过小时，则会对人的心理产生一定的影响，令人感到压抑、不安。从人与人之间的交往距离来看，当交往距离过近时，人就会有抵触、缺乏安全感甚至反感的心理，所以交往距离可以改变心理对外界的抵抗能力。而拓扑学下的行为空间颠覆了以往传统空间固有的模式，而以流动连续的外形，富有节奏感的空间，给人带来的不只是视觉上的享受，而且拓扑形态不仅改变了空间的形式、结构，对人的行为心理也产生了影响。

社会飞速发展的今天，人的行为受日益增长的经济、文化、政治等多方面的影响，并与空间界面存在着或多或少的联系，且相互作用、相互依赖。人的行为作用于空间，空间又反作用于人的行为，在发展过程中相互影响、相互制约，这就使空间变得尤为重要。

（2）行为空间对情感价值的反馈作用

人的日常行为表现是多方面多层次的，从最基本的生理活动到更高层次的心理活动逐层上升。在拓扑下的行为空间中，强调的是人对空间的内在感受，加强人在空间中的认同感和归属感，还体现人在空间中是否实现了精神层次的需求。因此行为空间的情感价值是与人类的心理结构，事物的认知程度等息息相关的，

也是人与空间最直接的情感交流。人对空间的认同感和归属感取决于空间的结构功能，使人在心理上获得一定的满足感。作为一个人归属于某一个空间发生行为时，认同该空间且心情愉悦，当愉悦感越强则对该空间的认同感也就越强。只有成了空间中的一分子，归属于空间、认同空间，才能体会到空间的情感价值，设计该空间才有意义。

拓扑形态在行为空间运用的过程中，情感价值的多少对情绪波动有着不同的影响，虽然拓扑形态作为一种载体，但最终的属性将消失，并升华在情感氛围中，这时拓扑形态对空间的作用将达到最大值。

4 结论

拓扑形态下的空间，作为传达信息、思维、意识交流的介质，

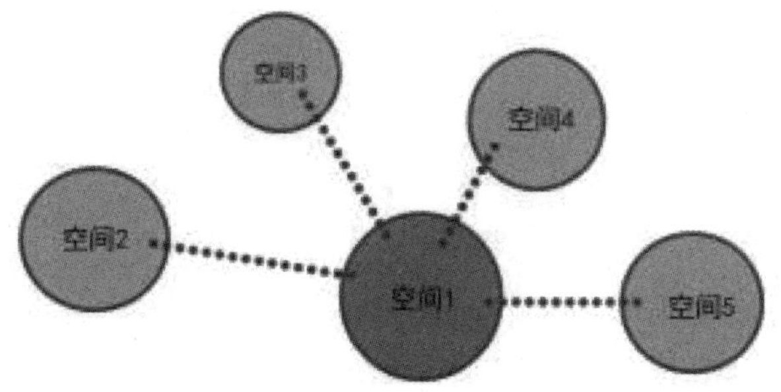

图 6 放射型拓扑空间结构

图 7 方向型拓扑空间结构

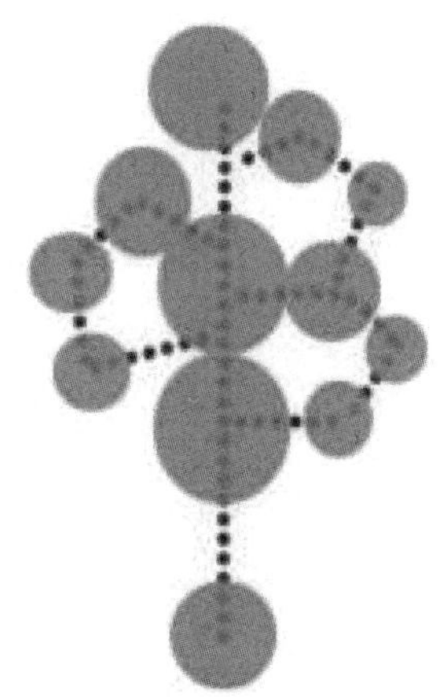
图 8 树状拓扑空间结构

能够满足不同人群的需求。除了形成可视化的物理场之外，拓扑形态还具备潜在的价值，通过满足不同人群的精神层面，体现出空间的情感价值。

在设计中，空间作为人与人交流的环境介质，通过刺激人们在环境中产生独有的情感，从而提升空间的质量。具有拓扑性质的非欧氏几何空间，以及由传统欧氏几何空间演变而成的拓扑空间，都具有一定的情感价值。人们通过发掘各类拓扑形态下空间的情感价值，营造出视觉不可见的心理场，探索人在环境空间中的行为活动，展现隐藏在空间中更深层次的含义，能够为设计空间时提供更好的理论基础和指导思想。

拓扑形态被广泛应用到空间设计中，作为辅助工具的数字化技术在空间中的应用也越来越多，虽然国内正处于一个起步的阶段，但发展迅速，使之更好地满足中国人所需的精神空间，情感需求。

参考文献

[1] 秦杨 . 基于情感需求的室内环境设计研究 [D]. 武汉 : 武汉理工大学 ,2013.

[2] 丁俊武，杨东涛，曹亚东，王林 . 情感化设计的主要理论、方法及研究趋势 [N]. 工程设计学报 .2010,17,(1)12-18.

[3]（美）苏珊·朗格 . 情感与形式 [M]. 刘大基，傅志强，周发祥译 . 北京 : 中国社会科学出版社 ,1986.

[4]（美）唐纳德·A·诺曼 . 设计心理学 3 : 情感设计 [M]. 何笑梅，欧秋杏译 . 北京 : 中信出版社，2012.

[5]（美）唐纳德·A·诺曼 . 设计心理学 [M]. 梅琼译 . 北京 : 中信出版社，2010.

[6]（英）E·H·贡布里希 . 秩序感——装饰艺术的心理学研究 [M]. 杨思梁，徐一维，范景中译 . 南宁 : 广西美术出版社，2014.

[7]（英）布莱恩·劳森 . 空间的语言 [M]. 杨青娟，韩效，卢芳，李翔译 . 北京 : 中国建筑工业出版社，2003.

[8]（美）奥古斯丁 . 场所优势 : 室内设计中的应用心理学 [M]. 陈立宏译 . 北京 : 电子工业出版社，2013.

[9] 顾琛，李蔚，傅彬 . 节奏空间探究 [M]. 武汉 : 湖北人民出版社，2012.

[10]（美）乔纳森·H·特纳 . 人类情感 : 社会学的理论 [M]. 孙俊才，文军译 . 北京 : 东方出版社，2009.

基于儿童心理学对环境设计研究
——以医疗空间为例

强媚 西安美术学院建筑环境艺术系 / 研究生

摘 要：当代儿童的生长环境处于高速、现代化的信息技术时代旋涡中，儿童的成长面临着进入 21 世纪以来最为严峻的压力。在这个大的社会空间中，我们该如何创造出有利于儿童群体成长的空间场所，成为值得我们关注的话题。快速生长、变化频繁、可塑性极强……都是儿童（1 ~ 14 岁）这个群体自身的特殊性。本文将以儿童医疗空间（针对儿童心理与生理进行治疗，并肩负着儿童接触及交流的社会公共空间之一）为例，对医疗空间场所特性、功能性与儿童的心理、感觉等两大方面进行分析；结合优秀案例，从设计的角度展开剖析。从儿童的视角出发，对儿童医疗空间进行设计分析，进一步强调对儿童医疗空间的关注，不能仅仅停留在空间的基本功能性上。倡导在无痕设计理论体系作用下，从儿童心理学角度出发，探求受众体需求因素的变化趋势、创造真正匹配儿童身心健康的空间环境。

关键词：无痕理念 儿童需求 儿童心理学 儿童医疗空间 环境设计

1 绪论

英国浪漫主义诗人华兹华斯在《彩虹》一诗中写道："儿童是成年人的父亲。" 这是一个发人深思的命题，体现了诗人独到的儿童观和自然观。这句诗被意大利儿童教育家玛利亚·蒙台梭利在《幼儿教育方法》一书中引用，玛利亚认为，儿童将是未来的成人。成年人表现的一切情绪、智力、习惯和道德，多由他童年时候的环境及经历所决定。

从这些意义上讲，儿童是我们一代代人类的原点，每一代儿童的身心成长不仅与他们个人的发展、幸福息息相关，也直接影响到人类社会未来的健康状况。因此，儿童作为人类社会及城市当中特殊的群体，值得我们认真对待和关注。

中国作为世界上人口最多的国家，拥有世界最大的少年儿童群体。据统计，我国 0 ~ 14 岁儿童大概占全国人口的 1/5，约 2 亿 5 千万人。根据笔者的调查发现，自近两年随着我国二胎政策的开放，以西安市为例，出现了很多以营利为目的的儿童场所。然而，专门为儿童设计，符合其生理尺度和心理需求的空间环境却少之又少。乏味的游戏设施和千篇一律的儿童公共空间充斥在城市的各个角落。从城市规划方面来看，能供儿童体验的自然环境空间就更是一种奢望。西方国家的一些儿童专家的研究显示"由于社会经济、环境的变化所带来的各种压力，以及制度方面对儿童的漠视，都已经深深地损害了当前西方发达国家的儿童福祉。儿童在精神、生理方面的各项指标已经下降到警戒线水平。"因此，在全球范围内诸多设计师投入以儿童切身利益为出发点的空间环境的设计之中。

2 儿童医疗空间定义

儿童医疗空间是指向儿童提供医疗护理为目的的医疗服务机构，同时具有娱乐和招待功能。服务对象包括患者、伤员、健康的体检儿童、处于特定生理状态的新生儿以及具有心理问题的儿童等。大部分儿童医疗机构由政府部门资助或慈善捐助，不以营利为目的，另外就是以营利为目的的私立

医疗空间。儿童医疗空间包括儿童医院、儿童诊所、儿童疗养院、启智学校等。

3 儿童生理与儿童医疗空间设计关系的研究

儿童正处于身体迅速发育的阶段，身高和体重增长的同时，伴随着骨骼的硬化和肌肉的生长（表 1）。随着儿童年龄的增长，运动能力也会有明显的发展过程，每个阶段都体现其特殊性（图 1），婴幼儿时期最为明显。由于生理发展方面的需求，符合儿童活动空间的尺度和运动发展的功能性设计显得十分必要，其科学与丰富的程度将直接影响儿童对于医疗空间的认识和印象。

为儿童提供科学的空间环境，可以将内部空间分割，形成大小不一、形式各异的区块，在丰富空间形式的同时，创造出很多适合儿童的小尺寸空间。图 2 是由 maumstudio 设计的韩国一家名为 MOON 的儿科诊所。其设计的初衷在于给儿童创造一个游乐场式的地方，促进他们与成人的积极配合与沟通。空间内部各区域的围合形式，不仅符合儿童的生理特征，且带给孩子多样化的活动模式，既增强了孩子的安全感，又确保家长对儿童活动范围的可控性。婴幼儿的活动区域铺设可供攀爬的抗菌地毯、可供扶持站立的墙面设置、合理的台阶攀爬设置等（图 2）。设计师对于不同阶段儿童对家具尺寸的要求，在设计上进行了区分，这样在功能性设计上也更加有保护性和针对性。

在儿童活动空间中，根据儿童运动发展特征和儿童生理发育尺度对其空间区域进行合理的划分以及安全、灵活的空间设置。

4 儿童心理与儿童医疗空间设计关系的研究

（1）影响儿童心理发展的主要因素

儿童心理发展受多方面影响，主要归纳为遗传和环境两方面因素。大脑、神经系统和其他器官的发育和完善，为儿童的心理成熟奠定了良好的基础，这是人体的自我作用。而充斥在儿童周围的社会环境，不仅影响着儿童智力和社会性的正常发育，还影响着儿童的审美和心理健康。

（2）儿童的感知觉与儿童医疗空间设计

儿童作为神经系统发育未健全、心理发展不成熟、心理压力应对能力较弱的特殊群体，他们在就医过程中时常体现出大量悲观、恐惧的负面情绪。幼儿因语言局限，身体上的不适无法自我表达，其问题的表现完全依靠成人观察并转述给医生，所以在就医过程中整体处于被动且痛苦的过程。少年儿童相比幼儿自理能力要较强一些，但是在医疗环境中心理大多都处于恐慌、不安的状态。再加上对病情认识的不足，经常表现出对治疗的排斥和拒绝。因此，在儿童医疗空间设计中，还要考虑到患儿心理特征的特殊性。如何从儿童的角度和利益出发，让儿童对医疗空间留下良好的印象以及更好地适应医疗空间环境，是我们在设计中必须要考虑的问题。

1）视觉感知

视觉是人类获得感觉最直接的媒介之一。儿童对于色彩的感知主要表现在视力的发展和识别颜色的能力这两个方面。根据研究证明，幼儿期儿童视觉敏锐度很低，在 10 岁时视觉调节能力将达到最大值，之后随着年龄的增加而逐渐降低。儿童对于色彩的识别能力也与年龄发展密切相关，随着年龄的增长，对颜色的

儿童正常身高、体重参考均值　　表 1

年龄	体重(kg)		身高(cm)		头围(cm)		胸围(cm)	
	男	女	男	女	男	女	男	女
初生	3.21	3.12	50.2	49.6	33.9	33.5	32.3	32.2
1月~	4.90	4.60	56.5	55.6	37.8	37.1	37.3	36.5
2月~	6.02	5.54	60.1	58.8	39.6	38.6	39.8	38.7
3月~	6.74	6.22	62.4	61.1	40.8	39.8	41.2	40.1
4月~	7.36	6.78	64.5	63.1	42.0	40.9	42.3	41.1
5月~	7.79	7.24	66.3	64.8	42.8	41.8	43.0	41.9
6月~	8.39	7.78	68.6	67.0	43.9	42.8	43.9	42.9
8月~	9.00	8.36	71.3	69.7	45.0	43.8	44.0	43.7
10月~	9.44	8.80	73.8	72.3	45.7	44.5	45.6	44.4
12月~	9.87	9.24	76.5	75.1	46.3	45.2	46.2	45.1
15月~	10.38	9.78	79.2	77.0	46.8	45.8	47.1	45.9
18月~	10.88	10.33	81.5	80.4	47.4	46.2	47.8	46.7
21月~	11.42	10.87	84.4	83.1	47.8	46.7	48.4	47.3
2.0岁~	12.24	11.56	87.9	85.6	48.2	47.2	49.4	48.2
2.5岁~	13.13	12.55	91.7	90.3	48.8	47.7	50.2	49.1
3.0岁~	13.95	13.44	95.1	94.2	49.1	48.1	50.9	49.8
3.5岁~	14.75	14.26	98.5	97.3	49.6	48.5	51.7	50.6
4.0岁~	15.61	15.21	102.1	101.2	49.8	48.9	52.3	51.2
4.5岁~	16.49	16.12	105.3	104.5	50.1	49.2	53.0	52.0
5.0岁~	17.39	16.79	108.6	107.6	50.4	49.4	53.8	52.4
5.5岁~	18.30	17.72	111.6	110.8	50.6	49.6	54.6	53.2
6-7岁	19.81	19.08	116.2	115.1	50.9	50.0	55.8	54.1

图 1 儿童运动发展过程
儿童在独立行走之前，每一个月的运动都具有明显的以及特殊的变化，儿童活动空间的尺度与功能性的设计应符合儿童运动的特征。

图 2 韩国 MOON 儿科诊所内部空间

色彩分析及治愈作用分析　　表 2

色彩	分析	作用
红色	够刺激心脏、循环系统和肾上腺素，提升力量和耐力	促进低血压患者的康复，对抑郁症患者有一定刺激缓解的作用
粉色	相对柔和，能使人肌肉放松，给人以抚慰和希望	多用于外科手术室、病房等
橙色	刺激腹腔镜从、免疫系统、肺部和胰腺，能更好地促进人体对食物的消化和吸收	多用于医院餐厅、咖啡厅等
黄色	刺激大脑和神经系统，提高心理上的警觉感，活跃肌肉里的神经	帮助放松和治疗体内某些病症现象，如感冒、过敏及肝脏疾病等
绿色	能够安抚情绪、松弛神经	对高血压、烧伤、喉咙痛者都比较适合
蓝色	影响咽部和甲状腺，能降低血压	有利于患有肺炎、情绪烦躁、神经错乱及五官疾病的患者
紫色	松弛神经、缓解疼痛	对于失眠、神经紊乱以及孕妇安静都起到一定的调节作用

认识也会更加全面。随着视觉和知识经验的积累，从起初简单的认识和对色彩的喜好，发展到对色彩的认知、用途以及简单的使用等。色彩是人类观察客观环境时最先、最直接关注的因素，其次才是对形状、功能等特征的捕捉。我们在生活中可容易发现，儿童在婴儿时期往往最先关注和掌握的就是色彩。

色彩本身对于儿童的心理状态也有一定的影响作用，色彩有冷暖感、距离感、大小感和重量感的分类特征。因此，儿童的心理状态往往更易通过色彩表达出来，受到色彩潜移默化的影响。色彩会对人类身体产生生理作用和心理的潜在影响，对于儿童来说也是如此（表 2）。经过进一步调查研究发现，儿童的色彩天性偏向暖色调。如黄色、红色等，而成人则更偏向于冷色调。有报告显示，红色是儿童最先了解和掌握的一种颜色。若能将不同色彩对儿童心理的影响与医院空间环境的设计相结合，既能利用色彩的积极作用辅助治疗，又可以改善医疗环境在儿童头脑中冰冷的形象。

PHILIPS 公司为菲尼克斯儿童医院做的扩建项目，是将生机勃勃的色彩与神奇的灯光相结合，营造出具有趣味性和互动性的儿童医疗空间（图 3）。在减少成本与资源浪费的同时，将色彩的展现方式更加丰富化，使空间更加灵动，同时有效地转移患者的注意力，营造出一个愉快、放松的氛围。

2）肤觉（触觉）感知

肤觉是指感知室内热环境的质量，空气的温度和湿度的大小分布及流动情况；感知诸如室内空间、家具、设备给人体的刺激程度，如振动大小、冷暖程度、质感强度等；感知物体的形状和大小等。除了视觉器官以外，主要依靠人体的肤觉及触觉器官，

即皮肤。根据不同的皮肤点产生不同性质的感觉，同一皮肤点只产生同一性质的感觉而确定有触、温、冷、痛等 4 种基本的肤觉。这些相应的皮肤点称为触点、温点、冷点和痛点。这几种感觉点在一定部位的皮肤上的数目是不同的，其中以痛点和触点较多，温点和冷点较少。儿童出于好奇和对周围空间危险因素感知比较弱，下意识喜欢直接碰触物体，那么对于材料的选择和使用方式，尤其是儿童随处可触碰到的空间，要充分考虑其安全性。

荷兰乌得勒支的朱丽安娜儿童医院（图 4），该医院室内环境设计最大的特点是使用了大量的、趣味性的墙面交互，让病痛的孩子们适当分心以减少压力。这样可以参与其中进行触碰的交互体验，对墙面材料的选择便存在很多的要求。新型环保材料和抑菌杀菌材料的大量使用，提升了孩子的安全性和环保性，也让家长放心地把孩子放于专属公共空间中。在这样无形的保护下，让儿童自由地探索未知的世界。更有研究表明，越是对儿童友好的环境空间，越有助于病童忘却伤痛，恢复知觉，这种友好是体现在各个方面的。

3）形状感知

知觉于视觉和触觉之后，比感觉稍晚，它必须经过经验的积累才能达到正确的认识，但发展速度很快。对具有独立行为意识的儿童进行了解，我们认识到儿童对形状的掌握程度以及对于方向的辨别能力。人类对于物体形状的认识开始于点、线、面的基本认知，然后在基本认知的基础上综合运用角度、运动方向来展开全面的认识，儿童也是如此。儿童对于方向的感知也是在具有意识以后，随着年龄的增长和知识经验的积累而逐渐提高的。从起初只能辨别自己所在之处左右和上下的能力，到逐渐辨别东、南、西、北四个方向以及描述自己所处位置的能力。根据研究表明，儿童 5 岁以后才能通过导视系统方向指示分清方向，做出相对理性的选择。

西雅图儿童医院的导视设计简洁、清晰，营造了一个宁静、富有想象力的空间氛围（图 5）。医院通过山、河流、海洋、森林四个主题进行区分，增强了每个区域的识别度。每个区域都有统一的色彩、字体和导向标识，以表明此区域的特定服务项目，反映医院品牌的人文关怀。导视标牌组件与所在区域的壁画相互呼应，并且每个区域的电梯都以动物来命名，加强区域识别度的同时提供清晰的导向信息。大至区域指引，小到每个房间标牌，都可以帮助病人及其家属快速准确地知道自己的位置，最主要的是儿童也可以识别与描述，这样的设计在提高趣味性的同时具有强

图 3 菲尼克斯儿童医院内部的色彩和灯光设计采用色彩与灯光设计结合的手法，营造具有趣味性与互动性的轻松的儿童医疗空间

图 4 朱丽安娜儿童医院内部环境设计
资料来源：网络
大量的墙面趣味交互系统的设计，采用健康、环保、绿色的材质和安全考究的工艺，有效保障儿童对于空间的直接接触

大的功能性。

4）对自然的心理感知

对于儿童来说，自然的面貌是多种多样的，自然像一块白板，孩子们在上面可以任意挥洒，重构文化的幻想。自然需要充分地观察和全身心的感知，从而来激发孩子的创造力。还有证据显示，与自然的直接接触有益于儿童身心的健康。直接接触自然对于患有注意力缺失、多动症、儿童抑郁症、压力管理的儿童有治疗的功能，也会潜在地提高儿童的认知力。《美国预防医学杂志》中埃默里大学公共健康学院环境与职业健康系主任霍华德·弗鲁姆经指出，他对胆囊手术患者进行了历时 10 年的研究，发现那些房间里能看见树的病人要比只看见砖墙的病人要更早一些出院。可见，能够观赏到自然景观的房间可以帮助儿童减轻压力带来的痛苦和疾病，室内外的自然风景对促进儿童心理健康起着至关重要的作用。

大自然对于情绪缓解的原因，一方面，绿地能够促进社交活动。自然的安慰并不完全依靠社交互动，然而自然会鼓励社交互动；另一方面，自然能够培育人类独处的能力。一项针对十几岁儿童的研究显示，儿童会在心烦意乱的时候走到自然环境中去，在那里他们理清思路，多角度看问题，重新放松与释然。自然教导儿童领悟生存的常识，为儿童营造大的眼界和舞台，同时又能够带给儿童以心灵的保护与慰藉。

丹麦医院的最新设计方案，旨在让病人在病床上就可以享受到绿色景观（图 6）。院区选址在曾经的一处狩猎区，内部丘陵连绵起伏，池塘遍布。医院是由 8 个环环相扣的圆构成，每个圆环中间有宽大的庭院，屋顶像自然地形那样起伏，保证每个房间都能看见内部庭院或者外部森林的绿色。医院的设计在尊重当地历史景观的前提下，创造出内外和谐交融的环境，让景观无处不在。医院内部走廊与常规线性的不同，是围绕一个中心节点放射性展开和循环，病床外不远处总是有温馨的公共空间，供人们观赏和散步。这样的规划设计强调自然景观对于人生理和心理的一种治愈，对患者的治疗起到积极的作用，大自然的治愈效果十分明显。

5 结论

儿童作为社会的弱势群体，备受家庭以及国家的重视。本文旨在基于“设计无痕”，从受众群体需求的角度出发，针对不同年龄段儿童的需求和体验，从他们的生理尺度、运动发展和心理学的感觉、感知等两大方面进行研究，结合儿童医疗空间特性，通过设计的手段从空间色彩、导视系统、照明设计、绿色环境等诸多方面进行分析及总结，确保儿童在空间环境中的需求和利益得到最大化的保障。倡导从思想的转化到合理的开放式空间环境设计规划，营造一个良性的儿童空间环境，使身处于医疗空间中的儿童，仍然能感受到舒适、有趣以及安全感，此研究主题对儿童的心灵安抚与生理恢复起到积极的推动作用，倡导为儿童的成

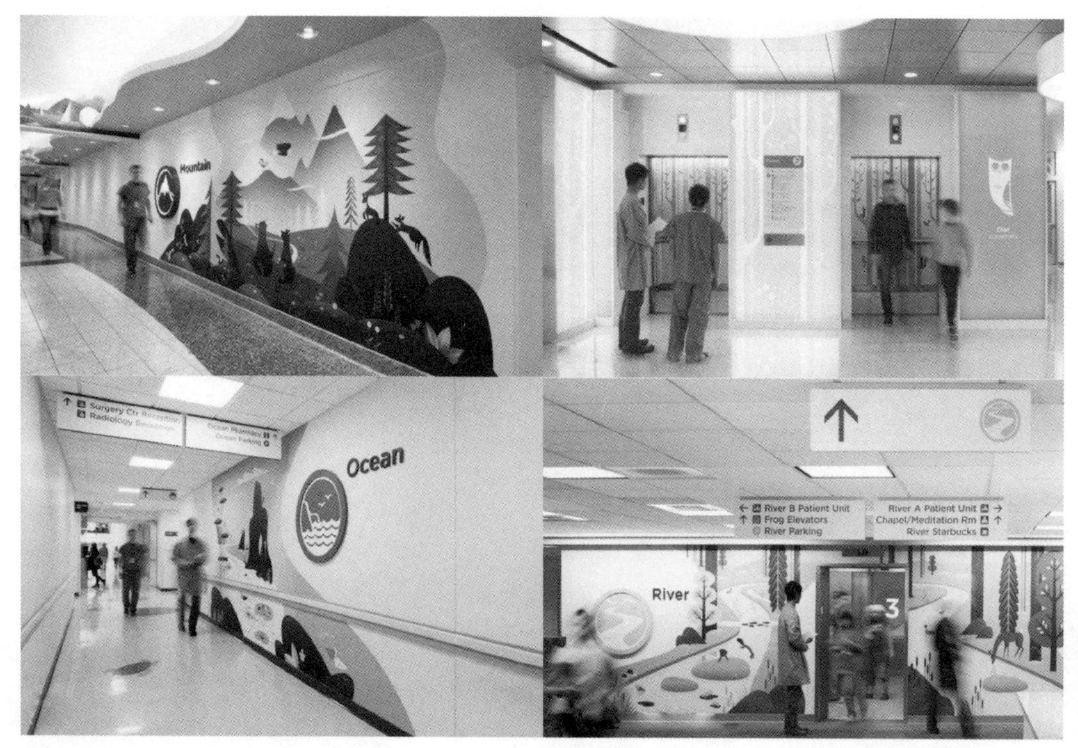

图 5 西雅图儿童医院导视系统设计
运用导视系统将医院大空间分为四个主题形象的小空间，增强空间趣味性和亲切感的同时，易于儿童对不同区域的识别与描述

图 6 丹麦医院的自然治愈环境设计将医院融入大自然中，将大自然对于人们和患者的治愈带入医疗空间环境中

长创造更有利的空间。

《儿童权利公约》中以“儿童最大利益优先原则”作为制定公共政策的理论基础，已经成为全世界几乎所有国家认同的公理。然而，现代城市建设的集约化发展，使儿童空间规划在城市环境建设中实际上处于被忽视状态，制度设计者及城市规划者并没有真正认识到其中的严重性与重要性。因此，对于城市中有组织、受控制且选址不错的儿童服务机构（包括儿童医疗机构、幼儿园、学校、游乐场等），应引起设计师的珍惜和关注。旨在让儿童服务系统更加深入、完善，真正为我们的儿童争取更大的福祉。

参考文献

[1](美)威廉·达蒙．儿童心理学手册（第二卷）：认知、视觉和语言 [M]. 上海：华东师范大学出版社，2015.

[2] 理查德·洛夫．林间最后的小孩：拯救自然缺失症儿童 [M]. 北京：中国发展出版社，2014.

[3] 尼尔·西普，布伦丹·格里森．创建儿童友好型城市 [M]. 北京：中国建筑工业出版社，2014.

[4] 程超．为儿童着想的城市开放空间研究 [D]. 长沙：湖南大学，2011.

[5] 叶湘怡．儿童公共空间的视觉导视系统设计研究 [D]. 北京：北京林业大学，2016.

[6] 刘博新，严磊，郑景洪．园艺疗法的场所与实践 [J]. 农业科技与信息（现代园林），2012(02).

[7] 江婉玉．基于儿童心理学的儿童医院内部空间研究 [D]. 哈尔滨：东北林业大学，2014.

[8] 宋萍．儿童医疗康复空间环境设计研究 [D]. 山东建筑大学，2015.

[9] 姜波．色彩在儿童空间设计中的应用 [J]. 设计艺术，2011(01).

[10] 丁祖荫，哈咏梅．幼儿颜色辨认能力的发展——幼儿心理发展系列之一 [J]. 心理科学通讯，1983(05)

基于无痕理念再谈西安古城的保护问题

苏义鼎 西安理工大学艺术设计学院环艺设计系 / 讲师

摘　要：文章对于西安古城内数次“存废”危机以及保护现状问题进行了概括性的阐述。并分析了问题的成因，同时也对于支撑古城历史文化底蕴的原真性资源进行了分析，这些资源既有历史建筑，也包含着由这些历史建筑、传统建筑空间共同构成的礼制空间。文章最后从保护的政策、管理以及技术理念这两个层面提出了相应的保护理念以及在未来的西安古城保护与发展规划制定中应当重视的几个方面。

关键词：古城保护　礼制空间　无痕

1 西安古城之劫——新中国成立后至今西安古城所遭遇的数次危机与存在问题

（1）新中国成立后至 20 世纪 90 年代的“城墙保卫战”

自新中国建立至今已经有 68 个年头了。但关于西安城墙“拆与留”的话题至今仍有余音。在这漫长的 68 年中，城墙也经历了大致三次生死存亡的危机。

第一次危机爆发于 1950 年，这一年的 4 月 7 日，习仲勋主持了西北军政委员会第三次集体办公会议。这次会议中的一项重要议题就是是否拆除西安城墙。通过此次会议，习仲勋不仅否定了拆除城墙的提议，而且进一步强调西安城墙的重要意义，并且提出要对其加强保护。随后，西北军政委员会发出了《禁止拆运城墙砖石的通令》。

第二次危机始于 1958 年，此时“大跃进”开始。西安古城墙存在与否的争议再次被推到了风口浪尖。除了学者上书以外，时任陕西省省长的赵伯平也以个人名义给国务院写了关于保护西安古城墙的请求。上述举措，对当时城墙得以保留具有决定性作用。

第三次危机与上述两次不同，并非是由于决策层的意见而产生的危机，而是由于城墙保存现状而产生的。1981 年 12 月 31 日。针对西安古城墙所遭受到的严重破坏。国家文物事业管理局遵照习仲勋的批示，制订了《请加强西安城墙保护工作的意见》。直至 1983 年 2 月，西安环城建设委员会成立，城墙在官方层面上的保护才得以正式确定与落实。

（2）无可奈何花落去——古城老宅之殇

时至今日，西安古城面临的最大问题就是有墙无城的问题。自从 20 世纪 90 年代开始，古城内陆续展开了旧城改造工作，这些老宅也多数被裹挟在政策之内而被改造掉了。1990 年书院门改造拉开了这一改造的序幕。当时这一片区大量极具历史价值的老宅被拆除，通过一番设计、营造，最终成就了如今的仿古建筑一条街。

2 西安古城保护中存在的问题分析

（1）“存与废”思维模式

这一思维模式从新中国成立后便一直影响并困扰着古城历史文化遗产的保护。一开始，只是古城墙的存废去留之争，后来通过国家出台政策，这一争议与危机才得以尘埃落定，“城墙是文化遗产”的认识也逐渐被大众所接受。但“存废”这一思维模式，却在改革开放之后，因为以经济建设为中心的主要思想被再次激活，并逐步在古城的发展中扩大其影响。一夜之间，似乎传统民居的保留与经济建设是水火不容的两件事情。最终，式微的传统民居，被作为经济发展的阻碍以及城市形象的眼中钉被大量清除也就不足为奇。

（2）鸠占鹊巢式的文脉置入现象

古城内传统民居被拆的原因，除了由于经济发展的原因之外，也有其他的原因。文章认为主要是规划者对城市文化的理解与定位的问题。西安是一座千年古都。西安城也历经隋唐直至明清的历史演变。但时至今日，西安城的规模、形式、地面建筑遗存则多以明清为主。而如今的城市规划中为了体现古城悠久的历史文脉，确定了东西南北四条大街要呈现不同历史朝代的风格特色，而这个规划定位思想就十分值得商榷。因为这样会忽视城市历史风貌的自然演变规律，也会破坏城市历史风貌的和谐统一。

从西大街改造的最终效果来看，它可以说是被强行置入了所谓的唐代文脉，一大堆大体量的唐风商业建筑，取代了过往的街区尺度以及大量传统商业建筑、民居建筑。这一条唐风大街建成后，很多西安市民对这条街的第一感觉多是陌生，过往的记忆随之消失（图 1、图 2）。

（3）其他问题分析

多部门管理是我国历史文化名城管理体制的一个显著特征，表面上看，管理机构众多，应当能够保证文化遗产保护中的多方监督与牵制，而实际情况却是，在极大的经济利益诱惑之下，鲜有一个机构能够为历史文化名城的保护问题负主要责任，因而会时常出现有了问题互相推诿、办事效率低下，有利益互相争抢、没有利益谁都不管的局面。督军老宅的遭遇也正是由于此，该负起责任出面进行强有力保护的机构一家也没有，那么最后也就剩下唯一可从中获利的拆迁部门以及该地块的开发商来解决问题了。这也就是悲剧产生的主要原因之一。这一问题不仅在西安老城改造中十分突出，而且在国内也具有相当的普遍性。

3 西安古城的家底子——礼制格局与骨架

（1）礼制空间格局

影响中国古代城市规划的思想体系主要有三种。它们分别是礼制思想体系；以《管子》为代表的重环境求实用的思想体系；追求天、地、人合一的哲学思想体系。而在这三者之中，礼制思想体系，往往成为城市营建中的主要思想来源以及指导方针。

礼制思想是上溯西周下至明清，贯穿华夏将近 3000 年的城市规划思想依据。“礼”是一种伦理政治，而这一人际社会的秩序思想，也同样被附会到了社会的物质层面，这其中就包括了城市的规划以及城市的建筑。在众所周知的《周礼 · 考工记》中的《匠人》“营国制度”中就规定了。

图 1 20 世纪 80 年代的西大街

图 2 西大街现状

1）对西安古城礼制空间构成要素的认识

文章通过对于西安古城的调研后，发现西安的古城在规划思想层面主要呈现着礼制规划思想。 因此对于这些支撑着西安礼制空间格局的原真性资源进行了梳理，提出并且初步总结了西安古城的礼制格局的基本面貌。并以简明易懂的四字骈文形式描述如下：

东以文泽，福荫士子；神道其中，教化苍生；钟鼓长鸣，授时以礼；城阙四达，以利交通；四垣耸峙，佑我城民。

①“东以文泽，福荫士子”

在中国传统的五行方位属性中东代表阳、木，文昌以及生长之意。这个理念也在中国古代的建筑规划中，得以明确地体现，且尤以明清两代的紫禁城最为鲜明。

西安古城的格局也暗合这种礼制思想，从明清两代的西安府城图来看，南大街之东恰好分布着孔庙以及书院，其中关中书院在几百年中一直滋养着关中大地乃至全国仰慕与渴求官学的文人

士子们，如今的关中书院内仍旧作为高等学府，教化着孜孜以求的学子们，而文庙更是自始建至今已有上千年的历史，结合其内数量众多的历代石刻碑铭，至今仍旧释放着其巨大的文化魅力。

②“神道其中，教化苍生”

在西安城内如今仍保留着始建于唐宋的一些宗教场所，在城之西隅分布着两座佛寺，分别是广仁寺和云居寺；在鼓楼大街之西以及东门长乐门之西北方向分别建有两座道教场所，分别是城隍庙以及东岳庙；而在如今的回坊则分布着大大小小七座清真寺。这些清真寺深藏于居民区中，与日常的民众生活保持着紧密的联系，因而仍旧发挥着教化民众，弘扬教门的作用。除此之外，城内的两处道教场所其一为城隍庙，也深入在回坊之中，百年间与遍布清真寺的回坊和谐共存。另一处为东门内的东岳庙。

这些不同种类的宗教场所散布于古城内，千百年来影响着、教化着城内甚至城外的人们，是形成古城内潜在社会伦理秩序的重要所在。

③“钟鼓长鸣，授时以礼”

钟、鼓楼是城内当之无愧的地标性古代建筑。它们的功能在古代就是用以为城内进行报时与警示。钟楼原来位于桥梓口北广济街的迎祥观，这里一直是五代、宋、元长安城的中心，自从明代西安城扩建以后，由于城市交通中心位置的变化，自明神宗万历十年（1582年）迁至今址。

钟楼与鼓楼，一东一西，几百年来不仅是西安人了解时间的重要场所，而且也塑造与限定了城市的秩序与格局。因而可以说这两座建筑的意义已经超出了物质本身所体现的价值意义，而成了城市精神性的元炁所在。

④“城阙四达，以利交通”

四通八达的城市交通也是中国古代城市规划中所强调的，但这些城市内的道路并非多就好，而是应当遵循一定的规制与礼法。西安城内的主要交通干道，是十字星交叉的形态，这一形态是与城门的方位与数量紧密相关的。由于钟楼位于十字干道的中心位置，因为既满足风水中的要求（一眼望不到头，即南北东西四门无法相互对望），又能满足城内主要交通干道的需求。

⑤“四垣耸峙，佑我城民”

明洪武初年，由于朱元璋非常重视西安的战略地位。大臣们也力荐以西安为都。为此，朱元璋遣太子朱标，勘察西安地区作为都城的条件。后来，朱元璋封次子朱樉为秦王，封地就在西安。此时的城墙完全按照“防御”战略体系的标准来营造，城墙的厚度大于高度，十分坚固，城墙顶面也非常的宽阔，可以跑车和操练。与城墙相互配套的设施也十分完备，包括护城河、吊桥、闸楼、箭楼、正楼、角楼、敌楼、女儿墙、垛口等一系列防御性设施。

从日后的数次战争乃至近现代的战争中来看，西安的城墙也的的确确堪称一道十分坚固难以攻克的防御工事。妥善地保全了城内居民的安危。

2）构成西安古城礼制空间的结构性元素分析

文章通过进一步的分析后认为，上述的这些构成元素分别从时间、空间、心理三个方面塑造并限定了这座古城专属的礼制秩序。具体说来，塑造时间秩序的有钟、鼓楼；塑造空间的为城墙及其内部的街巷空间；塑造心理秩序的为所有宗教建筑以及文化类建筑，即佛寺、城隍庙、东岳庙、文庙以及关中书院。如此归纳并非溯源其初始规划思想，而是试图分析出西安这座古城如今仍旧具备的无法名状的历史气蕴的结构性因素。

用中国传统数术理论的三才观来看，它们又分别代表着天（时间秩序）、地（物质空间秩序）、人（心理的活动）。只有三才具备才能有我们可感知到的宇宙。一座城的秩序也离不开这三个方面。虽然它如今已满目疮痍，但这些事物依然在坚守着并影响着这座城市（图3）。

（2）传统街区骨架

一座城市，其道路骨架往往具有三种属性，即整体性、稳定性、交通性。所谓的城市骨架即依附于此，它是基于对周边客观环境的认知、沿着城市轴线展开的。与此同时也伴随着周边客观环境以及人文环境的变迁而发展成熟。

一座城市记忆、城市特色都是附着于、共生于这个骨架之中的。因此，应当将西安古城内的道路骨架也视为一种重要的，构成具有西安历史地理特色文化格局的要素。不仅要保护街巷本身的存在性，与此同时，传统街巷的尺度、建筑风貌、景观风貌也应当被视为重要的构成要素。

4 国外古城保护中可借鉴的经验

（1）日本

针对文化遗产的保护，日本有着非常清晰的管理体制。其行政管理体系呈阶梯结构，负责该国文化遗产保护的行政管理主要

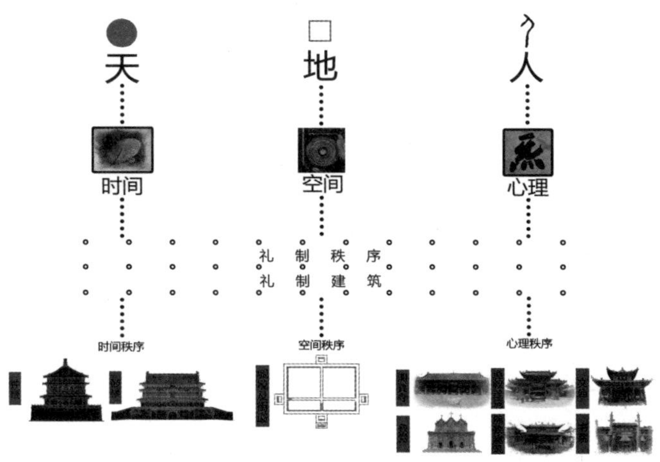

图 3 构成西安古城礼制空间的结构性因素示意图

是由文物保护行政管理部门以及城市规划行政管理部门两个相对独立、平行的机构来执行。

“兵马未动，粮草先行”。保护经费也是保证文化遗产的保护得以落实的关键要素。在日本，文化财的保护经费来源以补助金、银行贷款和公用事业费为主，拨款数额则由被保护对象的重要性来决定。不仅如此，日本的各个地方政府，还制订了一系列保证历史景观原真性的条例。以此严格控制文化景观被过度商业化，保证其充分的历史信息不受侵害。

（2）法国

法国对于本国文化遗产的保护意识起步较早，可追溯至 18 世纪末期，时至今日经历了较为久远的发展时间，因而有着相对成熟的经验，总结一下，法国目前对于文化遗产的保护具有以下几个特点：

①在保护内容方面，不仅包含着对历史建筑的保护，同时也包含着对历史环境的保护。建筑只是构成历史环境中的一个元素，因而相对孤立、静止。而要达到一种积极的保护效果，则要保证历史建筑所处的历史环境也被纳入保护视野中去。

②专业保护与综合保护双管齐下。在法国的历史文化保护法中，有着一整套行政管理、资金保障体系、监督体系、公众参与体系等，使得保护制度非常社会化。

③不仅存留历史而且要重现其价值，在法国，经常可以见到将历史建筑维护改造后，赋予博物馆或者是纪念馆的功能。不仅如此，政府还将与这些建筑有关的周边历史风貌价值重现作为了非常重要的目标。

5 基于“无痕”理念探讨西安古城的保护思想与策略

（1）对“无痕”理念在历史文化保护中意义的认识

“大道废，有仁义。慧智出，有大伪。”当此之时“无痕”理念可谓应劫而生。俗话说，亡羊补牢，为时未晚。此时提出“无痕”理念面对当前国内满目疮痍的文化遗产保护现状，不可不谓一剂良药。它具有如下几点意义：

首先，它能够起到遏制目前传统文化逐渐式微，乃至逐渐消失的趋势。

其次，它能够从某种程度上改善我们的城市面貌，避免一味地追求浮华，而要追求设计中本源的东西。

第三，历史文化名城可因此得以在保存原有文化遗产资源的前提下，朝正确的方向良性发展。

（2）基于“无痕”理念探讨在西安古城历史文化保护中的理念与方法

前文已经对于西安古城的保护问题以及问题产生原因进行了初步的分析与探讨，这里仅就文章对于“无痕”理念的认识基础上，探讨关于西安古城历史文化保护的一些理念以及具体方法。

1）政策与管理层面

政府机构应当明确权责，分级、分层设立相应的管理机构，清晰主要管理以及决策部门，各机构既能够互相监督又可保证在问题发生之前有最终出面并且对问题进行决策、负责的机构。除此之外，各个相关政府机构，应当广泛听取、充分尊重专家、学者、社区居民等一系列相关或者关心有关文化遗产保护问题人士的意见。

2）技术层面

首先，监管方面要充分利用专属或现有信息平台。利用如今发达的信息平台，各方可充分行使监督、投诉权利，与此同时，这些平台应当与国家文保的最高机构联网，使信息在第一时间上传与下达。它的建立可以更有效地管理保护西安古城历史文化资源。

其次，在规划设计领域，针对西安老城历史文化遗产的保护规划制定以及改造设计方案制定中，应当强化以下几点认识：

① 保证现存礼制空间格局的原真性

现存的礼制空间格局是支撑西安这座古城文化底蕴的重要支柱之一，它既保留有原初城市规划的形态，同时也是几百年甚至上千年城市文化空间格局演变的活化石。因而，单体历史建筑、建筑群以及由这些点、面、轴元素所共同构成的整体，都应当被

视为一个有机的统一体加以保护。

② 控制非自然文脉延续下的历史风格泛滥

这一点前文已经提到，就是我们在近年的以皇城复兴为背景的城市建设中，以拆毁一座座老宅为代价，建造了一座座我们引以为傲的，体量庞大的唐风建筑群。但这些唐风建筑只是后人通过对唐代建筑支离破碎资料的理解而主观臆想的产物，再通过现代建造技术手段，强行置入城市之中。它反倒成了割裂文脉的重要因素。

③ 合理化确定古城的功能定位，充分尊重古城所目前具备的环境承载量，杜绝与定位不符的一切开发

因此，文章认为，古城内在未来不仅应当不忘初衷地贯彻执行“皇城复兴计划”中弱化政府、居住、交通职能的方针。而且应当严格控制大型商业建筑的建设。在未来可以借助网络经济的不断发展，开拓更多的与古城历史文化环境与地位相符的商业经营模式以及产品，以分散化、小型化、人性化、人文化为城内的商业发展特点。

6 总结与期望

时至今日，关于西安古城保护、发展的学术研究成果已经很多，关于这一领域的不同层次、不同角度的话题至今仍在继续着。与此同时，古城内的文化遗产也在不断地减少，城市内曾经稳定的文化肌理也在不断地萎缩，这种极不寻常的现象着实需要今天的我们认真反思。不同领域的人们在这一问题上长期各说各话，互相无法影响对方，尤其是专家学者的意见时常在以经济建设为中心的背景下屡遭忽视。最终的受害者却是我们的古城。

文章在最后希望在未来的西安古城保护问题中，不要再在规划理念层面、决策管理层面出现大是大非，甚至是极具破坏性的问题。

参考文献

[1] 丘濂．习仲勋三护西安城墙 [J]. 三联生活周刊，2014:26.

[2] 傅熹年．中国古代城市规划建筑群布局及建筑设计方法研究（上册）[M]. 北京：中国建筑工业出版社，2001.

[3] 吴庆洲．建筑哲理、意匠与文化 [M]. 北京：中国建筑工业出版社，2009.

[4] 王树声．黄河晋陕沿岸历史城市人居环境营造研究 [M]. 北京：中国建筑出版社，2009.

[5] 邵甬，阮仪三．关于历史文化遗产保护的法治建设——法国历史文化遗产保护制度发展的启示 [J]. 城市规划汇刊，2002,03, 6.

[6] 单霁翔．城市文化发展与文化遗产保护 [M]. 天津：天津大学出版社，2006,6.

[7] 李广瑞．西安老街巷 [M]. 西安：陕西人民教育出版社，2006,2.

传统聚落与无痕设计——以青海省河湟少数民族聚落为例

吴晶晶 西安沣东新城规划建设环保局 / 规划师

摘 要：城市是放大的聚落，民居是缩小了的住宅，而庙宇则是古老的公共建筑。中国传统聚落与民居是凝结祖先生活智慧的结晶，是对自然干预最小的规划与设计先例。散布在我国西北地区的少数民族聚落、民居既是对自然条件、宗教信仰、传统习俗完美适应，更是一种承袭和融合的典范。它们不仅特点鲜明、造型丰富，而且低碳环保，其中蕴含的无痕设计理念值得我们进一步发掘总结。本文在作者探访青海省东部，河湟地区传统聚落和民居的基础上，发掘其选址与建筑的特色，分析传统民居所具备的低能耗、零污染等方面的生态优势，总结当地地域性建筑设计中的无痕设计方法，以期对今日千城一面、高能耗建筑林立的规划设计现状有一定的启发意义。

关键词：传统聚落 无痕设计 生态智慧 规划设计

1 青海省河湟地区自然、历史环境概述

青海省东部河湟地区，“北依山作镇，南跨河而为疆。地接青海、西域之冲，治介三军万马之会。”[1]包括月山以东祁连山以南，西宁四区三县、海东以及海南、黄南等地的沿河区域。从自然地理角度分析，这里正处于黄土高原、内蒙古高原和青藏高原这三大高原之间的过渡地带，大部分地区平均海拔在1500~2500米之间，水源丰富，黄河及其支流湟水等河流贯穿其间，气候相对温暖，宜农宜牧。[2]（图 1）

特殊的地理位置、温和的气候与丰富的自然资源成就了这里悠久的历史与人文环境。使得河湟地区作为黄河流域人类活动最早的地区之一，是中原汉族政权和边远少数民族势力抗争的过渡地带，在漫长的历史演进过程中，最终磨合形成了今天融合了汉族、藏族、回族、土族、蒙古族和撒拉族等众多民族和谐共生的多元文化特质，和普遍适应地域自然环境的聚落与民居建筑，见表 1 所列。

2 青海省河湟地区少数民族聚落与居民建筑地域特点

（1）民族文化与宗教信仰影响下的聚居模式

青海省河湟地区少数民族聚落总体呈现出“大杂散，小聚居”的分布态势。这与中原地区民族聚落分布及汉族传统民居聚落内部“血缘或业缘”聚落构成大不相同。具体分析，青海省河湟地区少数民族是在地缘文化影响下呈现出以民族文化为主，以宗教信仰为聚落精神核心，围绕宗教寺庙建设聚落结构核心的聚居模式，加上以父系家族成员为首，组成的群体聚居形式（图 2）；而中原汉族民居聚落则多是以血缘为纽带，以宗祠为聚落结构核心，以宗法制度为维持聚落内部日常秩序、等级关系的聚居模式（图 3）。

（2）多重文化影响下的地域民居建筑

青海省东部河湟地区在自然地理环境和人文历史环境的双重影响下，吸收游牧民族和汉族居住文化特点，形成了独具地域特色的民居建筑。

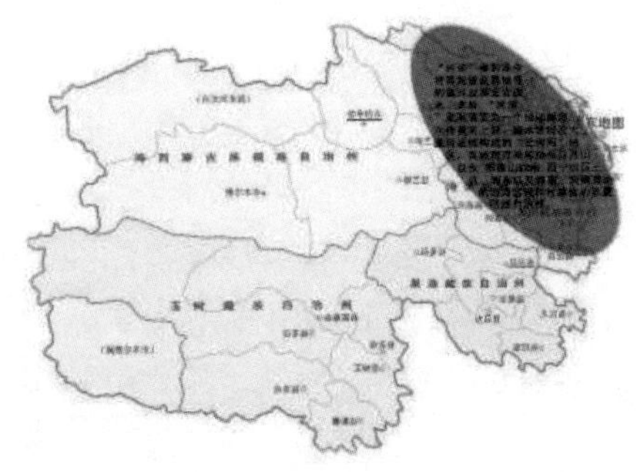

图 1 青海省及东部河湟地区区位示意图

（a）藏族民居聚落与精神核心“寺庙和喇嘛塔”

（b）青海省循化县大庄村撒拉族聚落平面图

（c）青海省循化县大庄村精神核心“清真寺”

图 2 青海少数民族聚落聚居结构

青海东河湟地区历史沿革表[3] 表 1

时代	文化构成和行政区属	民族构成主体
新石器时期	马家窑文化、齐家文化	羌族
秦	汉族中央政权统治下设陇西郡	羌族、汉族
汉	汉族中央政权统治下	羌族，汉族大量移民屯边
公元 3 世纪-公元 6 世纪	少数民族地方割据势力统治下	汉、匈奴、鲜卑、匈奴、氐、羌、柔然等民族融合
隋唐	初为汉族中央政权统治下设鄯、廓二州，后期为吐蕃统治	汉族、藏族等其他民族
宋	吐蕃建立隶属宋的唃厮啰政权	汉族、藏族双向融合
元	蒙古族建立的中央政权统治下	蒙古人、色目人不断迁入，促生了撒拉族、土族、东乡族等少数民族
明	汉族政权统治下	汉族移民戍边，明中期达 25 万人
清	满族建立的中央政权统治下	汉、藏、回、蒙古、撒拉、土、东乡、保安等近十余种民族文化杂陈的多元鼎立

1）单层庄廓院

庄者村庄，俗称庄子，廓即郭，字义为城墙外围之防护墙，是由高大的土筑围墙、厚实的大门组成的合院。[4] 外观看似一座夯土堡垒，是青海省东部河湟地区各民族人民普遍采用的民居建筑类型。庄廓院根据各家经济条件和人口数量的不同，又可分为一字院、三合院、四合院和组合式院落，功能包括了日常起居、牲口圈养、晾晒稻草、牛粪、储放粮食等生产和生活资料。这里的民居院落构成虽然受到汉族传统四合院的影响，但布局更灵活实用，一般根据当地居住生活功能需求排布建筑，院落与院落之间的组合也依据需要连接无明显的轴线和次序，反映了当地民居文化的多样性、兼容性和地域性。（图 4）

2）多层土木楼

除了单层的庄廓院以外，在河湟地区也能见到由夯土和轻质木结构组合构建的多层土木楼。因受到材料和结构体系的限制，这里的土木楼多见为两层民居建筑，形式大体上表现为一层厚夯土墙间加木立柱，二层在一层土木结构的基础上，搭建木质地板和轻质隔墙，其中，尤以撒拉族利用枝条编织建筑二层外墙为典型，成为当地别具特色的建筑形式。（图 5）

图 3 山西省灵石县夏门村汉族传统聚落与精神核心“祭祖堂”

3 青海省东部河湟地区少数民族聚落与民居建筑中蕴含的无痕设计理念

（1）尊崇信仰，和谐共生

作为历史上多民族迁徙和战争频频波及的地区，生存在这里少数民族要面临抵御大自然和战争的双重挑战。一方面，虔诚的信仰是聚落居民面对现实，自觉承担起社会使命的出发点和动力[5]，使零散的民居形成有序的聚落，帮助生存在这片土地上的人们共同与寒冷和相对中原贫瘠的生存环境抗争；另一方面，宗教

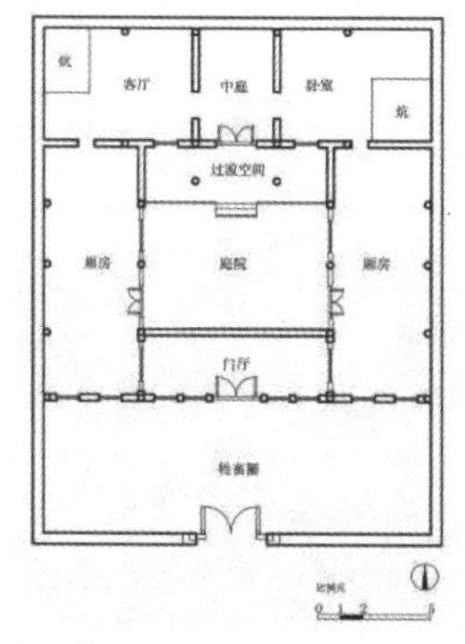

（a）四合院

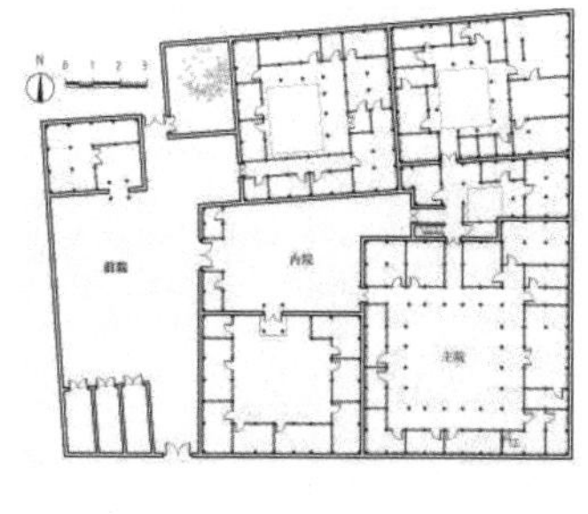

（b）组合院 十世班禅故居

图 4 青海省东部河湟地区民居“庄廓”院落布局形式

（c）藏族民居

（d）街子乡撒拉族民居篱笆木楼

图 5 青海省东部河湟地区多层土木楼民居建筑

信仰虽然没有严格科学的生态学，但是却具有辞源学意义上的生态学。就藏族、蒙古族和土族的生产生活来看，藏传佛教中关于生态保护的基本要求在其生态保护方面已经完全被世俗化。在藏传佛教的影响下，藏族、蒙古族和土族的生产生活中广泛流行着以自然崇拜为重要内容的生态文化。[6]

城市是聚落的集成，共同的信仰是城市建设的灵魂。伴随我国快速的城市化进程，城市建设中的矛盾也日益突显，主要表现为割断历史文脉的“建设性破坏”、缺乏地域文化特色的“千城一面”现象，其实质都是对城市文脉和城市文化的忽视。这些日趋严重的问题导致了城市的环境危机、特色危机、文化危机……为此，学界也在探寻解决城市问题的新方向，提出以城市文脉的传承、弘扬与可持续发展来彰显城市特色。其实答案已经蕴含在这些传统聚落里，从实际出发，以客观问题为导向，就地取材，以地域生活的共同需要、文化信仰出发的设计就是我们寻找的无痕设计思想和理念。

（2）就地取材、保温隔热

河湟地区与黄土高原接壤，丰富的黄土成为修建庄廓廉价、便利的主要建筑材料，一方面，夯土良好的保温隔热作用很适合青海昼夜温差大的地域气候特征，另一方面夯土墙或土坯墙所形成的封闭、结实的外观在历史上有过很好的防御作用。（图 6）

现代建筑设计是源于西方“发达国家”建立在高资源消耗基础上的现代化途径，然而，其忽略地域气候特征，过多地依赖技术营造舒适的建筑环境，是造成建筑高能耗的根本原因，也是我国设计不宜直接借鉴的实质原因。我国幅员辽阔，各个城市之间的地域差异明显，因此要实现中国特色的建筑节能，就要求我们因地制宜，根据不同地区的特点，不同的建筑功能需求，最大可能地利用各种自然条件，在满足基本健康舒适要求下，以降低建筑运行能耗总量为目标，力争在建筑总量不断增长的同时，使建筑能耗总量的增长低于建筑面积总量的增长，真正实现建筑节能与“自然和谐”。[7]

（3）土木结合、结构合理

坐北朝南的院落布局，配合土木结构构建的民居是我国北方传统建筑适应气候环境的合理选择。一层使用就地取材的厚重夯土墙，土坯墙做围护结构，用木材做承重结构，具有“墙倒屋不倒”的抗震特性；同时，二层使用轻型木质维护结构，既符合结构力学原理也营造了舒适美观的室内使用环境，如循化撒拉族特有的使用柳条编制成篱笆，然后敷抹上草泥做维护墙面构成的篱笆楼便是此类建筑的典范。（图 7）

（a）庄廓院外观

（b）夯筑中的庄廓夯土墙

图 6 庄廓外观和正在夯筑中的夯土墙

建筑的实用性，是推动建筑设计不断前进发展的本源动力，现代建筑设计过分讲求艺术，制造违抗力学原理的建筑物，也是造成当今城市建筑贪大、媚洋、求怪等乱象产生的主要原因之一，也是无痕设计呼吁建筑师、设计师回归自然、取法自然的主要目的之一。

（4）利用自然、环保低碳

伴随着全国城市化进程的加快和全球“低碳经济”时代的到来，探求低耗能零污染的建筑体系成为建筑界讨论的热点，然而就在我们身边的民居建筑却时常是这方面经验的总结。以青海省河湟地区为例，丰富的太阳能资源和农牧资料，使得这里的民居几乎家家都装有环保、高效的太阳能灶，同时结合当地生产方式大量牲畜粪便被晒干后成为节约能源、无污染的有机燃料。（图 8）

近年来，我国也在逐步地推行“绿色建筑”设计和建设，就笔者接触而言，大量城市“绿色建筑”仍停留在政府审批时强制

图 7　循化大庄村篱笆木楼

执行的层面上，缺乏设计师参与的主动性和建设方实施的动力。一方面，绿色建筑高昂的设计施工费用没有得到有力的政府支持和补贴，另一方面，“绿色建筑”实际的节能效果和可持续使用性并没有得到现实认证，“绿色建筑”缺乏良好的市场回馈，变成了政策“一厢情愿”的要求，甚至产生为了通过评估拿到许可而走的弯路，浪费了更多人力、财力。中国北方是太阳能、风能十分充足的地方，很有发展绿色节能建筑的潜力，尤其是西北地区农村大有推广既节能又环保住宅的必要。

4 总结

特殊的地质、地理环境区位造就了青海特殊的人居生存环境，鲜明的少数民族文化奠定了其深厚文化内涵。这些因素交织在一起，赋予了青海聚落和民居独特而生动的面貌。其中反映出的生

（*a*）撒拉族民居屋顶的太阳能灶

（*b*）土族居民院落里的太阳能灶

（*c*）藏族民居聚落的牛粪燃料

图 8 青海省东部河湟地区少数民族利用太阳能资源

态智慧正是我们苦苦寻求的设计方法，让我们深切地感受到大自然是设计师的老师，取材于自然、源于生活的设计就是最好的无痕设计，当我们在苦于寻找新的设计方法的时候，可以回头看看：城市就是放大的聚落，民居是缩小了的住宅，庙宇是古老的公共建筑，它们特点鲜明、造型丰富的设计方法和低碳环保的建造理念是值得缺乏文化归属而又无序扩张的城市好好学习和反思的。

注：文章中所有图片均由作者提供。

参考文献

[1]《西宁府新志》转载于陈新海．河湟文化的历史地理特征 [J]. 青海民族学院学报 (社会科学版),2002(4):29.

[2] 丁柏峰．河湟文化圈的形成历史与特征 [J]. 青海师范大学学报 (哲学社会科学版), 2007(6):69.

[3] 根据马灿绘制．河湟文化演变以及文化景观的地理组合特征 [D]. 青海：青海师范大学 , 2009:13.

[4] 王军．西北民居 [M]. 北京：中国建筑工业出版社，2009.

[5] 朱越利．宗教信仰与社会使命 [J]. 中国宗教 , 2011(2):49.

[6] 李长友，吴文平．宗教信仰对生态保护法治化的贡献——青藏高原世居少数民族生态文化的诠释 [J]. 吉首大学学报 (社会科学版)，2011(5):107.

[7] 江忆．中国建筑能耗现状 [J]. 新建筑 , 2008(2):4.

无痕设计理论体系指导下受众体需求因素研究

吴文超 西安美术学院建筑环境艺术系 / 讲师

摘 要：近三十年来，中国经济高速发展，社会生产力和综合国力增强，人民生活水平不断地提高。但高速的发展是一把双刃剑，高速发展所带来的问题也逐渐凸显。发展的不平衡，生态环境污染、自然资源遭到破坏等诸如此类的问题越来越被社会广泛关注。如何去面对现状，解决问题成为各行各业的热点议题。本论文基于这样的时代背景以无痕设计理论作为指导，在生态资源，自然环境与社会发展产生矛盾，受众体物质和精神需求失衡的情况下，探讨设计对于受众体需求的影响。从受众体需求和设计的关系上入手，分析新的设计思路下受众体需求因素的变化。进而从需求这一源头剖析当下经济高速发展所产生的问题。探讨从设计自身出发，充分发挥设计自身的能动作用，对受众体形成需求正确引导。打破传统单向的由需求为主导的流程方式，强化设计在整个流程中的引领作用。在理论层面对设计领域提出新的思考和研究方向。

关键词：无痕设计 受众体 需求

1 引言

目前，中国经济的发展进入到转型期，粗放型经济向集约经济转变，以大量消耗自然和人力资源来满足经济发展的模型亟待改变。设计行业也应顺应时代变化，反思过去高速发展模式下产生的问题。本文基于此背景，着眼未来在无痕设计理论的指导下探讨受众体需求以及需求与设计之间的关系，研究在无痕理论体系指导下的受众需求和设计策略评价体系，使设计对受众体需求起良性反作用。为未来的设计发展提供相关的理论依据。

2 受众体需求分析

需求的基本解释有两个，一为求取、求索，二为需要、要求。在设计学范畴里，需求是人对生理或心理，物质或精神欲望的满足提出的要求。满足受众需求是设计的目的，是设计不断创新和进步的动力。设计作为一种有目的的创作行为，只有理解用户的期望、需求、动机才能更好地创造出满足受众需求的设计产品。

（1）需求的层次分析

受众体的需求是多层次，多阶段的。不同层次的需求对于物质和精神的要求不同。每个层次阶段要解决的问题也不相同。

1943 年，美国著名的心理学家亚伯拉罕·马斯洛在他的《人类激励理论》论文中将人的需求进行了从低到高、阶梯状的五种层次分类，分别是：生理需求、安全需求、社交需求、尊重需求和自我实现需求。

第一层级生理需求包含呼吸、水、食物、睡眠、生理平衡、分泌、性等。如果这些需要（除性以外）任何一项得不到满足，个人的生理机能就无法正常运转。人类的生命就会受到威胁。因此，生理需要是推动人们行动最首要的动力。马斯洛认为，只有这些最基本的需要满足到维持生存所必需的程

度后，其他的需要才能成为新的激励因素，而到了此时，这些已相对满足的需要也就不再成为激励因素了。

第二层次的需求为安全需求，其包含人身安全、健康保障、资源所有性、财产所有性、道德保障、工作职位保障、家庭安全等。马斯洛认为，整个有机体是一个追求安全的机制，人的感受器官、效应器官、智能和其他能量主要是寻求安全的工具，甚至可以把科学和人生观都看成是满足安全需要的一部分。当然，当这种需要一旦相对满足后，也就不再成为激励因素了。

第三层次的需求为社交需求，包含：友情、爱情、性亲密。人人都希望得到相互的关系和照顾。感情上的需要比生理上的需要来的细致，它和一个人的生理特性、经历、教育、宗教信仰都有关系。

第四层次为尊重的需求，包含自我尊重、自信、成就、对他人尊重及受他人尊重。人人都希望自己有稳定的社会地位，要求个人的能力和成就得到社会的承认。尊重的需要又可分为内部尊重和外部尊重。内部尊重是指一个人希望在各种不同情境中有实力、能胜任、充满信心、能独立自主。总之，内部尊重就是人的自尊。外部尊重是指一个人希望有地位、有威信，受到别人的尊重、信赖和高度评价。马斯洛认为，尊重需要得到满足，能使人对自己充满信心，对社会满腔热情，体验到自己活着的用处价值。

第五层次为自我实现的需求，包含道德、创造力、自觉性、问题解决能力、公正度、接受现实的能力。自我实现的需要是最高层次的需要，是指实现个人理想、抱负，发挥个人的能力到最大程度，达到自我实现境界的人，接受自己也接受他人，解决问题能力增强，自觉性提高，善于独立处事，要求不受打扰地独处，完成与自己的能力相称的一切事情的需要。也就是说，人必须干称职的工作，这样才会使他们感到最大的快乐。马斯洛提出，为满足自我实现需要所采取的途径是因人而异的。自我实现的需要是在努力实现自己的潜力，使自己越来越成为自己所期望的人物。

这一理论可以通俗的解读为：如果一个人同时缺乏食物、安全、爱和尊重，通常情况下，人对食物的需求是最强烈的。此时，其他层次的需求则显得不那么重要。此时人的意识几乎全被饥饿所占据，所有能量都被用来获取食物。在这种极端情况下，人生的全部意义就是吃，其他什么都不重要。只有当人从生理需要的控制下解放出来时，才可能出现更高级的、社会化程度更高的需要如安全的需要。

（2）需求的阶段分析

作为人的这五级需求，安全、生理、情感归属、尊重、自我实现。根据研究，他们相对应的社会阶段分别是：温饱阶段、小康阶段、富裕阶段。需求与社会阶段的对应性也体现出了需求与社会普遍存在、社会价值、社会现象的密切关联。物质需求与精神需求是否平衡是时代给予的问题，需求与设计间的关系也成为了一个设计行业探索的问题。

（3）需求的内容分析

1）对设计使用价值的需求

使用价值是设计产品的物质属性，也是需求的基本内容，人的需求不是抽象的，而是有具体的物质内容，无论这种需求侧重于满足人的物质需要，还是心理需要，都离不开特定的物质载体，且这种物质载体必须具有一定的使用价值。

2）对设计审美的需求

对美好事物的向往和追求是人类的天性，它体现于人类生活的各个方面。在需求中，人们对设计产品审美的需要、追求，同样是一种持久性的、普遍存在的心理需要。对于受众体来说，所购买的设计产品既要有实用性，同时也应有审美价值。从一定意义上讲，受众体决定购买一件设计产品也是对其审美价值的肯定。在消费需求中，人们对设计产品审美的要求主要表现在商品的工艺设计、造型、式样、色彩、装潢、风格等方面。人们在对设计产品质量重视的同时，总是希望该设计还具有漂亮的外观、和谐的色调等一系列符合审美情趣的特点。

3）对设计时代性的需求

没有一个设计产品不带有时代的印记，人们的需求总是自觉或不自觉地反映着时代的特征。人们追求设计的时代性就是不断感觉到社会环境的变化，从而调整其消费观念和行为，以适应时代变化的过程。这一要求在消费活动中主要表现为：要求设计趋时、富于变化、新颖、奇特、能反映当代的最新思想。总之，要求设计产品富有时代气息。从某种意义上说，设计产品的时代性意味着它的生命。一种设计产品一旦被时代所淘汰，成为过时的东西，就会滞销，结束生命周期。

4）对设计社会象征性的需求

所谓设计的社会象征性，是人们赋予设计产品一定的社会意义，使得购买、拥有某种设计产品的消费者得到某种心理上的满足。 例如，有的人想通过某种设计产品表明他的社会地位和身份；有的人想通过所拥有的某周设计产品提高在社会上的知名度等等。

对于设计师来说，了解受众体对设计产品社会象征性的需求，

有助于采取适当的营销策略，突出高档与一般、精装与平装商品的差别，以满足某些消费者对商品社会象征性的心理要求。

5）对优良服务的需求

随着商品市场的发达和人们物质文化消费水平的提高，优良的服务已经成为消费者对设计产品的一个组成部分，“花钱买服务”的思想已经被大多数消费者所接受。

3 受众体需求对于设计的影响

受众体需求和设计有着紧密的联系。需求是设计的原动力，设计为满足受众体的需求而产生。受众体的需求决定了设计师在为谁设计、做什么样的设计产品、要满足哪类受众体的哪类需求。这也是影响设计产品最终形态和品质的重要原因之一。

（1）需求层次对设计的影响分析

不同阶段的需求状况对设计的要求也是不尽相同的。通常越低级层次的需求对设计的要求越低，越高级层次的需求对设计的要求越高。在较低层次的温饱阶段，由于受众体更加关心与生命息息相关的食物、水、空气、安全、健康等问题。相应的对设计的要求也比较偏重最基本的功能属性，对于精神属性的要求相对较低。对设计所传达的形式美、情感传递、品位与格调的要求相对较弱。到了小康阶段，低层次需求已经得到了满足，在设计的精神属性追求逐渐加强。这一阶段，受众体对设计产品需求进一步加强。在功能属性完备的基础上，对于形式美，情感品位等都有所要求。但由于购买能力有限。此阶段通常强调设计的最大附加值。在富裕阶段，受众体更多的强调设计产品的精神属性。设计产品的品牌价值，奢侈性，对于身份与地位的象征性成为受众体关注的重点。

（2）需求状态失衡对设计的影响分析

受众体的需求状况无论处在任何一个阶段，其对物质和精神双方面的需求是否得到平衡都是一个重要的社会问题。过分地强调某一个方面都会产生极大的影响，造成严重的后果。在需求失衡状态下的受众体，其对设计的要求是片面而又很容易冲动过激的。在这种状态下产生的设计产品也将呈现出怪异的形态。

过分强调需求的物质属性时，设计产品的物质属性被放大。将存在历史文化缺失，精神文化缺失，以及审美文化缺失。设计作品呈现出夸张夸大、低俗恶俗、怪诞荒谬的形态。

过分强调精神属性，设计产品的精神属性被放大，和物质属性相关的资源、生态、功能、经济等因素被忽略。浪费、污染、无用随之产生。这样的作品往往会呈现出不切实际、无实用性、极度浮夸虚荣的形态。

（3）需求状态失衡所产生的后果

需求在物质和精神失衡状态下对设计的影响是极大的。错误的需求产生错误的设计，错误的设计导向会向整个行业和社会蔓延从而影响整个设计行业的发展。其后果，不仅仅是对设计领域的负面作用，甚至导致整个社会的资源大量浪费、建设重复进行、文化缺失、审美低俗等一系列的深远影响。长时间的文化缺失也将会导致一个国家和民族文明的断裂。

4 无痕设计理论体系下设计对受众体需求的影响

针对当今经济高速发展的时代背景下，设计行业内存在的需求与设计之间的问题，无痕设计倡导在需求和设计的关系上寻求一种平衡，也在受众体需求的物质和精神双方面寻求一种平衡。倡导设计对需求与消费的良性反作用。在整个循环过程中充分发挥设计的能动性，反向刺激和引导消费对象正视自身状态，给予自身准确定位，根据自己的消费水平，采用合理的消费方式满足自身需求。避免浪费、虚荣、浮华的欲望和消费观念无止境的产生和蔓延。

（1）无痕设计理论体系下的受众体需求及设计策略评估体系

1）设计对受众体需求准确对定位

无痕设计理论倡导设计产品应具备准确的受众体的定位。在设计前期充分调研分析受众群体的需求。在功能、消费能力、审美、价值观等多方面论证受众体在物质和精神双方面的要求。在准确的受众体定位的基础上才能最大程度的发挥设计产品的价值，最大限度的满足此层次受众体的需要。对受众或消费对象定位不准确的情况下，设计产品等同于此层次的受众等同于废物。优良或是差劣已无须再被此层次的受众所探讨。

2）建立需求评定体系

对于受众体的需求建立相对客观而完备的评定体系。以此来引导整个设计领域对于受众体需求中物质和精神双方面的定位及针对此定位所作设计策略。需求评定体系的建立有助于设计方更加系统全面的分析受众体需求并将指标进行量化，并给予需求相对更准确的定位。

3）建立设计策略评价体系

设计策略评价体系将针对设计对受众需求的满足度、受众需求的再造和引导、解决策略、技术手段等方面对设计产品进行评价。根据评价体系评估设计策略对受众体需求的价值。这种手段可较为全面地解读评判设计策略的可实施性。在设计实现前作出

相对准确的评判，避免建造后产生的问题。

（2）无痕设计理论指导下受众体需求及设计策略评价体系的影响

1）对受众体需求理念的影响

在需求评定体系指导下，需求定位更准确，设计可充分发挥引导作用。设计策略评价体系将纠正设计策略中的不足和缺失。在评价体系中积极倡导适度、适量、适时的消费理念。通过对设计产品的精细化要求，打造出低价但高质高品的设计产品。使受众体和消费对象不简单的以价格评定产品的质量。低成本低价格高附加值的设计产品能够最大限度地打动受众体，产生更大的感染力和满足受众体需求欲望。

2）对受众需求群体效应的影响及设计品牌的确立

无痕设计重视设计对于受众对象和消费对象的群体效应。设计对于单一个体需求的满足不足以形成消费观念的改变。无痕设计理论指导下，设计更注重对设计受众群体的影响力。受众群体需求满足的联动效应，将进一步推动设计产品的品牌价值和创意价值。充分发挥设计对于普世价值的表现与传达。最大限度的影响最广大的受众群体，以达到更好的良性推动作用。

3）对设计的深度优化和评定

在设计策略评价体系指导下，设计产品在设计、生产、销售等环节对于生态、绿色、环保等理念的贯彻将更加容易落实。并将在材料、工艺、包装、生产等各个环节予以体现。此理念也将更好呈现在受众体面前，在满足其基本需求的同时，较好地传递绿色生态可持续的设计思想，进而影响其消费的方式。

5 结语

在无痕设计理论体系指导下，分析受众体需求与设计之间的联系，强调设计对受众体需求的影响。通过建立受众体需求评定体系和设计策略评价体系。指导受众体需求的定位以及评价设计策略的可行性及价值。以此来增强设计的创新性并对受众需求的良性引导和反作用。从而改变高速发展下需求不平衡、设计方向及策略的偏失所引起的一系列问题。在设计良性引导作用下，受众体的物质和精神需求趋于平衡并为社会发展过程中，受众需求、生态环境、经济发展之间的矛盾和问题寻求解决途径。

庆阳地区砖塔造型浅析①

翁萌 西安美术学院建筑环境艺术系 / 讲师
梁锟 陕西省建筑职工大学 / 讲师

摘　要：中国古塔建筑艺术绚丽多姿，是中国优秀传统文化的有形体现。该文基于实地调研，采用类比、归纳的方法，对庆阳地区砖塔造型的影响因素（如社会发展背景）和古塔结构本身两方面进行了分析，总结出庆阳地区砖塔的造型特点与造型规律。

关键词：庆阳建筑　砖塔　建筑造型　历史建筑　建议文化

中国古塔建筑造型形式多样，其中砖塔的造型与结构特色鲜明，如西安大雁塔、大理三塔、虎丘塔。古代砖塔的形态各异纵贯祖国大地。甘肃地区的古塔遗存较为丰富，仅庆阳地区被列为国家重点文物保护单位就有 10 个。而庆阳地区地理位置横跨甘陕，从地域特性来研究是有代表性的。在甘肃省内进入国家、省级文保的文物保护单位有 24 个塔，其中庆阳地区 10 个，可见庆阳地区古塔遗存丰富。其古塔形制相仿、以砖塔为主，特色鲜明，为陇东地区古塔代表。

庆阳地区的砖塔造型稳重又不乏灵动，下文试从建造技术发展对古塔造型的影响和古塔结构构造对古塔整体造型的塑造两个方面来浅析庆阳地区的砖塔造型特点。

1 建造技术发展对古塔造型的影响

庆阳地区的古塔发展是随着中国营建历史的大木构发展的脚步而逐代发展的。两晋南北朝时期，砖瓦的产量和质量有显著的提高，但是砖结构多用于地下墓室，到了宋代砖塔的形制发展成熟后，砖结构才又有延伸和发展。

（1）庆阳地区古塔材料对古塔造型的影响

塔的材料和塔的平面形式以及时代的变迁极大地影响着古塔造型。砖材的应用，砖塔的出现和发展，使我国古代砖结构的技术大为提高。砖塔的出现是我国古代建筑技术发展的重要标志，东魏时期的《洛阳伽蓝记》已有对砖塔的描述："崇义里内京兆人杜子休宅，时有隐士赵逸……见子休宅，叹息曰：此宅中朝时太康寺也……本有三层浮图，用砖为之。" 可见太康六年（公元 285 年）晋代就已出现三层的砖塔了[1]。而砖塔砌筑技术应在此之前就产生了。筒形结构的烟囱效应使得木塔过火极快，高大木塔多数毁于火灾，人们为了提高古塔的坚固性从而寻找新的材料替代木制材料，可是为了沿袭传统，砖塔的造型仍然是仿木结构。造成这现象的原因，笔者推断：一为：中国传统的思维方式，建造者受传统的五行观念的影响，五行的描述最早出现于《尚书・洪范》："五行，一曰水，二曰火，三曰木，四曰金，五曰土。水曰润下，火曰炎上，木曰曲直，金曰从革，土爰稼穑。" 在中国传统的五行观念中木为生气，土为具有生化、承载、受纳之作用。砖即是土，砖石建筑在中国传统建筑之中，使用的范围只有两类：佛塔和墓葬。从功能上来讲，两者有一个相同点：都属于为死者服务，都需要存放遗物。佛塔从印度流传而来，最初就是供奉舍利的窣堵坡形式，而后汉化后才出现了文峰塔、料敌塔等其他功能的塔。传统的中国人从思想上还是追求生机与生气，虽然在材料上选择了更加坚固的砖，而在造型上仍然采用仿木结构。二为：尚祖制。中国传统的礼仪，分

化等级，等级制度森严。《礼记》中对作为坛台使用的堂做了规定："天子之堂九尺，诸侯七尺，大夫五尺，士三尺，天子诸侯台门。《明史》的《舆服志》上记载了："官员营造房屋不许歇山转角、重檐重栱……庶民庐舍……不过三间五架；不许用斗栱饰彩色……不许造九五间数房屋……架多而间少者不在禁限。"因此在砖石塔的建造过程中，就必须考虑形制，也就是说，砖塔也须要按照木塔的设计原则来建造，除了建筑材料不同，要与木塔一致；否则很容易出现逾制的问题。这样的观念也影响到古塔的建筑形制。

（2）庆阳地区古塔平面形式与古塔造型

宋朝之后六角形、八角形就成为了塔平面的主要形式[2]。塔平面发生变化的主要原因有：①建筑工匠们从长期的造塔实践中积累的丰富经验所致。我国是一个地震多发的国家，特别是砖石结构的高层建筑，最容易在地震中破坏，因此工匠们就认识到建筑物的锐角部分在地震时因受力集中而容易损坏，但钝角或圆角部分却因受力较为均匀而不易震损，所以出于使用和坚固两个方面考虑，自然要改变塔的平面。②增强了抗压力，和平面为正方形的塔相比，八角塔每个壁面对地基的压力比较均匀，塔基的受力情况良好，从而使塔身承受的刚度和整体性都有所增强。③六角与八角形的平面减轻了塔身承受的风压，六角形或八角形高塔的受风压力比四方形的要轻得多。

（3）庆阳古塔的发展时期与形制特点

梁思成先生于20世纪40年代著《中国建筑史》《图像中国建筑史》，将中国古塔按"历朝之更替，文化活动潮平之起落"划分了七个时期，而在《图像中国建筑史》中说到"中国古塔的发展大体上可分为以下三个阶段：古塔发展的第一阶段，从东汉到唐朝初年。在这个阶段中，印度的窣堵坡开始和我国的传统建筑形式相互结合，是不断磨合的阶段。古塔发展的第二阶段，从唐朝经两宋至辽、金时期，成为我国古塔建筑发展的高峰时期。古塔发展的第三阶段，元明清时期。

庆阳古塔正是处于古塔发展的第二个阶段中国古塔建筑发展的高峰时期，因此塔的形制是有特点的，它摆脱了印度窣堵坡的印记，完完全全成为中国式的"高层建筑"，虽为砖质却是仿木结构，庆阳古塔以宋代为主，精致的平座层、精美的仿木斗栱、檐口、窗格、门扇成就了金塔凌虚的美好景象，平均高度达20余米的古塔见证着古代工匠的夺天之工。

2 古塔结构构造对古塔整体造型的塑造

从塔的构造来讲庆阳地区砖塔分为：塔刹、塔身、基座几部分，人们能看见的，影响庆阳地区古塔造型主要是地面以上塔刹、塔身和基座三部分[3]。下面试从古塔构造的三大部分来分析庆阳地区古塔造型的特点。

（1）庆阳地区古塔塔刹的造型

塔刹是指佛塔顶部的装饰，塔刹位于塔的最高处，是"冠表全塔"和塔上最为显著的标记。"刹"来源于梵文，意思为"土田"和"国"，佛教的引申义为"佛国"。各种式样的塔都有塔刹，所谓是"无塔不刹"[4, 5]。印度的窣堵坡传入后，与中国传统建筑相结合演化中，塔刹成为塔顶攒尖收尾的重要部分。庆阳地区古塔塔刹的基本类型为刺天式、宝葫芦式，宝瓶式。分为基座、覆钵和相轮三部分为主，如白马造像塔刹就是由6边形基座上置5重相轮最上方装饰以宝珠形象，宝珠是宝葫芦式的一种演化。材料与古塔塔身一致，浑然一体，粗狂简洁。环县塔塔刹则是刺天式的代表，塔刹修长为铜铸刹顶，形象上由基座、相轮、宝珠、仰月组成。刹顶生出6条铁链与塔檐相连接，牢固而具有装饰性。塔儿湾造像塔塔刹为宝瓶式。由基座和覆钵组成，古风犹存，是印度窣堵坡形态的演化。它的形态非常接近于窣堵坡原型，是窣堵坡的微缩版。庆阳地区古塔塔刹形态各异，材质也较为多样。总体来说古朴敦实，造型稳重，与砖质塔身配合相得益彰。

（2）庆阳地区古塔塔身的造型

塔的平面形式直接影响塔身的造型，在国家、省级文保的文物保护单位中仅凝寿寺塔为正方形平面，其他的古塔平面均为八角形。古塔发展到宋代八角形平面的逐步定形，庆阳地区古塔以宋塔为主，因此多为八角形平面。古塔英姿卓越、八面玲珑。塔身有的坚实敦厚如东华池塔，塔身雄壮有力底边边长达到3.29米，通高26米，有的纤细精妙如塔儿湾造像塔，直径仅1.4米，号称全国第一瘦塔。

庆阳地区古塔从类型上分类：以阁楼式和造像塔为主，楼阁式有些可以登临，塔身砖质仿木构件斗栱、方椽、普拍枋、檐口一应俱与木结构不差半分，由于是砖质，耐久能力和材料质感又有很大提升。

1）楼阁式塔塔身造型

东华池塔，就是可登临的楼阁式古塔，但由于内部木质楼梯损毁现已不能登临。东华池塔塔身为七级八面，每层交错开券门，每面开真假门，假门极为精美，上设门簪、砖质门钉。门两侧开假窗，槛窗造型，格心内饰为毬形纹和格栅。砖质仿木栏杆，栏板上绘有云纹和万字纹。平座层，砖质仿木结构精美华丽，斗栱出两跳，转角铺作亦出两跳上承一层砖叠涩及檐口并在角部装饰以兽头。可以说东华池塔的塔身造型是庆阳地区宋代仿木砖塔的

代表，如图 1 所示。

凝寿寺塔虽同为国家级文物保护单位，但在塔身形象上与东华池塔相去甚远。凝寿寺塔平面为正方形，塔身为五级，每面交错开券门，平座层由斗栱挑出木质围栏，栏板上饰以精美纹样。最具特点的是塔檐不是由斗栱挑出而是由十四层砖叠涩，堆叠而成，层叠而上，蔚为可观。

2）造像塔塔身造型

造像塔是甘肃地区有代表性的古塔类型，塔身通体雕刻佛像造像，塔身通常为石质实心，不能登临。塔身是佛教文化和佛教艺术的载体，塔身规模较阁楼式塔小了很多，雕饰精美。双塔寺造像 2 号塔第二层由须弥座承托，上面还以覆莲装饰，塔身八面雕满《讲经图》及菩萨造像。塔檐造型简洁，在角部有仿冒头装饰，

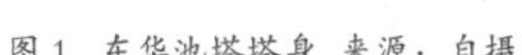

图 1　东华池塔塔身　来源：自摄

图 2　双塔寺造像塔塔身　来源：自摄

如图 2 所示。

（3）基座的造型

庆阳地区古塔基座较为简单往往与第一层结合起来，将第一层做高，取得塔身基座较高的印象，实际上大多无基座，这样给人以高大简洁之印象。即便有装饰也往往是结合塔身来实现，如表格中的塔儿湾造像塔，在塔身的第一层，通体为浮雕石刻造像，底部刻有力士托塔造型，憨态可掬有胡人神态。上部雕像共 40 幅，造像多达五、六百个，雕工细腻，内容丰富多为佛说法图，装饰性极强。但可惜历史流转、人为损毁比较严重。

庆阳地区古塔中常用的装饰图案，壸门、万字纹、毬纹、一为尊崇之意，二为祈祷吉祥如意。少了须弥座的承托，庆阳砖塔依旧饱含地域风情，遒劲雄壮，台高一层塔身的做法，是古代劳动人民因地制宜，顺势应时的智慧产物。

注解

①基金论文：2015 年度西安美术学院人文社会科学院研究项目（项目编号 2015×K069）。

参考文献

[1] 罗哲文．中国古塔概览 [M]. 上海：外文出版社，1996：1-30.

[2] 中国科学院自然科学史研究所．中国古代建筑技术 [M] 北京：科学出版社，1985：195.

[3] 刘敦桢主编．中国古代建筑史 [M] 北京：中国建筑工业出版社，2005：177-245.

[4] 吴庆洲．中国佛塔塔刹形制研究（上）[J]. 古建园林技术，1994（4）.

[5] 吴庆洲．中国佛塔塔刹形制研究（下）[J]. 古建园林技术，1995（1）.

新疆当代城市雕塑的地域文化研究①

王哲 新疆师范大学美术学院艺术设计系雕塑专业 / 讲师
杨树文 昌吉学院美术系美术史专业 / 副教授

摘 要：人类文明的形象记录，已经不再单一于图文，城市雕塑俨然成为展示城市发展与人类文明进步的重要载体，在提升城市文化品位、塑造城市形象以及体现地域性文化方面发挥着重要的作用，已成为一个城市繁荣与发展的象征。城市雕塑作为社会公共环境中物质与精神固化的审美客体，以其独有的魅力及展现方式对城市环境景观和民族文化风貌的展现以及精神文明建设起到了强大的作用。因此，对新疆当代城市雕塑的地域性文化做一个相对完整的研究，对今后新疆当代城市雕塑的创作水平的提高以及更加完美地展现地域文化生态内涵产生积极的作用。

关键词：城市雕塑 公共性 民族性 地域文化

新疆，古称西域。位于亚洲腹地、祖国西北部，是亚欧大陆的地理中心，具有富饶的自然资源和悠久的历史人文资源。关于新疆，季羡林曾给予高度评价，称新疆为世界上唯一的四大文明交汇之地，充分反映了新疆在四大文明的碰撞中所占据的独一无二地位。

正是处于这样独特的地位，生活在这里的各族人民继承和发扬着各民族的文化传统和特色，同时又融汇了时代发展的气息，多民族文化的交融和沉淀，形成了多元化文化生态。广袤的草原上、浩瀚的沙漠中、绵延的山脉里留下了太多的人类文明的宝贵文化遗产。神情肃穆的草原石人、体态华贵的木俑雕像、规模宏大的崖壁岩画、造型精美的龛、窟、塔、像等无不表现出古代先民对美好生活的向往和祈求。美存在于我们的生活中、贯穿在人类发展的历史长河中，尤其是雕塑艺术。雕塑的美不仅装点着我们的生活，还象征了一座城市、一个地区、一个民族的文明，代表了这一地区的地域文化风貌。譬如线条流畅、造型典雅的雕塑作品《维纳斯》以其含蓄的文化内涵向人们传递了美的内涵，给人以美的享受；世界著名雕塑作品《大卫》更是以现实主义的手法表现出男性的阳刚之气，传递着力量和一个民族关于勇气的化身。《自由女神》雕像坐落在纽约港自由岛，一手拿着火炬、一手拿着独立宣言，体量巨大、造型严谨，成为美国独立与自由的标志。

1 作为公共艺术形态的城市雕塑

从世界艺术的发展历程中我们可以看出，艺术的产生与发展总是伴随在人类进步的每一个时期，承载着人们浓厚的思想情感与文明信息，尤其是始于新石器时代的雕塑艺术。梁思成先生谈论雕塑时曾这样说："然而艺术之始，雕塑为先。盖在先民穴居野外之时，必先凿石为器，以谋生存，其后既有居室，乃作绘画，故雕塑艺术，实始于石器时代，艺术之最古者也。"[2] 特别是屹立于世界各地的城市雕塑，即放置于室内外公共场所的雕塑，作为永久性文化遗产的精神文明建设，从古至今都引起全人类的关注。

城市雕塑，这个名词实际上仅是在近几十年由西方传入中国的，所以本文将新疆城市雕塑的研究限定在当代的时段里。它与近几十年在世界范围内所盛行的"环境雕塑"、"景观雕塑"、"公共艺术"都有相近的含义，又有各自的侧重；可以这样说，城市雕塑主要是指：设置在室内外、城市公

共环境中的雕塑艺术品。既然是公共环境中的艺术品，我们就要搞清公共艺术的概念。中国著名雕塑学者孙振华曾在其文章中这样定义公共艺术：公共艺术不是一种固定的风格或流派，也不是一种固定的艺术样式，是指在当代的语境下，存在于公共空间的艺术与观众发生关系的一种思想方式，是体现公共空间开放、交流、民主和共享的态度和精神。从孙振华对公共艺术的阐述我们可以看出作为公共艺术形态的城市雕塑既属于物质的范畴又属于精神层面的文化追求，这为我们下文中研究新疆当代城市雕塑的地域文化奠定了理论基础。

屹立在世界各地的公共空间的城市雕塑，经历了成百上千年、放射着灿烂的光芒，具有其他艺术形式难以取代的独特功能，成为一个城市、一个民族、一个国家的文化符号，它不仅为未来的历史留下文明的足迹又为当代的精神文明建设服务。

2 新疆当代城市雕塑发展现状

新疆雕塑艺术的发展由于特殊的历史、宗教原因，在一段时期曾出现空白，新中国成立之后又渐渐复苏。新疆城市雕塑在经历了同其他地区类似的、遍及全国各地的“红、光、亮”的纪念碑式的雕塑运动，反映了新中国成立初期的历史文化背景。

改革开放 30 多年来新疆各族人民的生活发生了翻天覆地的变化，新疆的政治、经济、文化以及城市基础建设都实现了跨越式的发展。经济的发展为城市公共文化事业的发展提供了坚实的基础，伴随着社会经济、城市建设的发展以及人民日益增长的物质、精神需求，使得文化艺术尤其是一座城市精神文明象征的城市雕塑蓬勃发展。人们已经不再满足于基本的物质需求，开始追求精神层面的文化艺术生活，并表现出强烈的愿望。而城市雕塑作为一个地区、一个民族最具代表性的视觉文化形象，在展现当代地域文化中起到了相当重要的作用，新疆当代城市雕塑也迎来了蓬勃发展的“春天”。

新疆位于古丝绸之路东西方文明的交汇点，受益于东西方文化的碰撞和融汇以及新疆本地独有的民族文化，新疆在经历了千百年的发展后形成了具有浓郁民族风格的地域文化艺术。在新疆多地的文化遗产中我们可以看到来自中原地区、古印度、古希腊、波斯等地多元化艺术风格的影响，为人类留下了巨大的精神物质财富。公元 10 世纪初伊斯兰教传入新疆，由于其教义禁止偶像崇拜，使得佛教造像及带有人物形象壁画传统艺术的中断，新疆的人物雕塑艺术长达近千年的空白时期。新疆和平解放后，在乌鲁木齐市南门的人民剧场门口放置了由李宇翔、黄以德创作的一男一女两个维吾尔族舞蹈人物塑像。在随后的无产阶级“文化大革命”中，以毛主席挥手的大型雕像席卷各地，成为当时的政治文化符号，至今屹立在喀什广场的毛主席大型雕像是当时政治文化符号在新疆的代表作。“文革”后，中国的文化艺术摆脱了长期的桎梏，雕塑也迎来了新的发展。1982 年，建设部成立了全国城市雕塑委员会，指导全国城市雕塑的发展，全国城市雕塑遍地开花，新疆城市雕塑的建设也进入了快速发展时期。其中，新疆地区以乌鲁木齐市、石河子市、克拉玛依、库尔勒市、喀什等地作品较多，建成了石河子市广场的《军垦第一犁》、乌鲁木齐石化的《腾飞》、《长桥饮马》、喀什的《阿曼尼莎汗》等一批质量较高的城市雕塑作品，较好地提升了所在城市的文化品位。1992 年新疆第一个本科雕塑专业在新疆艺术学院成立，为培养新疆雕塑人才提高专业技能奠定了基础，推进新疆雕塑艺术的发展；2003 年，乌鲁木齐市举办了首届城市雕塑主题展《西部雕塑》；2007 年新疆美术家协会雕塑艺术委员会成立、2009 年乌鲁木齐首届新疆国际雕塑营开营，由此，新疆当代城市雕塑进入了蓬勃发展时期。

3 新疆当代城市雕塑的地域文化类型

地域文化是指在特定的地域内，其自然环境和历史文脉相结合的综合特性，它即包括特定区域内的地理状况、气候条件、动物资源等自然条件又包括人们在改造自然界中所产生的生产行为、生活方式等，从而在不同的地域条件下形成的各自的地域文化。具体涵盖的内容包括当地民族的信仰、思维方式、语言、价值观、共同的心理素质等方面，具有鲜明的地域特征。共同的民族和共同的地域文化又形成了共同的审美心理，并进入其集体意识，其中所蕴含的民族共同心理素质、审美意识和美学精神对受众的审美心理产生共塑作用，从而形成稳定的地域文化符号。

新疆独有的地理位置和环境造就了其独特的地域文化，千百年来 13 个聚集于此的少数民族更是在这片神奇的大地上给世界留下了璀璨的文化遗产。近几十年来的新疆各地涌现出的城市雕塑作品作为地域文化的集中体现，成为物质与精神固化的见证，形成独特的艺术视觉符号、使城市雕塑更加具有人文气息，体现了城市让生活更美好的美丽愿景。

从艺术的时空演变以及类型来看，新疆的地域文化可以划分为体现民族风情的民族文化和民俗文化，体现历史传统的丝路文化和军垦文化，这些文化类型伴随着时空的演变和文化艺术的发展已经将地域文化的内涵注入新疆的城市雕塑艺术当中。

（1）民族文化

“要成为一个世界性的、国际性的艺术，首先必须是民族性的。”这是中国知名艺术家吴作人先生对民族艺术的著名论述。民族文化是一个民族心理结构、思维方式、情感素质、审美取向

在文化中的体现，是地域文化中最为稳定的因素，也是一个民族文化的灵魂。当代城市雕塑相对于传统的艺术创作而言，与城市环境、地域风貌以及人文关怀联系得更加紧密，公共艺术的二重性将城市历史和地域民族文化渗透到当代城市雕塑创作中，在展现民族文化方面起到了重要的作用。城市雕塑空间形体的聚散和格调气韵，表达出蕴含其中的民族文化脉络和审美取向。所以在新时期创作出具有本土文化内涵的、地域民族文化气息浓厚的城市雕塑作品能够反映出整个区域的地域文化，更具有时代意义。新疆多民族世袭繁衍、交汇融合，创作了灿烂的、多元化的民族文化生态，以维吾尔族文化为典型代表，其最具有代表意义的是其歌舞艺术。从文化内涵的角度来挖掘民族歌舞艺术不仅是维吾尔族能歌善舞的表象，更表达的是在恶劣的自然环境下，一个民族积极向上、具有乐观主义精神、坚强民族性格的体现，是民族文化的灵魂。在表现民族文化的城市雕塑创作中，新疆多地都有优秀的作品出现，比如喀什的城市雕塑《阿曼尼沙汗》，是为了纪念世界级非物质文化遗产搜集整理者，由新疆师范大学美术学院孙增礼教授创作；还有新疆著名维吾尔族雕塑家、新疆艺术学院地理·木拉提副教授创作的《维吾尔族歌舞》《萨满舞》等一系列民族歌舞城市雕塑矗立在新疆多座城市，成为当地引人注目的民族文化景观。还有许多新疆雕塑家创作的关于民族歌舞、民族历史人物及文化的城市雕塑，都能很好地将民族文化运用到新疆当代城市雕塑的创作中，这样，既能使民族文化的传统得到继承与发展、更能开拓雕塑家在城市雕塑创作中的视野，弘扬传统的民族文化，提升整个地区的软实力。

（2）民俗文化

随着社会的发展及多民族传统生活的不断交融形成了丰富多彩的民俗现象，其中包含着人们淳朴的思想情感，蕴涵着民族历史的精神内涵，是现实社会与历史传统、生活传统与现代意识相结合的一种默契，通过对地域民族风俗习惯、民间传统文化及其风土人情的深层次发掘，都能提炼出、创作出具有浓郁民族风味的地域特色民俗文化艺术作品。所以，对地域性民俗风情特色在当代城市雕塑创作的运用也是值得我们研究的内容。在新疆，艺术家也能很好地将新疆本地的民俗文化内容融入城市雕塑创作中来，运用他们长期在新疆的生活经验，充分挖掘能够蕴含当地民俗风情的题材，立意于本土自然环境、生活习俗、民族习惯、民族风情和地域文化特征之上，使新疆当代城市雕塑具有本土民族文化的特征，结合当代艺术的创作形式和手段，实现二者的结合，创作出优秀的作品。矗立在乌鲁木齐二道桥国际大巴扎的街头雕塑《买馕巴郎》《烤烤肉》惟妙惟肖地表现了维吾尔族热情开朗的生活场景；昌吉市回民小吃街的小品雕塑《九碗三行子》《拉面》生动地展现了少数民族的饮食内容及制作方法；喀什帽子巴扎的《卖花帽》《打铁匠》雕塑很好地表现了维吾尔族的日常生活景象。民俗文化在城市雕塑创作中的表现最大的好处就是可以满足不同文化层次的审美追求，做到人人都能接受，更能直观地展现民俗风情，形成具有代表意义的地域民族文化符号。

（3）丝路文化

源自于南北朝时期、繁荣于汉唐盛世、翻过帕米尔高原，穿越中亚直达西方的“丝绸之路”，不仅为古代东西方政治、经济、文化的交流搭建起了重要的桥梁、丰富了世界的文化格局，还为身处中心地带的新疆带来了灿烂而丰富的文化宝藏。这段辉煌的历史不仅是被世界历史所称道的，更是艺术家在创作中可以挖掘的重要文化历史元素。如汉代时期出使的张骞、班超、班勇，他们在西域生活了长达百年，与当地居民共同生存直到水乳交融，为加强西域与中原地区的交流与联系做出了巨大的贡献，并维护了祖国的统一。这也是中华民族骨肉情深、交汇融合的历史见证；还有唐代的著名诗人李白、岑参等人在古代西域留下的大量诗篇，都能反映出西域特有的文化历史，并且对证明新疆自古以来就是祖国的一部分具有现实意义。新疆喀什就为纪念班超建立了班超雕像，还有一些城市以骆驼为题材立项了一批城市雕塑来展现丝绸之路繁忙的景象。这些丝绸之路历史文化元素在城市雕塑中的出现，往往可以增强观者的历史趣味性，以中华民族的这段辉煌历史而感到骄傲，提升少数民族地区的民族认同感，对体现传统历史、表现丝路文化、提高城市品位有着明显的作用。

（4）军垦文化

军垦制度在中国不是新中国建立起来才有的，其历史可以追溯到汉代，当时为了加强对西域的管理、防范外蛮的侵略和巩固边防，西汉政府开始在新疆屯田。这样可以保障部队的补给，还可以保持西域的稳定，如今的新疆生产建设兵团就肩负着这伟大的历史使命。新疆和平解放后，中国人民解放军几十万部队在新疆安营扎寨，军民合一，在荒无人烟的戈壁滩建立起了诸如石河子、阿拉尔等军垦新城，在极端恶劣的条件下挑战大自然，为新疆经济文化建设发展付出了艰难的努力，创造了大量的物质与精神财富，堪称人类文明史的奇迹。而军垦文化所凝结的人类改造大自然所体现的顽强的精神既是时代的产物，更是与地域相结合创造出的人类伟大的文化精粹。兵团人流淌着中华民族奋发图强的血脉，承袭着中华民族战天斗地、积极进取的精神，成为人类文明史上的一座丰碑。所以，军垦文化与前文所述的几种文化样式同样是新疆地域特色文化的集中体现，这在当代的文化艺术创作中也有较多的反映，成为新疆当代艺术创作的文化符号。号称

"戈壁明珠"石河子市广场上的城市雕塑作品《军垦第一犁》于1985年落成，由中国著名雕塑家杨美应、张玉礼创作，表现的是三个军垦战士奋力拉犁的场面，健壮的身体、夸张的动作以及生动的表情，强大的军垦气场充分展现，与广场上的《王震将军像》遥遥相望，唤起人们对艰苦创业年代的集体回忆，成为新疆军垦人的精神象征，是新疆城市雕塑的佳作。

4 在新时代发扬新疆当代城市雕塑创作的地域文化传统

多元文化的碰撞与交流融合为新疆各地的城市雕塑创作提供了不同的文化内涵、注入了新的活力。继承和发展具有鲜明特色的地域文化传统、建设具有丰富文化内涵、高雅艺术品位的当代城市雕塑，是新疆当代文化艺术创作必走的道路，更是现时代向我们提出的重要任务。

（1）尊重地域文化，传承文化内涵，营造独特城市形象

我们不能遗忘传统、传统文化为我们当今的艺术创作留下了丰富的素材，充分挖掘传统文化资源，创作具有新疆地域文化特色的当代城市雕塑是新时期带给我们的新课题。新疆得天独厚的地理位置及其丰富多样的文化生态是其他地区无法比拟的，是新疆最具魅力的文化特质，可以在当代城市雕塑创作中不断挖掘和利用，创作出好的作品，这样既可以增加城市特有的文化内涵、将好的文化传统传承下去，又可以塑造具有独特地域文化特色的城市形象，从而提升城市的整体文化品位，更能起到寓教于乐的作用，增强民族的自豪感，热爱自己的民族、热爱生活、热爱祖国。

（2）坚持兼容并包，融合传统与现代、探索城市雕塑创作的多样性

当今世界是一个飞速发展的时代，无论科技、经济，还是文化艺术都受到全球一体化的冲击，如何在碰撞与融合中体现民族性的地域文化与时代特征，也成为艺术家进行艺术创作亟待解决的问题。从艺术发展的规律来看，在多元化的历史条件下创作出形式丰富、内容多样的当代城市雕塑精品，需要不断地借鉴和吸收国内外先进的创作理念和技巧，需要与时代与科技相结合，打开视野，采取包容的态度，在继承传统的同时要重新构建地域文化景观和提升文化品位。"民族的才是世界的"，探索新疆城市雕塑创作的多样性，与时代同步、与世界接轨，只有这样，才能使民族地域文化更具丰富的内涵和更强大的生命力。

5 结语

"民族文化是国家的软资源，是以民族特有的方式抽象地反映变化着的世界，民族文化也包括个人对美与和谐的感受以及他们对世界的认同感。"在以民族文化为国家软实力象征的今天，将地域文化、民族文化融入艺术创作，特别是代表当代城市形象是精神文明象征的城市雕塑中，是一个具有很大现实意义上的课题，因为，一个城市雕塑不仅是一座城市文化的缩影，彰显着地域文化独有的魅力，更能提升国家的软实力，增强民族的自豪感。

注释

基金项目：2013年新疆师范大学自治区重点学科招标课题项目项目编号：13XSQZ0522。

参考文献

[1] 叶贵良．唐代敦煌道教兴盛原因初探 [J]. 新疆社会科学 ,2005(04)

[2] 梁思成．中国雕塑史 [M]. 天津：百花文艺出版社 ,1997.

[3] 沈应平．寻求公共环境雕塑的协调性——以城市雕塑老子像的创作为例 [J]. 浙江工业大学学报（社会科学版）.2005(06).

[4] 白昆亭．新疆城市雕塑的状况与管理规范刍议 [J]. 新疆艺术学院学报 ,2003(05).

[5] 郭维阳．新疆城市雕塑艺术中的区域文化 [J]. 新疆艺术学院学报 ,2011.

新疆喀什噶尔古城传统聚落街巷空间形态研究

王磊 新疆师范大学美术学院艺术设计系环境设计专业 / 副教授

摘 要：喀什噶尔老城区作为历史上西域政治、经济中心和历代王朝都城，它的历史文化内涵丰富，深厚的文化内涵孕育着喀什噶尔古城特色和传统街巷空间形态。本文通过对喀什噶尔古城街巷空间形态成因的具体分析，以及街巷空间形态特征和街巷中人文情态的剖析，以此研究古城街巷空间形态的构成特征。

关键词：喀什街巷 街巷空间 空间形态 聚居空间

喀什噶尔古城位于现今喀什市的中心，占地面积约 20 平方公里，被誉为中国历史文化名城喀什市的核心景区，现在又称为“老城区”，是一座拥有 2000 多年历史的古城。这里曾是古代西域三十六国之一古疏勒国的辖地，早在公元 10 世纪，喀喇汗王朝皈依伊斯兰教，建立其王城喀什噶尔；到清代的乾隆二十七年（公元 1762 年），在喀什噶尔城旧城西北建新城—徕宁城，又称汉城；公元 1839 年，喀什噶尔旧城拓宽艾提尕清真寺以西以北地带，开凿了南墙西门，把旧城与徕宁城连成一片，形成以艾提尕清真寺为中心的城市格局。喀什噶尔古城格局和民居建筑群布局灵活多变，自成体系，整个城区以著名的艾提尕大清真寺为中心向外作放射状扩展，街巷蜿蜒，民居建筑因地制宜，随机而建，鳞次栉比，紧密相连，形成以民居建筑为主，道路相随的不规则有机增长型街巷空间形态体系。

1 喀什噶尔古城传统街巷空间形态的成因

喀什噶尔古城在半圆形吐曼河环绕中，至今仍保存着高台民居和以艾提尕大清真寺为中心的两片古老的民居聚居区，古城街巷因受喀什噶尔旧城不同类型传统民居聚落的影响，以及自然环境和宗教活动的制约，形成了现今喀什噶尔古城传统街巷空间形态。

高台民居聚落建筑分布于吐曼河河床起伏的台地上，所形成的街巷走势随地形变化而曲折蜿蜒，同时有又很大的高差起伏，使得街巷空间具有明显的节奏感。而分布于艾提尕清真寺周围一带的平地聚落，随意建造的民居院落排列出四通八达的小巷，聚落内又建有大小不一的清真寺供礼拜、宗教聚礼的需求。尽管聚落内街巷看似杂乱无章，但四通八达的街巷以聚落内大小清真寺为中心集聚成整个平地聚落的网状通道。从组合关系上讲，其街巷与清真寺隐含着某种潜在的秩序感和结构性。

2 喀什噶尔古城传统街巷空间形态

喀什噶尔古城街道形态自由多变，巷道内是一种封闭狭长的带状、放射状、复合网状交通空间形态。这种网络以街为主干，以巷为枝干，形成树状结构，贯穿于整个喀什噶尔古城。

（1）街巷平面形态

街巷由直线、折线、曲线三种形态组成。直线型的街道常为古城主街或市民社会交往活动场所，起着重要的交通作用，现今已形成恰萨·亚瓦格、吾斯塘博依、阔孜其亚贝希三个主要历史文化街区。古城内巷道多呈现折线型，有正交有斜交，还有各种转折和变化。两边多为住宅院门和院墙，在巷道尽端往往安排住宅，具有较强的团体私密性，也就是俗称的“死胡同”。古城聚落内建筑平面和

形式不拘一格，在巷道内部所形成的墙角又经过处理从而削弱突兀感，使巷道整体呈现出流畅的空间秩序。所以在古城中会出现许多非相互垂直的交叉巷道，形成通而不畅的曲线型格局。随着视点的移动，巷道空间逐一地展现，曲折的巷道迫使人们改变自己的行进路线和方向，往往会产生一种期待的情绪，希望能走到尽头看个究竟。

街巷构图由街道、巷道、尽端巷三种类型组成，街道、巷道、尽端巷多为交叉型或尽端式形态。街道、巷道之间较少形成垂直的十字交叉路，巷道与街道相互交叉，巷道与尽端巷垂直相勾连，形成完整的古城街巷体系。街道一般宽 6~8 米，常用水泥、沥青路铺地，巷道、尽端巷一般宽 2~4 米，古城内的巷道多而密集，为便于识别道路的通畅，许多传统巷道至今还保留着以六面砖铺地意味道路通畅，四边形条砖铺地设尽端巷的区别标示方法。

街巷构图肌理丰富，街道、巷道和尽端巷相互穿插成古城街巷网络交通。解放北路南北贯穿古城区，诺尔贝希路、吾斯塘博依路、欧尔达希克路、阿热亚路东西街道与解放北路相交，构图呈以艾提尕清真寺为中心的“放射形”。而古城内的巷道和尽端巷错综复杂，构图呈“复合形”并向外辐射延伸。

（2）街巷空间形态属性

“街道是母体，是城市的房间，是丰厚的土壤，也是培育的温床。其生存能力就像人依靠人性一样，依靠于周围的建筑。”[1] 喀什噶尔古城的街巷，由于其民居建筑平面形态的灵活多变和建筑内部、外部空间的自由“生长”，体现出街巷与建筑相互依存，相互作用的构成关系，使街巷自身具有连续性、开合性、可识别性的空间形态属性特征。

喀什噶尔古城的街巷“连续性包括作为垂直界面的建筑立面的连续、作为地界面的街道铺地的连续以及作为顶界面的街巷天际线的连续。要保证街巷的连续性，要求街巷的组合具有一定的规律。”[2] 古城中由于每家每户的需求和经济状况的不同，巷道内住宅在建造过程中又无统一的规划，房屋顺势而建，造型各异、高低错落，垂直界面的建筑立面又界定了巷道空间的界面，从而巷道空间的形态呈现出上下、左右、前后、高低不同连续的巷道界面。在古城巷道中可以看到相同的平屋顶，随处可见的土黄色墙体，以一定节奏性出现的小窗、彩绘门、过街楼、铺地等，通过这些组合的重复出现，街巷空间的连续性得以体现。

同时，由于受到自然环境因素的影响，民居外墙几乎都不开窗，即便有窗，也是又小又少，这样使巷道空间形成一种超封闭狭窄的带状空间。在这些封闭狭窄的巷道中，当地居民为扩大民居建筑空间创建挑楼（半街楼）和过街楼这种横向空间构筑形式，挑楼（半街楼）是在巷道两侧二层建筑外墙上向外单侧或双侧挑出，使巷道内的空间变得上窄下宽。过街楼横跨巷道，连接邻巷建筑外墙辅以立柱予以支撑。这种建筑构造横跨巷道、架空构筑，满足当地人们的使用和营造纳凉的空间，这样构造方式，在丰富空间的同时，又增强了巷道空间的封闭性。作为建筑物延伸出来的空间集中展示了喀什噶尔古城街巷空间特色，它在最大限度上扩展了生存的空间，以不规则的布局构建空间秩序，在满足实用性的同时，也展现出当地居民的原创性。这种“生长的建筑”充分体现了建造者的智慧，在传统民居建筑领域中可谓独树一帜。

从街道空间进入巷道，再由巷道转入尽头的宅院、居室，伴随着空间的变化，公共性逐渐减弱，其私密性也逐渐加强，组成一个完整的开合性序列。这个完整的序列从空间的容量方面看则是由开放空间转入越来越窄小的巷道空间，从空间的情结来说是从无边无际的无限空间进入人为限定的有限空间，既由“开”到“合”。

当人们穿过挑楼（半街楼）和过街楼时，又会体验到由开到合，由合到开的不同空间，人们的视野快速收缩，待穿过之后，借助于不同空间的对比，心理上产生一种豁然开朗的感受，伴随着人视线的变化，光影由亮到暗，再由暗到亮，不仅延伸了空间，且塑造了空间。空间中的阴影，阴影中的空间，增加了神秘感。这种光影的时态与形态，不仅创造了一种有趣的开合性空间属性，而且蕴含了一种共生的文化美学：你中有我，我中有你。这些都将对人们的视觉和心理上产生极其深刻的记忆。

此外，挑楼（半街楼）和过街楼与街巷的组合形态具有标识性的作用，挑楼和过街楼作为喀什噶尔古城巷道内特有的元素，以其轮廓、构造、支撑方式等关系形成鲜明的可识别性，给人以明确的视觉“符号”印记。通过街巷交汇点或巷道中的转折、弯曲和丁字、十字交叉节点等个性特征来辨别方位，使人在行进过程中，以它为标志并通过它的形态特征识别到方位感和方向感。另外，过街楼还具有一种划分不同空间领域的作用，通常出现过街楼的巷口被当作聚落或巷道的出入口，利用过街楼和民居建筑的组织形式，开成“门”的意向，标志着聚落和巷道从这里开始，由此界定着街巷空间的两端。过街楼这种形式的出现，既不妨碍人们出行，又可以划分出空间的层次和领域，人们将意识到已经走进或走出某个特定的区域。

3 人文情态与街巷空间形态的相互融合

人文情态是喀什噶尔传统街巷空间形态的“灵魂”，从其生活空间来说，体现了古城聚落发展的历史脉络，传统街巷空间形态必须有精神层面的人文情态的充实，才能真正具有历史发展的

完整性。同时，文化与精神这两个层面同空间形态有机的融合，才能构成传统街巷的特色空间形态。

古城聚落中一条条古老而神秘的街巷，不仅满足居民的基本交通通行，还与户内庭院，周边的广场等形态各异、大小不一的空间连接在一起，成为户与户、内与外之间衔接的公共区域。它的存在能够维系邻里关系，为人们提供一个从陌生到熟悉的交往空间，充满着人情味和乡土情怀。巷道两侧低矮密集的作坊，鳞次栉比的店铺，独特韵味的手工艺品都具有鲜明的地方和民族特色，随着经济的发展和融汇，许多街巷按行业自发形成手工作坊和产销市场，形成产销一体的专业性巷道巴扎（集市），如阿热亚巷铁匠巴扎、吐马克巷帽子巴扎、切克曼其巷制衣巴扎等。这些巴扎是当地居民维持生计的基础，也是喀什噶尔古城传统聚落生命的象征，它传承了几十年，甚至几百年。作为实体形态留存下的传统街巷，首先是一种有形的资产和符号；再者是民族的集体记忆；更是铭刻了一个民族文化精神发展的痕迹。

总的来说，"规划意识，不论是个体的还是群体的，起源于人的自我意识"[3]喀什噶尔古城传统街巷的营建是以自然环境为依托，是人们聚居生活的历史遗存，真实地容纳了人们的生活内容、生产方式等，它是古城的肌理，代表着喀什的成长和演变，也代表着该城市的空间形态特色，呈现着人文情态的选择和主观创造。它如同一个浓缩着西域文化和精神的展馆，形成了一处独具特色的人文历史民俗景观。

参考文献

[1] 赵万民 . 龙潭古镇 [M]. 南京：东南大学出版，2009.

[2] 王 艳 . 秩序与意义的重构—对当前历史街区保护的思考 [J]. 规划师，2006.

[3] 何兴华 . 空间秩序中的利益格局和权力结构 [J]. 城市规划，2003.

[4] 仲高 . 丝绸之路艺术研究 [M]. 乌鲁木齐：新疆人民出版社，2008.

[5] 王时样 . 喀什噶尔历史文化 [M]. 乌鲁木齐：新疆人民出版社，2009.

[6] 单德启 . 从传统民居到地区建筑 [M]. 北京：中国建材工业出版社，2004.

[7] 胡方鹏，宋辉，王小东 . 喀什老城区的空间形态研究 [J]. 西安建筑科技大学学报（自然科学版），2010.

[8] 梁思成 . 中国建筑史 [M]. 北京：百花文艺出版社，2005.

树状空间——从建筑到城市

杨姣 西南林业大学园林学院建筑系 / 教师

摘　要：通过对建筑中出现的树状空间模式进行探讨，分析其产生的原因和意义；并结合树形模式建筑逐渐城市化的现象对该模式在城市空间中的应用及前景进行讨论。

关键词：树形　空间模式　建筑空间　城市空间

最初人类对于栖居的要求，是以满足生存为基础，对环境进行改造的趋利避害。西方建筑理论认为人类最早的建筑形式来自于树木生长方式所带来的灵感——亚当之家，垂直和斜向树枝的搭接形成最早的建筑空间意向（图1）。在中国，以有巢氏发展而来的巢居杆栏式建筑也说明了以树形建筑空间是人类最早的建造模式之一（图2）。随着人类文明的发展，自然环境慢慢从主体转变为客体，人工技术变成了架构世界的主体，对于栖居本质的反思和探讨直接引发了自现代主义以来各种建筑和城市规划的主义、流派、学说。而作为对建筑建造本源的追溯和自然栖居方式的向往，树状空间始终以不同材料、结构及形态出现在建筑师们的实践中，汇集成为一种特殊空间模式（图3，图4）。并且，这种空间模式也开始在城市空间中出现，其背后功能和内涵越来越具有探讨的广度和深度。

1 树状建筑空间

作为在技术基础之上发展出来特殊空间模式，树状建筑空间有以下几个主要出发点：

（1）场所

自19世纪钢铁、混凝土、玻璃、复合材料等逐渐登上建筑舞台以来，建造进入了工业化、技术化、模数化、批量化的时代。与那些传统材料——木材、石材、生土等相比，种种现代建筑材料在广泛应用的之后也带来了相应的问题：缺乏自然亲切感以及时间流动性；现代空间与传统空间相比，过于强调建筑本身且缺乏对自然规律和地点性的思考。因此，在城市建筑成为钢筋混凝土森林的代言人后，用现代材料模仿树状形态，模糊建筑与外部环境的界限，寻求与自然类似的生长发生

图1 亚当之家

图2 巢居

状态，获得具有自然意向的场所成为一种试图改变现状的尝试。

图 3 深圳文化中心

图 4 赫尔辛基图书馆方案

矶崎新在上海的作品喜马拉雅中心（2010），虽以其高昂的建造成本和庞大的异形体量备受争议，但究其设计思路，亦能够肯定该建筑发挥的积极作用。矶崎新指出，好的建筑也应是自然界的一部分：有些建筑完成使命后归于自然不留痕迹；有些建筑能够屹立数千年之久，与自然一起成为永恒的象征。借由高科技，一些人制造了更多的建筑奇观、工程奇观，而强大的建造和科学技术却使得他们开始遗忘在自然界中那些恒定的规律，把自己当成了绝对的主体。因此，他在设计上海的这座建筑时进行了勇敢的尝试，使用大量类似树根、树干的"异形支撑体”来构筑城市森林意向（图 5）。通过计算机计算，模拟出了将力学美学及自然发展规律包括在内的衍生混凝土结构——树状支撑体。这些巨构般的混凝土体量直接向城市打开，借由与人体之间形成的尺度强烈对比制造出了自然原始的吸引力，引导使用者从外部进入建筑内部的开放空间；作为支撑及核心筒的“树干”赋予了建筑一种生长力，建筑具有了扎根城市以获得永恒性的精神意向。（图 6）

另外一个位于印度孟买赛马场托特屋（2009），属于小体量建筑改造项目。这项改造基本保持了原有建筑的外部整体轮廓，对西向四分之一处的屋顶部分进行了重新设计，而内部的支撑体系则完全进行了替换。改造的过程中设计师充分考虑了符合其地点性的深度利用：周边并非是某种风格的建筑，而是茂密的树林。建筑常年被植物包围，使得整个方案的理念更多考虑如何面向室外并与环境融为一体。方案试图指导一种共生策略，延续自然到建筑的渐变，与保留的建筑外壳相结合，模糊原本明显的分界线。（图 7，图 8）设计师在原有空间轮廓中建立了一套新的结构体系来支撑屋顶，并考虑了合适的内部层高与尺度。沿着保留建筑屋架纵剖面不断布置一榀榀树形结构，在支撑屋面的同时也起到内部空间构造作用（预埋管线）。通过将室内室外空间进行整合，建筑采用谦逊的方式学习自然，模仿其发展的原则而非直接的形态，最终达到与自然的和谐共生。

但这里要指出的是，树状模式场所的营造，并非等同于生硬地模仿一棵树或植物的形态。越是具象越是过于造型化的形象，往往越容易切断人对环境的全面感知，场所精神也就无从提起。

图 5 上海喜马拉雅中心

图 6 喜马拉雅中心内部结构

图 7 孟买托特屋（一）

图 8 孟买托特屋（二）

（2）结构

1）树状

树状结构是仿生态的，如同自然界中的树的生长一样，由下向上发展，而荷载反过来是自上而下传递。德国建筑大师、结构大师弗雷·奥托（Frei Otto）首先提出了这种结构，这种结构也被称为伞形结构。该结构的基本形态是下部粗大的柱状主干，向上逐渐分枝，越来越细密——树枝状；或逐渐延展，越来越薄——蘑菇状。树状结构要求材料既能受拉又能受压，木材和钢材都具有这样的特性。

弗雷·奥托主持设计的德国斯图加特机场候机大厅（1991）正是树枝状结构最典型的代表。其钢结构主体承重部分仿造树形，是一个仿生整体。上部的“树枝”受到弯矩作用，断面较粗；与屋面采用铰点链接，在外部荷载发生变化时，通过柔韧的方式加以调整，如风力较大时，会感觉到屋面的晃动（图 9）。

赖特（Frank Lloyd Wright）设计的强生制蜡公司总部办公楼（1938）则是蘑菇状结构的代表。他在其中设置了一个大办公空间，内部没有隔墙，由两层多高的空心混凝土树状柱子支撑，其截面直径从底部的 23 厘米扩大到顶端的 550 厘米，支撑着一个其称为“睡莲叶子”的柱帽。（图 10）这些混凝土柱子以矩阵方式排列在一起，上部延展为更薄的圆形柱顶板，这些圆形混凝土板的边缘互相连接，中间空隙部分则通过覆盖玻璃形成整个办公空间最主要的天光来源。整个空间结构特别，垂直和水平向支撑构件融为一体，没有明显的界限，空间的流动性得到最大化的体现。这一思路在之后的伊东丰雄设计的塔玛艺术大学图书馆、大舍建筑设计的龙美术馆中都有体现。

2）变体

建筑的结构形态模仿除了树形，还衍生出其他植物的形态，如草本类。这些建筑通过对自然植物结构的模拟，也呈现了独特的视觉和空间体验。

伊东丰雄设计的日本仙台文化中心（2000），以 13 组形状如水草的束柱作为空间试验，这 13 组束柱分别由数量不等的钢管组构而成，如同在水中摆动的水草般展现自由的姿态，任意倾斜或扭转，通过每一层钢结构楼板的预留的孔洞，从下到上贯穿了整个建筑。这些水草般的束柱不仅承担了结构上的支撑功能，还将天光引入七个楼层中，并且能够在空腔内置入管井和设备，甚至竖向交通的楼梯和电梯也在其中。伊东丰雄一直偏爱从自然中“衍生”出来的元素，这些元素从来都不是横平竖直的。他希望这样的元素能够冲破以往的建筑形式，使得建筑不那么像建筑，而是变为更加与自然融为一体的景象。这样，人们就能够在这样的人造树林中，自由穿行，自然地沟通，减少阻碍。（图 11）

（3）空间

树状模式独特的形态，使得其在建筑空间上往往具有以下几个特点：

1）自由性

树状模式建筑因为结构的特殊性，通常以大空间呈现，也会出现如仙台文化中心那样的匀质空间。这些空间一方面强调自由

图 9 斯图加特机场

图 10 强生制蜡公司办公楼

图 11 仙台媒体中心

平面，每个树形结构就是一个空间节点，不使用墙体分隔，流线围绕这些节点有很大的随机性；另一方面强调使用方式的自由，各功能空间可以没有等级层次之分地共存同一空间，保持着空间的匀质性，提供更多的交流机会和互动空间。

2）模糊性

一方面，树状空间没有空间等级和空间序列，空间方位变得模糊，这种模糊性一方面使得空间在水平和垂直方向没有绝对划分，空间的利用和体验形式更多变；另一方面，树状空间的营造使得建筑与外部环境的界限减弱，它打破的以往的分离，从而使城市空间与建筑空间、自然环境与人工环境穿插交织，能量得以流动。

（4）生态

仿生建筑学的发展和绿色建筑评级制度的兴起，推动了树状模式向着自然树木那样可持续地发展方向迈进，真正成为绿色建筑的代言人。通过先进建造技术及设备的控制，建筑自身成为一个平衡系统，遵循自然发展的规律。

矶崎新在卡塔尔设计的会议中心（2011），被认为是当前世界上最环保的建筑之一。该建筑以当地席德拉树为原型，外挑的大屋顶悬撑在两个交织的巨大树干之上，挑出的部分也为楼前公共广场提供庇护。该设计在可持续性设计上进行了许多尝试，包括通过屋顶太阳能板提供绝大部分内部用电、增设活动感应装置及节能 LED 灯进行有效针对性照明、玻璃幕墙节能设计、精确的分区空调系统等，这些措施使得该建筑的能耗得到有效降低。该建筑获得了美国绿色建筑学会金奖，对于卡塔尔这个污染排放量处在世界前列的国家来说，这无疑是一次环保建筑的先锋实践，也是一次建筑形态与功能诉求完美融合的实践。（图 12、图 13）

2 树状城市空间

当下，城市空间的定义已不单单是指图底关系中除去建筑轮廓剩下的反色区域那么简单。公民性、生态效应、垂直空间利用、功能高度综合、城市文脉及意向等等，都是城市空间要整体考虑的设计策略。

当树状模式建筑已然模糊了建筑与城市空间的界限之时，建筑就不再是一个单体，与其联系紧密的城市空间也成为了重要的环境。城市公共区域自由地穿插在建筑室内空间、灰空间、室外空间中，建筑的开放性得到了最大化的体现。建筑既是建筑单体，也是城市空间的一部分。

“都市阳伞（Metropol Parasol，2011）”计划是针对西班牙塞维利亚老城区的一次节点改造尝试。利用古老的德拉恩卡纳西翁

图 12 卡塔尔会议中心

图 13 卡塔尔会议中心内部

广场空间，建筑师选择了拔地而起一个巨大的木结构体量，这个结构造型醒目，为市民和旅游者提供了一个有遮阳的、聚会休闲的室外场所。整个工程包括一个地下遗址博物馆、地面层的市场、5 米高的公共广场以及广场上部的木遮阳结构和包含在其中的一个顶部餐厅。上部的木遮阳结构提供了观景的露台，可以俯瞰整个塞维利亚老城的景色。（图 14~ 图 16）

作为目前世界上最大的木结构单体，该建筑让人印象深刻的体量、材料、节点及形态使其自身成为了城市标志物，当地居民和游客纷纷前往，为昔日凋敝的老城区带来大量的人流，同时也成为了塞维利亚历史和现代之城之间的一个里程碑；另一方面，其独特的空间可以引发许多活动，加之配备完善的基础设施，成为城市一个充满活力的积极空间，一个面向整个城市的空中广场，建筑已不再是建筑意义上的实体，而是容纳了更多空间内涵的城市构筑物。

3 总结

德国存在主义哲学家马丁·海德格尔（Martin Heidegger）曾在其《住·居·思（Building Dwelling Thinking）》中指出，“人与场所的关系以及通过场所直至空间的关系都基于他在其中的栖居”。这篇闻名于世的报告表达了他对于人类对自身存在（beging）的无力感知的担忧，而这种感知定义了人类自身。这表明了，无论是何种空间模式，人与所处的空间应当是相互关联的。建筑或城市空间本应该充当这个连接载体，使人通过空间体验进一步感知所处世界；但现状是，大部分的建筑和城市空间，正在成为这种连接的阻隔。

作为一种特殊的空间模式，无论是空间还是结构本身，树状模式的内涵都不是在单纯地模仿自然形态，而是通过不同的方式去弥补当代城市和建筑中缺失的一些要素，这些要素，是我们得以更好地在大地之上栖居的重要组成部分。

图 14 都市阳伞鸟瞰

图 15 都市阳伞

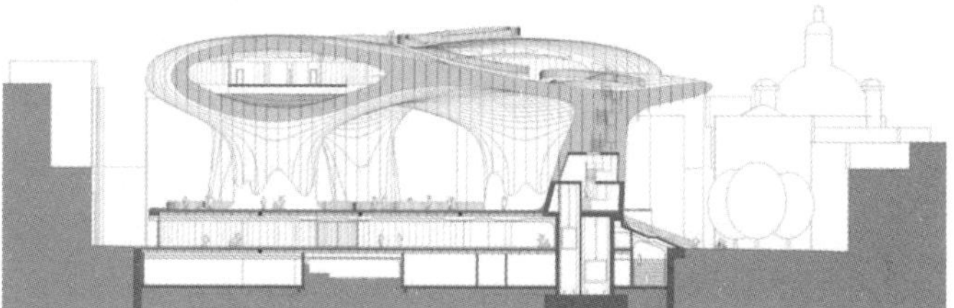

图 16 都市阳伞剖面图

尽管这种模式不能解决所有的问题，也不适宜被大量推广采用，但其在建筑和城市中发挥的积极作用和应用前景仍值得继续探讨。

参考文献

[1] 汉诺－沃尔特·克鲁夫特．建筑理论史——从维特鲁威到现在 [M]. 王贵祥译．北京：中国建筑工业出版社，2005.

[2] 隈研吾．反造型 [M]. 桂林：广西师范大学出版社 .2010.

[3] 曲翠松．建筑材料与建筑形态设计 [M]. 北京：中国电力出版社 .2014:36.

[4] Frampton Kenneth.OnReading Heidegger[R].inOpposition4(1974).

[5] 王力．杨姣．都市语境下的建筑设计策略与方法 [J]. 价值工程 .2014（19）.

[6] 张雷．刘伟．时间的痕迹 [J]. 世界建筑 .2012（9）.

浅谈治愈型空间的形成及概念

张琼椰 西安美术学院建筑环境艺术系 / 研究生

摘　要：纵观人类发展，社会结构变化，人的认知与行为也随之而发生着改变。横贯人类对自身情感的表达与探索，无不都是为了寻求一种适应性的平衡。以上两点相互影响相互促进，快速发展不可避免的心境障碍就成为人类更好去探索和解决的动力前提。本文以此为背景，以治愈型空间的范畴与形成为主要研究内容，其目的在于根据病理分析结果创建的一个具有可医治、防御或辅助抑制作用的空间环境。可靶向性的对构成空间的各个属性进行调控，以人体各感官为媒介作用于神经系统与心理状态，改善或缓解情绪及生命状态，是利用改变环境潜移默化的影响人的感受，干预行为直至认知的过程。研究意义在于可通过运用治愈型空间的方法理论治疗当下社会性的偏执行为，纠正人们的认知行为，不仅对于病态人群更是对正常人群的空间情感呵护。从治愈型典型环境到干预调节的情感呵护公共空间，形成响应的研究和空间设计系统，从而通过设计去治愈当下患病于视觉世界和内心世界的人们，减少真正的病痛和无病呻吟的现象，正视生命的价值。

关键词：治愈型空间 辅助治疗 可控属性 心理 靶向 情绪

1 绪论——宏观社会现状（环境客观发展）

从工业文明开始，人们逐渐重视效率的提高，人与人、社会产品间的关系、形态也随之改变（图1）。这种文明框架变更的同时，社会结构也在发生着变化。快速的生产节奏、多重的生活压力、社会性的社交需求以及应激事件的频发，生理变化及一些力不从心、事与愿违的现象会时常出现，容易使人感到心理疲惫，身心健康与精神状况备受影响，甚至造成心境障碍。我们所熟知的“抑郁症”便是一种心境障碍的主要类型之一。 抑郁症的危害之大已经不是简单的医疗问题，相关资料显示，发达国家中有 15% 的人都受到抑郁症的困扰，且没有减轻的迹象。根据其发展的速度和社会发展速度成正比的趋势以及其在我国还未健全预防、诊断、治疗、调节的现状可以得出，抑郁症更是一种时代的隐疾，它需要得到社会各个层面的关注。在人居环境、社会环境、精神环境下如何创立集预防、调节，甚至是治疗的一种可以实施实践的环境设计，来改善人居环境、调节社会环境、治疗精神环境，是一个在空间设计中值得研究并长期发展的方向，是一项需要综合多种学科的理论及实践课题。

2 什么是治愈型空间

（1）治愈型空间的概述

治愈型空间是指建立在环境设计范畴下，根据病理分析结果创建的一个具有可医治、防御或辅

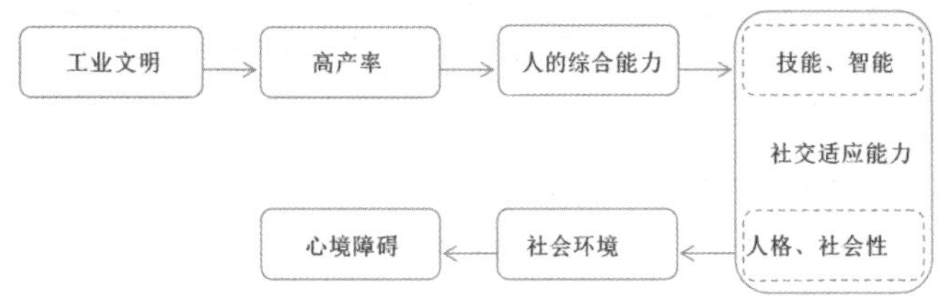

图 1 社会发展与结构变更对人的影响

助抑制作用的空间环境。

其原理为，针对不同症状的人，可靶向性的对构成空间的各个属性进行调控，以人体各感官为媒介作用于神经系统与心理状态，改善或缓解情绪及生命状态。这是一个根据受众群不同需求，进行调节治愈的问题，利用改变环境潜移默化的影响人的感受，干预行为直至认知的过程。

1）治愈型空间多维度作用

治愈型空间的探究必须具备组成空间机理的可探究性及可控性。空间中不同物理属性之间相互独立且相互作用相互影响，且其具有不同参数的可控性。

可发现的显性体现：空间中各可控性属性的参数是可见的、可调控的，这也是发现治愈型空间的基本依据。

可探究的内在体现：各属性不同参数之间相互作用则是不直观可见的，需要对其内在的机理进行探究。

就治愈型空间而言，所有的系统运作又都是基于对受众群（人或其他生命体）的生理机能及心理机能的探究所得出的。

①治愈型空间与普通空间的区别

普通的空间是在普适价值下，依据空间功能，按照相关规定所建造出的空间或自然形成的空间等，可符合参与者的正常使用、生活的规范。人造空间中，由于依据人体工程学，使其具有实用性、便捷性和舒适性的要求，精神层面上亦可得到“合适”“恰当”的满足，例如，剧场、公园、学校、医院等。治愈型空间不是根据功能性划分或者根据相关建造规定来定义的，它没有固定的指标参数设定，治愈型空间是自下而上，根据不同受众体的需求及情况进行把控和营造的。日常的普通空间中也存在具有治愈性作用的空间，例如，教堂、庙宇、黑暗的角落，甚至一些自然空间等，这些空间对于个别共性的受众体就会起到相应的精神抚慰作用，反推之，这些空间的属性参数范围就是靶向于此类受众体且对其是受用的。

因此，治愈型空间与普通空间的区别划分应从根本自下而上的逻辑关系来定义的，是根据受众体需求而定义的。通俗地讲，普通空间中也可存在治愈型空间，治愈型空间在面对非靶向的受众体时便不具有治愈性，则不构成治愈型空间。

②具有靶向的示能（Affordance）

空间的效果影响人的情绪与感情变化。人的心理空间与行为模式虽为两种性质但都具备可循的规律性，前者是人类感知的规律，后者是人类行为的规律，而治愈型空间就是利用对这两者的研究，从而做到了针对性的媒介作用。治愈型空间具有示能的体现，是由其与人之间的交互而决定的。治愈型空间的示能存在与否取决于治愈型空间和人各自的独有属性。空间是多属性、多设计点、多单位的设计整合体，每一个单位、维度、属性都应具备与人对应的治愈示能，从而，使用者能被直接感知的采取行为。但不是所有的示能都是通过空间内的意符所体现出的，在复杂的空间当中，示能也可以是看不见的。因此治愈型空间与人之间示能的研究需要更加深入到五感、认知、情绪、习惯、行为模式当中，使其针对使用者更具有靶向性，而并非普通空间的普遍性。

2）治愈型空间与问题的契合关系

治愈型空间具有多维度作用的特点，研究治愈型空间内在系统的运作机理都应基于受众群的生理及心理机能。研究治愈型空间，首先需要明确治愈型空间存在的目的及意义，它作用于受众群（正常或病态），根据其不同状态进行干预，从而使受众群达到普适价值下的平衡、健康状态。

因此，治愈型空间不是某个或几个特定的空间，而是根据不同受众群的需求来对其可控属性进行调整匹配的空间。它需要针对性地了解受众群的问题，如何达成空间与问题的契合是治愈型空间探究的主要内容，也是对治愈型空间机理探究的内在体现。

3）治愈型空间与人的交互

①直观感觉——直观作用于五感的交互。

感觉的交互，是直观作用于五感的交互。治愈型空间与受众体之间的媒介便是受众体接收到治愈型空间不同属性信息后的示能。例如，在普适价值下，高耸的空间使人敬畏；密闭低矮的空间使人窒息……空间曾被比喻成一个容器，人在其中生活工作，然而在治愈型空间的定义中，空间应是一个导管，人的行为在这里发生，源自于其自身的情绪与意识，空间的形态决定了情绪与意识如何的导出，它不需要承载太多“应该”的行为。反推，已知需要治愈者的状态，其意识情绪的病态应该需要怎样的“导管”将其正确的导出，才是我们需要考虑的。

②生命共生——与动植物的灵性交互、共生。

生命体的交互，是治愈型空间中应该着重考虑到的一个重点。在针对受众体营造治愈型空间时，除了直观的可控属性以外，生命体的灵性交互有时是更加可以起到治愈作用的。

植物是大自然的产物，有美、生命、灵性的特征，不仅能满足观赏，日常生活之中参与植物的打理与设计，还可以从触觉、嗅觉、味觉直接的交互。另一方面，与植物共生，是灵性的交互，

是生命的象征，能让人对生命有所期待。植物的运用可以触及的任意的空间当中，室内、室外，配合其他空间属性和行为活动，能满足治愈中的生命共生。

动物的作用在灵活行为和生命灵性方面更高于植物的。动物作为空间中的一种非典型性属性，但也是在治愈型空间中所不可或缺的。特别是对于相对封闭、社交能力减退、自闭症、恐惧、丧失行为动机等症状而言，喂养动物也是一类很好的辅助治愈方式。犬类动物对于察觉人类情绪的能力更高于人类，发达国家大量普及并合法培训和使用不同种类工作犬来进行辅助人类各方面工作，其中就包括医疗犬，例如我们所指的导盲犬。除此之外，医疗犬还包括辅助治愈心脏疾病、孤独症等，都具有很显著的效果，甚至，经过受训的犬，可以有嗅癌的本领。

③静态养息——舒适的状态保证最佳的休养。

治愈型空间在空间布局上，应保证具备静态空间；在心理空间上，应满足精神养息；在治愈作用中，更是必不可少的重要辅助内容。针对不同的病症，都应涉及修养，静态休养不仅是病态治疗中的需要，也是预防和后期康复休养的需要。

在此，引用治疗抑郁症的“森田疗法”来进行解析。森田疗法强调顺其自然，让患者知道并接受自己的疾病，在行为上，是从休养到日常简单工作直至正常生活的过程。在休养期，食、饮、浴、便等每个细节都应得到注意，因此在治愈型空间中，没有绝对的动态空间和静态空间，而是相随于不同受体的静态修养和动态碰撞，甚至会出现极端的静态平息空间来供使用者立刻消除极端情绪。

④动态碰撞——无意注意下，空间环境的动态行为，减少思维停滞、干预情绪低落状态。

动态碰撞交互不是相对于静态养息交互的存在。其存在的意义是为了干预某些疾病导致的受体呈现类似动机丧失、兴趣丧失症状。例如，针对重度抑郁症患者对基本日常生活行为逐渐丧失、思维停滞现象，利用无意注意，在受理不需要意志努力的情况下进行外界刺激，最大限度使其获得注意，产生简单的行为。其意义不仅在于使受体获得主动行为，也可以运用在干预或打断其自我封闭在主观世界的行为。

其刺激的原理一方面是对刺激物的把握，它存在于空间组成的各个属性之中，但另一方面则是人的内部原因，外部刺激是否能符合内部状态，这一点是需要针对受体自身的情况来进行把控的。因此，笔者认为，治愈型空间，在针对严重疾病的患者时，治愈效果也是要基于药物等其他医学治疗的，而在这种情况下，配合药物和其他治疗手段的特性以及患者康复情况，随时改善治愈型空间属性，便能取得更好的辅助作用。

（2）治愈型空间的作用分类

1）调节

治愈型空间具有调节作用。调节，是针对情绪或躯体状态不稳定或单向极端时，利用空间使其趋向平稳或改善。

其调节作用的存在性是广泛的，日常一些人性的空间环境本身就会涉及调节作用，使受众群在其中情绪和心境会处于愉悦或平和的状态，但其调节作用是普适价值下的调节，适用于正常多数群体。同时也具有针对性的，探究得出的靶向性治愈型空间会根据使用者自身的情况进行需要性的调节，例如，正常状态调节、身体不适调节、心理疾病调节。

2）预防

治愈型空间具有预防作用。预防，是指人在正常心境下生活中，利用空间环境的各属性将这种平和的心境维持，防止外界因素带来的情绪波动，使人的情绪达到最小的波动范围，最大的平和。预防的前提在于了解外界干扰因素和使用者内在的心理特征，从而进行有效的预防。预防的意义也在于减少不必要的极端心境和病态现象。在日常生活中，公共场所及特殊的场所中，治愈型空间的预防作用则是避免治愈的第一步。其作用是建立在调节之上的，空间具备调节作用时不一定具备预防作用，但具备预防作用的时候一定具备调节作用。

3）治愈

治愈型空间的治愈作用是探究治愈型空间至关重要的一个层面。空间具备治愈作用，在日常生活中更多是一种偶然现象。也正因为这种偶然让我们更有依据去发现和探究治愈型空间及其治愈作用和治愈机制。治愈型空间的治愈作用可以被运用于很多领域，在此我们可以看为微观和宏观两个层面。针对性的疾病群体或个体的治愈作用可以被运用于治疗心理疾病的过程中；亦或者可以针对问题行为进行治愈，利用空间的设计去改变问题或者病态行为。以上都是治愈型空间微观的治愈作用，基于以上的可行性，我们可以开展治愈型空间宏观治愈作用的探究，解决社会群体的病态问题、社会扭曲的意识形态等。

4）康复

治愈型空间毋庸置疑必备康复作用。康复，是综合多领域的各种方法来恢复和重建受众群体格、精神等多方面问题，使其恢复正常生活和社会性。康复，也不仅局限于身体疾病，也包括心理、

社会问题等。治愈型空间的康复作用可以归属于康复医学范畴中，可以通过治愈型空间对身心障碍的患者在治疗后综合性协调，减轻或消除症状，达到生理、智力、感官、精神以及社会功能的相对正常。

5）反向价值作用

治愈型空间在使用不当时会产生反向价值。在此，我们所讨论的“治愈型空间”为两类，一类是指日常普通空间环境中存在了治愈作用的空间；另一类指，针对使用者需求而营造出的有靶向性治愈作用的治愈型空间。

逃避、麻痹

短暂的逃避和躲藏可以起到镇静、平缓情绪的作用。麻痹从心态上讲也是逃避的一种，是另一种表现和手段，从另一方面得到快感来麻木自己。但根据心理治疗层面来分析，逃避并不是有效健康的长久之计，应激性的心理障碍患者如果选择长期的逃避问题会无法从根源解决或缓解其心理问题。久而久之，具有治愈作用的“逃避”空间则会成为最大的隐患。

人类善于运用逃避来缓解自己一时的情绪，或者已沉溺于这种手段来寻求短暂的安慰。而它的作用价值也会随着我们的使用方式而转变。但在设计治愈型空间当中，不能因为具有“逃避”作用的空间有了反向价值就将其摒弃，也应根据其一定的作用来缓解使用者一时的心境。长期选择此类空间来麻木自己，或本身具有心理疾病的人群在此类空间中会不利于自身的健康，甚至加重自身的心理问题。

（3）总结

通过对治愈型空间的详细介绍，能得出治愈型空间的概念是一个系统的治愈体系，集预防、干预、治愈、康复为一体，因此其涉及面非常广，不仅是对问题的治愈，也可以做到前期预防，早期干预，后期康复。然而从另一维度思考，它也触及个人、社会、现实、观念等方面。所以，它具备很广泛的实用价值。治愈型空间在环境艺术中的应用方法是自下向上的，第一步，是对问题和相应科学的分析，之后进行探究和设计。这样的思路和学科跨界不是没有依据的，而它们之间如何联系，就是我们研究的根本。因此治愈型空间也具备很长远的研究价值。

治愈型空间的应用广泛，但作为辅助治疗心理疾病来说是一个需要深究的部分，当下，心理疾病高发，特别是抑郁症的高发，治愈型空间在这个领域的应用也应被重视，并有很大的未来价值。

3 总结：治愈型空间提出意义

（1）治愈型空间对于个人的意义

治愈型空间的提出，首先是根据“治愈”这一概念而进行发现和探究的。对于个人而言，关怀每一个生命的价值，在这样的社会节奏中，用设计去关怀生命，探究人与设计的科学，疾病与艺术的科学，使每个生命体能更容易舒适的生活。

治愈型空间，不仅仅局限于去治愈某些疾病，如扁鹊曾形容家中兄长与自己的医术谁最为高明时所说“长兄于病视神，未有形而除之，故名不出于家。中兄治病，其在毫毛，故名不出于闾。若扁鹊者，镵（chán）血脉，投毒药，副肌肤，闲而名出闻于诸侯。”难能可贵的是“未有形而除之”。因此，笔者更希望治愈型空间这样的理论可以发生在设计之初，从日常的心情抚慰开始，从预防开始。将“治愈”融入日常生活的空间当中，让设计变得更加因人而异的温柔和容易。

治愈不局限于医身。治愈型空间除了对身体关怀，更主要的是心灵的呵护，力争于将人的情绪起伏达到一个恒定的健康起伏状态，减少过大的波动，达到生命的平和状态。治愈型空间，更希望能影响个人的审美、认知等精神层面。在当今多元且矛盾的社会，由于更多层面问题的复杂交织，某些领域主流的代表不一定有符合大众的审美、认知，社会意识形态甚至会被扭曲的，对于精神层面，部分人迷茫和浮躁，浑浑噩噩的追求着别人的追求，甚至是正在侵蚀自我的追求。这样的状态亦是不健康的，久而久之也容易造成心理疾病。所以，治愈型空间不仅仅是适用于设计者去创造的，它适用于每一个人，能亲自去将这个理念融入自己的生活中，了解自己，了解问题所在。

（2）治愈型空间对于社会的意义

治愈型空间除了针对个人问题运用于个人外，对于社会整个公共空间也有着一定意义。增加公共空间精神层面的价值意义，减少公共空间中的灰色空间，至于整个社会空间中的问题，通过形而下的改变去影响形而上，通过促进形而上再提高形而下的品质。

促进以人为本的公共空间建设，在身心健康情况下更高效率的促进社会健康发展。虽然治愈型空间还处在理论实验阶段，但它的提出也是基于当下某些特定的空间给人以治愈的感觉，亦或是空间环境的某些属性已经出现了治愈病患的临床案例，同时关乎人类情感以及康复的设计趋势也相继出现。另一方面，治愈型空间可通过运用其方法理论治疗当下社会性的偏执行为，纠正人们的认知行为。社会整体的发展结构，价值导向以及认知行为导向也是诱发个体心理障碍的诱因。在当下的社会中，相比病出有

因的病人，“无病呻吟”的大环境更是隐患。然而，这些问题的出现，与我们视觉世界里的日常设计带来的负面影响息息相关，因此治愈型空间也可实施于此，用以减少此类现象的发生。

参考文献

[1] 齐鹏．新感性虚拟与现实 [M]. 北京．人民出版社，2008.

[2]（英）布莱恩．劳森．空间的语言 [M]. 杨青娟译．北京：中国建筑工业出版社，2003.

[3] 曹军．图解超好玩的色彩心理学 [M]. 北京：中国华侨出版社，2014.

[4]（德）爱娃．海勒．色彩的性格 [M]. 吴彤译．北京：中央编译出版社，2013.

[5]（美）库尔特·考夫卡．格式塔心理学原理 [M]. 李维译．北京：北京大学出版社，2010.

[6]（英）斯图亚特·沃尔顿．人性：情绪的历史 [M]. 王锦译．上海：上海科学普及出版社，2007.

[7]（韩）任胤善．美术治疗实践笔记 [M]. 金熙雯译．北京：机械工业出版社，2014.

[8]（美）Robert P. Reiser 等．心境障碍的心理治疗 双相障碍、抑郁症和自杀行为的临床治疗指南 [M]. 池培莲等译．北京：中国轻工业出版社，2012.

[9] 彭一刚．建筑空间组合论 [M]. 北京：中国建筑工业出版社，1998.

[10]（美）唐纳德·A·诺曼．设计心理学 3：情感设计 [M]. 何笑梅，欧秋杏译．北京：中信出版社，2012.

[11]（美）唐纳德·A·诺曼．设计心理学 [M]. 梅琼译．北京：中信出版社，2010.

[12]Bright green light treatment of Depression for old adults. Loving RT, Kripke DE, BMC Psychiatry, 2005.

[13] 刘萍．音乐治疗在精神领域的应用 [J]. 四川精神卫生，2014,(4).

[14] 李洁，安博，崔玮 等．α 脑电波音乐对中学生记忆的改善作用 [J]. 中国心理卫生杂志，2012，（4）.

[15]Flowering plants as a therapeutic/environmental agent in a psychiatric hospital [J]. Talbott J A, Stern D, Ross J, et al. Hort Science, 1976(1),365–366.

[16] 杨春宇、张志远、梁树英等．光照与季节性抑郁情绪研究 [J]. 灯与照明，2013（3）.

[17] 肖裕红．色彩心理学在妊娠剧吐护理中的应用探讨 [J]. 当代医学，2013,（12）.

[18]（日）中村敬，（中）施旺红．抑郁症的森田疗法 [M]. 西安：第四军医大学出版社，2015.

[19] 顾琛，李蔚，傅彬．节奏空间探究 [M]. 湖北．湖北人民出版社，2012.

恭城瑶族聚居区传统民居装饰纹样探析

朱小燕 广西艺术学院 / 研究生

摘　要：恭城瑶族自治县位于广西壮族自治区东北部与湖南交界，地处历史上“湘桂走廊”“潇贺古道”“西江河域廊道”辐射交汇区，当地有瑶、汉、壮、苗等多民族，多文化和多民族交融在一起，产生丰富的传统民居、类型和样式。本文通过对恭城传统民居装饰纹样符号和寓意分析，并将它的纹样装饰纹样与相关的汉族传统民居装饰纹样进行对比，来分析恭城传统民居装饰纹样的文化艺术价值。

关键词：瑶族传统民居 装饰纹样 艺术价值

恭城瑶族自治县地理位置于广西壮族自治区东北部，桂林地区的东南部，与湖南省江永县交界，历史上地处“湘桂走廊”“潇贺古道”“西江河域廊道”辐射交界的地方，当地有瑶、汉、壮、苗族等多民族，多文化和多民族交融在一起，产生丰富的传统民居、类型和样式。早在从秦代开始，中原汉人迁入，而唐代时期瑶民由湘南迁入，湘赣民居建筑恭城有分布。而广府民系则在明清时期恭城，形成一种商业文化传播。自秦朝至明清，时代变迁，部分土著居民与汉族文化交融过程，恭城瑶族聚居区受到中原文化、湘赣文化、客家文化、广府文化、潮汕文化和西洋文化的共同影响，造就了独具特色的地域文化，在装饰纹样上所体现出来，装饰纹样有：窗装饰简易欧式造型、精美的木雕、柱础上雕刻纹饰、垂花纹样等。传统装饰纹样表现出当时历史背景、经济能力、人们生活的方式，纹样所代表的是精神文明转为一种符号语言，在现代生活中具有更为普遍时代审美特征以及美学价值运用，具有很高艺术价。由此本文对城瑶族聚居区民居木雕花、柱础、垂花等装饰纹样进行探析。

1 装饰纹样符号特点分析

恭城现今保留比较完好传统村落装饰纹样有乐湾村、大合村、朗山村、门等村、矮寨村、凤岩以及渔村。建筑上体现装饰纹样的精美、艺术形式的考究、图案文化内涵等，充分展现独特的艺术特征，都无不令人称赞。通过实地调研发现恭城传统民居的装饰纹样多以动植物纹为主，而人物纹样相对较少，选用题材有如祥禽瑞兽类、文字类、人物类、果木花卉类、博古杂宝等纹饰题材，也是受到瑶族图案对自然万物的崇拜的影响，装饰纹样采用题材与人生活息息相关，寄托人们对未来美好生活的向往，深层内涵折射出中国传统观念。经收集梳理主要的装饰样式有：

（1）几何类纹样

在恭城瑶族聚居的朗山村、渔村、乐湾村窗饰几何纹饰出现有回纹、灯笼锦纹、万字纹样柳线纹等。其中“灯笼锦”以一个基本形状，45° 斜向对角线重复，形成连续灯笼状，中央部分留下大面积的透空内框，具有较好的透光效果（图 1）。“亚字纹”是用横竖棂条拼接组成的“亚”字形，此纹还可以旋转倾斜做角度的变化，产生动感的流线型（图 2）。柳条式在普通民居里普遍运用，通过变化横向和纵向疏密构成关系，形成不同样式（图 3）。恭城瑶族聚居传统民居的窗饰正是运用对比

与调和、统一与变化、对称与均衡、比例与尺寸、节奏与韵律等构成规律，充分展现了线的语言形成了简单素雅的装饰风格。

（2）动物纹样

在恭城乐湾村、渔村、朗山村瑶族聚居传统民居中动物装饰纹饰出现得比较多。如图4右1的喜鹊和梅花的组合寓意喜（喜鹊）上眉（梅花）梢，右2幅是禽瑞兽类纹样窗纹，以不同动物做抽象简化造型，麒麟是传说中的瑞兽，如麒麟吐书。如图4右（3）幅以传统动物十二生肖纹样装饰，是传统文化对动物纹样崇高向往，时代变迁，绎制成人们生活装饰符号与属相方式，体现一种地域性民族传统文化。如图4右4蝙蝠为中心，其蝙蝠谐音“福”葫芦，四周有麒麟和喜鹊围绕纹样，通过虚构出来的动物形态，经过长期演变，这些虚构的动物不断被人修改，加工，变得更加生动形象，趋向于对现实美好的祈祷。

图1 恭城朗山民居灯笼锦纹样实例

图2 恭城渔村民居亚字纹样实例

图3 恭城乐湾村民居柳线式纹样实例

图4 恭城乐湾村、渔村、朗山民居果动物装饰纹样实例

（3）果木花卉纹样

果木花卉也是恭城瑶族聚居传统民居窗饰中常使用的题材，它可以单独使用，但常见是以动物纹居多以及少量的人物纹组合使用。比如朗山村：口窗上雕刻的菊花图案，体现不为秋霜，神韵清秀，品格高贵，被赋予吉祥，长寿之意，纹样梅图案以高洁、坚强、谦虚的品格，给人以立志奋发的激励，梅是吉祥象征，又常被民间作为传春之象，梅开百花之先，独天下而春。这些植物纹样意寓来表达人们向往吉祥的目的（图5）。

图5 恭城乐朗山、渔村民居果木花卉纹样实例

（4）博古杂宝类纹饰

博古杂宝装饰纹样通常以鼎、尊、彝、瓷瓶、书卷画等题材寓意清雅高洁。在恭城乐湾村陈氏宗祠、陈四庆宗祠屋脊兽尾部演化为上书卷博古格架、粉彩博古纹。由此可以在瑶族聚居区传统工匠的独特匠心，其传统宗祠用纹样寓意、祈望和象征等手法，以独特的样式将普遍的哲理、民俗、审美意识和主观意向表达出来（图6）。

2 恭城瑶族传统民居装饰技艺探析

在恭城豸游瑶族村村入口处看到一棵高大挺拔的香樟树，已有上百年之久，恭城瑶族传统民居位于桂北地区属于喀斯特地貌，根据当地地理环境，建筑装饰材料特点“就地取材”。在建筑木构选材上类型有以樟树和杉树、楠木、梓木、银杏木、柏木等。但趋于造价及木质轻、韧性好，不易变形的杉树作为主材料使用居多。雕刻装饰纹样在选材上、制作上和审美上巧活地结合起来，在技术与艺术之间完美结合。在调查中发现，现存恭城瑶族聚居区传统民居装饰符号上，主要有明代时期的浅浮雕和平雕以及入清以后的深浮雕、圆雕、透雕、嵌雕工艺等方式。

（1）浮雕

在恭城渔村传统民居里有浅浮雕和深浮雕之分。门窗裙板浮雕工艺雕琢的动物、植物装饰纹样，在雕刻上采用“阳雕”技法。在裙板上雕刻纹样，首先绘制图案大小，然后根据需要将底面适

图 6　恭城乐湾村陈氏宗祠、陈四庆宗祠博古杂宝类纹饰实例

图 7　恭城渔村民居浮雕实例

当铲去，使雕刻纹样图案凸起来，装饰纹样呈现出凹凸感和层次感，有主次之分，以面为辅（图 7）。

（2）镂空雕

镂空雕又称为透雕，窗、门扇上应用比较广泛，在恭城乐湾村、渔村、朗山民居看到门窗在果木花卉枝叶雕饰，多采用透雕刻技术方法，以平面雕刻方法进行修饰，主要纹样形象雕刻出来，剔除多余的部分，在阳光照耀下，出现光影投射的阴影效果，具有通透、灵动的空间感，使整个窗扇富于装饰性，能给人玲珑剔透的艺术享受（图 8）。

（3）圆雕

圆雕又称立体雕，展现的面为多面性，可四面观赏，在恭城乐朗山民居圆雕实例看到在门窗雕刻中少用，只是在某些部位作为画龙点睛作用。这种呈现体积感的雕刻方式，使它栩栩如生，富有表现力，使得雕刻神似，更加丰富有趣味性（图 8）。

（4）贴雕

恭城渔村民居多以动物纹样贴雕为实例，传统贴雕手法是将雕刻好的图案纹样，运用黏合性液体直接装饰纹样粘贴到需要装饰位置上。这是减少传统装饰繁琐花费时间，提高工艺的雕刻时间，也使得在雕刻中出现失误时作为一种弥补的方式，或是一些小的局部难以进行其他的雕刻来完成，就通过贴雕的方法来完成，这样给雕刻带来灵活性（图 9）。

3 恭城瑶族装饰与不同其他地区民居装饰对比

（1）徽派传统民居建筑装饰“繁”与恭城传统民居建筑装饰“简”

徽州地区人文气息比较重，其祖先升为达官贵人，年老时衣锦还乡，建造上规模宏伟，装饰精美，是他们展示自身经济实力和身份的象征。体现人们生活关系密切、历史背景、经济能力对传统民居产生和发展具有影响。在装饰纹样符号上表现出精神文明的特征，通过日常生活的接触以及对生活的一种思考，把他们期望用不同装饰题材表现在建筑装饰上的纹样上，在人物纹样题材的雕刻装饰上表现人物形态更加细腻灵活、富有生机，画面的立体感更加强，艺术表现效果具有浓郁的地域文化色彩（图 10）。

图 8　恭城乐朗山民居圆雕实例

图 9　恭城渔村民居贴摔雕实例

由于历史原因秦朝时期由中原地区汉族人从桂北地区迁入，所以在建造风格上恭城传统民居也带有徽派建筑风格特点，在建造上诸如相似马头墙，箭头墙形状。由于文化背景和经济实力相对于比较滞后，使得传统民居的建筑装饰装饰纹样上相对于比较简单，少了很多繁缛，多了几分清秀。

（2）广东潮汕传统民居建筑装饰“满”与恭城瑶族传统民居建筑装饰“疏”

建筑门窗装饰在潮汕地区广泛运用，门窗装饰雕刻精巧细腻，风格上受到海外风格影响，木雕更加精益求精。由于海外经商相对富裕，见多识广，营造精美的建筑装饰来比较显赫。潮汕地区传统民居在建造上注重门窗装饰造型，受到中原文化、闽南文化以及东南亚等海外文化影响，形成潮汕地区建筑独特之处。在营造画面上门窗装饰疏密有序，主题突出，以“满”为美为特点（图 11）。而广府民系则在明清时期才大举迁进广西，形成一种商业文化传播，受到西洋文化影响，朗山、门等村传统民居窗扇纹样拱

图 10 徽州地区民居装饰实例

图 11 潮汕民居窗装饰实例

图 12 恭城门等村窗装饰实例

形造型以“疏”为主（图 12）。

4 装饰纹样美学价值运用

恭城瑶族聚居区受到中原文化、赣文化、客家文化、广府文化、潮汕文化和西洋文化的共同影响。恭城瑶族聚居形成独特的地域特征、民族文化、艺术价值的典型装饰符号。装饰纹样艺术价值是以其丰富的文化内涵、多样的雕刻技艺、质朴率真的表现手法来呈现其瑶族独特的艺术魅力，传承千百年来的悠久历史人文情怀。因此，在当今物质文明高度发达的时代里，现代装饰艺术发展的迅速今天，不要遗忘历史，发扬民间艺术的个性语言，挖掘其丰富的人文内涵，从中感悟传统民居装饰纹样的美学价值。

参考文献

[1] 陈志华，贺从容，罗德胤等．福建民居 [M]. 武汉：湖南教育出版社，2001.

[2] 黄汉民．门窗艺术上下册 [M]. 北京：中国工业出版社，2010.

[3] 胡倩．丽江纳西族传统民居门窗的装饰艺术探析 [D]，2010.

[4] 杨静．岭南传统庭园门窗的特色及传承研究 [D]，2013.

时间概念下景观格局的变化与运用

张小朴 西安美术学院建筑环境艺术系 / 研究生

摘　要：我们对世界的感知离不开时间。过去、现在、未来构成了我们的生活，回忆与想象则丰富着我们的情感，而他们都是依存于时间概念下的。景观设计发展至今，在材料更新与数据信息化等方面进展迅速，但大多数景观仅能做到满足人们的使用功能，忽略了景观的情感内涵与环境价值。一直以来对于景观的研究，多是以“空间”为重点，却忽视了时间维度的存在。事实上景观中的时间要素一直贯穿始终，而当代景观设计的发展方向也可以在新时代的时间观念中找到答案。本文的研究线索贯穿时间至景观，主要研究时间发展格局下的景观设计新未来的探索与运用。论证社会所需要的和谐生态景观设计理论方法。研究内容基于时间概念之下，对设计具有一定的指导作用。旨在通过时间概念的导入，能够对人们一直以来对景观的认识有所启发，挖掘当代景观设计的深层次信息与价值。

关键词：时间概念 时间语言 景观设计

1 景观的发展性

（1）景观中的生态观念

“生态”这个词在我们的生活中早已不再陌生，城市化发展带领着人们大刀阔斧的建设再建设，生成的城市却留不住这些居住者，因为我们太直观地感受到了环境的变化，近几年我们深受雾霾的折磨，地球自然环境的不断恶化已经明显表现于每日的生活中。景观的任务是优化环境而不是为环境增加负担。景观的生态观念要求我们的设计必须注意生态环境的和谐共生，最低限度的破坏场地原有生态环境。“景观生态学”是近两年流行的景观概念，作为一个生态学、地理学、环境科学的交叉学科，它的理论内容更加偏向实践性与实用性，研究领域的综合性也较强。而“时间”也是景观生态考虑的重要因素。

（2）景观绩效评估系统

绩效是近几年的热点词汇，不仅仅运用于经济学领域。人们对于环境的不断上升的要求与公众对公共产业的回报率的监督与项目社会管理的透明化，促使着景观绩效的产生。景观绩效可被定义为：“衡量景观设计措施在多大程度实现既定目标，并且是否能有助于实现最大程度的可持续发展。”景观设计基金会（LAF）于 2010 年开始倡导了解建成景观绩效的重要性，其理论框架建立在环境、经济、社会三者的可持续性之上。（图 1）

有效的景观绩效检测方法是，首先，项目建立初期根据相关规定要求和甲方需求制定绩效目标；其次，在场地建设与后期使用的不同阶段具有针对性地收集基线数据；最后，将项目效率量化重点置于证据的收集与整理，即场地具体数据与信息的计算与推断中，并得出结论。下图是德克萨斯州达拉斯 AT & T 表演艺术中心的伊莱恩 – 查尔斯西蒙斯公园建设前后对比照片，可以清楚看到，景观项目对场地的影响巨大。此案例的项目初衷在于文化社区的建立，以社会效益为中心，对区域人群以调查报告为基本方法进行。（图 2）

由于景观系统的复杂性和开放性，数据的获得来源多样，同时影响因素因场地变化丰富，数据的难以获取与项目后期观测成本等加大了景观绩效研究的难度，我们需要找到一个特定的“时间跨度”。由于生态系统成长的长期性，一般普遍选择 10 年作为一个考察周期，对场地自然，经济，社会变量数据进行分析。根据具体项目也可选取较短的时间跨度，如城市广场一类景观，社会与经济效益远远大于自然效益，短期内即可获取丰富有效数据。总之，时间在景观绩效评估系统中起着主导性的作用，把握景观中的时间轴线，分阶段进行设计与评价是当今景观设计的新思路。

2 景观格局变化与驱动因子

景观生态观念是指导现代景观设计的中心思想，景观绩效评估系统则是对景观项目完成后的检测与效果评估。前者负责项目前把控设计思路，后者负责项目后观测并总结，而项目中如何以生态观念为指导，设计出景观绩效评价较高的优秀设计，了解区域“景观格局”是工作的重点方法之一。“景观格局”一词是指景观要素的组成和构型在时间与空间上的复杂性与变异性。即大小和形状各异的景观要素在空间上的排列和组合。包括景观组成单元的类型、数目及空间分布与配置，比如不同类型的斑块可在空间上呈随机型、均匀型或聚集型分布，它是景观异质性的具体体现，又是各种生态过程在不同尺度上作用的结果。在城市规

图 1 景观绩效评估系统

划学中，景观格局的演算与运用属于基础性知识，需要代入所有现存驱动因子，通过 MapGis 图形处理、AreGIS 空间分析、CA-Markov 模型预测等多种数学计算方法，建立完整的宏观景观格局系统。本文所述内容为通过驱动因子作用景观格局变化的思路，辅助进行场地景观设计，就不对其计算机信息与模型系统建立方法做详细说明，而主要阐述景观设计的具体方法流程。

景观格局的分析过程首先是确定具有调查价值的景观驱动因子。景观驱动因子大致分为自然与社会两方面的因素。相比前文中的景观元素与形式，前者直接作用于景观成景，而后者则是影响区域景观格局变化的驱动力因素。自然驱动因子包括区域气候类型、地质地貌、植被覆盖类型、水位水文变化、生态生物平衡等。社会驱动因子包括人口数量与分布、经济与产业结构、交通情况、政府政策等。当前行业内的景观格局分析讨论趋向细节化，驱动因子划分类型更为精细化。

景观格局以动态变化为基础。为研究其动态变化过程，要选取时间范围与时间节点，提取多个数据样本，同纬度进行对比分析，找到其动态变化特征。总体来说，从时间上看，短期内景观格局变化相对稳定，而特殊驱动因子如灾难灾害等则会在极短时间内使景观格局较前产生较大差异，根据场地历史了解，经济的进步复杂化了社会驱动因素，反向作用于自然驱动因素，导致了景观斑块内容越来越精细，研究样本也相应增加。从空间尺度来看，以全球、全国、省域、市域、区域层级划分，不同空间尺度的动态特征具有差异性与交叉性。例如全球角度来说景观格局变化追求并趋向生态性、保护性；国家的差异如发达国家与发展中国家；经济型国家与资源型国家等，部分国家可能出现忽略环境恶化情况，过度资源利用导致的景观格局破坏性变化。而正是后者的存在推进着前者景观格局的形成。总体来说，景观格局的变化具有多维度性、斑块细化性、交叉作用性。（图 3）

3 时间概念下与环境相适应的景观设计方法

（1）驱动因子的选取

图 2 德克萨斯州达拉斯AT&T表演艺术中心

景观格局的形成是多个驱动因子的相互牵扯作用，如何从中找到具有分析价值的驱动因子，是设计工作的第一步。驱动因子的选择有两个思路，一个是在确定了景观设计目标的情况下，推导需要干预的驱动因子；另一个是以景观现存问题出发，寻找解决方法。美国印第安纳州的 Wabash River Corridor in Lafayette 是以河道改造为目的的规划项目，为解决季节性的洪水对场地的阻隔；大面积的荒地低利用率；周围居民生活范围小质量差的问题，设计方对于区域内的水文变化、土壤情况、人口分布进行了详尽的调查，这三点是促使场地现存景观格局问题产生的最为重要的因素，对这三个驱动因子进行干预与调整，才能优化整个景观格局。

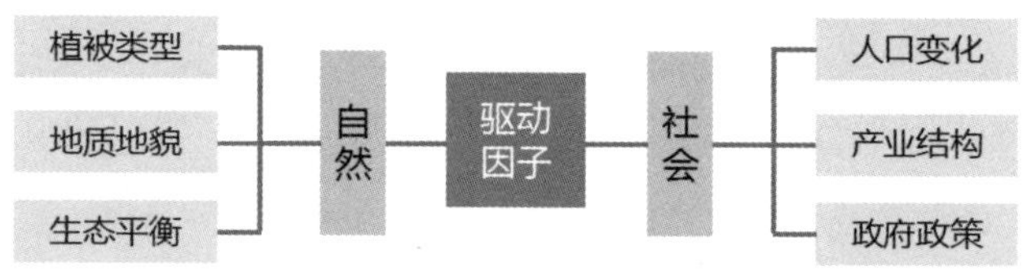

图3 景观驱动因子

除此之外，驱动因子对景观格局演变的驱动力在时间与空间上具有差异性。总体上看，时间角度来说，较长时间段内自然驱动因素影响较大，短时间内则受社会驱动因素影响较大。也就是说，项目要求短时间看到成效，需要多进行社会驱动因子的干预，例如半年内提高景观人流量与使用率，比起自然环境的改造，交通网络或产业结构的调整更能有效地完成目标；而提升场地生态状况或建立新的生态循环系统则需要多考虑自然驱动因子；从空间尺度来说，较大空间尺度的景观格局变化驱动力由自然因素主导，而小型空间尺度内的主要驱动力则为社会驱动因素。比如社区公园设计根据区域人口年龄分布配置活动装置，而大型湿地公园的规划则需要从生物物种、植被类型、土壤质量等驱动因子入手。（图 4）

驱动因子的分析方法——时间尺度与粒度

时间尺度指的是分析时间的历史范围与未来预测长度。例如过去 50 年的植被类型变化分析与未来 20 年的植被类型变化趋势预测。时间粒度则是场地空间和承载对象的基本活动时间单位。是时间尺度的精细划分，不同的时间粒度会呈现不同的观测效果。例如以 5 年为时间粒度，过去 5、10、15 年的水位高度变化与未来 5、10、15 年的水位高度预测。

时间粒度的选取与驱动因子的类型有关，时间尺度则根据已有数据规模和未来设计目标而定。基本上自然驱动因子适合时间粒度与尺度较长的分析，社会驱动因子，尤其是个体为单位的活动变化适合小粒度小尺度的分析。

（2）景观格局优化

1）直接干预法

景观设计的目的是达到景观格局的优化。景观格局的优化方法在于对驱动因子的干预与调整。对驱动因子的直接干预与调整，是优化景观格局最重要的方法。前文中提到的 Wabash River Corridor in Lafayette 河道改造项目中，场地土壤受到洪水的长期影响形成了一片淤泥滩地，但河水留下的营养也留在了土壤中，

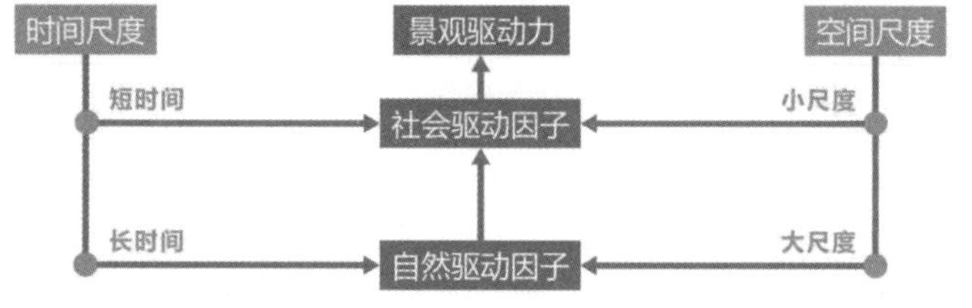

图 4 驱动因子的景观驱动力收时间空间尺度的影响

十分适合农作物生长，设计者考虑到这个因素，将这片淤泥地规划为农业区，优化了土壤环境的同时，也为区域增加了生产与经济成本。（图 5）

2）交叉分析法

有时候，选择两个驱动因子作为景观线索，发现他们之间的联系并建立起关系网络，也是优化景观的方法之一。嘉陵江重庆段沿岸受水位季节变化影响严重，最底是有长达 25 米的消落带，对沿岸人群活动产生了很大影响，景观设计者将“水位变化”与“人的活动”两个驱动因子进行联系，找到了同时间轴下两者的相互联系，根据结论找到符合自然环境规律与人的生活活动规律的景观设计方向。（图 6）

3）因子生成法

特拉维夫山曾是以色列最大的垃圾填埋场，场地本来是一片平原中的自然地形露台，几乎没有什么植被存在，为净化环境空气，转型为绿色城市公园，设计师彼得拉茨建立了一个新的植物群落。他将场地规划为网格状，先随意种植了两类树种，分别是快速成型的桤木、柳树、杨树和桦树和生长周期较慢的白蜡、枫树、橡树和山毛榉。项目完成前期速生树种对慢生树种提供了遮阴与保护，经过 15 年左右的时间，速生树种几乎都被砍伐后替换为慢生树种，其中保留桤木，用来牵制场地边界植被冠幅的过

分生长。这样的工作反复循环，最终形成了一片生长成熟的生态混交林。该项目于 2004 年开始实施，今天看来，已经初具成效。

为场地增加新的驱动因子，形成新的生态系统，是优化景观格局效果最为明显的方法，也是解决现存环境问题最立竿见影

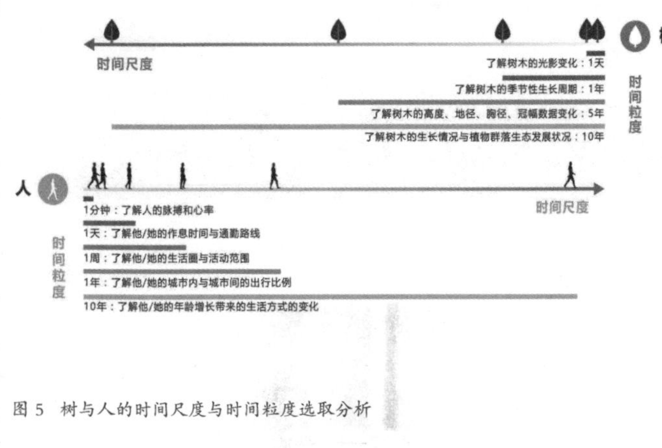

图 5 树与人的时间尺度与时间粒度选取分析

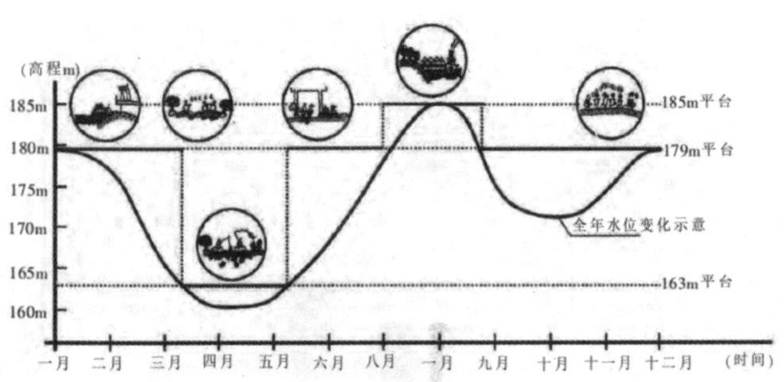

图 6 重庆嘉陵江水位变化与人的活动之间的关系

的方法。尤其对于工业生产破坏严重的场地重建如垃圾山改造等，恢复自然环境是设计的首要任务。(图 7)

(3)项目流程设置

景观格局的分析与运用贯彻了时间的概念，而项目施工流程也同样应以时间为轴线。景观成景需要时间，生态环境的建设与升级，更需要以年为单位的系统运作。例如钱文忠的特拉维夫垃圾山项目，自 2004 年开始施工，预计 2020 年完工，项目时间长达 16 年。设计对于景观格局的干预与影响是长期的、缓慢的，为了能够为场地保留足够的生长时间与空间，应保持景观格局发展与项目施工流程的相对同时性。

整个设计流程建立在时间轴线下，分阶段进行项目施工。通用的设计方法如图所示：设计初期模拟景观格局预期发展完成各个阶段的设计方案，阶段一对应解决当前景观的首要问题，阶段二与阶段三对应待解决和预期中可能会产生的其他问题。之后在

图 7 特拉维夫垃圾山场地原装与预期设计对比

阶段二的施工中对与阶段一到二之间产生的新情况作出参数调整，使景观推进控制在预期的状态内，阶段三同理。根据景观项目内容与尺度和设计方法的不同，各个阶段时间安排可以季为单位，也可以以年为单位等等。目前行业内的相关设计案例基本是以 5 年、10 年为基本单位，单位时间越长，景观生长的时间与空间就越充分，对设计方案的贯彻也最彻底，最后达到的景观效果也最为完整。(图 8)

詹姆斯·科纳：Fresh kills 公园总体规划

2006 年纽约的弗莱士河公园总体规划方案是以生态环境理念，运用时间轴线发展方法，对场地进行了细致的规划，对新时代景观设计方法非常具有参考价值。由于场地在历史中长达 50 年内是一个大型的垃圾填埋场，而其场地本身是边界清晰的潮汐湿地和重要的野生动物栖息地。设计方拿到项目即与当地政府与周边居民进行了多次互动讨论，确定了设计目标为完成生态转型，建立综合化的公共活动场所。首先以 10 年为单位，以土地利用类型、栖息生物物种、周边人口及活动为驱动因子，研究项目前 10 年、20 年、30 年的景观格局变化并确定设计任务：恢复生态

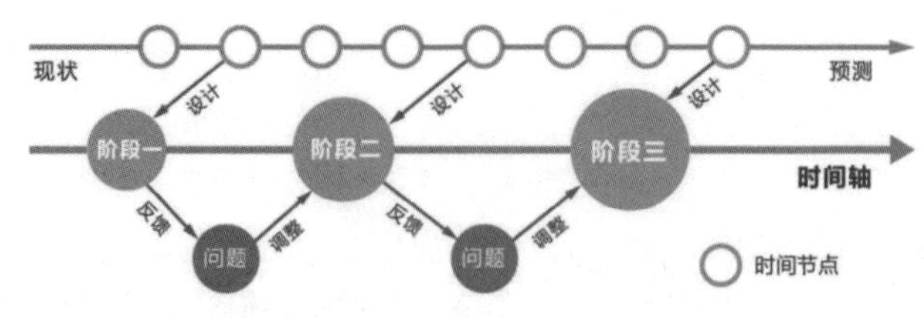

图 8 时间概念下的系统性景观设计方法

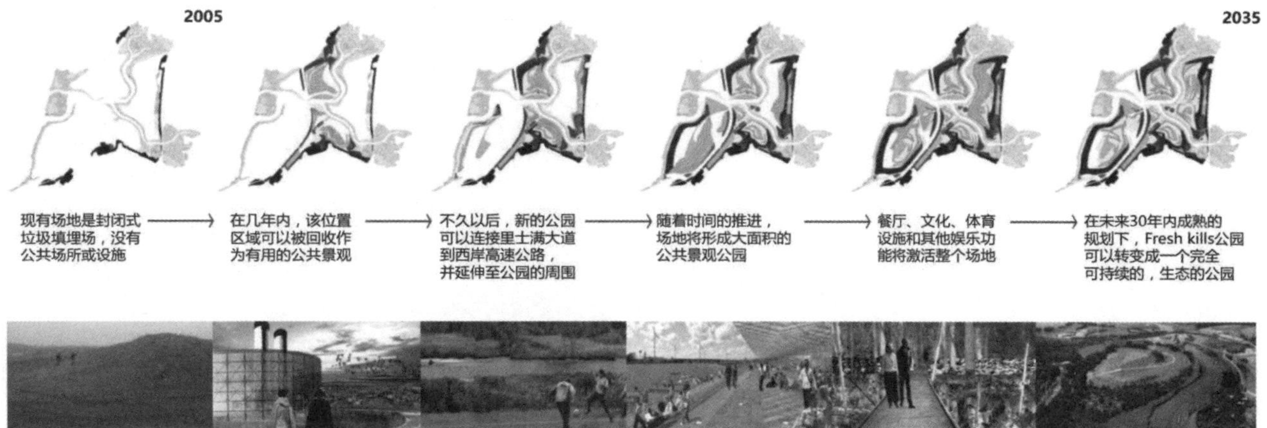

2005
2035
现有场地是封闭式垃圾填埋场，没有公共场所或设施
在几年内，该位置区域可以被回收作为有用的公共景观
不久以后，新的公园可以连接里士满大道到西岸高速公路，并延伸至公园的周围
随着时间的推进，场地将形成大面积的公共景观公园
餐厅、文化、体育设施和其他娱乐功能将激活整个场地
在未来30年内成熟的规划下，Fresh kills公园可以转变成一个完全可持续的，生态的公园

图 9　Fresh kills公园阶段性规划

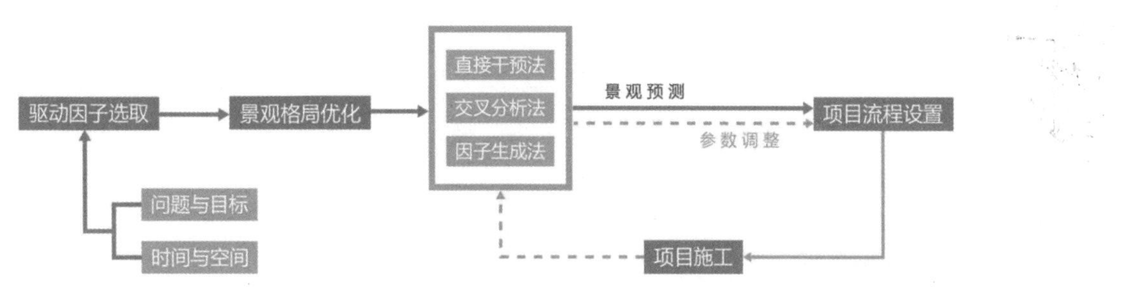

图 10　景观设计系统方法

环境、保护现有生物并引进栖息条件符合的曾有生物、划分场地区域、建设交通网络、增加公共文化功能等。该方案采取分阶段的设计，以 10 年为单位，划分为三个设计阶段，分别对应不同区域，每个阶段的设计重点区域不同，同时设计方案根据前一个方案实施效果进行调整，拉长时间轴线，使设计更加合理化。时间轴线下的景观设计应该具有发展性、阶段性、整体性的思维模式。（图 9）

4 总结

总体来说，为了达成完成时间概念下的与环境相适应的景观设计目的，应该形成如图所示的一系列完整设计系统。其中，选取驱动因子要求我们对场地历史与现状进行详细的了解与分析；优化景观格局考验我们的系统性思维与创新设计能力；项目流程设置综合性最强，即要求设计方有准确的景观变化预期方法，还要求其对景观新问题的产生与解决的良好应对能力，同时，施工方的工程开展也应符合设计计划。此系统化方法的建立对于我们的大部分景观项目都有其参考价值。（图 10）

参考文献

[1] 陈利顶，刘洋，吕一河等．景观生态学中的格局分析：现状、困境与未来 [J]. 生态学报，2008,011.

[2] 周容伊．强调“时间”的景观设计研究 [J]. 重庆建筑，2014.03.

[3] 陈利顶，刘洋，吕一河 等．景观生态学中的格局分析:现状、困境与未来 [J]. 生态学报，2008,011.

[4] 周容伊．强调“时间”的景观设计研究 [J]. 重庆建筑，2014,03.